Christian Reiß

Der Axolotl

Christian Reiß

Der Axolotl

Ein Labortier im Heimaquarium 1864–1914

WALLSTEIN VERLAG

Gedruckt mit freundlicher Unterstützung
der Geschwister Boehringer Ingelheim Stiftung
für Geisteswissenschaften in Ingelheim am Rhein

Diese Publikation wurde außerdem durch die Unterstützung der Andrea von Braun Stiftung ermöglicht.
Die Andrea von Braun Stiftung hat sich dem Abbau von Grenzen zwischen Disziplinen verschrieben und fördert insbesondere die Zusammenarbeit von Gebieten, die sonst nur wenig oder gar keinen Kontakt miteinander haben. Grundgedanke ist, dass sich die Disziplinen gegenseitig befruchten und bereichern und dabei auch Unerwartetes und Überraschungen zu Tage treten lassen.

Andrea von Braun Stiftung

voneinander wissen

Bibliografische Information der Deutschen Nationalbibliothek
Die Deutsche Nationalbibliothek verzeichnet diese Publikation in der Deutschen Nationalbibliografie; detaillierte bibliografische Daten sind im Internet über http://dnb.d-nb.de abrufbar.

www.wallstein-verlag.de
Vom Verlag gesetzt aus der Adobe Garamond und der TheSans
Umschlaggestaltung: Marion Wiebel, Wallstein Verlag, unter Verwendung einer Vorlage aus Meyers Konversations-Lexikon (Axolotl larva/Ambystoma mexicanum), Leipzig/Wien 1897.
Druck und Verarbeitung: Hubert & Co, Göttingen

ISBN 978-3-8353-3306-2

Inhalt

Für Manuela, Karla und Frederik

1 Der mexikanische Axolotl
Tiergeschichte im künstlichen Naturraum

> Es gab eine Zeit, in der ich viel an die Axolotl dachte. Ich besuchte sie im Aquarium des Jardin des Plantes und brachte Stunden in ihrer Betrachtung, der Beobachtung ihrer Unbeweglichkeit, ihrer dunklen Bewegungen zu. Jetzt bin ich ein Axolotl.
>
> *Julio Cortázar, Axolotl*

»Es gab eine Zeit in der Entwicklung der Vivarienkunde, da gehörte [...] zum eisernen Bestand jeder Aquarienhandlung, jedes Vereins ein Tier, um dessen Anblick sich der junge Nachwuchs für unsere Liebhaberei an den Schaufenstern der zoologischen Handlungen drängte und die Nase platt drückte.«[1] Wehmütig blickt der Ilmenauer Aquarianer Fritz Griebel 1930 zurück auf die steile Karriere des mexikanischen Axolotls als Bewohner deutscher Aquarien. Er hebt die Bedeutung der Amphibienart für die Entwicklung der Aquarienkunde zu einer populären Freizeitbeschäftigung im Kaiserreich hervor und die umfassende Verfügbarkeit der Tiere im kommerziellen Aquarienhandel. Doch diese goldene Ära gehört in der späten Weimarer Republik scheinbar der Vergangenheit an. Seit Beginn des 20. Jahrhunderts werden immer neue Zierfischarten aus der ganzen Welt nach Europa importiert und dort von spezialisierten Züchtern nachgezüchtet. Sie verdrängen den Axolotl, wie Griebel beklagt, nach und nach aus den Schaufenstern der Zoohandlungen, den Aquarien der Enthusiasten und damit auch zunehmend aus dem Bewusstsein der Menschen.

Im gleichen Jahr wie Griebels Beitrag erscheinen über 50 weitere Texte, die sich Axolotln widmen. In Fach- und Publikumszeitschriften werden Themen aus den Bereichen Aquarienkunde und Naturgeschichte, der experimentellen Embryologie und Physiologie bis hin zur Philosophie behandelt. Die hohe Zahl an Veröffentlichungen ist dabei keine Ausnahme, sondern eine Konjunktur, die an die steile Karriere der Tiere im Aquarium und in der Wissenschaft geknüpft ist und ihren Anfang im 19. Jahrhundert nimmt. Der Axolotl ist in Mode.

1 Griebel 1930, S. 205.

Und bleibt es auch, entgegen Griebels Befürchtungen, bis ins 21. Jahrhundert. Dieses Buch schildert die Geschichte dieses Trends. Es erzählt die Geschichte des mexikanischen Axolotls – oder *Ambystoma mexicanum*, wie die Tiere seit 1961 in der Fachsprache heißen – als Wissenschaftsgeschichte. Es zeichnet seinen Weg von einer endemischen Amphibienart nach, die in einem kleinen Gebiet in Mexiko lebt, zu einem globalen Labor- und Haustier. Die Tiere sind heute in Aquarien auf der ganzen Welt zu finden und gehören zu den wichtigsten Forschungsobjekten der Biomedizin. Im Jahr 2018 wurde die Entschlüsselung des Genoms des mexikanischen Axolotls bekannt gegeben – das bisher größte jemals sequenzierte Genom.[2]

Das vorliegende Buch widmet sich der europäischen Geschichte des Axolotls. Sie beginnt 1864 in Paris. In diesem Jahr kommen die ersten lebenden Axolotl in die alte Welt, genauer, nach Paris. Es sind exakt 34 Tiere. Die Geschichte in diesem Buch ist die Geschichte dieser Axolotl und ihrer Nachkommen. Ihr Weg führt entlang der Geschichte des Zoos, des Aquariums und der Frage nach der Haltung lebender Tiere zu Kontroversen im Umfeld der Evolutionstheorie in der zweiten Hälfte des 19. Jahrhunderts. Das Buch endet 1914 mit der Etablierung der experimentellen Forschung und des Laboratoriums in der Zoologie sowie der Entdeckung des Schilddrüsenhormons Thyroxin. Bis zu diesem Zeitpunkt hat sich aus den 34 Axolotln eine Population von mehreren Zehntausend Tieren entwickelt. Sie bevölkern nun Forschungs- und Heimaquarien in ganz Europa. Damit ist die Geschichte in diesem Buch gleichzeitig historisch und biologisch. Sie unterläuft permanent die Grenze zwischen Natur und Kultur und erweist sich gerade dadurch für die Art *Ambystoma mexicanum* als existentiell.

Für die Biologie ist der mexikanische Axolotl *(Ambystoma mexicanum)* ein Amphibium aus der Familie der Querzahnmolche (*Ambystomatidae*). Die Art zeichnet sich durch den Zustand der Neotenie aus. Damit wird die Ausbildung der Geschlechtsreife im Larvenstadium bezeichnet. Während Frösche sich etwa aus Kaulquappen entwickeln, die im Wasser leben, durchlaufen Axolotl keine Metamorphose von einer Wasser- in eine Landform. Stattdessen behalten sie das Aussehen und die Lebensweise des Larvenstadiums bei. Sie leben permanent im Wasser und atmen mittels externer Kiemen (vgl. Abb. 1). Dieser Zustand wird oft auch als ›ewige Jugend‹ bezeichnet.

2 Vgl. Nowoshilow et al. 2018.

Abb. 1: Der Axolotl verdankt seine Popularität nicht zuletzt seinem bemerkenswerten Aussehen. Zwei Exemplare auf einer Abbildung in einem englischen Naturkundebuch (1885).

Die Art ist endemisch und kommt damit ausschließlich in den Kanälen und Feuchtgebieten von Xochimilco vor, einem Gebiet am südlichen Rand von Mexiko-Stadt. Die Kanäle, deren Anlage noch auf die Zeit vor der Eroberung und Zerstörung der aztekischen Hauptstadt Tenochtitlan durch die spanischen Kolonisatoren zurückgeht, werden heute intensiv für Landwirtschaft und Tourismus genutzt. Die Tiere sind dort heute beinahe ausgestorben. Durch die Landwirtschaft gelangen Dünger und Giftstoffe ins Wasser und die farbenfrohen Boote, auf denen die Besucher die Kanäle befahren, stören die Tiere. Daneben sind es vor allem Fische, die im Zuge der Kolonisierung in die Gewässer von Mexiko-Stadt eingesetzt wurden, die den Axolotln zum Verhängnis werden.[3]

3 Die Red List of Threatened Species der International Union for Conservation of Nature (IUCN) führt *Ambystoma mexicanum* seit 2006 als *critically endangered* und damit als akut vom Aussterben bedroht, vgl. Zambrano et al. 2010. Für eine ausführlichere Darstellung der Situation in Xochimilco vgl. Voss/Woodcock/Zambrano 2015; Wanderer 2018. Zur Biologie des Axolotls mit besonderer Berücksichtigung der Entwicklungsbiologie vgl. Armstrong/Malacinski 1989. Zur Biologie des Axolotls aus Sicht der Aquaristik, vgl. Wistuba 2000.

Den Tieren kommt auch immer große kulturelle Bedeutung zu. In Mexiko dienen sie seit vorkolumbianischer Zeit als Nahrung. Und auch heute sind Exemplare auf lokalen Märkten zu finden. Gleichzeitig ist der Axolotl in der aztekischen Mythologie vertreten, wo er mit der Gottheit Xolotl assoziiert ist. Dieser spielt als Zwillingsbruder der Gottheit Quetzalcoatl eine zentrale Rolle im aztekischen Schöpfungsmythos und verfügt über die Fähigkeit zur Formwandlung. Die Art hat aber auch eine europäische Geschichte in der Hoch- und Popkultur. So tritt der Axolotl etwa mehrmals als literarische Figur auf. Am bekanntesten sind hier sicherlich Julio Cortazárs Kurzgeschichte *Axolotl* und Helene Hegemanns Roman *Axolotl Roadkill*.[4]

Diese paradoxe Situation – eine derzeit vom Aussterben bedrohte Tierart als globales Labortier – ist der Ausgangspunkt dieser Wissenschaftsgeschichte des mexikanischen Axolotls. Im Unterschied zu den meisten anderen Labortieren, die heute derart intensiv genutzt werden, handelt es sich beim Axolotl anfänglich nicht um ein Haus- oder Nutztier im engeren Sinne, wie zum Beispiel beim Haushuhn *(Gallus domesticus)* oder beim Meerschweinchen *(Cavia porcellus)*. Auch kann man bei ihm nicht von einem Kulturfolger sprechen, wie bei der Ratte *(Rattus norvegicus)*, der Hausmaus *(Mus musculus)* oder der Fruchtfliege (*Drosophila melanogaster*). Die Organismen wiederum, die als Aquarientiere eine ähnliche Geschichte wie der Axolotl haben – der Krallenfrosch (*Xenopus laevis*) und der Zebrafisch (*Danio rerio*) – sind in der Natur nicht vom Aussterben bedroht.[5]

Die Wissenschaftsgeschichte des mexikanischen Axolotls

Die Geschichte des Axolotls stellt einen Fall dar, der ein anderes, neues Licht auf die Wissenschaftsgeschichte der Labortiere wirft. Wie kommt eine heute vom Aussterben bedrohte Tierart in die Labore der modernen Biomedizin? Was bedeutet dieses Paradox für das Verhältnis von Natur und Kultur? Wie entsteht aus den ersten 34 Tieren, die 1864 nach Paris kommen, eine europäische Population, die mehrere Zehn-

4 Zum Axolotl als Nahrung vgl. Tate 2010; Zambrano et al. 2010. Zur Mythologie vgl. auch Moreno 1969; Kranz/Smith/Smith 1969. Zum Axolotl in der Literatur vgl. Cortázar 1998, S. 303-308; Hegemann 2010. Für eine literaturwissenschaftliche Analyse vgl. Renard 2010.

5 Für den Status von *Xenopus leavis* vgl. Tinsley et al. 2009. Für *Danio rerio* vgl. Vishwanath 2010.

tausend Tiere umfasst? Da bis mindestens 1914 keine weiteren Tiere nach Europa importiert werden, bildet der Nachwuchs der Pariser Tiere die Grundlage für die Verbreitung des Axolotls, die sich zuerst innerhalb weniger Jahrzehnte über ganz Europa und später über die ganze Welt vollzieht. Bis heute wird die Art kontinuierlich in der Forschung genutzt. Damit ist der Axolotl eines der ältesten, wenn nicht sogar das älteste Labortier in der Geschichte der Lebenswissenschaften, das ausschließlich in Laboren und Aquarien lebt. Natürlich hat die Forschung an Tieren eine viel längere Geschichte, doch sind die Axolotl Labortiere im buchstäblichen Sinne. Ihre transregionale Geschichte beginnt genau an den Orten, die gerade dabei sind, sich in Laboratorien zu verwandeln. Hier wird nicht nur an ihnen geforscht. Diese Orte bilden gleichzeitig den Lebensraum der Tiere. Hier lebten und leben sie und pflanzen sich immer weiter fort. Gleichzeitig wandelt sich der Raum um sie herum stetig. Wie für alle anderen intensiv genutzten Labortiere in der Biomedizin existiert mittlerweile auch für den Axolotl ein *Genetic Stock Center*, das an der *University of Kentucky* angesiedelt ist. In dieser spezialisierten Zuchteinrichtung werden Tiere mit bekannten genetischen Charakteristika für die Forschung gezüchtet. Unter dem Hinweis »AGSC does not sell pets«, kann man hier Laich und Tiere für die wissenschaftliche Forschung bestellen.[6]

Diese Existenz im Labor unterscheidet den Axolotl von anderen Tierarten, die ebenfalls seit Mitte des 19. Jahrhunderts für die wissenschaftliche Forschung eingesetzt werden. So avancieren etwa Frösche zu zentralen Organismen in der Physiologie des 19. Jahrhunderts. Als Vertreter einer einheimischen Art konnten neue Frösche – zumindest im 19. Jahrhundert – nach Belieben aus der lokalen Fauna ins Labor geholt werden. Bei Axolotln ist das nicht möglich. Sie existieren außerhalb von Xochimilco nur in Aquarien. Die europäische Axolotlpopulation besteht bis mindestens 1914 ausschließlich aus den Nachkommen der 34 Tiere, die 1864 nach Paris kommen. Damit ist die Wissenschaftsgeschichte der Tiere gleichzeitig die Naturgeschichte der europäischen Population. Und die Naturgeschichte der Art insgesamt ist wiederum untrennbar mit ihrer Wissenschaftsgeschichte verbunden.[7]

6 Vgl. www.ambystoma.org/genetic-stock-center [zuletzt besucht am 7.3.2018]. Zum Axolotl als Labortier vgl. Reiß/Olsson/Hoßfeld 2015. Für einen Überblick über die Verwendung in der Biomedizin vgl. Voss/Epperlein/Tanaka 2009. Zur Geschichte des Tierexperiments vgl. Guerrini 2003.

7 Zum Frosch als Märytrer der Naturwissenschaften vgl. Holmes 1993.

Das Vorliegen dieser klar umgrenzten Labortierpopulation erlaubt einen einmaligen Einblick in bisher wenig bekannte Aspekte lebenswissenschaftlicher Forschungspraxis. Folgt man den Tieren von Mexiko nach Paris und von dort durch Europa, so zeigt sich das Ausbreitungsmuster einer Tierart und des Wissens über sie in den Wissenschaften des 19. Jahrhunderts. Es wird ein Netzwerk sichtbar, das die Forschungsfelder, in denen die Tiere Verwendung finden, mit zoologischen Gärten und Heimaquarien verbindet. Der Axolotl kommt zu einem Zeitpunkt nach Europa, als sich die Zoologie besonders im deutschsprachigen Raum gerade zu einer eigenständigen Disziplin entwickelt. Aus der Naturgeschichte wird die wissenschaftliche Zoologie. Dieser Wandel geht einher mit einer Änderung der Arbeitsgrundlage. Die Sammlungen toter Präparate, wie sie für die Naturgeschichte charakteristisch waren, rücken in den Hintergrund. Viele Fragestellungen der neuen Zoologie werden an lebenden Tieren untersucht. Dabei handelt es sich aber keineswegs immer um die experimentelle Forschung, an die man bei Laboratorien sofort denkt. Methodische Verschiebungen in Bereichen wie der Entwicklungsgeschichte und der vergleichenden Anatomie führen zu einer räumlichen und zeitlichen Ausweitung des zoologischen Blicks. Entwicklung und Struktur stehen im Zentrum. Zusammen mit einem Wandel der universitären Ausbildung und steigenden Studierendenzahlen in der Medizin und den Naturwissenschaften steigt so der Bedarf an Forschungsmaterial und damit an Tieren.

Anhand der Geschichte der europäischen Axolotlpopulation wird diese Verschiebung auf inhaltlicher, praktischer und institutioneller Ebene im Detail deutlich. Entlang der Spur des Axolotls zeigen sich in der zweiten Hälfte des 19. Jahrhunderts Verbindungen und Zusammenhänge, die abseits der Geschichte von Theorien, Biografien und Institutionen liegen. Es rücken zum Beispiel die Akklimatisierungsbewegung mit ihren Zoos und die Aquarienkunde mit ihren Heimaquarien in den Fokus, denen bisher wenig wissenschaftshistorische Aufmerksamkeit zukam. Die Geschichte des Axolotls erlaubt es, die maßgebliche Bedeutung dieser Felder für die historische Formierung des Labors als Ort der Forschung und Lehre in der Zoologie zu zeigen und dabei besonders die Bedingungen und den Einfluss der Tierhaltung herauszuarbeiten. Welche Ressourcen müssen mobilisiert werden, um an Axolotln und anderen lebenden Tieren zu forschen? Welches Wissen ist für die Haltung der Tiere notwendig? Wie verändern die Tiere die Praxis und die Orte der Forschung? Wie verändern lebende Tiere die Forschung selbst?

Es stellt sich also die Frage nach dem Zusammenhang zweier paralleler Proliferationsbewegungen, derjenigen des Wissens über den Axolotl und derjenigen der Axolotl selbst. Besondere Aufmerksamkeit muss daher den Räumen und Praktiken zukommen, in denen und durch die sich diese Ausbreitungen vollziehen. Wie werden die Tiere für die Forschung mobilisiert und wie bewegen sie sich in der Wissenschaft? Welche Voraussetzungen und Konsequenzen hat die Einführung lebender Tiere und wie beeinflussen sie die Ausgestaltung der Räume und der Forschungspraktiken?

Wie aber schreibt man eine solche Geschichte? Haben Tiere überhaupt eine Geschichte im Sinne einer Historiografie? Das Verhältnis zwischen Geschichte und Natur scheint eigentlich seit dem »Ende der Naturgeschichte«, also seit dem Ende des 18. Jahrhunderts, geklärt. Die Naturgeschichte ist seit ihren Anfängen bei Aristoteles ein primär kompilatorisch orientiertes Unternehmen, das den Naturdingen das jeweils über sie verfügbare Wissen zuordnet und sie in diesem »von der Naturgeschichte gebildeten Denkraster« mit Sinn versieht und dadurch auf eine umfassende Weise verstehbar macht. Zu diesem Wissen gehören nicht nur die Eigenschaften eines Lebewesens, sondern ein größeres semantisches Feld, das sich von der Nutzbarkeit für den Menschen bis zur Mythologie erstreckt.[8]

Erst mit der Wende zum 19. Jahrhundert und der immer tiefer gehenden Verzeitlichung der Natur entsteht aus dieser Wissenschaft der Lebewesen eine Wissenschaft des Lebens, der eine Vorstellung von Entwicklung und damit von Historizität zugrunde liegt. Während die alte Naturgeschichte die sichtbaren Eigenschaften und das Denkraster, das die Lebewesen umgibt, nutzt, um eine alles umfassende Ordnung der Naturdinge zu erstellen, gilt die Aufmerksamkeit nun den in die Körper der Lebewesen eingeschriebenen Strukturen und Funktionen. Diese werden zur Grundlage einer neuen Form der Ordnung und konstituieren damit gleichzeitig das Leben als eigenständiges Phänomen der Natur. Geschichte wird nun im zeitlichen Sinne als Entwicklung gedacht, der die Lebewesen als Individuen unterliegen und der eine regelhafte Abfolge von Formen und Zuständen entspricht. Auf das Leben insgesamt bezogen bilden sich Historizität und Entwicklung in der Evolution der Organismen ab, die damit die eigentliche Geschichte der organischen Natur ist. So werden die Geschichte der Natur und mit ihr das Leben ein Thema der Wissenschaften, aus

8 Vgl. Lepenies 1976; Müller-Wille 2001; Foucault 2009, S. 165-210, hier S. 168.

denen sich zu Beginn des 20. Jahrhunderts die Biologie formieren wird.[9]

Die Schwierigkeiten einer Geschichtsschreibung zwischen Geschichte und Natur zeigen sich in den wenigen Arbeiten, die bisher zur europäischen Geschichte des mexikanischen Axolotls erschienen sind. Hier stehen entweder biologische Fragestellungen im Zentrum des Interesses oder es werden Teilaspekte wie die Taxonomiegeschichte der Spezies, die Rolle des Axolotls als literarische Figur oder seine Kolonialgeschichte dargestellt.[10] Es finden sich auch umfassendere Ansätze, die im Sinne einer Chronik die Ereignisse in der Wissenschaftsgeschichte des Axolotls festhalten.[11] Besondere Bedeutung für das vorliegende Buch hat die Arbeit des US-amerikanischen Herpetologen Hobart M. Smith, der 1971 zusammen mit seiner Frau Rosella B. Smith eine Bibliografie der Literatur zum Axolotl vorlegt. Sie bildet als umfassende Sammlung aller Publikationen bis 1970 zum Axolotl die Grundlage für die vorliegende Arbeit.[12]

Wer ist nun aber genau der Akteur der vorliegenden Geschichte? Die Antwort – der Axolotl! – scheint auf der Hand zu liegen, doch stellt sie sich bei genauerem Hinsehen komplizierter dar. Denn: Was genau ist der Axolotl? Es handelt sich nicht um ein *charismatic animal*,

9 Vgl. Lepenies 1976, S. 29-77; Engelhardt 1979, S. 81-93; Foucault 2009, S. 333-341. Zum Begriff des »Lebens« bei Foucault vgl. Muhle 2008, S. 61-103.

10 Vgl. Fischer 1968; Gould 1977, S. 177-184; Thireau 1982; Andreu/Avina/Miguel 2004; Renard 2010.

11 Vgl. Smith 1968; Smith 1969; Smith 1989; Wistuba 2013.

12 Vgl. Smith/Smith 1971. Die *Synopsis* wurde für die vorliegende Arbeit in eine Literaturdatenbank übertragen, überprüft und ergänzt. Daraus ergab sich ein Set aus 1759 Publikationen, das wiederum auf Hinweise auf das Vorhandsein lebender Axolotl und damit einer Verbindung zu den Pariser Tieren durchsucht wurden. Das Ergebnis ist ein Korpus aus 503 Literaturstellen zwischen 1865 und 1914, die eine europäische Axolotlpopulation markieren und die Grundlage der vorliegenden Arbeit darstellen. Das Jahr 1914 hat sich ergeben, weil bis zu diesem Zeitpunkt von der Geschlossenheit der europäischen Axolotlpopulation ausgegangen werden kann. Es kommen zwischen 1864 und 1914 also keine neuen Individuen mehr aus Mexiko nach Europa. Umgekehrt bedeutet das, dass alle europäischen Axolotl bis 1914 Nachkommen der 34 Pariser Tiere von 1864 sind. Smiths historisch-bibliografisches Interesse geht auf seine Arbeit als Herpetologe (die Herpetologie bezeichnet die Amphibien- und Reptilienkunde) und Taxonom zurück. So beantragte er 1961 vor der *International Commission on Zoological Nomenclature* die noch heute gültige Bereinigung der aus historischen Gründen sehr verworrenen Klassifikation des Axolotls und die Festlegung des Artnamens *Ambystoma mexicanum* sowie der Familie *Ambystomatidae* vgl. Smith/Tihen 1961.

also ein anthropomorphisiertes und damit identifizierbares Individuum wie etwa den Klugen Hans, das berühmte Pferd, das um 1900 die Menschen mit seinen Rechenkünsten verblüffte. Ein solches Individuum würde einen biografischen Zugang ermöglichen. Auch die biologische Spezies *Ambystoma mexicanum* eignet sich nicht als Kategorie. Sie ist selbst ein Resultat der Geschichte des Axolotls im 19. Jahrhunderts. Damit wäre es wenig aufschlussreich, die heutige Artdefinition rückzuprojizieren und so die Existenz des eigentlichen Tieres über Zeit und Raum hinweg zu postulieren. Auf diese Weise ergäbe sich wieder die Naturgeschichte der Art, also die Entwicklung im biologischen Sinne. Damit befände man sich jedoch nicht mehr in der Wissenschaftsgeschichte, sondern in der Biologie.[13]

Die Antwort auf die Frage liegt in der Geschichte selbst. Denn wie sich zeigt, spielt die Art im taxonomischen Sinne für die meisten menschlichen Akteure nur eine untergeordnete Rolle. Daher orientiert sich die Arbeit zum einen an der Akteurskategorie, also »Axolotl«. Dieser sogenannte Trivialname erweist sich auch in der Wissenschaft als deutlich stabiler als die wechselnden taxonomischen Bezeichnungen. Den zweiten Referenzpunkt bilden die 34 Tiere, die 1864 nach Paris gebracht werden und deren Nachkommen, die bis 1914 die europäische Axolotlpopulation bilden. Sie sind es, die sich in Europa verbreiten und an denen geforscht wird. Dieses Buch handelt also von der Geschichte dieser Tiere und rekonstruiert damit die Entwicklung und Genealogie einer spezifischen Axolotlpopulation als kulturelles und biologisches Phänomen.[14]

13 Zum Klugen Hans und seiner Geschichte vgl. De Sio/Marazia 2014.

14 Andere Artbezeichnungen, die heute als synonym mit dem Namen *Ambystoma mexicanum* angesehen werden, sind u.a.: *Gyrinus mexicanus*, *Siredon pisciformis*, *Stegoporus mexicanus* oder *Philhydrus pisciformis*. Eine vollständige Übersicht der Synonyme mit den jeweiligen Referenzen findet sich in der Onlinedatenbank *Amphibian Species of the World: an Online Reference*, vgl. Frost 2019. Mit dem Fokus auf die Akteurskategorie »Axolotl« schließt die vorliegende Arbeit auch an das Vorgehen der Herpetologen Hobart und Rosella Smith an, nach dem sie ihre Bibliografie zum Axolotl erstellt haben, vgl. Smith/Smith 1971, S. VII-VIII.

Aquarien als künstliche Naturräume

Im Folgenden stehen zwei Fragen im Zentrum: Wie ist die Kultur beschaffen, die es den Axolotln erlaubt, sich in Europa so umfassend auszubreiten? Und welche Rolle spielt die Biologie der Tiere dabei? Als neotene Amphibien sind Axolotl permanent auf Wasser angewiesen, um zu leben und sich fortzupflanzen. Der heutige, als natürlich gesetzte Lebensraum der Tiere in den Kanälen von Xochimilco in Mexiko ist stark kulturell ge- und überformt und die derzeitigen Bemühungen gehen in Richtung Renaturierung und Biotopschutz. Dagegen ist der Axolotl in Europa auf einen aquatischen Lebensraum angewiesen, der scheinbar gänzlich anders geartet ist: das Aquarium. Jedoch wird sehr schnell deutlich, dass auch das Aquarium ein hybrider Raum ist, der sich als Geflecht heterogener Elemente einer einfachen Zuordnung widersetzt. Während es sich bei den Kanälen um eine Seenlandschaft handelt, die in eine Kulturlandschaft verwandelt wurde, ist das Aquarium ein technisches System, das Natur funktional und ästhetisch nachbilden soll. Aus menschlicher Perspektive gibt es sicherlich viele wichtige Unterschiede zwischen den beiden Räumen. Dagegen spielt aus Sicht der Axolotl die Eignung der Kanäle und des Aquariums als (Über)lebensraum die zentrale Rolle.[15]

Aquarien erfreuen sich als Unterhaltungs- und Wissensobjekte seit den 1850er Jahren ausgehend von England in ganz Europa einer wachsenden Popularität und kommen auch in den Lebenswissenschaften zum Einsatz. Sie entwickeln sich in diesem Zusammenhang zu technisch und praktisch stabilisierten Räumen, die im Folgenden als »künstliche Naturräume« bezeichnet werden. Der Begriff macht deutlich, dass diese Räume einerseits als mimetische Annährung an die Natur, ja als Natur selbst, verstanden werden. Andererseits ist diese Nachbildung nur durch den Einsatz industrieller und urbaner Technologien möglich, die gleichzeitig ihre Integration in die urbanen Lebens- und Wohngegebenheiten ihrer Besitzer erlauben.[16]

15 Zu den Artenschutz- und Biotopschutzbemühungen um den Axolotl vgl. Bride et al. 2008; Voss/Woodcock/Zambrano 2015; Wanderer 2018.

16 Das Aquarium stellt nur das für die vorliegende Arbeit relevante Beispiel einer ganzen Reihe dieser Naturräume dar. Verschiedene Zeitschriften, Ratgeberbücher und Vereine setzen sich intensiv mit der Haltung einer großen Bandbreite an Tieren, aber auch mit Zimmer- und Balkonpflanzen auseinander. Zu den Zimmer- und Balkonpflanzen vgl. u.a. Fleuriot 1874; Fahldieck 1879; Horwood 2007. Hier werden auch die den Aquarien nicht unähnlichen Zimmergewächshäuser thematisiert. Auch die Anfänge des urbanen

Das Aquarium verdeutlicht das Konzept des künstlichen Naturraums auf besonders eindrückliche Weise. Durch die Differenz der umgebenden Luft und dem Wasser werden die Lebensbedingungen der aquatischen Tiere und Pflanzen sichtbar gemacht, ein Effekt, der durch die Glasscheiben des Aquariums zusätzlich verstärkt wird. Wie fragil diese materielle und diskursive Abtrennung zwischen Innen und Außen im Aquarium ist, zeigen die vielfältigen technischen Vorrichtungen, die zur Stabilisierung der Grenze eingesetzt werden. Gleichzeitig wird deutlich, dass das Aquarium als künstlicher Naturraum eine Koproduktion menschlicher und nicht-menschlicher Akteure ist. So prägt das Aquarium als Technologie das Leben seiner menschlichen Benutzer genauso wie das seiner nichtmenschlichen Bewohner. Damit ergibt sich ein komplexer Prozess wechselseitiger Anpassungen zwischen Tieren, Menschen und Technologie, dessen Ergebnis das Aquarium als künstlicher Naturraum ist.[17]

Die Axolotl haben diesen künstlichen Naturraum entscheidend mitgeprägt. Denn die historische Nähe zwischen Axolotl und Aquarium ist kein Zufall. Beide breiten sich ungefähr zur gleichen Zeit und mit gegenseitiger Unterstützung in Europa aus. Der Axolotl fungiert dabei als das erste, nicht-einheimische Tier der Aquarienmode des 19. Jahrhunderts. Der Paradiesfisch kommt als erster nicht-einheimischer Aquarienfisch erst fünf Jahre nach dem Axolotl nach Europa. Gemeinsam sind die beiden Tiere bis in die 1890er Jahre die einzigen außereuropäischen Aquarientiere, die umfassend verfügbar sind. Besonders in Deutschland findet ab den 1870er Jahren eine nachhaltige Institutionalisierung der Beschäftigung mit Aquarien in Form der Aquarienkunde/Aquaristik mit eigenen Vereinen und Zeitschriften

Kleingartens sind in diesem Kontext zu verorten, vgl. Jensen 2005. Das Konzept der künstlichen Naturräume lehnt sich an Christina Wesselys Arbeit zu zoologischen Gärten und urbaner Moderne an, vgl. Wessely 2008. Vgl. hierzu auch Böhme 1992, S. 181-197. Ähnliche Konzepte erfreuen sich in letzter Zeit zunehmender Beliebtheit, vgl. etwa Wessely 2013, Wessely/Huber 2017, Köchy 2018; Vennen 2018.

17 Für den prozessualen Charakter der Anpassung von Tieren an Experimentalsysteme hat James Griesemer den Begriff »generative entrenchment« geprägt, vgl. Griesemer 1992. Dieser Begriff wird hier auf Menschen und Technologien im Sinne einer symmetrischen Perspektive erweitert. Zum wechselseitigen Einfluss von Benutzern und Technologie in der Technikgeschichte vgl. Oudshoorn/Pinch 2005. Auch hier muss eine Erweiterung um nichtmenschliche Benutzer mitgedacht werden. Dabei spielt der *agency*-Begriff aus der aktuellen Wissenschafts- und Technikforschung eine wichtige Rolle, vgl. Latour 2005; Schlünder 2012.

statt. Um die Ausbreitungsdynamik der Axolotl zu verstehen, ist es notwendig, die beinahe zeitgleiche Konjunktur des Aquariums als Technologie und der Aquarienkunde als Wissenskultur zu untersuchen. Dabei wird deutlich, dass die Aquaristik Teil einer größeren Dynamik zwischen Wissenschaft, Unterhaltung, Technologie und Ökonomie ist, die sich insbesondere im deutschsprachigen Raum um die Haltung und Züchtung von Tieren und Pflanzen formiert. Im Anschluss an die sogenannte Akklimatisierungsbewegung und die englische Aquaristik entstehen hier Wissen, Praktiken und Technologien, mit deren Hilfe eine als authentisch gerahmte Natur in Privathaushalte genauso integriert werden kann wie in Universitätsinstitute und zoologische Gärten. Damit entsteht nicht nur ein wichtiger Aspekt europäischer Freizeitkultur. Die in diesem Zusammenhang entwickelten Praktiken und Technologien der Tierhaltung und -zucht beeinflussen auch die spezifische Form des Laboratoriums in der Zoologie und damit eine der Grundlagen der experimentellen Lebenswissenschaften, die das 20. Jahrhundert entscheidend mitprägen werden.

Die Aquarienkunde im 19. Jahrhundert spielt sich zu einem großen Teil im Feld der sogenannten naturwissenschaftlichen Liebhabereien und der praktischen Naturkunde ab. Neben dem Streben nach Bildung und Unterhaltung kann man dieses Feld auch als Reaktion auf Industrialisierung und Urbanisierung verstehen. In diesem Zusammenhang verändert sich auch das Bild einer Natur, die als im Verschwinden begriffen angesehen wird. Aus dieser Nostalgie entsteht in der zweiten Hälfte des 19. Jahrhunderts der Versuch, die Natur wieder in die eigene Lebenswelt zu integrieren. Grundlage ist hierfür die Vorstellung, dass die Natur im Kleinen nachbildbar ist. Dabei geht es nicht nur um eine Imitation wie bei Dioramen und in Naturkundemuseen, sondern um die tatsächliche mimetische Nachbildung der Natur in ihren funktionellen Zusammenhängen. Für die konkrete Umsetzung bedarf es Technologien und Praktiken, die diese Überführung ins Kleine ermöglichen und stabilisieren. Gleichzeitig ist die Lebenswelt, in der Natur nachgebildet werden soll, ihrerseits fundamentalen Änderungen unterworfen. Die Liebhabereien entwickeln sich besonders in der wachsenden bürgerlichen Mittelschicht der Städte zu einer beliebten Beschäftigung und müssen entsprechend mit der Arbeits- und Wohnsituation dieser sozialen Gruppe kompatibel sein. Hier sind zum einen die sich in diesem Zusammenhang als dominante urbane Wohnform herausbildenden Mietwohnungen und zum anderen die zunehmende örtliche Trennung zwischen Privat- und Arbeitsleben bestimmend. Die Unterbringung und Pflege der Tiere muss also mit dem Zeitregime der

Erwerbsarbeit und den Gegebenheiten einer Wohnung in Einklang gebracht werden.[18]

Das Entstehen dieser künstlichen Naturräume verweist nicht nur auf eine neue Wahrnehmung, sondern auch auf einen Prozess der Kompartimentalisierung urbaner Räume, dessen Ursprung wiederum in den Konsequenzen und Möglichkeiten von Industrialisierung und Urbanisierung liegt. In diesem Zusammenhang wird auch das Verhältnis zwischen Natur und Kultur einer grundsätzlichen Neuregulierung unterzogen. Diese erfolgt durch die Ausweisung spezifischer Orte, in denen Natur in kontrollierter Form zur Erholung und Erbauung der Stadtbewohner existieren kann. Das private Gegenstück zu großen Publikumseinrichtungen wie Parks und Zoos sind unter anderem Heimaquarien. Während bei Ersteren die Einrichtung, Aufrechterhaltung und Inszenierung von Natur im urbanen Umfeld durch den zentralisierten Einsatz nicht unerheblicher technischer und finanzieller Mittel ermöglicht wird, müssen für die dezentralen Heimaquarien Lösungen gefunden werden, die den spezifischen Bedingungen und Möglichkeiten privater, urbaner Lebensformen entsprechen. Die Entwicklung des dafür notwendigen Wissens und der entsprechenden Praktiken und Technologien des Aquariums wird dabei von den Liebhabern selbst vorangetrieben. Sie vernetzen sich auf lokaler Ebene in Vereinen und auf überregionaler Ebene in Zeitschriften und akkumulieren und stabilisieren so im Laufe der Zeit einen wachsenden Bestand an immer elaborierterem Wissen. Auch die Entwicklung von Technologie und Praktiken erfolgt auf dieser Ebene. Die zunehmende Verbreitung und Vernetzung dieser speziellen Form der künstlichen Naturräume seit den 1860er Jahren bildet dann auch die Grundlage für die Verbreitung der Axolotl.

Dabei haben Aquarien in der Wissenschafts- und Technikgeschichte lange wenig Aufmerksamkeit erfahren. Insbesondere in der Geschichte der populären Naturkunde war die Aquaristik Thema, wobei dem Bereich hier keine nennenswerte Bedeutung für fachwissenschaftliche Diskurse beigemessen wird.[19] Diese Einschätzung ändert sich in den vergangenen Jahren langsam, was eine wachsende Zahl an Beiträgen aus Wissens- und Wissenschaftsgeschichte, aber auch aus den Kultur- und Medienwissenschaften zur Folge hat. Daneben bearbeitet aber

18 Vgl. Häußermann und Siebel 1996, S. 59-84.

19 Für frühe Ausnahmen vgl. Rehbock 1980; Hamlin 1986. Zum Aquarium in der populären Naturkunde vgl. Allen 1994; Allen 1996; Daum 2002, S. 108 und S. 332-334.

auch die heutige Aquaristik in Festschriften oder Zeitschriftenbeiträgen ihre eigene Geschichte und macht Kontexte zugänglich, die aufgrund der schwierigen Quellenlage und des notwendigen Spezialwissens anderweitig nur schwer zu erschließen wären.[20]

Die Neubewertung der Aquarienkunde und des Aquariums verweist auf zwei konzeptionelle Verschiebungen in der Wissenschaftsgeschichte der letzten Jahre. Ein breiterer Blick auf die Geschichte des 19. Jahrhunderts zeigt, dass die Unterscheidung in ein akademisches Innen und Außen ebenso wenig hilfreich ist wie die strikte Trennung in Amateure und Fachwissenschaftler. In diesem Sinne wird die Aquaristik im Weiteren als »praktische Naturkunde« gefasst. Mit diesem Begriff werden viele der Fallstricke einer Konzipierung von Amateur- und Populärwissenschaft vermieden und gleichzeitig der praktisch-partizipative Charakter sowie der Geltungsanspruch an das erarbeitete und gesammelte Wissen betont. Naturwissenschaftliche Liebhabereien wie die Aquaristik treten in einem Moment mit dem Anspruch der Wissenschaftlichkeit auf, als sich die Trennung in Fach- und Amateurwissenschaft gerade herauszubilden beginnt. Das Verhältnis zwischen akademischer Wissenschaft und der Liebhaberei ist komplexer und geht weit über die einseitige Vermittlung wissenschaftlichen Wissens an eine interessierte Öffentlichkeit hinaus.[21]

20 An dieser Stelle ist insbesondere Mareike Vennens Arbeit *Das Aquarium: Praktiken, Techniken und Medien der Wissensproduktion (1840-1910)* hervorzuheben, die den zentralen Bezugspunkt für den Aquarienaspekt der vorliegenden Arbeit bildet und der ich auch darüber hinaus wichtige Anregungen verdanke, vgl. Vennen 2018. Für einen Überblick über die Kulturgeschichte ist nach wie vor auch Bernd Brunners *Wie das Meer nach Hause kam* hilfreich, vgl. Brunner 2011. Weitere wissens-, wissenschafts- und kulturhistorischen Arbeiten widmen sich Einzelaspekten des Aquariums und der Aquarianerbewegung. Sie untersuchen die Verbindung zwischen der Aquaristik und der frühen Ökologie sowie die Rolle des Aquariums als Wissensobjekt und -instrument, Reiß 2012a; Vennen 2013; Wessely 2013; Lachapelle/Mistry 2013; Brandstetter/Wessely 2013; Reiß/Vennen 2014. Das Aquarium ist aber auch als Objekt populärer Kultur im 19. Jahrhundert, in seiner Rolle als imaginativer Raum oder in seiner ästhetischen Dimension als Teil zeitgenössischer Inneneinrichtung von Interesse, Lorenzi 2009; Kranz 2010; Hamera 2012; Harter 2014. Für die Selbstgeschichtsschreibung innerhalb der derzeitigen Aquaristik vgl. etwa Rieck/Hallmann/Bischoff 2001; Rieck und Mau 2008; Verband Deutscher Vereine für Aquarien- und Terrarienkunde e.V. 2001.

21 Vgl. Nyhart 2009, S. 35-38. Nyhart verwendet den Begriff »practical natural history«, wobei allerdings im Englischen keine Unterscheidung zwischen Naturgeschichte und Naturkunde möglich ist, vgl. Nyhart 2009, S. 253-255. Dem Begriff der »Naturkunde« wird hier gegenüber dem der »Naturgeschichte« der Vorzug gegeben, um einmal vor dem Hintergrund des Über-

Mit Blick auf die in der Aquaristik verhandelten Praktiken und das produzierte Wissen wird die Zirkulation zwischen verschiedenen Räumen wie Universitätsinstituten, Privathaushalten und Zoos deutlich. Es zeigt sich, dass zumindest auf dieser Ebene enge Verbindungen und Kontinuitäten bestehen. Die Verbreitung des Axolotls in den Heimaquarien macht deutlich, dass man diese Bereiche als eng miteinander vernetzt begreifen muss. Das Aquarium rückt als *technology-in-use* in den Blick.[22]

Man kann von Aquarien auch als Infrastruktur im Sinne einer vermittelnden Instanz oder eines Zwischenraums sprechen, wie sie in den letzten Jahren in den wissenschaftshistorischen Blick genommen wurde. Als großflächig verteilte, soziotechnische Systeme, die von einer sehr großen Zahl an Nutzern in Anspruch genommen werden, zeichnen sie sich nicht nur durch ihre technische Materialität aus, sondern insbesondere durch die mit ihnen verbundenen Praktiken der Benutzung, Wartung und Umnutzung. Zudem ist die Geschichte des Aquariums eng mit der Geschichte moderner Infrastrukturen im engeren Sinne – vor allem Trink- und Abwassersysteme und die Eisenbahn – verbunden, die in Europa ab Mitte des 19. Jahrhunderts entstehen. In diesem Sinne bilden Aquarien als künstliche Naturräume in der vorliegenden Arbeit eine Infrastruktur, in der sich auf der einen Seite die Axolotl über ganz Europa ausbreiten können. Auf der anderen Seite erlauben sie den Lebenswissenschaften spezifische Objekte und Phänomene rhetorisch und symbolisch in einem Naturzustand in die Räume der Wissenschaft zu überführen und so bestimmte materielle Eingriffe, aber auch Schlussfolgerungen und Argumente zu ermöglichen. In diesem Zuge bilden sich auch die spezifischen, historisch konfigurierten Laborumwelten aus. Dabei ist das Aquarium nur ein Element einer längeren Reihe, die man sowohl materiell als auch konzeptionell von den ersten Glashäusern, über die klimatische Regulation von Gebäuden bis hin zu sogenannten Mikrokosmen, künstlichen Systemen in der ökologischen Forschung, verfolgen kann. Den sichtbarsten Ausdruck dieser Entwicklungen bildet das *Biosphere-*

gangs von der klassischen Naturgeschichte zur Zoologie begriffliche Eindeutigkeit zu gewährleisten und zum anderen auf den spezifischen Charakter der »Kunde« mit ihrer Stellung, die quer zu den üblichen Unterscheidungen von akademischen und außerakademischen Welten geht, zu betonen, vgl. auch Nyhart 2012. Für einen Eindruck von der Komplexität der praktischen Naturkunde vgl. Güttler 2014; Scheidegger 2017.

22 Zu den *technologies-in-use* vgl. Edgerton 2007. Zu den Laborumwelten vgl. Espahangizi 2010; Espahangizi 2011.

2-Projekt, der Versuch in einem riesigen Glasgebäude in der Wüste von Arizona einen künstlichen und selbsterhaltenden Naturraum zu schaffen. Durch die Gegenläufigkeit von technischer Integration und Naturalisierung ergibt sich schließlich das Unsichtbarwerden, das die Aquarien, aber auch Infrastrukturen im Allgemeinen charakterisiert.[23]

Künstliche Naturräume als Orte der Proliferation von Tieren

Nimmt man nun den künstlichen Naturraum des Aquariums als Verbreitungsraum auch in seiner ökologischen Dimension ernst – und damit den Axolotl im biologischen Sinne als Organismus –, wird durch die Verbreitungsgeschichte des Axolotls ein aquatischer Zirkulationsraum sichtbar, in dem sich lebende Tiere in Aquarien ausbreiten. Ähnlich wie in der Landschaftsökologie kann man so den Raum mit Blick auf die Tiere biologisch und kulturell differenzieren und damit analytisch strukturieren. Das Ziel ist dabei nicht, ökologische Aussagen über die (Verbreitungs)Geschichte des Axolotls zu treffen. Vielmehr wird auf verschiedenen Ebenen an die Diskussionen angeschlossen, die sich in der Wissenschaftsgeschichte in den letzten Jahren um die Fragen nach der Räumlichkeit und der Geografie von Wissen und Wissenschaft entwickelt haben.[24]

Ausgehend von dem Ziel, eine Heuristik zu entwerfen, um die Verbreitung der Axolotl zu beschreiben und zu verstehen, zeigt sich

23 Zur Vermittlungsfunktion von Infrastruktur und ihrem soziotechnischen Charakter vgl. Edwards 2003; Laak 2018. Laak setzt sich auch ausführlich mit der Problemgeschichte des Infrastrukturbegriffs auseinander. Zu Gewächshäusern vgl. Koppelkamm 1988. Christopher Hamlin zeichnet den Übergang von Glaskästen für Pflanzen zu Aquarien nach, vgl. Hamlin 1986. Zur Geschichte der klimatischen Regulation in der Architektur vgl. Banham 1984. Zur Mikrokosmosforschung in der wissenschaftlichen Ökologie des 20. und 21. Jahrhunderts, die sich direkt auf die Aquaristik des 19. Jahrhunderts bezieht, vgl. Giesy 1980; Beyers/Odum 1993, S. 178-179. Sabine Höhler fasst viele dieser Punkte in ihrer Geschichte des Biosphere 2-Projekts zusammen, vgl. Höhler 2015.

24 Zur Landschaftsökologie vgl. etwa Steinhardt/Blumenstein/Barsch 2011. Für eine kritische Debatte dieser Perspektive vgl. Didham/Kapos/Ewers 2012. Zum Raumbegriff in der Wissenschaftsgeschichte vgl. Rheinberger/Hagner/Wahrig-Schmidt 1997; Finnegan 2008; Withers/Livingstone 2011. Für einen allgemeineren Überblick über die Diskussionen über Räumlichkeit in den Geistes-und Sozialwissenschaften vgl. Döring/Thielmann 2008 und hier besonders Günzel 2008.

ein Raum, in dem die Axolotl in Europa leben und sich verbreiten – ein künstlicher Naturraum, der sich aus Süßwasseraquarien zusammensetzt. Die Mobilität der Axolotl zwischen den einzelnen Elementen ist in diesem Fall vollständig anthropogen. Ihre Bewegung verweist damit auf die Möglichkeiten und Bedingungen der Bewegung von Tieren in einem heterogen strukturierten Kulturraum. Und sie führt zurück auf die 34 Individuen, die 1864 nach Paris kommen. Gleichzeitig verdeutlicht dieser Befund aber auch, dass es an all den Orten, an denen Axolotl vorkommen, auch Aquarien gibt. Damit liefert die in der vorliegenden Arbeit vorgestellte Verbreitung der Axolotl einen Einblick in die Verbreitung von Aquarien und die Kultur der Aquarienkunde in Europa in der zweiten Hälfte des 19. Jahrhunderts.

Die Geschichte der Axolotl wirft auch Fragen über die Rolle nichtmenschlicher Akteure in der Geschichte und insbesondere in der Wissenschaftsgeschichte auf, die in den letzten Jahren im Anschluss an die *human animal studies* gestellt wurden.[25] Gleichzeitig steht die vorliegende Arbeit in einer längeren Tradition von Arbeiten aus der Wissenschaftsgeschichte, die sich einzelnen Lebewesen als konkreten Objekten der Praxis und Theorie lebenswissenschaftlicher Forschung widmen.[26] Hier sticht besonders die Literatur zu den sogenannten Modellorganismen heraus, die mit Robert Kohlers Geschichte der Fruchtfliege *Drosophila melanogaster* in der Genetik des frühen 20. Jahrhunderts ihren Anfang nehmen und seitdem einen eigenen

25 Für eine programmatische Einordnung der *human animal studies* mit historischem Schwerpunkt vgl. etwa Fudge 2002; Kalof/Resl 2007; Brantz/Mauch 2008; Schlünder/Reiß/Hüntelmann/Bauer 2012, S. 276-277. Einen umfassenderen Versuch zwischen Philosophie und Geschichte wagt die dreibändige *Philosophie der Tierforschung*, vgl. Böhnert/Köchy/Wunsch 2016; Köchy/Wunsch/Böhnert 2016; Wunsch/Köchy/Böhnert 2018. Einen anderen Zugang wählt die Reihe *Animals* des englischen Verlags Reaktion Books, vgl. z.B. Kirk/Pemberton 2013. Der Sammelband *Queering the Non/Human* zeigt auf dem Cover ein Foto, das der Künstler Karl Grimes von einem in Alkohol konservierten Axolotl in einer naturwissenschaftlichen Sammlung gemacht hat, vgl. Giffney/Hird 2008.

26 Zur Fruchtfliege *Drosophila melanogaster* und zur Vorgeschichte von Thomas Hunt Morgans Experimentalsystem vgl. Allen 1975. Zum Seeigel vgl. Ernst 2011. Zum australischen Lungenfisch vgl. Olsson et al. 2004. Zu elektrischen Fischen vgl. Koehler/Finger/Piccolino 2009. Zu den Ruderfußkrebsen vgl. Hoßfeld 1996. Zu *Proteus anguinus* vgl. Menage 2004; Shaw 2005. Zu Einzellern vgl. Schloegel/Schmidgen 2002; Morange 2006; Reynolds 2008; Sunderland 2011. Zur Mehlmotte *Ephestia kühniella* vgl. Rheinberger 2006a, S. 131-184. Zu *Papilio dardanus* vgl. Davis 2009. Zu *Fundulus heteroclitus* vgl. Atz 1986. Zu Hydra vgl. Ratcliff 2004; Galliot 2012.

Diskurs innerhalb der Geschichte und Philosophie der Lebenswissenschaften bilden.[27] Mit Blick auf diese Literatur zeigt sich vor allem die Notwendigkeit, die Geschichte von Tieren über einzelne Forschungsprojekte hinaus in den Blick zu nehmen. Während ab dem frühen 20. Jahrhundert die immer engere Koppelung zwischen Lebewesen, Räumen und Praktiken zu beobachten ist, werden im 19. Jahrhundert viele verschiedene Lebewesen für eine große Bandbreite an Forschungsprojekten eingesetzt.[28] Zudem ist das Labor als Ort der Forschung gerade erst dabei, sich in der für die weitere Geschichte der Lebenswissenschaften so prägenden Form zu konstituieren. Hier zeigt sich, dass Tiere in den Lebenswissenschaften für eine umfassende historische Analyse in enger Verbindung mit den sie umgebenden Räumen und hier auch ihr spezifischer Einfluss auf die Genese dieser Räume berücksichtigt werden müssen.[29]

Im 19. Jahrhundert sind die Orte und Praktiken gerade im Entstehen begriffen, die in den biologiehistorischen Arbeiten zum 20. und 21. Jahrhundert als gegeben vorausgesetzt werden. Wenn Robert Kohler in seiner Arbeit zur Geschichte von *Drosophila* schreibt, dass »*Drosophila* erst ins Labor kommen musste, um ein Haustier zu werden«, dann existiert das Labor bereits als differenzierter, funktionaler Raum, in den Tiere mit relativ geringem Aufwand eingeführt und Teil eines komplexen Experimentalsystems werden können. Gleichzeitig deutet der Hinweis auf die Lebensweise der Fruchtfliege als Kulturfolgerin auf eine längere Geschichte wechselseitiger Anpassung zwischen menschlichen und nicht-menschlichen Akteuren sowie den Räumen, die sie bewohnen, hin. Der Umstand, dass *Drosophila* und die Zoologen, die sie untersuchen, im gleichen urbanen Habitat leben, macht dies

27 *Drosophila* wird von Kohler umfassend behandelt, vgl. Kohler 1994. Zur Farbratte *Rattus norvegicus* vgl. Logan 2005. Zum Zebrafisch *Danio rerio* vgl. Meunier 2018. Zur Hausmaus *Mus musculus* vgl. Rader 2004. Zum Krallenfrosch *Xenopus laevis* vgl. Gurdon/Hopwood 2002. Zum Tabakmosaikvirus vgl. Creager 2002. Zur Acker-Schmalwand *Arabidopsis thaliana* vgl. Leonelli 2007. Zum Fadenwurm *Caenorhabditis elegans* vgl. Ankeny 2000. Zur Geschichte und zum analytischen Wert des Begriffs »Modellorganismus«, vgl. Ankeny/Leonelli 2011.

28 Für einen umfassenden Versuch mit eher narrativer Ausrichtung vgl. Endersby 2007. Für weitere Ansätze mit stärker konzeptionellem Fokus vgl. Kirk 2008; Schlünder/Reiß/Hüntelmann/Bauer 2012; Bauer 2012; Hüntelmann 2012; Schlünder 2012; Reiß 2012b.

29 Es gibt bisher nur wenige Arbeiten, die Tiere in der Geschichte der Lebenswissenschaften im 19. Jahrhundert konkret in den Blick nehmen, vgl. Churchill 1997; Logan 2002; Dierig 2006, S. 212-230; Hopwood 2011.

mehr als deutlich. Vor allem im Anschluss an diese Leerstelle stellt sich damit die Frage, wie in der zweiten Hälfte des 19. Jahrhunderts, als sich die Zoologie als eigenständige Disziplin etabliert und das Laboratorium als Ort für Forschung und Lehre Einzug in die Zoologie hält, Tiere konkret in diese neuen zoologischen Orte integriert werden. Die Geschichte des Axolotls ermöglicht einen Einblick in diesen schwer zugänglichen Prozess. Die Abgeschlossenheit der europäischen Axolotl-population erlaubt es, die mit den Tieren durchgeführte Forschung insgesamt in den Blick zu nehmen und damit die Entwicklung über lokale Ereignisse hinaus zu fassen. Gleichzeitig ist es für das Verständnis der Geschichte des Axolotls notwendig, nicht nur die Tiere selbst, sondern auch die Räume, die Methoden und die Praktiken zu untersuchen, mit denen sie verbunden sind. Nur so ist es möglich zu erklären, warum der Axolotl ein kontinuierliches Thema in den Lebenswissenschaften des 19. Jahrhunderts ist und warum sich die Tiere über ganz Europa ausbreiten.[30]

Die Rekonstruktion der Verbreitung der Axolotl zeichnet die Struktur und Dynamik eines Raums zwischen Wissenschaft, Unterhaltung und Ökonomie nach. Es wird eine heterogene Geografie sichtbar, in der Praktiken, Wissen und nicht zuletzt Lebewesen zirkulieren und auf diese Weise auch für die Wissenschaft zugänglich werden. Hier verweisen die künstlichen Naturräume auf die Herausbildung einer spezifischen Kompartimentalisierung, die es ermöglicht, Lebewesen in die Forschung und Lehre zu bringen und sie dabei in einer als natürlich wahrgenommenen Umgebung zu halten. Diese Entwicklung ist eng mit der Lösung eines räumlichen Problems verbunden, das sich in der Zoologie durch verschiedene methodische und praktische Veränderungen ergeben hat. So hat sich in der entwicklungsgeschichtlichen Forschung die Fauna der Meere als besonders ergiebig erwiesen. Gleichzeitig wurden die Methoden immer materialintensiver und setzten immer mehr die Verfügbarkeit von lebenden Organismen voraus. Damit war diese Forschung lokal an zoologische Forschungsstationen an den europäischen Küsten gebunden. Die Nutzung von Aquarien stellt einen Versuch dar, diese Ortsgebundenheit zu überwinden und damit die Methoden zu mobilisieren und auf diese Weise einer größeren Gruppe an Wissenschaftlern und Studenten zugänglich zu machen.

In diesem Kontext formiert sich das Labor in der Zoologie um die künstlichen Naturräume herum und löst die naturhistorische Sammlung als zentralem Arbeitsort und zentraler Arbeitsgrundlage ab. Diese

30 Vgl. Kohler 1994, hier S. 23.

Veränderung erfolgt jedoch nicht in Anlehnung an die mit dem Labor verknüpften und aus der Physiologie jener Zeit bekannten Methoden des Experiments und der Messung. Vielmehr bleibt das methodische Repertoire im Kern das gleiche wie vorher. Trotz programmatischer Äußerungen, in denen die neuen zoologischen Laboratorien als Orte der Beobachtung des Lebens der Tiere dargestellt werden, wird fast ausschließlich Entwicklungsgeschichte und vergleichende Anatomie betrieben. Die künstlichen Naturräume sind hier vor allem Ressourcen für die immer materialintensivere Forschung und für den Unterricht einer wachsenden Zahl von Studenten. Erst als das Lebendige bereits in die zoologischen Laboratorien integriert ist, entwickelt sich die experimentelle Forschung. Diese schließt zum einen an die Praktiken der Tierhaltung an und besteht in der experimentellen Untersuchung des Zusammenhangs zwischen Umwelt und Organismus. Zum anderen wird die Entwicklungsgeschichte experimentalisiert und aus der deskriptiven Rekonstruktion der Ontogenese entsteht die experimentelle Manipulation von Entwicklungsvorgängen. Die Einführung von Lebewesen und die dafür notwendigen künstlichen Naturräume müssen in der Zoologie daher als der Herausbildung experimenteller Forschung und dem steigenden Interesse an Lebensphänomenen vorausgehend verstanden werden und nicht als notwendige Konsequenz dieser methodischen und theoretischen Entwicklungen.

Der Axolotl ist damit auch ein Stellvertreter für die ganze Vielfalt an Versuchstieren, die in der zweiten Hälfte des 19. Jahrhunderts in die zoologische Forschung gelangen. Die Geschichte der europäischen Axolotlpopulation eignet sich insofern besonders gut für diesen Zweck, da es sich bei ihr um eine geschlossene Population handelt. Indem die Verbreitung der Tiere verfolgt wird, kann der überwiegende Teil der zu dieser Zeit mit den Tieren arbeitenden Forscher sichtbar gemacht werden. Gleichzeitig verweist der Umstand, dass die Tiere eben nicht einfach aus der Natur ersetzt werden können auf das Vorhandensein eines Zirkulationsraums und das damit verbundene Wissen und die Praktiken der Tierhaltung.

Das Anliegen der vorliegenden Arbeit ist es also, den sukzessiven Mobilisierungs- und Zirkulationsprozess aufzuweisen, in dessen Verlauf aus 34 Tieren in Paris innerhalb weniger Jahrzehnte eine mehrere Zehntausend Individuen umfassende Axolotlpopulation entsteht, die in Aquarien lebt und hier zu Haus- und Versuchstieren wird. Gleichzeitig wird die Entstehung und Verbreitung der künstlichen Naturräume im weiteren Kontext der praktischen Naturkunde nachvollzogen, welche die Verbreitung der Tiere erst ermöglicht und einen bislang vernachlässigten Moment in der Geschichte des Labors und des Experiments in der Zoologie markiert.

Das Buch folgt einer thematischen Gliederung und wechselt detaillierte Fallstudien mit der Inblicknahme größerer Zusammenhänge ab. Im ersten Kapitel nach der Einleitung wird zunächst die Ausgangsszene für die Verbreitung des Axolotls in Europa bereitet. Es wird gezeigt, unter welchen Voraussetzungen 1864 die ersten 34 Tiere aus Mexiko nach Paris kommen, wodurch das anfängliche Interesse an ihnen motiviert ist und welche Ereignisse dazu führen, dass die Axolotl schnell europaweite Bekanntheit erlangen. Dabei wird der koloniale Kontext der damaligen Zoologie und ihr Verhältnis zur Akklimatisierungsbewegung und zu zoologischen Gärten herausgearbeitet, wie auch die Vorgeschichte des Axolotls am Pariser *Muséum d'Histoire naturelle*. Es wird gezeigt, dass die Arbeit mit lebenden Tieren am *Muséum* weniger methodischen Überlegungen folgt, sondern vielmehr Ergebnis größerer politischer, institutioneller und gesellschaftlicher Veränderungen ist. Anschließend liegt der Fokus auf den Arbeiten des französischen Zoologen Auguste Duméril, der die Fortpflanzung der Axolotl und ihre überraschende Verwandlung in der *collection des reptiles* des Museums untersucht. Am Beispiel des Axolotls wird deutlich, wie lebende Tiere die Arbeit an alten Fragestellungen verändern, neue Fragen aufwerfen und welchen Einfluss hier das Wissen und die Praxis der Tierhaltung haben. Der große Fortpflanzungserfolg in den künstlichen Naturräumen der *collection des reptiles* ist damit die Voraussetzung, die rätselhafte Verwandlung hingegen der Grund für die schnelle Verbreitung der Tiere über Europa.

Das dritte Kapitel der Arbeit widmet sich der Geschichte des Aquariums als künstlichem Naturraum und der Aquaristik als Kulturtechnik zwischen 1850 und 1910. Sie haben entscheidenden Einfluss auf die Ausbreitung der Axolotl über Europa. Es wird argumentiert, dass die Aquaristik als Raum zwischen Wissenschaft, Unterhaltung und Ökonomie entsteht und das Aquarium als künstlicher Naturraum eine Technologie darstellt, um Natur in der urbanisierten und industrialisierten Lebenswelt nachzubilden. Ein besonderer Fokus liegt auf der Entwicklung der Aquaristik im deutschsprachigen Raum, wo es im Vergleich zu England und Frankreich zu einer breiten und nachhaltigen Institutionalisierung kommt. Hier stehen die Geschichte von Zeitschriften und Vereinen als lokale und überregionale Kommunikationsplattformen für den Austausch des noch nicht festgeschriebenen Aquarienwissens und die Zirkulation von Aquarientieren wie dem Axolotl genauso im Fokus wie Konflikte bei der Integration der künstlichen Naturräume in die bürgerliche Lebenswelt mit ihren technischen und sozialen Lösungen. Im Zentrum stehen damit die spezifische Dynamik der Aquaristik als praktischer Naturkunde zwischen universitärer Wissenschaft und außeruniversitärer Aktivitäten sowie die Entwicklung der künstlichen Naturräume, die gemeinsam eine wichtige Voraussetzung für die Verbreitung der Axolotl darstellen.

Im vierten Kapitel der Arbeit wird einer der Verbreitungswege des Axolotls in der Wissenschaft im Detail nachverfolgt, auf dem Tiere zwischen 1868 und 1872 von Paris über Würzburg nach Freiburg i. Br. gelangen. Hier wird gezeigt, wie die Tiere zu Fallbeispielen für Fragen der Evolutionstheorie Charles Darwins werden und damit von der auf die Tierart selbst fokussierten Fragestellungen der Taxonomie und Naturgeschichte in größere Fragestellungen der neuen Zoologie überführt werden. Dabei wird deutlich, welche Konsequenzen auf inhaltlicher und praktischer Ebene der Übergang von Verweisen auf Literaturstellen im Sinne der Naturgeschichte zur Untersuchung der Tiere selbst für die beteiligten Wissenschaftler hat. In mikrohistorischen Rekonstruktionen der Arbeit der verschiedenen Wissenschaftler und Wissenschaftlerinnen werden sowohl die inhaltlichen Kontexte der verschiedenen Ansätze herausgearbeitet wie auch die praktischen Dimensionen. Besonders im Fokus steht dabei die heute völlig in Vergessenheit geratene Zoologin Marie von Chauvin (1848-1921), deren experimentelle Studien an Axolotln und anderen Amphibien das epistemische Potenzial des Aquariums genauso zeigt wie die praktischen Umbrüche in der zoologischen Forschung in der zweiten Hälfte des 20. Jahrhunderts.

Das fünfte Kapitel behandelt daran anschließend die Einführung künstlicher Naturräume und besonders des Aquariums in der Zoologie im deutschsprachigen Raum. An den Beispielen Leipzig, Würzburg, Freiburg i. Br. und Kiel wird gezeigt, dass die Integration künstlicher Naturräume in die Zoologie eine Entwicklung ist, die spezifischen institutionellen und methodischen Veränderungen folgt und eng an die Aquaristik gebunden ist. Dabei treten ähnliche Konflikte auf, wie sie im zweiten Kapitel bereits für den bürgerlichen Haushalt deutlich wurden. Aquarien spielen in der Zoologie ab den 1860er Jahren eine immer wichtigere Rolle und werden beim Neubau zoologischer Institute berücksichtigt. Es wird argumentiert, dass die künstlichen Naturräume der Zoologie von den Anforderungen der Wissenschaftler ebenso geprägt werden wie von den Praktiken und den Vorstellungen der Aquaristik sowie den Bedürfnissen der Tiere.

Im sechsten Kapitel folgt die Analyse der Verbreitungsgeschichte des Axolotls in der Wissenschaft zwischen 1864 und 1914. Zuerst werden die direkt mit Auguste Duméril in Paris verbundenen Publikationen/Orte dargestellt und wie er den Transport der Tiere am Anfang organisiert und an welche Personen er Tiere verschickt. Es folgt ein kurzer Überblick nach Ländern und Städten geordnet, um einen Eindruck von der Verteilung und der jeweiligen Einsätze zu vermitteln. Eine kartografische Visualisierung der Verbreitung verdeutlicht dabei zum einen die Dynamik des Prozesses und bietet gleichzeitig mit der synchronen Darstellung eine zusätzliche Perspektive zur diachron strukturierten Beschreibung. Wie gezeigt wird, findet zwischen 1864 und 1914 eine umfassende Verbreitung der Tiere über ganz Europa und in allen lebenswissenschaftlichen Bereichen statt.

2 Präpariertes Leben – lebende Präparate
Der Axolotl zwischen Naturgeschichte und Experiment

Der politische Ursprung des mexikanischen Axolotls

»Schließlich, meine Herren, gab es noch dreiunddreißig schwarze Axolotl und einen weißen Axolotl.« Dieser 1864 im *Bulletin de la Société impériale zoologique d'acclimatation*, der Zeitschrift der französischen Akklimatisierungsgesellschaft, veröffentlichte Satz markiert den Beginn der europäischen Geschichte des mexikanischen Axolotls. Étienne Rufz de Lavison (1806-1884), zu dieser Zeit Direktor des Zoos der Gesellschaft, des *Jardin zoologique d'acclimatation*, berichtet ihren Mitgliedern über verschiedene neu aus den Kolonien eingetroffene Tiere. Zu der Lieferung aus Mexiko gehören neben drei Hirschkühen und drei kleinen Hunden auch 33 schwarze und ein weißer Axolotl. In seiner Präsentation der neuen Tiere bedankt sich Rufz de Lavison bei Édouard Drouyn de Lhuys (1805-1881) sowie bei Marschall Élie Frédéric Forey (1804-1872), dem Absender der Tiere, und verweist damit auf den politischen Ursprung der Axolotl. Denn Édouard Drouyn de Lhuys ist nicht nur Präsident der Akklimatisierungsgesellschaft, sondern auch französischer Außenminister, und Marschall Forey ist der Oberbefehlshaber der *Commission scientifique du Mexique*, einer wissenschaftlichen Expedition zur Erschließung Mexikos.[1]

Diese Szene bildet den Ausgangspunkt der Geschichte des Axolotls in Europa und öffnet die vielfältigen Verbindungen zu ihrem größeren politischen und wissenschaftlichen Kontext sowie zur bereits längeren Präsenz der Tiere in der europäischen Naturgeschichte, um die es im Folgenden gehen wird. Entlang der jeweiligen Praktiken und den sich daraus ergebenden Existenzweisen führt der Weg zur Frage nach dem wissenschaftlichen Interesse am Axolotl im Paris der 1860er Jahre und

1 Vgl. Rufz de Lavison 1864, hier S. 178. »Enfin, messieurs, il y avait encore trente-trois Axolotls noirs et un Axolotl blanc.« Falls nicht ausdrücklich ausgewiesen, stammen alle Übersetzungen vom Autor der vorliegenden Arbeit. Zur im Folgenden noch ausführlicher diskutierten Geschichte der französischen Akklimatisierungsbewegung vgl. Osborne 1994.

zur Rekonstruktion der Fortpflanzung der Tiere, der Grundlage für die weitere Ausbreitung in ganz Europa.

Obwohl Mexiko in den 1860er Jahren formal keine Kolonie ist, steht es faktisch unter dem Protektorat Frankreichs. Napoleon III. hat die unübersichtliche Situation nach dem als *Guerra de Reforma* (1857-1861) bekannten Bürgerkrieg genutzt, um das Land zu besetzen. Nach dem Vorbild der französischen Expeditionen nach Ägypten (1798-1801), Algerien (1839-1842) und Griechenland (1829-1831) soll ab 1864 eine wissenschaftliche Kommission, die *Commission scientifique du Mexique*, die umfassende Erschließung des Landes organisieren und kartografische, mineralogische, archäologische und naturgeschichtliche Projekte genauso durchführen wie anthropologische, linguistische und medizinische Untersuchungen. Die Kommission, die dem französischen Bildungsministerium *(Ministère de l'instruction publique)* untersteht und mit einem jährlichen Etat von 200.000 Francs ausgestattet ist, setzt sich aus 26 Mitgliedern aus allen wichtigen wissenschaftlichen und kulturellen Institutionen Frankreichs zusammen. Diese ernennen 15 Forscher, die als Teil der Mission nach Mexiko reisen, sowie 45 Korrespondenten in Europa und Mexiko für die Auswertung der gesammelten Daten und Objekte. Damit fügt sich die *Commission* ein in die wechselseitige Mobilisierung wissenschaftlicher und administrativ-politischer Institutionen in Frankreich und seinen Kolonien, die für eine stetige Zirkulation von Wissen und Objekten entlang der kolonialen Netzwerke Frankreichs sorgt.[2]

Wie die Präsentation der seltenen Tiere zeigt, ist auch die *Société impériale zoologique d'acclimatation* Teil dieser Zirkulation. Die 1854 gegründete Gesellschaft mit dem von ihr herausgegebenen *Bulletin* und dem von ihr betriebenen *Jardin d'acclimatation* bildet das institutionelle Zentrum der französischen Akklimatisierungsbewegung, die mit dem Ziel antritt, Tier- und Pflanzenarten mit ökonomischem Potenzial in neue Klimata einzuführen und sie an diese anzupassen. Rufz de Lavison verweist bei seiner Vorstellung der Axolotl aber nicht nur auf ihre Herkunft, sondern erklärt auch, dass einige Tiere an die »ehrwürdige nationale Institution, das Muséum, dieses Zentrum der

2 Zum politischen Verhältnis Frankreichs und Mexikos in den 1860er Jahren vgl. Bazant 2002, S. 465-469. Zur französischen Kolonialwissenschaft vgl. McClellan/Regourd 2000. Für eine ausführlichere historische Einordnung der mexikanischen Expedition vgl. Edison 2003. Für eine Analyse der Expeditionspraxis des imperialen Frankreichs aus einer wissenschaftshistorischen Perspektive, vgl. Broc 1981.

Naturgeschichte«[3] abgegeben werden. Diese Weitergabe folgt der etablierten Praxis der französischen Akklimatisierungsgesellschaft, neue Tiere und Pflanzen an möglichst viele verschiedene Personen zu verteilen, um die Chancen für eine erfolgreiche Akklimatisierung zu erhöhen und gleichzeitig das Netzwerk der Gesellschaft zu pflegen und zu erweitern. Im Gegenzug bestätigt Auguste Duméril (1812-1870), Professor für Herpetologie (Amphibien- und Reptilienkunde) und Ichthyologie (Fischkunde) am *Muséum d'Histoire naturelle*, dass es sich bei den 34 Axolotln um die ersten lebend nach Paris gekommenen Tiere dieser Art handelt und verleiht ihnen mit dieser Einschätzung aus der Wissenschaft einen entsprechenden ökonomischen und symbolischen Wert.[4]

Doch der Axolotl blickt bereits auf eine längere Geschichte in der europäischen und insbesondere in der französischen Naturgeschichte zurück. Während die *Société*, die erst 1854 gegründet wird, eine relativ junge Institution ist, blickt das *Muséum* bereits auf eine lange Geschichte zurück. Es entsteht 1793 als Nachfolgeinstitution des *Jardin du Roi* im Zuge der Neuorganisation der französischen Wissenschaften nach der französischen Revolution und wird zur zentralen Anlaufstelle aller naturhistorisch relevanten Objekte, die aus den Kolonien nach Frankreich kommen. Diese privilegierte Stellung verleiht den am *Muséum* arbeitenden Wissenschaftlern die zentrale Position in der europäischen Naturgeschichte. Im *Muséum* kommen die auf Forschungsreisen gesammelten Naturgegenstände zusammen und werden untersucht, beschrieben und klassifiziert. Unter den Professoren des *Muséum* versteht es Georges Cuvier (1769-1832) am nachdrücklichsten, diese Position zu nutzen, zu erweitern und auf dieser Grundlage seine Methode der vergleichenden Anatomie zu entwickeln.[5]

Seine vergleichende Anatomie und ihre koloniale Grundlage sind jedoch nicht nur als konzeptioneller Hintergrund für die Geschichte des Axolotls wichtig. Cuvier ist auch der erste, der eine umfassende anatomische Beschreibung eines Axolotls vorlegt. Vor der französischen Expedition nach Mexiko in den 1860er Jahren bereist der preußische Naturforscher Alexander von Humboldt (1769-1859) auf seiner

3 Rufz de Lavison 1864, S. 178. »notre grand établissement national du Muséum, cette métropole de l'histoire naturelle«.

4 Zur Aufwertung des Axolotls durch die Wissenschaft vgl. Rufz de Lavison 1864, S. 179. Zur Geschichte der französischen Akklimatisierungsbewegung vgl. Osborne 1994; Osborne 2000.

5 Zur Geschichte des *Muséum d'Histoire naturelle* vgl. Limoges 1980; Spary 2000; Osborne 2005; Burkhardt 2007. Zu Cuvier, vgl. Outram 1984.

Reise nach Lateinamerika (1799-1804) zwischen 1803 und 1804 Mexiko und sammelt dort neben unzähligen anderen Dingen zwei Axolotl. Er schickt die präparierten Tiere an eben jenes *Muséum*, das dank Cuviers vergleichender Anatomie und der durch die kolonialen Netzwerke angehäuften Sammlungen das Zentrum der europäischen Naturgeschichte um 1800 darstellt. Hier ist Cuvier mit der Auswertung des zoologischen Teils von Humboldts Reise verantwortlich und untersucht und beschreibt in diesem Rahmen die beiden Axolotlexemplare. Sein Forschungsinteresse zielt insbesondere auf die Frage ab, ob es sich bei den beiden Tieren um ausgewachsene Exemplare handelt oder um Larven und damit auch darum, wie der Axolotl in das natürliche System einzuordnen ist. Seine Analyse und das mit ihr verbundene klassifikatorische Problem wird für lange Zeit bestimmend für die weitere Wissenschaftsgeschichte des Axolotls und insbesondere für den Umgang mit den lebenden Tieren sein, die 1864 nach Paris kommen.[6]

Cuvier stellt den Axolotl zusammen mit zwei anderen wenig erforschten Arten vor – dem Grottenolm *(Proteus anguineus)* aus den Karsthöhlen des heutigen Sloweniens und dem Großen Armmolch (*Siren lacertina*) aus Nordamerika. Ziel seiner Untersuchung ist es dabei eben nicht nur, die drei Arten zu beschreiben und die Frage zu klären, ob es sich bei ihnen um echte Amphibien in seinem Sinne handelt. Es geht auch darum, die Existenz von Amphibien als zoologische Gruppe zu klären. Während der Botaniker und Begründer der wissenschaftlichen Taxonomie Carl von Linné (1707-1778) höhere taxonomische Kategorien wie Gattungen, Ordnungen und Klassen als pragmatische und damit künstliche Ordnungskategorien angesehen hat, fasst Cuvier sie als natürliche Organisationstypen auf, die sich aus der jeweiligen funktionellen Integration der anatomischen und physiologischen Strukturen im Individuum und der Einpassung in die spezifischen Lebensbedingungen ergeben. Diese zeichnen sich durch eine Reihe charakteristischer Merkmale aus. Linné hatte die Klasse *Amphibium* für Tiere aufgestellt, die gleich gut an das Leben im Wasser und an der Luft angepasst sind. Um als eigener Organisationstyp im Sinne Cuviers zwischen den Fischen und den Reptilien gelten zu können, müssen die betreffenden Tiere über ihre ganze Lebensspanne hinweg die Möglichkeit zur Luft- und Wasseratmung haben. Alle Amphibien

6 Vgl. Cuvier 1811, S. 111. Soweit im Rahmen der vorliegenden Arbeit ermittelt werden konnte, sind dies die ersten Axolotl überhaupt, die ihren Weg nach Europa finden und einer ausführlichen anatomischen Untersuchung unterzogen werden.

im Sinne Linnés, die Cuvier bis zu diesem Zeitpunkt untersucht hat, atmen in ihrem Erwachsenenstadium ausschließlich mit der Lunge und sind damit nach seiner Klassifikation Reptilien.[7]

Mit dem Axolotl, dem Olm und dem Armmolch hat Cuvier drei neue Kandidaten, um den Status der Kategorie *Amphibia* überprüfen zu können. Die Exemplare, die er zur Verfügung hat, weisen Kiemen und Lungen auf. Um zu entscheiden, ob diese drei neuen Arten, die zumindest für einige Zeit beide Atmungsarten besitzen, echte, also dauerhafte Amphibien sind, muss er feststellen, ob es sich bei ihnen anatomisch um Larven oder um vollständig entwickelte Tiere handelt. Er muss also klären, ob diese Tiere ihre Kiemen noch verlieren werden, wie es bei den Larven der einheimischen Lurche der Fall ist. Aufgrund seines methodischen Ansatzes, aber auch, weil ihm nur wenige präparierte Exemplare zur Verfügung stehen, muss Cuvier das Alter und den Entwicklungsstand der Tiere indirekt bestimmen. Zu diesem Zweck entwickelt er zusammen mit Constant Duméril (1774-1860), Professor für Physiologie und Anatomie an der Pariser *École de médicine* und vertretungsweise Professor für Herpetologie und Ichthyologie am *Muséum*, anhand der Kaulquappen französischer Froscharten einen Larventypus. Anhand des Vergleichs mit diesem Kaulquappentypus bestimmt Cuvier anschließend den Entwicklungsstand der drei neuen Arten und will so die Frage beantworten, ob es sich bei ihnen um Larven oder erwachsene Tiere handelt. Statt also die Frage nach dem Entwicklungsverlauf einer Tierart mit der Beobachtung dieser Entwicklung zu beantworten, muss er den Umweg über seine vergleichend-anatomische Methode nehmen.[8]

Obwohl es sich bei den beiden Exemplaren von Humboldt um die ersten Axolotl in Europa handelt, kann Cuvier für seine Untersuchung auf naturhistorisches Wissen über die Tiere zurückgreifen, das bereits vorliegt. So wird der Axolotl aufgrund seiner Verbreitung und kultu-

7 Vgl. Cuvier 1811, S. 93-94. Zur Epistemologie von Cuviers Zoologie vgl. Foucault 2002.

8 Vgl. Cuvier 1811, S. 95-98. Gleichzeitig weist Cuvier darauf hin, mit seinen Untersuchungen eine Forschungslücke zu schließen, da seit Jan Swammerdam (1637-1680) niemand zu diesem Thema publiziert hat. Dies ist für ihn umso erstaunlicher, als es sich um Kaulquappen handelt, »dem einzigen Tier, bei dem die Metamorphose sozusagen unter unseren Augen stattfindet, und bei dem wir den Übergang jedes Organsystems von einer Form in eine völlig entgegengesetzte nachvollziehen können« (Cuvier 1811, S. 95). »Le seul animal où la métamorphose se fasse pour ainsi dire sous no yeux, et où nous puissions suivre chaque système organique dans son passage d'une forme à une autre toute opposée.«

rellen Bedeutung in Mexiko von Beginn an in den Berichten aus der Neuen Welt erwähnt, etwa bei Francisco Ximénez (1666–ca. 1729), Juan Nieremberg (1595-1658) und Joannes Jonstonus (1603-1675), die in der ersten Hälfte des 17. Jahrhunderts erscheinen. Cuvier beginnt seine Arbeit mit einer Diskussion des in diesen Texten enthaltenen Wissens über den Axolotl. In einem quasi-philologischen Verfahren ordnet er dieses frühneuzeitliche Wissen und bezieht es auf seinen Kenntnisstand. Die komplexe Überlieferungsgeschichte von Ximénez' Buch macht die Herausforderungen dieser Übersetzung deutlich. Das Buch *Quatro libros. De la naturaleza, y virtudes de las plantas* basiert auf den Aufzeichnungen des spanischen Arztes Francisco Hernandez de Toldedo (1514/1517-1587), der von 1570 bis 1577 eine naturhistorische Forschungsreise in die neue Welt unternimmt. Auf dieser Reise füllt er 17 Bände mit Beschreibungen und Zeichnungen von medizinisch wichtigen Tieren, Pflanzen und Mineralien. Zurück in Spanien arbeitet er an der Veröffentlichung, die er in Lateinisch, Spanisch und Nahuatl, der Sprache der Azteken und anderer indigener Völker Mexikos, plant, stirbt jedoch vor Vollendung seines Werkes. Während die Originalmanuskripte in der Bibliothek von El Escorial aufbewahrt und bei einem Brand 1671 zerstört werden, publiziert der Mönch Francisco Ximénez 1615 in Mexiko Teile von Hernandez Manuskript in einer von ihm umgearbeiteten Fassung.[9]

Cuvier verweist selbst auf Hernandez und dessen komplexe Traditionsgeschichte und hebt hervor, dass Nieremberg seine Beschreibung von Hernandez kopiert und Jonstonus wiederum die von Nieremberg. Weiterhin geht er auf Übersetzungsfehler von Ximénez ein und versucht insgesamt das aus der naturhistorischen Überlieferung Bekannte zu ordnen und mit seinen eigenen Beobachtungen an den zwei präparierten Exemplaren in Einklang zu bringen. Seine Analyse der frühneuzeitlichen Texte zum Axolotl zeigt die kompilatorische und philologische Tradition der Naturgeschichte. Gleichzeitig macht Cuviers Umgang mit dem in diesen Texten enthaltenen Wissen den Unterschied deutlich, der sich für ihn aus der vergleichenden Anatomie und durch die Präparate ergibt, die er von Humboldt erhält.[10]

9 Vgl. Ximénez 1615; Nieremberg 1635; Jonstonus 1649. Zur frühen Naturgeschichte der Tiere der Neuen Welt vgl. Asúa/French 2005. Für eine Geschichte der herpetologischen Erforschung Mexikos vgl. Flores-Villela/Smith/Chiszar 2003. Zur Publikationsgeschichte von Ximénez' Buch vgl. Varey 2000; Varey/Chabrán/Weiner 2000.

10 Vgl. Cuvier 1811, S. 110. Zur Text- und Beobachtungspraxis der frühneuzeitlichen Naturgeschichte vgl. Daston/Park 2002; Krämer 2014.

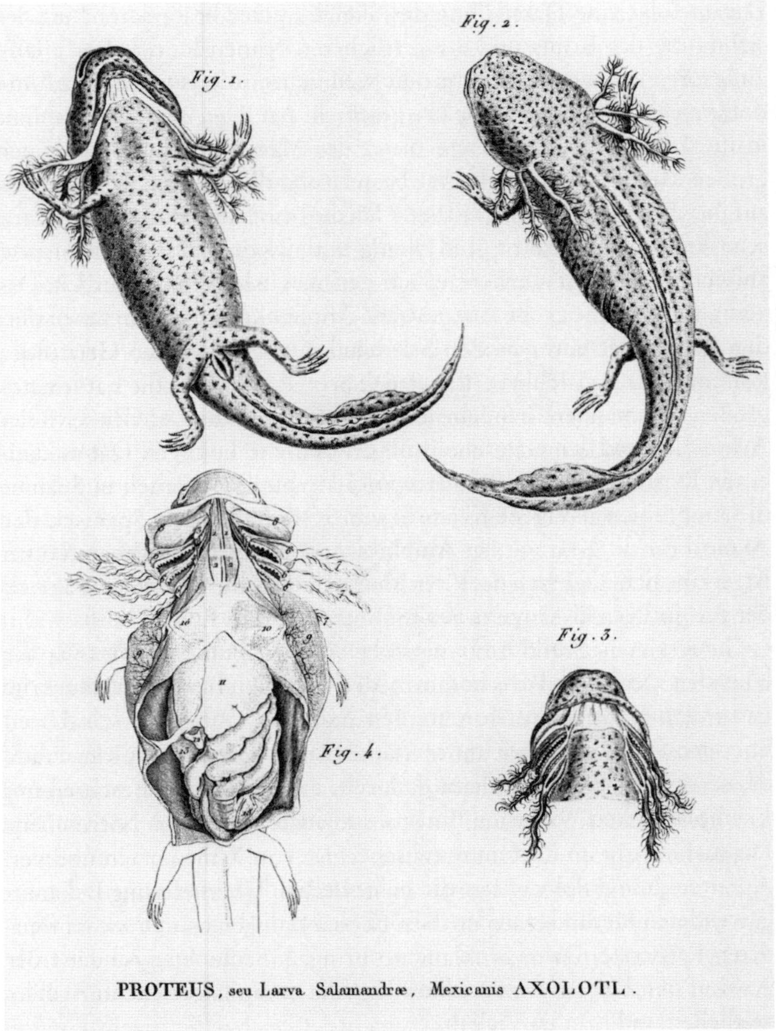

Abb. 2: Das erste Mal tritt der Axolotl in Paris als Präparat der vergleichenden Anatomie in Erscheinung. Alexander von Humboldt schickt zu Beginn des 19. Jahrhunderts zwei konservierte Exemplare zu Georges Cuvier am *Muséum d'Histoire naturelle* (1811).

Die Untersuchung der Axolotlpräparate stellt den eigentlichen Kern von Cuviers Arbeit dar. Er beginnt mit einer Beschreibung der äußeren Erscheinung der Präparate, um sich dann ihrer inneren Organisation zu widmen und hier insbesondere den Kiemenbögen und dem mit diesen verbundenen Gefäßsystem der Tiere (vgl. Abb. 2), die für die Frage der Atmung und ihrer anatomischen Struktur zentral sind.

Darauf folgt eine Darstellung des Skeletts unter besonderer Berücksichtigung des Kopfs und der restlichen Organe. Bei den Fortpflanzungsorganen kann Cuvier nur die weiblichen untersuchen, da Humboldt zwei weibliche Exemplare geschickt hat. Den einzigen Einblick in die Lebensweise der Tiere bietet der Mageninhalt, der aus einer großen Menge Süßwasserkrebse besteht und damit einen Rückschluss auf ihre Ernährungsweise zulässt.[11] Da die beiden Axolotlpräparate ein sehr knorpeliges Skelett und wenig entwickelte Geschlechtsorgane aufweisen, schließt Cuvier auf ein geringes Alter der Tiere. Gleichzeitig stellt er eine große anatomische Ähnlichkeit zwischen ihnen und den Larven der europäischen Salamander fest. Auf dieser Grundlage kommt er zu dem Schluss, dass es sich beim Axolotl um die Larve eines großen Salamanders handeln muss. Dagegen ordnet er den Großen Armmolch und den Grottenolm als erwachsene Tiere ein. Damit kann er die Existenz eines eigenen Amphibientypus nachweisen und damit die Amphibien als eigene Klasse in sein System einfügen. Während der Axolotl für die Klärung des Amphibienproblems nicht mehr relevant ist, ergibt sich die Frage nach der Identität des Salamanders, in den sich der Axolotl gemäß Cuviers Schlussfolgerung umwandelt.[12]

Cuviers Arbeit bildet für die folgenden 50 Jahre, bevor 1864 die lebenden Tiere nach Paris kommen, den zentralen Bezugspunkt für die naturhistorische Diskussion um den Axolotl. Dabei gerät sein Urteil über den Status der Tiere immer stärker in die Kritik. Die Gelegenheit dazu ergibt sich nicht zuletzt dadurch, dass immer neue präparierte Exemplare ihren Weg nach Europa und auch in die USA finden. Eine Diskussion der im Zeitraum zwischen 1811 und 1864 erscheinenden Arbeiten zum Axolotl zeigt die behandelten Fragestellungen, die angewendeten Methoden und insbesondere auf die Herkunft der verwendeten Präparate. Dabei wird nicht nur die Forschungsgeschichte der Axolotl sichtbar, sondern auch die Kultur der Naturgeschichte in ihrer zeitlichen und lokalen Vielfalt.

11 Humboldt selbst erwähnt den Axolotl in seinen eigenen Schriften nur sehr kurz, vgl. Humboldt 1810.

12 Vgl. Cuvier 1811, S. 116. Einen Kandidaten für diese Adultform stellt Cuvier ebenfalls vor. Der französische Botaniker Francois André Michaux (1770-1855) beobachtet 1802 auf seiner Reise in den nordamerikanischen Südosten einen Salamander und schickt Cuvier ein Exemplar zur Untersuchung, vgl. Michaux 1808, S. 279-280. Bei diesem Präparat stellt er Ähnlichkeiten zum Axolotl fest, vgl. Cuvier 1811, S. 116. Dreizehn Jahre später, als eine entsprechende Larve dieses Salamanders gefunden wird, muss Cuvier diese Möglichkeit allerdings wieder verwerfen, vgl. Cuvier 1824, S. 416.

Im Jahr 1812 berichtet der US-amerikanische Naturhistoriker Benjamin Smith Barton (1766-1815) über zwei Axolotl, die er von einem gewissen Cervantes aus Mexiko-Stadt bekommen hat. In den 1820er Jahren bringt der englische Forschungsreisende und Naturalienhändler William Bullock (ca. 1773-1849) auf Bitte des englischen Arztes und Naturhistorikers Everard Home (1756-1832) mehrere Exemplare nach London mit. Home will explizit Cuviers Ergebnisse überprüfen, da er bei der anatomischen Untersuchung von anderen Präparaten Hinweise gefunden hat, dass der Axolotl eben doch das ausgewachsene Stadium der Art darstellt. Also bittet er Bullock von seiner Reise nach Mexiko einige möglichst ausgewachsene Exemplare des Tiers mitzubringen sowie Informationen über die Lebensgewohnheiten und insbesondere die Fortpflanzungsart des Axolotls zu sammeln. Bullock bringt mehrere männliche und weibliche Individuen mit ausgebildeten Geschlechtsorganen zurück, die Home die Schlussfolgerung erlauben, dass der Axolotl ein ausgewachsenes Tier sei. Nachdem Home die Exemplare untersucht hat, werden sie im *Brookesian Museum* in London ausgestellt.[13]

Der Dorpater Anatom und Zoologe Martin Heinrich Rathke (1793-1860) publiziert 1829 seine *Bemerkungen über den Acholotl oder mexikanischen Proteus*, die er im Anschluss an Homes Untersuchung anstellt, da er dessen Beschreibung für nicht detailliert genug hält. Seine Untersuchung nimmt er in Berlin an einem männlichen und einem weiblichen Axolotl im Anatomisch-Zootomischen Museum der Berliner Universität in Anwesenheit der Berliner Professoren Martin Lichtenstein (1780-1857), Karl Rudolphi (1771-1832) und Johannes Müller (1801-1858) vor. Die untersuchten Axolotl stammen wahrscheinlich von Ferdinand Deppe (1794-1861), einem Naturalienhändler, der in den 1820er Jahren zwei Sammlungsreisen nach Mexiko unternimmt. Deppe verfügt durch seinen Bruder Wilhelm über gute Kontakte zum Anatomisch-Zoologischen Museum. So inventarisiert Martin Lichtenstein die alte Sammlung, die Ferdinand Deppe zur Finanzierung seiner Mexikoreise verkaufen will und begutachtet auch die neuen Einsendungen. Rathke kommt ebenfalls zu dem Schluss, dass die untersuchten Individuen ausgewachsen sind. Im Jahr 1852 fertigt Wilhelm von Wittich seine Studie *Beiträge zur morphologischen und histologischen Entwickelung der Harn- und Geschlechtswerkzeuge der nackten Amphibien* an der Universität Königsberg bei

13 Vgl. Barton 1812, S. 13; Home 1824; Brookes 1828. Zu Bullock und seiner Reise nach Mexiko vgl. Costeloe 2006.

Rathke an, der dort seit 1835 Professor ist. Wittich untersucht hier unter anderem einen präparierten Axolotl, den er von Rathke erhält.[14]

In Würzburg fertigen die beiden Medizinstudenten Carl Gegenbaur (1826-1903) und Nikolaus Friedreich (1825-1882) unter dem Anatomieprofessor Albert Kölliker (1817-1905) eine detaillierte anatomische Beschreibung eines Axolotlschädels an. Die zootomische Anstalt in Würzburg ist seit den 1840er Jahren im Besitz mehrerer Skelette, Schädel und Weichpräparate von Axolotln. Die Beschreibung der beiden Studenten geht in Köllikers Theorie des Primordialschädels der Wirbeltiere ein, in der er zeigt, dass sich der Schädel bei allen Wirbeltieren auf die gleiche Art, oder wie Kölliker es ausdrückt, nach »allgemeinen Gesetzen« entwickelt. Die Entstehung des Schädelskeletts ist eines der klassischen Themen der Morphologie, das nicht zuletzt durch die von Lorenz Oken (1779-1851) und Johann Wolfgang von Goethe (1749-1832) im Kontext der romantischen Naturphilosophie formulierte Wirbeltheorie des Schädels Bedeutung erlangt. Entscheidend ist hier die entwicklungsgeschichtliche Methode, bei der nicht nur der fertig ausgebildete Schädel verschiedener Wirbeltierarten untersucht, sondern vor allem die Herausbildung der einzelnen Schädelteile im Laufe der Entwicklung des Individuums rekonstruiert wird. Kölliker zeigt hier, dass die an der Bildung des Schädelskeletts beteiligten Knochen aus entwicklungsgeschichtlich verschiedenen Ursprüngen stammen.[15] Für seine Theorie verbindet er die entwicklungsgeschichtlichen Studien, die von ihm, seinen Mitarbeitern und Studenten angefertigt wurden, zu einer vergleichenden Analyse. In

14 Vgl. Rathke 1829; Wittich 1852, S. 127. In Deppes Verzeichnis wird der Preis für die zwei angeführten Axolotl mit 4 bzw. 2 Thalern angegeben, vgl. Deppe 1863, S. 59. Für eine ältere Fassung des Verzeichnisses vgl. Deppe 1830. Zu Deppes Verzeichnis vgl. Smith 1971. Lichtenstein kauft einen Großteil des von Deppe gesammelten Materials für das Anatomisch-Zootomische Museum, vgl. Flores-Villela/Smith/Chiszar 2003, S. 313. Zu Deppes Sammlungsreise vgl. Stresemann 1954; Bankmann 2001; Flores-Villela/Smith/Chiszar 2003, S. 313-314. Auf der ersten Reise (1825-1826) trifft er auch Bullock, freundet sich mit ihm an und reist einige Zeit mit ihm, vgl. Costeloe 2006, S. 299-300.

15 Kölliker zeigt entwicklungsgeschichtlich, dass es sich hier einmal um Knochen handelt, die ursprünglich aus dem Primordialschädel hervorgehen, und zum anderen um sekundären Knochen, die sich erst aus den weichen Blastemen zwischen dem Primordialschädel und der ihn umgebenden Haut bilden. Zu Köllikers Primordialschädeltheorie vgl. Kölliker 1850, hier S. 281; Kölliker 1849a. Ausführlich legt Kölliker seine Theorie dann nochmals in seiner *Entwicklungsgeschichte des Menschen und der höheren Thiere* von 1879 dar, vgl. Kölliker 1879, S. 449-463. Zur Geschichte der Wirbeltheorie des Schädels vgl. Di Gregorio 1995, S. 272-273.

diesem Kontext ist der Axolotl also nur eine von vielen Arten, die für vergleichend-anatomische und morphologische Forschungsfragen wie die Kopfentwicklung herangezogen werden und ihre Aussagekraft vor allem durch den Vergleich mit einer Reihe von anderen Arten gewinnen. Neben Köllikers Primordialschädelprojekt findet das Würzburger Axolotlmaterial noch Verwendung in zwei anderen Arbeiten seiner Mitarbeiter. Franz Leydigs (1821-1908) publiziert 1853 *Anatomisch-histologische Untersuchungen über Fische und Reptilien* und Karl Josef Eberth (1835-1926) 1863 die histologische Studie *Über den feineren Bau der Lunge*.[16]

Weiterhin präsentiert Karl Friedrich Meisner (1800-1874) 1835 vor der Naturforschenden Gesellschaft in Basel ein Axolotlpräparat. Es tauchen auch Exemplare in Inventarlisten des *British Museum* in London und des *Museo Civico* in Mailand auf. Im Jahr 1861 untersucht der irische Arzt und Naturhistoriker Edward Perceval Wright (1834-1910) das Verdauungssystem des Axolotls an Exemplaren unbekannter Herkunft. Weiterhin diskutiert er vor dem Hintergrund seiner eigenen Untersuchung die bisher veröffentlichten Arbeiten zum Axolotl. Cuviers Einordnung des Axolotls lehnt er als unpräzise und voreingenommen ab.[17]

Am Anfang der europäischen Geschichte des Axolotls steht also eine Beschreibung, die von Hernandez in Mexiko angefertigt wird und nach Europa gelangt. Dort geht das Original verloren, während am Ausgangsort kompilierte Auszüge publiziert (Ximénez) und dann wiederum in Europa kopiert werden (Nieremberg und Jonstonus). Die nächste Transformation ist Humboldts Versendung der präparierten Exemplare nach Paris. Hier wird also nicht mehr eine zweidimensionale Repräsentation mobilisiert, sondern das Tier selbst, wenn auch in präparierter Form. Es müssen nun nicht nur Wissenschaftler und Papier bewegt werden, sondern auch Alkohol und die entsprechenden Behälter, die es Humboldt erlauben, die Präparate anzufertigen und an Cuvier zu schicken.

16 Vgl. Friedreich/Gegenbaur 1849; Leydig 1853; Eberth 1863. Carl Gegenbaur wird später einer der Mitbegründer der evolutionären Morphologie. Zur detaillierten Einordnung dieser Publikation in das Werk Gegenbaurs mit einem Faksimile der Originalpublikation vgl. Hoßfeld/Olsson 2003; Olsson/Hoßfeld 2003. Zu Gegenbaurs ausführlicher Einordnung in die Biologiegeschichte vgl. Hoßfeld/Olsson/Breidbach 2003. Zu den Präparaten in der Würzburger Sammlung vgl. Kölliker 1849b, S. 7.

17 Vgl. Meisner 1835; Wright 1861. Zu den Axolotln in London und Mailand vgl. Gray 1850, S. 49; Jan 1857, S. 55.

Diese spezifischen Sammlungs-, Transport- und Zirkulationspraktiken transformieren den Zustand des Untersuchungsgegenstands und damit auch den anschließenden Untersuchungsrahmen. Eine Konsequenz ist, dass die Tiere, mit denen gearbeitet wird, tot und präpariert sind. Damit ist nur ein mehr oder weniger kontingenter Zeitpunkt ihres allgemeinen Entwicklungsverlaufs und individuellen Lebens fixiert und kann untersucht werden. So arbeitet Cuvier mit zwei Weibchen unbekannten Alters. Home beauftragt Bullock, ihm mehrere möglichst ausgewachsene Exemplare beider Geschlechter mitzubringen und zudem in Mexiko weitere Beobachtungen über die Lebensweise der Tiere anzustellen.

Allerdings wäre es zu einfach, diese spezifischen Mobilisierungspraktiken retrospektiv als rein technisch bedingte Einschränkung zu verstehen. Denn Präparate, seien sie nun *nass*, also in einer Konservierungsflüssigkeit wie Alkohol eingelegt, oder *trocken*, haben selbst eine spezifische epistemische Funktion in der Naturgeschichte. Auf der Suche nach der inneren Struktur und dem Organisationsplan der Lebewesen müssen zunächst Anatomen wie Cuvier das Innere freilegen und präparieren. Im Anschluss dienen die Präparate als Beispiel für eine bestimmte Form der Organisation in den Sammlungen und Ausstellungen der Museen und sind damit auch für weitere Untersuchungen zugänglich. Damit sind Präparate

> Dinge […], die in der Wissensproduktion weiterhin eine Rolle spielen, an denen Sachverhalte aufgeklärt und dargestellt werden können, die jedoch auf unterschiedliche Weisen dauerhaft gemacht wurden.[18]

Sie dienen also sowohl als Untersuchungsgegenstand wie als Wissensspeicher, dessen Beständigkeit durch die Präparation sichergestellt wird. Dies wiederum verweist auf die spezifischen praktischen Bedingungen der Naturgeschichte. In *Die Ordnung der Dinge* schreibt Michel Foucault: »Cuvier wird eines Tages am Ende des achtzehnten Jahrhunderts nach den Glasbehältern des Muséum d'Histoire naturelle greifen, sie zerschlagen und die ganze klassische Konserve der tierischen Sichtbarkeit sezieren.«[19]

Mit diesem Bild, dieser »ikonoklastische[n] Bewegung«, verdeutlicht der französische Wissenschaftshistoriker den epistemischen Bruch zwischen der Naturgeschichte Cuviers und derjenigen Linnés.

18 Rheinberger 2006a, S. 337.
19 Foucault 2009, S. 180.

Aber dieses Bild eignet sich auch, um damit in eine andere Richtung weiter zu denken. Die Geschichte der Praktiken der Naturgeschichte gibt nicht nur Aufschluss über Repräsentationsformen, also die Art und Weise, wie Naturdinge dargestellt werden. Sie zeigt auch wie sich ihre Wissenschaftsobjekte präsentieren, also in welchem Zustand sie der Analyse zugänglich sind. Denn was Cuvier zerschlägt, sind die Ergebnisse jahrzehntelanger Sammlungs- und Konservierungspraxis, die auf den Netzwerken des *Muséum* basieren und ihm überhaupt erst die Arbeit ermöglichen. Sie verweisen auf eine Praxis, die es Cuvier erlaubt, seine Naturgeschichte zu betreiben, ohne sich tatsächlich aus Paris wegzubewegen. Und sie zeigt die Art und Weise, in der die Präparate in Paris vorhanden sind, in alkoholgefüllten Glasbehältern. Die ikonoklastische Geste verweist also auch auf das Material, mit dem Cuvier und seine Kollegen arbeiten, das ihren methodischen Zugang bestimmt und dessen Zustand von ihren Methoden bestimmt wird. Gleichzeitig ist die Geste Ausdruck eines Überflusses, der die Sammlung des *Muséum* von den frühneuzeitlichen Wunderkammern unterscheidet. Sie ist nur möglich, da nicht die Gefahr der unwiederbringlichen Zerstörung besteht. Cuvier kann sich sicher sein, dass es einen kontinuierlichen Strom an Präparaten gibt.[20]

Die nächste Transformation in der Geschichte des Axolotls, die in einem weiteren Sinne auch auf eine Veränderung in Zoologie und Naturgeschichte verweist, ereignet sich 1864 mit der Ankunft der lebenden Axolotl in Paris. Nach den Texten und den Präparaten kommt nun das Leben selbst an das *Muséum*, und wieder zeigt sich die wechselseitige Bedingung von konzeptionellen Bedürfnissen und praktischen Möglichkeiten.

Naturhistorischer Zoo: Lebende Tiere im *Muséum* und die Akklimatisierung

Das Status des Axolotls in der Naturgeschichte ändert sich 1864, als die *Société impériale zoologique d'acclimatation* 34 lebende Tiere erhält und davon sechs Individuen an das *Muséum d'Histoire naturelle* weitergibt. Die alltägliche Arbeitspraxis an naturhistorischen Museen besteht seit dem 18. Jahrhundert vor allem darin, mit toten Präparaten

20 Vgl. Foucault 2009, hier S. 180. Zu Foucaults Analyse der Naturgeschichte vgl. Sarasin 2009, S. 63-71. Zu Cuviers Sesshaftigkeit vgl. Outram 1996. Zu Wunderkammern vgl. Daston und Park 2002.

zu arbeiten. Das *Muséum* beherbergt jedoch auch eine wachsende Zahl lebender Tiere, die seit 1793 im *Jardin des Plantes*, dem botanischen Garten, der dem Museum angegliedert ist, untergebracht sind. Als in diesem Jahr im revolutionären Paris die Haltung und Ausstellung wilder Tiere durch Privatpersonen verboten wird, werden diese von der Polizei konfisziert und in den *Jardin des Plantes* gebracht. Zusammen mit den gleichzeitig übernommenen Tieren aus der königlichen *Ménagerie* in Versailles bilden sie den Grundstein für die *Ménagerie*, die das *Muséum* bis heute unterhält. Mit dem Übergang vom aristokratischen Repräsentationsort zu einer bürgerlichen Bildungs- und Erholungseinrichtung stellt sie nicht nur den ersten öffentlichen Zoo in Paris dar, sondern wird zum Modell für den modernen zoologischen Garten.[21]

Schnell wird aus der anfänglichen Notlösung zur Unterbringung der wertvollen und gefährlichen Tiere eine dauerhafte Einrichtung, die mit der Verbindung von Ausstellung und Forschung dem epistemischen Programm des *Muséums* folgt. Dabei ist die Situation der *Ménagerie* von Beginn an prekär. Die Haltung lebender Tiere ist arbeits- und kostenintensiv und steht in vielen Punkten in Konflikt mit dem Konzept und der Arbeitspraxis des Museums. Damit steht die Einrichtung von Beginn an unter einem hohen Legitimationsdruck und konkurriert mit den anderen Abteilungen des Museums um Ressourcen. Für die Leitung der *Ménagerie* wird 1803 die Stelle des *Garde de la Ménagerie* eingerichtet und es gelingt dem ersten Inhaber, Frédéric Cuvier (1773-1838), dem jüngeren Bruder von Georges Cuvier, sie in ein produktives Unternehmen zu verwandeln. Er verbindet die bald sehr populäre Ausstellung der lebenden Tiere mit einem eigenen Forschungsprogramm und integriert sie so in die Museumsstruktur. Auf diese Weise gelingt es ihm, die *Ménagerie* als vollwertigen Bestandteil des Museums zu legitimieren. Dieser Umstand und die Tatsache, dass die *Ménagerie* bald der populärste Teil des Museums ist, sichert fortan ihr Fortbestehen. Was also ursprünglich in den Wirren der französischen Revolution als Provisorium entsteht, wird schnell zu einem integralen Bestandteil des *Muséum* als Forschungs- und Ausstellungsort.[22]

Der Erfolg der *Ménagerie* beim Publikum, genauso wie das auf die Arbeit mit lebenden Tieren ausgerichtete Forschungsprogramm verweisen auf eine europaweite Entwicklung. Im Anschluss an die Gründung und den Erfolg der Pariser *Ménagerie* des *Muséum* entstehen in

21 Zur Geschichte des *Muséum*, der *Ménagerie* und des Zoos allgemein vgl. Osborne 1996; Burkhardt 2002; Burkhardt 2007.

22 Zur Integration der *Ménagerie* in das *Muséum* vgl. Burkhardt 2002.

ganz Europa zoologische Gärten, etwa in London (1828), Amsterdam (1839) und Berlin (1844). Diese werden in den meisten Fällen, unter expliziter Bezugnahme auf die Pariser *Ménagerie*, zugleich als Ausstellungs- und Forschungseinrichtungen konzipiert.[23]

Im Unterschied zu den älteren Menagerien, die als Teil des aristokratischen Repräsentationsapparats finanziert waren, aber auch zur *Ménagerie* des *Muséum*, müssen die neuen zoologischen Gärten, ihrem bürgerlichen Ursprung und Anspruch folgend, nach privaten Geldquellen suchen. Auch hier wird mit dem Zoo der französischen Akklimatisierungsgesellschaft, dem *Jardin d'acclimatation*, ein Pariser Zoo zum internationalen Vorbild. Ein oft gewählter Weg besteht in der Gründung von Aktiengesellschaften. Darüber hinaus wird der zoologische Garten selbst als Einnahmequelle mobilisiert. Um mehr Publikum anzulocken und um über den eigentlichen Eintrittspreis hinaus zusätzliche Einnahmen zu erzielen, werden die Zoos zu Orten der Bildung, Erholung und Freizeit ausgebaut. Eine weitere Einnahmequelle sind die Tiere selbst. Als Beispiel sei hier auf einen Bericht über die Finanzen des *Jardin zoologique d'acclimatation* für das Jahr 1863 verwiesen, in dem 9346,05 Francs für den Verkauf von Tieren, 10.306,95 für den Verkauf von Eiern und 202,20 Francs für den Verkauf von Federn als Einnahmen angegeben werden.[24]

Diese Verbindung von Wissenschaft und Ökonomie ist jedoch nicht allein auf die finanziellen Bedürfnisse der zoologischen Gärten zurückzuführen. Sie geht viel tiefer und hat ihren Ursprung und ihre weitreichendste Praxis in der Idee der Akklimatisierung und der aus ihr entstehenden Akklimatisierungsbewegung. Diese ist wiederum einer der zentralen Akteure in der zweiten Welle der Neugründung zoologischer Gärten, die Mitte des 19. Jahrhunderts mit der Eröffnung ihres *Jardin d'acclimatation* beginnt und damit zurück zur Eingangsszene dieses Kapitels und Rufz de Lavisons Präsentation des Axolotls führt. Das Konzept und die Praxis der Akklimatisierung ist untrennbar mit dem imperialen Kolonialismus des späten 18. und frühen 19. Jahrhunderts verbunden und damit vor allem in Frankreich und England verbreitet. Durch die immer stärkere Vernetzung der Kolonialmächte mit ihren Kolonien und die damit immer umfassendere globale Zirkulation von menschlichen und nichtmenschlichen Lebewesen zwischen ver-

23 Zur Geschichte des Zoos im 19. Jahrhundert: Hoage/Roskell/Mansour 1996; Wessely 2008, S. 93-131.

24 Vgl. Anonymous 1864, S. 263. Um die Zahlen ins Verhältnis zu setzen, wird auf die an gleicher Stelle genannten Personalkosten von 60.079,35 Francs hingewiesen.

schiedenen Orten mit unterschiedlichen Klimata rückt das Verhältnis zwischen den Organismen und ihren Lebensbedingungen in den Fokus des wissenschaftlichen Interesses. Nicht zuletzt aus praktischen Gründen stellen sich in diesem Zusammenhang Fragen nach dem Einfluss des Klimas auf den Organismus und der Anpassungsfähigkeit der Lebewesen an andere Gegebenheiten. In England sieht man die Möglichkeit der Anpassung nur in sehr geringem Maße gegeben und versteht unter »Akklimatisierung« den Transfer von Lebewesen zwischen Orten ähnlichen Klimas. Dagegen entsteht in Frankreich bereits im 18. Jahrhundert die Vorstellung einer gewissen Anpassungsfähigkeit von Lebewesen, die zum Zweck der Akklimatisierung aus einem Klima in ein anderes versetzt werden.[25]

Die Akklimatisierung ist somit von Beginn an vor allem eine praktische Wissenschaft, deren Ziel nicht zuletzt in der Erschließung neuer Einnahmequellen und der Verbesserung der landwirtschaftlichen Produktion besteht. Damit geht gleichzeitig eine Aufwertung des Züchters selbst im bürgerlich-liberalen Sinne einher, der durch erfolgreiche Akklimatisierungsversuche wirtschaftlichen Erfolg haben und damit auch sozial aufsteigen kann. Die Akklimatisierung ist also ein Phänomen, bei dem akademische Wissenschaft zwar eine wichtige, aber nicht die Hauptrolle spielt. Erst im Zusammenhang mit ihrer Einbettung in größere politische und gesellschaftliche Projekte und Entwicklungen wird die Reichweite und Bedeutung der Akklimatisierung deutlich.[26]

In der *Ménagerie* des *Muséum* sind Akklimatisierungsversuche bereits expliziter Bestandteil der Stellenbeschreibung für den *Garde de la Ménagerie* und damit von Anfang an in ihrer Ausrichtung verankert.[27] Zudem legt Isidore Geoffroy Saint-Hilaire (1805-1861), Professor für Mammalogie und Ornithologie am *Muséum*, im Anschluss an die Transformationstheorie seines Vaters Étienne Geoffroy Saint-Hilaire (1772-1844) eine Theorie vor, mit der er die Anpassungsfähigkeit von

25 Zur Geschichte der Akklimatisierung vgl. Anderson 1992; Osborne 1994; Osborne 2000; Osborne 2005. Der Begriff findet sich erstmals im Kontext von Louis-Jean Daubentons (1716-1799) Versuchen, das spanische Merinoschaf in Frankreich einzuführen, vgl. Wood und Orel 2001. Zum Unterschied zwischen England und Frankreich vgl. Osborne 2000, S. 137. Für den umgekehrten Weg über den Atlantik mit seinen massiven Auswirkungen vgl. Crosby 2004. Aufgrund seiner spezifischen Geschichte, die auch im Folgenden noch relevant ist, wird der Begriff »Umwelt« meist vermieden. Zur Begriffsgeschichte der Umwelt vgl. Toepfer 2011b, S. 566-608.

26 Vgl. Osborne 1994, S. 13. Zum Züchter als Figur des bürgerlichen Aufstiegs vgl. Rheinberger und Müller-Wille 2009, S. 104.

27 Vgl. Burkhardt 2002, S. 242.

Lebewesen wissenschaftlich begründet. Seine Theorie, die er als Kompromiss zwischen Georges Cuviers Überzeugung der Artkonstanz und Transformationstheorien wie der seines Vaters oder von Jean-Baptiste de Lamarck versteht, bildet die wissenschaftliche Begründung für die Akklimatisierungsbewegung.[28]

Es ist auch Isidore Geoffroy Saint-Hilaire, der 1854 die *Société imperiale d'acclimatation* gründet, dezidiert außerhalb der etablierten wissenschaftlichen Institutionen Frankreichs, aber bestens mit diesen vernetzt. Im *Bulletin de la Société impériale zoologique d'acclimatation* wird zehn Jahre später Rufz de Lavison über die Einführung des Axolotls berichten. Im Gegensatz zum *Muséum* mit seinem Ideal wissenschaftlicher und institutioneller Autonomie ist die *Société* offen für jede Art der Protektion und Kooperation und schließt sich den Bestrebungen Napoleons III. an, Frankreich grundlegend zu modernisieren. Neben dem bekanntesten Projekt, dem Umbau von Paris nach den Plänen Georges-Eugène Haussmanns (1809-1891), werden vor allem Maßnahmen zur Produktivitätssteigerung der französischen Landwirtschaft geplant und umgesetzt. Hier schließt die Arbeit und Ausrichtung der *Société*, deren Schirmherrschaft Napoleon III. übernimmt, direkt an. Die *Société* entwickelt sich infolgedessen schnell zu einer der mitgliederstärksten wissenschaftlichen Gesellschaften Frankreichs.[29]

Von Beginn an organisiert und koordiniert die *Société* eine große Bandbreite unterschiedlichster Aktivitäten und Projekte. Im Vordergrund steht dabei die Akklimatisierung von Lebewesen mit potenziellem landwirtschaftlichen und wirtschaftlichen Nutzen. Hierzu zählen Alpakas, Emus und Kängurus, aber auch Fische, Seidenraupen, wachsproduzierende Insekten und der Fieberrindenbaum, bei denen allen der Versuch unternommen wird, sie in Frankreich heimisch zu machen. Die Einführung von neuem Jagdwild und von Tieren mit Unterhaltungs- und Ziercharakter zeigt zugleich, dass sich die Bestrebungen der Akklimatisierungsbewegung auch auf weniger von Nützlichkeitsüberlegungen geprägte Arten beziehen. Durch die Auslobung von Preisen für erfolgreiche Akklimatisierung versucht die *Société* Akklimatisierungsbestrebungen zu fördern und zu steuern. Bei diesen

28 Vgl. Osborne 2000, S. 139-140. Zum Akademiestreit, den sein Vater zwischen 1830 und 1832 mit Georges Cuvier über die Veränderbarkeit der Arten austrägt, vgl. Outram 1984, S. 93-117. Genau wie die Cuviers waren auch die Saint-Hilaires zentral in die Geschichte des Museums und der *Ménagerie* involviert, vgl. Burkhardt 2007.

29 Vgl. Osborne 1994.

Preisausschreiben werden Tier- und Pflanzenarten für bestimmte Zwecke gesucht. Für die Akklimatisierungsversuche und den Erfolg sind klare Kriterien, wie die Anzahl der zu züchtenden Tiere und der Zeitraum, in dem diese Züchtung durchgeführt werden muss vorgegeben. Dabei ist man sich durchaus der Konsequenzen bewusst, welche die Einführungen neuer Arten auf die Natur haben kann und teilweise auch soll. So wird etwa nach einer Tierart gesucht, die auf Martinique eine Giftschlangenart ausrotten soll. Gleichzeitig wird bei vielen Preisen darauf hingewiesen, dass die eingeführten Arten keine Flurschäden verursachen dürfen.[30]

Im Jahr 1860 kann die Akklimatisierungsgesellschaft, immer um Erweiterung ihrer Möglichkeiten bemüht, einen eigenen Ort für ihre Aktivitäten eröffnen, den *Jardin zoologique d'acclimatation du Bois de Bologne*. Als Ort dient der damals noch außerhalb von Paris gelegene *Bois de Bologne*, ein riesiger Park, der im Zuge des Haussmannschen Umbaus von Paris angelegt wird. Dieser zoologische Garten soll als wissenschaftliche Forschungseinrichtung dienen und zugleich Ausstellungs- und Vergnügungsfunktionen übernehmen. Die *Société* erhofft sich, so die Akklimatisierung systematischer betreiben und gleichzeitig die Sichtbarkeit ihrer Aktivitäten erhöhen sowie ihrem Bildungsauftrag nachkommen zu können. Nicht zuletzt verspricht die Popularität zoologischer Gärten zusätzliche Einnahmen. Diese Hoffnung erfüllt sich zumindest in den ersten Jahren des *Jardin*, der etwa im Jahr 1869 einen Gewinn von 19608 Francs erwirtschaftet. Dank der zentralen Position der *Société* in der imperialen Zirkulation von Naturobjekten und den bisherigen Akklimatisierungsaktivitäten in Frankreich kann der *Jardin* schnell eine große Zahl von Tieren ausstellen und entwickelt sich entsprechend zum Publikumsmagneten.[31]

Der *Jardin* löst so die fast 50 Jahre ältere *Ménagerie* des *Muséum* als europaweit rezipiertes Modell für einen modernen zoologischen Garten ab. In gleicher Weise ersetzt die *Société* das *Muséum* als Zentrum

30 Eine Preisliste der Akklimatisierungsgesellschaft vermittelt einen Eindruck der Bandbreite und der Reichweite der Bemühungen, vgl. Anonymous 1859c, S. 13-14. Für die verschiedenen von der *Société* eingeführten Tierarten vgl. Osborne 1994, S. 107-113. Der englische Begriff *ornamental species*, der Arten bezeichnet, die zur Unterhaltung oder aus ästhetischen Gründen gehalten und gezüchtet werden, hat keine deutsche Übersetzung. Nur für einzelne Gruppen gibt es Begriffe wie »Zierfische« oder »Ziervögel«. Zur Rolle von derartigen Haustieren im Paris des 19. Jahrhunderts vgl. Kete 1994. Zur symbolischen Bedeutung besonders exotischer Tiere in Wissenschaft und Politik im Frankreich des 19. Jahrhunderts vgl. Osborne 1998.

31 Vgl. Osborne 1994.

für den imperialen Verkehr von naturhistorischen Objekten. Nicht zuletzt auf Betreiben der Professoren am *Muséum*, die selbst aktive Mitglieder der *Société* sind, wird so eine Möglichkeit gefunden, die unter Napoleon III. schwierig gewordene finanzielle und politische Situation des *Muséum* zu lösen und neue Wege zur Akquise von Tieren und Pflanzen zu schaffen.[32]

Auf diesem Weg gelangen im Jahr 1864 auch die Axolotl aus Mexiko zuerst zur *Société*, die wiederum fünf männliche und ein weibliches Tier an das *Muséum* weitergibt. Dort kommen sie in die *Ménagerie* und damit in die Obhut von Auguste Duméril, Professor für Herpetologie und Ichthyologie am *Muséum*, Gründungsmitglied der Akklimatisierungsgesellschaft und zu diesem Zeitpunkt einer ihrer Vizepräsidenten. Zudem ist er der Sohn von Constant Duméril, mit dem Cuvier 50 Jahre vorher die Kaulquappenstudie für seine Studie von 1811 über den Axolotl anfertigte. Nicht zuletzt deshalb verweist Auguste Duméril auch besonders auf Cuviers Arbeit, als er den Erhalt der sechs Axolotl in einer der regelmäßig stattfindenden Sitzungen der Professoren des Museums, der *Assemblée des professeurs administrateurs du Muséum d'histoire naturelle*, vom 19. Januar 1864 bekannt gibt:

> Der Professor für Herpetologie teilt mit, dass M. Rufz de Lavison, Direktor des Jardin zoologique d'acclimatation, der ménagerie des reptiles sechs Axolotl (Siredon Humboldtii) aus dem See von Mexiko geschenkt hat. Diese Batrachier, die aufgrund ihrer bemerkenswerten Organisation Untersuchungsgegenstand von Cuvier waren und die das Muséum bisher noch nicht lebend erhalten hat, sind von großem Interesse. Danksagungen werden an den Herrn Direktor des Jardin zoologique d'acclimatation übersandt.[33]

Damit ist der Axolotl nach 53 Jahren gleichsam wieder an den Ausgangspunkt seiner Geschichte in der europäischen Naturgeschichte

32 Vgl. Osborne 1998. In der Historiografie zum *Muséum* selbst wird die Phase von ca. 1840 bis zum Ersten Weltkrieg meist als Niedergang dargestellt, vgl. Schnitter 1996.

33 MHN, AM 60(1), 1864, Séance du 19 janvier, S. 190. »Le professeur d'erpétologie informe que M. le Rufz de Lavison, directeur du jardin zoologique d'acclimatation, a fait présent à la ménagerie des reptiles de six Axolotls (Siredon Humboldtii) du lac de Mexico. Ces batraciens si remarquables par leur organisation qui a été l'objet des travaux de Cuvier n'ayant point encore été reçus vivants au Muséum, offrent un grand intérêt. Des remerciements seront transmis à M. le Directeur du jardin zoologique d'acclimatation.« Der Begriff »Batrachier« ist eine zu dieser Zeit gebräuchliche Bezeichnung für die Gruppe der Amphibien. Zu Auguste Duméril vgl. Jaussaud/Brygoo 2004a.

zurückgekehrt. Doch die Voraussetzungen dieser Wissenschaft haben sich, insbesondere auf der Ebene der Praktiken, tiefgreifend verändert. Während Foucault die Cuviersche Naturgeschichte mit der ikonoklastischen Zerstörung der Glasbehälter charakterisiert, die Cuvier den Zugang zur Struktur der Organismen eröffnet, zeichnet sich die neue Naturgeschichte nun, wenn man so will, durch die Wiederherstellung der Glasgefäße aus. Allerdings sind diese neuen Glasgefäße nicht mit Alkohol und toten Präparaten gefüllt. Es handelt sich vielmehr um mit Wasser gefüllte Bassins und Aquarien, in denen die Organismen leben. Diese Entwicklung wird nicht zuletzt durch die Akklimatisierungsbewegung befördert. Sie trägt entscheidend zur Aufwertung der Haltung lebender Tiere zur nützlichen und auch wissenschaftlich wichtigen Tätigkeit bei und steigert als Teil der kolonialen Zirkulation die Nachfrage und damit die Verfügbarkeit lebender Tiere. Wie Foucault zeigt, sind die toten Präparate, die Cuvier aus den Glasgefäßen befreit und die Methode der vergleichenden Anatomie, die er mit ihrer Hilfe entwickelt, eng mit der diskursiven Formation des Lebensbegriffs um 1800 verbunden. Das Beispiel der Axolotl dagegen zeigt, welche praktischen Herausforderungen und methodischen Veränderungen sich auch 50 Jahre später am *Muséum* ergeben, wenn das Leben nicht mehr nur diskursiv, sondern in Form lebender Tiere in Erscheinung tritt.

(Re-)produktive Infrastruktur: Fortpflanzung und Verwandlung der Axolotl in der *collection des reptiles*

Der Axolotl ist 1864 also wieder zurück in Paris, dieses Mal jedoch als lebendes Tier. Dort trifft er auf Auguste Duméril, der das Axolotlproblem gewissermaßen von seinem Vater geerbt hat. In seiner ersten, kurzen Erwähnung des Axolotls in einem Bericht über die Reptilien und Amphibien in der *Ménagerie* schreibt er: »Die weiteren Untersuchungen wurden abgeschlossen und bestätigen die in seinem [Cuviers] Bericht verzeichneten Ergebnisse.«[34] Er kann Cuviers Ergebnisse also bestätigen und durch weitere Untersuchung vervollständigen. Erstaunlicherweise erscheint jedoch im gleichen Jahr eine Mitteilung in den *Comptes rendues* der *Académie des sciences*, wo Duméril das genaue Gegenteil behauptet: »Man weiß, welches die Ungewiss-

34 Duméril 1865d, S. 43. »[L]es recherches ultérieures ont complété, en les confirmant, les résultats consignés dans son mémoire.«

heiten in Bezug auf die wahre Natur dieser Batrachier [der Axolotl] waren.«[35]

Wie kommt es zu diesen zwei gegenläufigen Einschätzungen im gleichen Jahr? Der erste Bericht über den Axolotl datiert vom 31. Oktober 1864, während die Mitteilung an die Akademie der Wissenschaften am 17. April 1865 verlesen wird. In der Mitteilung an die *Académie* schreibt Duméril auch, was in der Zwischenzeit geschehen ist: »Es handelt sich hier nicht mehr um ausschließlich auf anatomischen Studien der Geschlechtsorgane gegründete Vermutungen, da sich in den Becken der Menagerie die Fortpflanzung vollzogen hat.« Duméril beschreibt in seiner Mitteilung die Ereignisse, die am 17. Januar 1865 mit einer »großen Unruhe im nur von den Axolotln bewohnten Aquarium« beginnen, am 19. Januar mit der Ablage der Eier abgeschlossen sind und sich am 6. März nochmals wiederholen. Die Fortpflanzung der Tiere zeigt, dass sie trotz ihrer larvenähnlichen Anatomie, als »animaux parfaits«, als vollständig entwickelte Tiere, angesehen werden müssen. Und damit ist auch klar, dass die physiologische Tatsache der Fortpflanzung der lebenden Axolotl den anatomischen Ergebnissen widerspricht, die Cuvier an den zwei toten Präparaten von Humboldt erarbeitet hat und die von Duméril noch kurz zuvor bestätigt wurden. Die lebenden Tiere führen zu einer neuen Untersuchungsmethode und diese wiederum zu einer grundlegenden Neubewertung der Frage nach dem Entwicklungsstand der Axolotl.[36]

Wie deutlich wird, hat Duméril mit dieser Wendung nicht gerechnet. Doch kommt ihm in gewisser Weise seine eigene Arbeitspraxis in die Quere. Auch für Duméril ist die *collection des reptiles* epistemisch zunächst eine Erweiterung der Präparatesammlung des *Muséum*. Wie sein Umgang mit dem Axolotl zeigt, soll sie zwar die Möglichkeit bieten, zusätzlich Beobachtungen an den Tieren durchzuführen. Sie ist jedoch mit keinem eigenen methodischen Ansatz verbunden. Am deutlichsten wird dies sicherlich im Umstand, dass Duméril von den lebenden Tieren als »animaux conservés en captivité«[37] – also als in Gefangenschaft konservierte Tiere – spricht und damit eine Kontinuität zwischen den naturhistorischen Konservierungsmethoden in

35 Duméril 1865c, S. 765. »On sait quelles ont été les incertitudes relativement à la véritable nature de ces Batraciens.«

36 Vgl. Duméril 1865c, S. 765-766. »Il ne s'agit plus ici de suppositions tirées seulment de l'étude anatomique des organes génitaux, puisque la reproduction s'est accomplie dans les bassins de la Ménagerie.«; »grande agitation a lieu dans l'aquarium occupé par les Axolotls seul«.

37 Duméril 1858-1861, S. 343.

der Sammlung des Museums und der Lebendhaltung in der *Ménagerie* herstellt. Er ordnet damit die lebenden Tiere in der *collection* grundsätzlich den Präparaten zu. Diese Kontinuität wird in Dumérils Beschreibung der Vorteile der lebenden Präparate in der *collection* deutlich. So sieht er ihre Rolle in der Forschungspraxis am *Muséum* vor allem darin, ergänzende Informationen zu den ganz traditionell an Präparaten erstellten Untersuchungen zu liefern. An lebenden Tieren würden zusätzliche Merkmale für die Artbestimmung zugänglich, die durch die Präparation sonst leicht verloren gehen. Hier weist er besonders auf die Färbung der Amphibien hin, die sich »nach dem Tod schnell ändert«.[38]

Den wissenschaftlichen Nutzen der Tiere, die oft aus ganz anderen Gründen in die *collection* kommen, sieht er also in der Ergänzung der im Kern auf der vergleichenden Anatomie basierenden Methode. Einige der hier wichtigen Merkmale zur Artbestimmung, wie die Färbung der Haut, sind an lebenden Tieren entweder besser zu erkennen oder werden durch die Konservierung beeinträchtigt. Aber die *collection* erschließt auch – genau wie die gesamte Menagerie – bisher nicht oder nur schwer zugängliche Phänomenbereiche der von der Zoologie beschriebenen Lebewesen. So weist Duméril auf die Bedeutung der bis dahin oft vernachlässigten Lebensgewohnheiten hin und hebt hervor, dass auf diesem Weg auch auf andere Weise unzugängliche Aspekte zum Beispiel der Fortpflanzung und der Verdauung sichtbar würden. Neben der Ergänzung der anatomisch-taxonomischen Merkmalslisten ergibt sich also auch ein Zugang zu physiologischen Zusammenhängen, die nur am lebenden Tier sichtbar sind. Dieses ergänzende Verfahren wendet Duméril entsprechend auf die Axolotl an. Er bestätigt Cuviers Ergebnisse und ergänzt sie durch Beobachtungen an den lebenden Tieren. So kann er zeigen, dass die Tiere, die sowohl über externe Kiemen als auch über eine Lunge verfügen, tatsächlich auch beide Organe für die Atmung einsetzen. Er beschreibt hier gewissermaßen die Anatomie in Aktion, die Cuviers über die Funktion am toten Präparat hergeleitet hat.[39]

Wie die Fortpflanzung der Axolotl deutlich macht, birgt dieses ergänzende Verfahren aber auch das Potenzial für Überraschungen und damit die Möglichkeit, die Ergebnisse der vergleichend-anatomischen Analyse ins Gegenteil umzukehren. Entscheidend für derartige Resul-

38 Duméril 1854, S. 195. »si rapidement altéré par la mort«.

39 Zur ergänzenden Funktion der Lebendbeobachtung vgl. Duméril 1854, S. 194. Zur Beobachtung der Atmung der Axolotl vgl. Duméril 1865d, S. 43.

tate sind die elaborierten Praktiken der Tierhaltung in der *collection*, die genau wie die Anwesenheit der Axolotl eng mit der Akklimatisierung verbunden ist. Die Akklimatisierung ist eine Aktivität, die nicht nur Tiere aus der ganzen Welt nach Europa bringt, sondern auch in großem Umfang praktisches Wissen darüber hervorbringt, wie diese Tiere zu halten und zu pflegen sind, welches Futter sie brauchen, welche Umgebungsbedingungen etc. Denn in den meisten Fällen kommen nur spärliche oder gar keine Informationen mit den Tieren nach Europa.

Wie entscheidend dieses nur teilweise explizit kommunizierte Wissen im Fall des Axolotls ist, zeigt der unterschiedliche Züchtungserfolg im *Jardin d'acclimatation* und in der *Ménagerie*. So berichtet Rufz de Lavison 1865 mit gewissem Stolz, dass von den Axolotln, die ein Jahr zuvor in den *Jardin* gekommen waren, nur ein Tier gestorben sei. Auch hätten die Tiere bereits zweimal gelaicht. Der erste Laich wurde von den Tieren selbst aufgefressen und der zweite, der aus diesem Grund von den Eltern getrennt wurde, entwickelte sich nicht. Die im Zentrum der Akklimatisierung stehende Nachzucht gelingt also zuerst nicht und man ist bereits zufrieden, dass fast alle Tiere am Leben bleiben.[40]

Dagegen gibt Duméril für das Jahr 1866 die Zahl der in der *collection* befindlichen Axolotl bereits mit 800 an, die alle Nachkommen der sechs Tiere sind, die er von der *Société* erhalten hat. Nach zwei Jahren und neun Monaten, also Ende des Jahres 1867, haben die Tiere aus Mexiko bereits neun Mal gelaicht. Und auch die in Gefangenschaft geborenen Axolotl haben sich zu diesem Zeitpunkt bereits 30 Mal fortgepflanzt. Duméril schätzt die Zahl der Geburten zwischen dem Eintreffen der Tiere und 1867 auf 3300, von denen ungefähr 2500 überlebten. Dabei ist die Verlustrate nicht nur durch die hohe Sterblichkeit bei den ersten beiden Laichen bedingt. Duméril erklärt auch, dass viele Tiere für anatomische Untersuchungen, vor allem zur Entwicklung des Embryos, verwendet werden. Darüber hinaus gibt er fast 200 Tiere an den *Jardin* und andere interessierte Personen und Institutionen ab. Ohne diese Verluste würde die Zahl der Tiere nach seiner Schätzung im ersten Jahr zwischen 1200 und 1500 Individuen betragen. Die Axolotlpopulation in der *Ménagerie* verhundertfacht sich also innerhalb eines Jahres, während sich die Zahl der Tiere im *Jardin* um eines reduziert.[41]

40 Vgl. Rufz de Lavison 1865, S. 148.
41 Vgl. Duméril 1866b, S. 276; Duméril 1866a, S. 80; Duméril 1867e, S. 572.

Der Grund für diese eklatante Diskrepanz im Zuchterfolg erklärt sich vor allem durch den unterschiedlichen Erfahrungsstand der Einrichtungen, in denen die Axolotl gehalten werden. Während der *Jardin* 1864 gerade vier Jahre alt ist, kann die *Ménagerie* bereits auf eine 60-jährige Geschichte zurückblicken und die *collection des reptiles* existiert immerhin seit 25 Jahren. Die *collection* wird 1838 von Dumérils Vater als eigenständiger Teil der *Ménagerie* etabliert und seinem Lehrstuhl angegliedert. Sie beherbergt nicht nur Reptilien und Amphibien, sondern auch Fische und Insekten, die durch den Schwerpunkt der *Ménagerie* auf Säugetiere und Vögel vorher nur wenig Aufmerksamkeit erfuhren. Sie wird im alten Affenhaus der *Ménagerie* untergebracht, das den speziellen Anforderungen der Reptilien, Amphibien und Fischen nur provisorisch angepasst und erst 1874 durch einen vollständigen und entsprechend eingerichteten Neubau ersetzt wird. seinen Grundstock an Tieren und Ausrüstung bildet der Wanderzoo von Honoré Vallée, den das *Muséum* 1838 vollständig aufkauft. Zudem wird Vallée selbst als Tierpfleger engagiert, wodurch sich das *Muséum* seine Expertise im Umgang mit den Tieren sichert. In dieser Funktion ist er Constant Duméril unterstellt und beginnt direkt nach seiner Einstellung mit diesem den Umbau des alten Affenhauses für die Unterbringung der neuen Tiere zu planen.[42]

Damit entsteht hier über mehr als zwei Jahrzehnte ein spezialisierter künstlicher Naturraum, in dem sich durch die Haltung und Zucht immer neuer Tiere, die aus der ganzen Welt nach Paris kommen, in großem Umfang Erfahrungswissen im Umgang mit unbekannten Arten entwickelt. Wie Duméril 1864 berichtet, ist die *collection* seit ihrer Gründung 1839 auf 237 verschiedene Amphibien- und Reptilienarten und insgesamt 4200 Individuen angewachsen. Er weist dabei ausdrücklich darauf hin, dass es sich hier um nicht-einheimische Arten handelt, während er die sieben einheimischen Arten nicht mitzählt, da sie in Frankreich weit verbreitet seien und vor allem für die Fütterung der anderen Arten genutzt werden. Die Zunahme der in der *collection*

42 Zur *collection des reptiles* vgl. Duméril 1854; Duméril 1861; Duméril 1865d; Duméril 1869b; Loisel 1912, S. 140 und 152; Thireau 1999; Murphy 2009. Zur Geschichte der *collection* nach 1874 vgl. Thireau 1996. Zum Ankauf von Vallées Wanderzoo, vgl. Thireau 1999, S. 187. Wie Thireau anmerkt, waren derartige Akquisitationsstrategien im 19. Jahrhundert nicht unüblich. Zu Honoré Vallée vgl. Thireau 1999, S. 187-189. Abgesehen von einigen wenigen Erwähnungen bleibt er in der Literatur unsichtbar und teilt damit das Schicksal vieler sogenannter *helping hands* in der Wissenschaftsgeschichte, vgl. Shapin 1989; Schaffer 1997; Russell/Tansey/Lear 2000.

gehaltenen Tierarten deutet an, in welchem Umfang neues Erfahrungswissen hinzugekommen sowie die weitere Ausdifferenzierung des künstlichen Naturraums im Laufe der Jahre vorangegangen sein müssen.[43]

Im alten Affenhaus besteht die *collection* aus Käfigen für Schlangen und andere Reptilien, Bassins für Krokodile und Kaimane sowie einem einzelnen, kleinen Aquarium. Spätestens seit den 1850er Jahren verfügt sie zudem über immer ausgefeiltere technische Einrichtungen. Diese erste Einrichtung scheint sich bis zu Auguste Dumérils erstem Bericht als Professor für Reptilien und Fische und Direktor der *collection* im Jahr 1858 nicht grundlegend geändert zu haben. Entsprechend weist er nachdrücklich auf die problematischen Zustände in der *collection* hin, die nicht nur die Ausstattung, sondern auch den überlasteten Vallée und vor allem das Gebäude selbst betreffen. So fordert er nicht zuletzt die Anschaffung eines Süß- und eines Salzwasseraquariums, die eine Erweiterung der Haltungs- und Forschungsmöglichkeiten, aber auch eine Publikumsattraktion darstellen würden.[44]

Der künstliche Naturraum befindet sich in einem kontinuierlichen Entwicklungsprozess, der durch die gesammelten Erfahrungen und damit zentral durch die Bedürfnisse der verschiedenen Tierarten bestimmt wird. So erlangt aufgrund der unterschiedlichen Temperaturbedürfnisse der verschiedenen Arten die Heiztechnik besondere Bedeutung. Dies zeigt nicht zuletzt der prominente Platz, den Duméril der detaillierten Beschreibung der Heizanlage in seiner Geschichte der *collection* einräumt. Die verschiedenen Tierarten benötigen spezifische Temperaturen und müssen besonders vor plötzlichen Temperaturschwankungen geschützt werden. Während in den ersten Jahren die Beheizung noch über die eigentliche Heizung der Säle der *collection* und damit über die Umgebungsluft erfolgt, wird bald ein Heizsystem notwendig, mit dem die Käfige der jeweiligen Tiere präziser und spezifischer beheizt werden können. Zu diesem Zweck wird ein selbstregulierendes Heizsystem nach Stanislas Sorel installiert, in dem heißes Wasser in einem geschlossenen Kreislauf zirkuliert und die Käfige durch Rohre beheizt werden, die direkt unter ihrem Boden verlaufen. Dieses Heizsystem kann zudem selbsttätig eine konstante Temperatur erzeugen. Dadurch wird eine ständige Kontrolle der Temperatur über-

43 Vgl. Duméril 1865d, S. 32. Hier findet sich auf Seite 33 auch eine Liste der Arten, die zwischen 1861, als Dumérils letzter Bericht über die *collection* erscheint (vgl. Duméril 1861), und 1864 neu hinzukamen.

44 Vgl. Thireau 1999.

flüssig und die als gefährlich eingestuften Temperaturschwankungen werden vermieden.[45]

Duméril geht ausführlich auf den Aufbau der Heizungsanlage und die verschiedenen Probleme ein, die bei ihrem Betrieb auftreten. Dies zeigt, wie neuartig und wichtig dieses Element für das Funktionieren der *collection* ist. So diskutiert er im Zusammenhang mit der Heizung ausführlich die Schwierigkeiten, die Temperatur in den einzelnen Käfigen genau zu messen, um zuerst die für die einzelnen Arten angemessene Temperatur zu bestimmen und diese anschließend kontrollieren zu können. Die Ausführlichkeit seiner Beschreibung zeigt zudem, dass ein derartiges Heizsystem nicht selbstverständlich war. Bereits sechs Jahre später beantragt er die Anschaffung eines weiteren derartigen Heizsystems.[46]

Mittels derartiger Systeme können Duméril und Vallée, als es darum geht, die von den Axolotln gelegten Eier zur Entwicklung zu bringen, sicherstellen, »dass das Wasser während dieses Zeitraums nie unter 13° sinkt und dass es zeitweise auf 14° oder 15° angehoben wird«. Daneben arbeiten sie mit Vorrichtungen, die einen stetigen Wasserstrom und damit die Durchlüftung des Wassers gewährleisten. Die *collection* verfügt also neben dem Erfahrungswissen, das im Laufe ihres Bestehens angesammelt wird, auch über elaborierte technische Systeme. Diese sind ein Resultat des Erfahrungswissens und der Haltungspraxis und ermöglichen es, sich auf die Anforderungen der verschiedenen Tierarten mit hoher Präzision einzustellen.[47]

Wie prekär der praktische Umgang mit den unbekannten Tierarten in der *collection* ist, zeigt die Frage nach dem richtigen Futter für die frisch geschlüpften Axolotl. Ihre Klärung gelingt erst nach einigem Herumprobieren, was ein Grund für die oben erwähnte hohe Sterblichkeit ist. Duméril und Vallée versuchen es anfänglich mit Süßwasseralgen, stellen aber bald fest, dass sich die jungen Axolotl weniger für

45 Vgl. Duméril 1854, S. 195-196. Stanislas Sorel (1803-1871) war ein französischer Erfinder, der sich unter anderem mit eben dieser Heizungskonstruktion einen Namen gemacht hat, vgl. Anonymous 1871. Die Temperaturregulation erfolgt über einen Schwimmer, der die Luftzufuhr für die Feuerung des Kessels reguliert. Für eine Analyse zentralisierter und automatisierter Heizsysteme als architekturhistorisches Element und ihre Entwicklung ab der Mitte des 19. Jahrhunderts, vgl. Banham 1984, S. 45-70.

46 MHN, AM 59, 1860, Séance du 10 janvier, S. 132.

47 Duméril 1866b, S. 271-273. »que l'eau pendant cette période n'est jamais descendue au-dessous de 13° et qu'elle est, par moments, montée à 14° ou 15°«. Duméril gibt keine Temperatureinheit an. Es ist allerdings davon auszugehen, dass es sich um die zu dieser Zeit verbreitete Einheit *Grad Réaumur* handelt.

die Algen, als vielmehr für die zufällig mit den Algen ins Wasser gekommenen Insekten interessieren. Allerdings reichen diese nicht aus, um den Appetit der Tiere zu stillen. Erst nach einiger Zeit zeigt sich, dass bestimmte Mückenlarven sowie Kleinkrebse, die in großen Mengen im Wassergraben der *Ménagerie* zu finden sind, die passende Nahrung für die Axolotl darstellen. Die Sicherstellung der Ernährung ist für Duméril ein entscheidender Faktor für den Rückgang der Sterblichkeit unter den Jungtieren.[48]

Bei ihren Bemühungen um die Axolotl können Duméril und Vallée also auf weitreichende Erfahrungen in der Haltung von Amphibien und einen entsprechend entwickelten künstlichen Naturraum zurückgreifen. Wie entscheidend insbesondere Honoré Vallée mit seiner langjährigen Erfahrung und seinem Expertenwissen zur erfolgreichen Züchtung der Axolotl beiträgt und wie anerkannt dieser Umstand zumindest in der Akklimatisierungsgesellschaft ist, zeigt die Tatsache, dass die *Société* nicht Duméril, sondern Vallée die Medaille für Einführung und Akklimatisierung erster Klasse (in der Sektion Fische, Crustaceen und Anneliden) für die Fortpflanzung des Axolotls verleiht.[49]

Die *collection* ist eine *assemblage* aus Räumen, Maschinen, den sie verbindenden und versorgenden Systemen und den beteiligten Menschen. Das Ergebnis ist ein räumlich und funktional kompartimentalisiertes Ensemble. Duméril und Vallée nutzen diese Einrichtung als künstlichen Naturraum, dessen spezifische Form und Funktionalität aus dem Zusammenspiel zwischen der öffentlichen Ausstellungsfunktion, den wissenschaftlichen und Akklimatisierungsinteressen der beiden und den Bedürfnissen der in der *collection* gehaltenen Tiere entsteht.[50]

48 Duméril 1866b, S. 276. Inwieweit auch Cuviers Erkenntnisse zur Ernährung der Tiere in die Überlegungen von Duméril und Vallée einfließen, bleibt unklar.

49 Vgl. Wallut 1866, S. LXXV-LXXVI; Wallut 1867, S. LXII. Bereits ein Jahr zuvor wird sein Beitrag im Rahmen eines Berichts über den Axolotl hervorgehoben, vgl. Soubeiran 1866, S. XLV. Neben seiner Arbeit mit dem Axolotl macht sich Vallée in der Akklimatisierungsgesellschaft mit der Zucht von Seidenraupen einen Namen, vgl. Guérin-Méneville 1854, S. 501; Vallée 1858; Anonymous 1874, S. 338. Weiterhin entwickelt er einen Brutschrank für Vogel- und Reptilieneier, vgl. Dareste 1877, S. 55. Die Entwicklung dieser sogenannten Inkubatoren wird von vielen Wissenschaftlern und Technikern vorangetrieben, vgl. Féry D'Esclands 1875; Féry D'Esclands 1877. Für eine Beschreibung von Vallées Inkubator vgl. Féry D'Esclands 1877, S. 547; Fischer 1994.

50 Zum Konzept der *assemblage* vgl. Latour 2005.

Aber mit der Fortpflanzung der Tiere ist die (re)produktive Verbindung zwischen den Axolotln, Duméril und Vallée sowie dem künstlichen Naturraum der *collection* erst am Anfang. Denn bereits am 6. November 1865, also knapp sieben Monate nach dem ersten, folgt ein weiterer Bericht Dumérils an die *Académie des sciences*. Dieses Mal kann er von mehr berichten als von der Fortpflanzung der Tiere und der damit verbundenen Klärung einer taxonomischen Detailfrage. Seit der ersten Mitteilung hat sich die scheinbar so klare Antwort auf die Frage ein weiteres Mal gewendet und verkompliziert.

Unter den Nachkommen in der *collection*, die schon fast die Größe der Eltern erreicht haben, befindet sich ein Tier, das innerhalb von 14 Tagen, in denen es nicht genauer untersucht wurde, »ausgesprochen anders als die anderen Axolotl gleichen Alters geworden war« (vgl. Abb. 3).[51] Die Kiemenquasten sind verschwunden, genauso wie der Hautsaum am Rücken und am Schwanz. Darüber hinaus ist die Kopfform leicht verändert und das Tier zeigt gelblich-weiße Flecken am ganzen Körper. Am 28. September und am 7. Oktober 1865 entdeckt Duméril (sicherlich gemeinsam mit Vallée oder auf Hinweis von ihm) zwei weitere Tiere mit den gleichen Veränderungen. Am 10. Oktober gelingt es ihm schließlich, bei einem Tier den Prozess von einem sehr frühen Stadium an zu beobachten. Es folgen einige weitere Tiere, doch bleiben die Veränderungen insgesamt auf sechs Tiere der ersten und drei Tiere der zweiten Generation beschränkt und betreffen in keinem Fall die Eltern.[52]

Die Axolotl haben sich von Wassertieren in Landtiere verwandelt. Die Veränderungen sind derart grundlegend, dass selbst Duméril als erfahrener Herpetologe nicht in der Lage ist, sie einer ihm bekannten Amphibiengattung zuzuordnen. Die äußeren Veränderungen findet er bei einer Untersuchung auch im Inneren wieder, für die er das zweite Tier, dessen Verwandlung am 28. September bemerkt wurde, seziert. Er weist ausdrücklich darauf hin, dass eine genauere Untersuchung der Verwandlung besonders in ihrem Verlauf nicht möglich sei, da sich nur wenige Tiere verwandelt hätten. Für eine derartige Detailstudie wäre jedoch die Sektion mehrerer Tiere zu verschiedenen Zeitpunkten der Verwandlung notwendig. Trotzdem kann er festhalten, dass die Veränderungen der inneren Struktur vergleichbar zu denen sind, die man bereits von den urodelen Batrachiern, also zum Beispiel den Salaman-

51 Duméril 1865a, S. 776. »extrêmement différent des autres Axolotls de même âge«.

52 Vgl. Duméril 1866a, S. 80.

Abb.3: Auch die lebenden Tiere in Paris geben der Wissenschaft Rätsel auf. Sind es Larven oder erwachsene Tiere? Nachdem die Frage durch die Fortpflanzung in der *collection des reptiles* geklärt scheint, verwandeln sich einige der Nachkommen in eine landlebende Form (1866).

dern, kennt, wenn diese ihre Metamorphose vom Larven- ins Erwachsenenstadium durchlaufen.[53]

Was ist passiert? Trotz der Parallelen zur bekannten Metamorphose anderer Amphibien ist sich Duméril nicht sicher: »Vor dem Hintergrund derart unerwarteter Tatsachen wäre der Versuch unklug, Schlüsse zu ziehen, die voreilig sein könnten.« Auf der einen Seite gibt er zu bedenken, dass im Licht dieser Verwandlung Cuvier vielleicht doch Recht hatte, als er den Axolotl als Larve identifizierte. Dafür spricht der Umstand der Metamorphose. Auf der anderen Seite aber wendet Duméril ein, dass die Tiere, die er vom *Jardin* erhalten hat, also die Eltern, nun schon seit zwei Jahren ohne Veränderung in der *Ménagerie* leben und sich dort ja auch fortpflanzen. Sind die verwandelten Tiere nun also »eine endgültige Form«? Ohne eine endgültige Antwort schließt Duméril den Bericht und verweist auf weitere Untersuchungen, die er durchführen will.[54]

53 Vgl. Duméril 1865a, S. 777-778. Die am meisten betroffene innere Struktur ist der Hyobranchialapparat mit den Kiemenbögen. Für eine Abbildung vgl. Duméril 1867d, S. 244. Für einen Überblick über die Veränderungen während der Verwandlung vgl. Duméril 1866b, Tafel 10. Der Begriff *urodele Batrachier* bezeichnet die Schwanzlurche, heute *Caudata* oder *Urodela*.

54 Vgl. Duméril 1865a, S. 777-778.

Ein Jahr später widmet er sich dem Thema nochmals umfassend und systematisch. Vor allem durch zusätzliche anatomische Untersuchungen der Embryonalentwicklung, die durch die große Menge an unverwandelten Tieren möglich ist, und dem Vergleich mit ähnlichen Tierarten kommt Duméril nun zu dem Schluss, dass es sich beim Axolotl doch um eine Larve handeln muss, genauer gesagt um die Larve eines Salamanders der Gattung *Ambystoma*. Das *Muséum* besitzt zwar nur eine sehr kleine Zahl an *Ambystoma*-Arten, von denen keine dem Axolotl zugeordnet werden kann. Von US-amerikanischen Zoologen sind allerdings ungefähr 20 Arten bekannt.[55]

Duméril thematisiert auch die möglichen Einwände, die er gerade vor dem Hintergrund der von ihm selbst publizierten Beobachtungen in der *collection* erwartet. Warum haben sich die sechs ursprünglich aus Mexiko gekommenen Tiere nicht verwandelt, sondern sich im Gegenteil in großem Maße fortgepflanzt? Warum haben sich nur neun Tiere verwandelt? Warum haben sich die anderen Tiere, die aus demselben Laich stammen, nicht verwandelt? Die Lösung all dieser Fragen liegt für ihn in einem Aufsatz des italienischen Naturhistorikers Filippo de Filippi (1814-1867), der 1861 über Larven des Alpensalamanders berichtet, die über ausgebildete Fortpflanzungsorgane verfügten. Dies belegt für Duméril die grundsätzliche Möglichkeit einer solchen Unregelmäßigkeit. Anders als Filippi, der nur das Vorhandensein von Geschlechtsorganen beschrieben hat, kann Duméril zeigen, dass eine Fortpflanzung auch tatsächlich stattfindet.[56]

Bis zu diesem Zeitpunkt ist Duméril noch ganz vergleichender Anatom, dem es vor allem um die Frage geht, ob der Axolotl nun eine eigene Tierart darstellt oder doch nur die Larve einer anderen ist und wie man ihn entsprechend systematisch einordnen muss. Die Verwandlung war als eigenständiges Phänomen noch gar nicht in seinen Blick geraten, sondern vielmehr ein Symptom für die taxonomische Widerständigkeit des Axolotls. Gleichzeitig hat die Unregelmäßigkeit der Verwandlung bereits die Produktivität von lebenden Tieren in der Naturgeschichte und damit der Arbeit mit künstlichen Naturräumen

55 Vgl. Duméril 1866a; Duméril 1866b.

56 Vgl. Duméril 1866a, S. 87-88; Filippi 1861. Carl Theodor von Siebold, der im Zusammenhang mit Marie von Chauvin noch wichtig ist, wird elf Jahre später darauf hinweisen, dass Duméril an dieser Stelle ein Fehler unterlaufen ist. Duméril macht aus Filippis »stato Maggiore« also dem Generalstab, dessen Karte Filippi benutzt, den »lago Maggiore«, also ein italienischer See. Hier würde man keine Alpensalamander erwarten. Der eigentliche Fundort, den Filippi angibt, ist das Formazzatal, vgl. Siebold 1877, S. 70-71.

angedeutet. Aber auch hier folgt die eigentliche Umsetzung in ein Forschungsprogramm erst im Nachgang.

Experimente zwischen Naturgeschichte und Physiologie

Als die Lage in der *collection* durch die vielen Nachkommen und die unvorhergesehenen Ereignisse immer unübersichtlicher zu werden droht, kommt Duméril die gute Organisation seiner Axolotlzucht zugute. Um einen Überblick über die verschiedenen Generationen zu haben, hält er die ursprünglichen sechs Tiere, die »Anführer dieser vielen Generationen«,[57] in einem eigenen Aquarium. Jedes Mal, wenn sie laichen, werden die Pflanzen, an denen der Laich abgelegt ist, herausgenommen und in ein eigenes Aquarium gesetzt. Damit soll auch verhindert werden, dass die Tiere ihren eigenen Laich fressen, wie es im *Jardin* vorgekommen ist. Die Tiere zeichnen sich insgesamt durch eine große Gefräßigkeit aus, die nicht nur ihren eigenen Laich betrifft, sondern selbst ausgewachsene Artgenossen. Die Trennung ermöglicht es Duméril von Beginn an, die Generationenfolge der sich so rasch vermehrenden Tiere zu überblicken und vor allem die *chefs*, also die Tiere, die direkt aus Mexiko gekommen sind, nicht aus dem Blick zu verlieren. So kann er nicht nur die Genealogie der Axolotl mit Blick auf Fortpflanzung und Verwandlung untersuchen, sondern auch die weitere Entwicklung der einzelnen Tiere. Gleichzeitig bildet dieses ausgeklügelte System die Grundlage für seine experimentellen Untersuchungen der Verwandlung, die zwischen Naturgeschichte und Physiologie angesiedelt sind.[58]

Obwohl diese Aufteilung auch für eine Züchtung der Tiere im engeren Sinne, also auf bestimmte Merkmale hin, geeignet ist, spielen Überlegungen in diese Richtung für Duméril keine Rolle. Der einzige als solcher bezeichnete und publizierte Züchtungsversuch erfolgt, als er 1868 einen weißen Axolotl von Léon-Eugène Méhédin, einem Architekten, der auch den archäologischen Teil der *Commission scientifique du Mexique* leitet, erhält. Mit diesem männlichen Tier, das er als Albinoform einstuft, will Duméril versuchen, eine weiße Varietät zu züchten. Zu diesem Zweck bringt er das weiße Männchen mit einigen Weibchen des Wildtyps in einem eigenen Aquarium zusammen. Die Fortpflanzung ist erfolgreich und viele der Nachkommen zeigen eine

57 Duméril 1866a, S. 80. »chefs de ces diverses générations«.
58 Vgl. Duméril 1866b, S. 272 und 276; Duméril 1869c, S. 718.

aufgehellte Färbung. In einem nächsten Schritt bringt er diejenigen weiblichen Nachkommen, bei denen die Aufhellung der Färbung am deutlichsten ist, zur Fortpflanzung mit dem weißen Männchen, also ihrem Vater. Wie schon während der Embryonalentwicklung der Nachkommen dieser inzestuösen Verbindung deutlich wird, sind die Nachkommen ebenfalls weiß. Zwei dieser weißen Tiere beginnen sogar mit der Verwandlung.[59]

Nachdem Duméril und Vallée die Axolotlpopulation in der *collection* auf diese Weise organisiert haben und sie sich auch über den taxonomischen Status der Tiere im Klaren fühlen, rückt die bisher vor allem als Störung wahrgenommene Umwandlung in den Fokus von Dumérils Aufmerksamkeit. Denn die Frage danach, was es mit ihr genau auf sich hat und warum die meisten Axolotl sie nicht durchlaufen, ist bis dahin noch ungeklärt. Dieser Frage will Duméril experimentell nachgehen. Den Ansatzpunkt bildet seine Beobachtung, dass das erste sichtbare Zeichen der Verwandlung die Rückbildung und das schrittweise Verschwinden der Kiemen ist. Da die Verwandlung also eng mit der Atmung verbunden zu sein scheint, plant er mehrere Versuche, bei denen er die Tiere dazu bringen will, mit ihrer Lunge statt mit den Kiemen zu atmen.[60]

Sein erster experimenteller Ansatz besteht darin, die Wassermenge im Aquarium langsam zu reduzieren bis nur noch die Bodenschicht aus feuchtem Sand übrig ist. Es zeigt sich jedoch, dass diese Form der Trockenlegung den Tieren nicht gut bekommt. Daher geht er dazu über, das Aquarium mit den Versuchstieren so einzurichten, dass es auch Bereiche gibt, die außerhalb des Wassers liegen und die Axolotl das Wasser so selbstständig verlassen können. Auf diese Weise haben die Tiere Gelegenheit zwischen Wasser und Land und damit zwischen Kiemen- und Lungenatmung zu wechseln. Doch trotz umfassender Beobachtungen zu allen Tages- und Nachtzeiten kann nie ein Tier beim Verlassen des Wassers beobachtet werden.[61]

Nachdem dieses eher behutsame Vorgehen keine Wirkung auf die Tiere zeigt, geht Duméril dazu über, den Tieren systematisch die Kiemen abzuschneiden und sie so zu zwingen, nur mit den Lungen zu atmen. Dafür entfernt er bei zwei Axolotln beide Kiemen und bei einem dritten nur die der rechten Kopfseite. Nach zehn Tagen beginnt er dem dritten Tier zusätzlich pro Woche einen der Kiemenäste auf der

59 Vgl. Duméril 1870, S. 267-268.
60 Vgl. Duméril 1867b, S. 243.
61 Vgl. Duméril 1867b, S. 243; Duméril 1867d, S. 248.

linken Kopfseite abzutrennen. Er weiß bereits, dass die Tiere in der Lage sind, Verletzungen zu regenerieren. Daher entfernt er auch die nachwachsenden Kiemen abwechselnd auf jeder Kopfseite mit einer Schere. Dies wiederholt er über einen Zeitraum von zehn Monaten, allerdings ohne Erfolg.[62]

Parallel nimmt er weitere sechs Tiere, bei denen er gleich zu Beginn alle Kiemen abtrennt und auch hier das Nachwachsen verhindert. Von diesen letzten Tieren zeigen zwei nach einiger Zeit erste Anzeichen der Verwandlung und entwickeln sich auf die gleiche Weise, wie die Tiere, bei denen er die Verwandlung zuerst beobachtet hatte. Ein drittes Tier zeigt zwar erste Anzeichen der Veränderung, bleibt aber doch unverwandelt. Duméril betont, dass sich in diesem Experiment verhältnismäßig mehr Tiere (drei von neun) verwandelt oder zumindest Anzeichen dafür gezeigt haben, als bei den Tieren, an denen er nicht experimentierte. Er wiederholt das Experiment mit acht weiteren Tieren, bei denen er wieder alle Kiemen abtrennt, ohne allerdings eine weitere Verwandlung herbeiführen zu können.[63]

Duméril ist es nicht möglich, aus diesen ersten experimentellen Ergebnissen einen für ihn befriedigenden Schluss zu ziehen. Um seinem Bericht trotzdem ein positives Ergebnis zu geben, greift er abschließend die während der Experimente gemachte Beobachtung auf, dass die Tiere die ihnen zugefügten Verletzungen auch über einen längeren Zeitraum problemlos überstanden haben und über eine ausgesprochen gute Regenerationsfähigkeit verfügen. Er dreht die vorher gemachte Aussage, dass durch das vollständige Abtrennen der Kiemen drei von neun Tieren sich verwandelten oder zumindest Anzeichen der Verwandlung zeigten, um und hebt besonders hervor, dass sechs von neun Tieren den massiven Eingriff gut überstehen.[64]

Um Dumérils experimentellen Ansatz und seine Interpretation der Ergebnisse besser zu verstehen, ist es notwendig nochmals einen genaueren Blick auf die wissenschaftlichen und praktischen Grundlagen seiner Arbeit zu werfen. Neben der praktischen Arbeit in der *collection* sind die Akklimatisierung und die Naturgeschichte als wichtige epistemische Referenzpunkte für seine Experimente zu nennen. Wie ein Blick in seine Biografie zeigt, hat Duméril aber auch schon als Physiologe gearbeitet, also in der Disziplin, die in der Geschichte der Lebens-

62 Vgl. Duméril 1867b, S. 244. Über dieses Phänomen berichtet er auch in einer eignen Publikation, vgl. Duméril 1867e.

63 Vgl. Duméril 1867b, S. 244.

64 Duméril 1867b, S. 245.

wissenschaften im 19. Jahrhundert am engsten mit der experimentellen Methode assoziiert ist. Er arbeitet ab 1840 als Assistent bei Pierre Flourens (1794-1867) am Lehrstuhl für vergleichende Physiologie des *Muséum* und unterrichtet 1846 vertretungsweise den Physiologiekurs an der *Faculté de Paris*. Erst 1847 wechselt er im *Muséum* als Assistent vom Lehrstuhl für vergleichende Physiologie zum Lehrstuhl für Herpetologie und Ichthyologie, wo er den 1845 erkrankten Gabriel Bibron (1805-1848) ersetzt. Auch wenn Duméril den größten Teil seiner Publikationen auf dem Gebiet der Naturgeschichte der Reptilien und Fische verfasst, gibt es doch einige Arbeiten zur experimentellen Physiologie.[65]

Damit wird deutlich, dass Physiologie und Naturgeschichte und damit experimentelle und beobachtend-beschreibende Methode im 19. Jahrhundert auf komplexe Weise miteinander verbunden sind. Die Akklimatisierung und auch die Arbeit in der *collection* machen deutlich, dass auch außerhalb der Physiologie mit gezielten Veränderungen der Lebensbedingungen gearbeitet wird. Aus epistemologischer Perspektive muss sicherlich ein Unterschied zwischen der spätestens durch Claude Bernard (1813-1878) explizierten experimentellen Methode der Physiologie im engeren Sinne und den weniger elegant anmutenden Versuchen konstatiert werden, wie man sie in der Akklimatisierung und auch bei Auguste Duméril findet. Dies zeigte sich nicht zuletzt in der Geringschätzung, die Bernard gegenüber Pierre Flourens zum Ausdruck bringt, den er nicht als echten Physiologen ansieht. Im Sinne Bernards ist die Physiologie an allgemeinen und elementaren Phänomenen des Lebens interessiert und nicht an den Spezifika einzelner systematischer Gruppen. Als Bernard 1868 als Nachfolger des verstorbenen Flourens von der *Sorbonne* ans *Muséum* wechselt, wird der Lehrstuhl für vergleichende Physiologie entsprechend in Lehrstuhl für allgemeine Physiologie umbenannt. Ursprünglich wurde dieser Lehrstuhl 1837 für Frédéric Cuvier eingerichtet, also für den für

65 In diesen Studien beschäftigt er sich mit dem Einfluss verschiedener Pharmazeutika auf die Körpertemperatur von Hunden, aber auch von Reptilien, vgl. Duméril/Demarquay 1848; Duméril/Demarquay/Lecointe 1852; Duméril 1852. Zu Dumérils Karriere vgl. Glaeser 1878, S. 198-199. Um die Komplexität der Beziehungen innerhalb des *Muséum* noch zusätzlich zu verdeutlichen, sei angemerkt, dass Bibron 1832 am *Muséum* als Assistent von Dumérils Vater Constant anfängt. Zusammen geben sie die siebenbändige *Erpétologie générale ou Histoire naturelle complète des Reptiles* heraus. Ab 1854 werden sie für die letzten Bände von Auguste Duméril unterstützt, vgl. Duméril/Bibron 1834-1854.

die *Ménagerie* zuständigen und mit der Akklimatisierung betrauten Bruder von Georges. Damit ist selbst die Physiologie am *Muséum* indirekt an die Akklimatisierung rückgebunden.[66]

In Dumérils experimentellem Ansatz ist anatomisches und physiologisches Denken mit der praktischen Akklimatisierungserfahrung untrennbar verbunden. In seinem ersten Experiment versucht er, die Verwandlung durch Veränderung der Umweltbedingungen herbeizuführen und hofft so, durch den erzwungenen Funktionswechsel den Wechsel der anatomischen Struktur herbeizuführen. Hier spiegelt sich das wider, was Francois Jacob als spezifisches Moment der physiologischen Experimentalpraxis herausgearbeitet hat: »[Ein] Verfahren, physiologische Phänomene hervorzurufen, beruht auf dem immerwährend instabilen, sich jedoch immer wieder einstellenden Gleichgewicht zwischen dem Organismus und seinem Milieu.«[67]

Und Georges Canguilhem weist darauf hin, dass gerade das analogische Denken der Funktion für die Physiologie und ihren experimentellen Charakter spezifisch ist. Dieses Denken findet sich auch in der von der Akklimatisierungsbewegung vertretenen Vorstellung einer Anpassung an veränderte Umweltbedingungen wieder, die von Isidore Geoffroy Saint-Hilaire konzeptionell gefasst wurde. Und auch Duméril setzt an diesem Punkt an. Durch den Eingriff in das Verhältnis zwischen Organismus und Milieu, vermittelt durch die Funktion der Kiemen, versucht er einen Funktionswechsel der Atmung und damit die Verwandlung des ganzen Organismus herbeizuführen. Er geht davon aus, dass, wenn ein Organ seine Funktion verliert – in diesem Fall die Kiemen –, diese Funktion durch ein anderes Organ ersetzt wird und das Organ sogar ganz verschwindet. Das wiederum muss

66 Für eine Analyse von Physiologie und Naturgeschichte vgl. etwa Jacob 2002, S. 197. Zur Geschichte der Physiologie am *Muséum* vgl. Fischer 1997; Duchesneau 1997; Holmes 1997. Claude Schnitter stellt die für die Historiografie des *Muséum* wichtige Gegenüberstellung von Naturhistorikern und Experimentalisten (vgl. Limoges 1980) infrage und zeigt, dass die Dynamiken und Positionen deutlich differenzierter und in einem größeren Kontext betrachtet werden müssen, vgl. Schnitter 1995. Zum Experiment bei Claude Bernard vgl. Bernard 1865. Diese Sichtweise birgt allerdings ein anachronistisches Moment, da es eine bereits vollständig ausgebildete experimentalphysiologische Methode und deren konzeptionelle Verzweigungen annimmt und diese auf die ältere Tradition der Cuvierschen Naturgeschichte zurück projiziert. Gerade auch für das Verständnis der sich in der zweiten Hälfte des 19. Jahrhunderts herausbildenden experimentell arbeitenden Zoologie und Anatomie ist eine derart einfache Dichotomie wenig hilfreich.

67 Jacob 2002, S. 203.

weitreichende Konsequenzen für die gesamte Organisation des Organismus haben, besonders bei einem so zentralen Organ wie dem Atmungssystem. Da die Manipulation über das Milieu und damit die Funktion zu keinem Ergebnis führt, versucht Duméril die Verwandlung durch einen direkten Eingriff in die Struktur herbeizuführen. Er schneidet die Kiemen ab, damit die Lunge deren Funktion vollständig übernehmen muss. Das soll wiederum die Veränderung der ganzen Organisation nach sich ziehen.[68]

Trotz seiner Experimente ist Duméril nicht in der Lage, die Ursache für die Verwandlung und ihre genaue Bedeutung herauszufinden. Damit bleibt auch der Status der Axolotl als Larve oder erwachsenes Tier weiterhin im Dunkeln. Daher konzentriert er sich mehr und mehr auf die Frage, ob sich Axolotl auch in ihrer transformierten Form fortpflanzen können. Von der Antwort auf diese Frage verspricht er sich ein weiteres Mal die Lösung des Axolotlproblems. Zu diesem Zeitpunkt sieht sich Duméril konfrontiert mit Larven, die sich fortpflanzen, und voll entwickelten Tieren, die dies nicht tun. Sollten sich die verwandelten Tiere fortpflanzen und aus ihnen wiederum Axolotl entstehen, wäre der Kreis geschlossen und die Verwandlung wäre eher im Sinne einer Metamorphose wie bei den anderen Urodelen zu verstehen. Auf diese Weise wäre das Spezieskriterium, das von Georges-Louis Leclerc de Buffon (1707-1788), einem der vorrevolutionären Vorgänger Dumérils, aufgestellt wurde, erfüllt. Es besagt, dass diejenigen Organismen zur gleichen Art gehören, die untereinander fortpflanzungsfähige Nachkommen hervorbringen. Sollten sich die verwandelten Tiere jedoch als steril herausstellen, wäre die Verwandlung etwas anderes. Die Gelegenheit zu diesen neuerlichen Fortpflanzungsversuchen hat er, da sich bis zum Jahr 1870 die Zahl der verwandelten Tiere in der *collection* auf 29 erhöht. Allerdings bleibt auch diese Frage offen, da Auguste Duméril am 12. November 1870 stirbt.[69]

68 Vgl. Canguilhem 2009, S. 37-39.

69 Vgl. Duméril 1870, S. 268. Zum Spezieskriterium von Buffon vgl. Rheinberger/Müller-Wille 2009, S. 88-89.

Experimentelle Naturgeschichte im künstlichen Naturraum

Der mexikanische Axolotl nimmt, um mit Foucault zu sprechen, in den Kontexten der frühneuzeitlichen Naturgeschichte, der vergleichenden Anatomie Cuviers und in Dumérils Forschungspraxis verschiedene »Seinsweise[n]«[70] an. Er verändert sich und bleibt doch mit sich selbst identisch. Diese Veränderungen finden dabei nicht auf der Ebene der (wissenschaftlichen) Repräsentation statt, die man eher als ihren Ausdruck verstehen muss. Vielmehr sind sie das Ergebnis praktischer Konstellationen, welche die Art und Weise bestimmen, in der die Tiere der wissenschaftlichen Forschung zugänglich sind.

Während der Übergang von der frühneuzeitlichen Naturgeschichte zu Cuviers vergleichender Anatomie ein Übergang von der Oberfläche zur inneren Struktur ist, erfolgt bei Duméril der Übergang vom toten Präparat zum lebenden Tier. Und wie bei Cuvier kann auch bei diesem Übergang konstatiert werden, dass

> alles, was bis dahin durch den Raster der Naturgeschichte (Gattungen, Arten, Individuen, Strukturen, Organe) hat erscheinen können, alles, was sich dem Blick geboten hatte, […] künftig eine neue Seinsweise an[nimmt].[71]

Die Form des Materials, an dem geforscht wird, bestimmt die Methoden und die sich daraus ergebenden Schlüsse – und umgekehrt. Die lebenden Tiere machen nicht nur den Lebenszyklus und damit die Fortpflanzung der Beobachtung zugänglich, sondern ermöglichen auch die Experimente, mit denen Duméril die Ursachen der Verwandlung klären will. Wie die Ereignisse in der *collection* zudem zeigen, führt der Übergang vom Präparat zum lebenden Axolotl nicht nur zu einer Veränderung der Methoden und der Klassifikation der Tiere, sondern bringt auch ein unerwartetes Phänomen hervor. Im Gegensatz zur Fortpflanzung ist die Verwandlung der Tiere völlig unerwartet und daher auch entsprechend schwierig zu erklären. Damit führt die Praxis der Tierhaltung und der Akklimatisierung mit ihren kolonialen Verzweigungen zu Veränderungen in der methodischen und programmatischen Ausrichtung des *Muséum*.

70 Foucault 2009, S. 323. Der Begriff der »Seinsweise« erlebt im Moment eine gewisse Konjunktur in der Wissenschaftsforschung, vgl. Schlünder/Reiß/Hüntelmann/Bauer 2012.

71 Foucault 2009, S. 323.

Bei Cuvier stellen die Präparate, die Humboldt ihm schickt, die erste Form des Übergangs dar. Die Repräsentation der Tiere auf Papier in der Frühen Neuzeit, die auf Beobachtungen in Mexiko beruht, wird von zwei präparierten Exemplaren der Art abgelöst. Dieser Übergang von einer Beschreibung zur materiellen Form erlaubt es Cuvier, seine Methode anzuwenden, ohne Paris zu verlassen. Hier nimmt er die für ihn endgültige systematische Zuordnung des Axolotls auf Grundlage seiner Methode der vergleichenden Anatomie vor und vergleicht dafür die strukturellen Merkmale der beiden Präparate aus Mexiko mit einem Armmolchpräparat aus Nordamerika, einem Grottenolmpräparat vom Balkan und dem speziell zu diesem Zweck angefertigten Typus französischer Kaulquappen. Auf diese Weise macht er den Axolotl zu einem Teil seines Systems und damit aus dem ausgewachsenen Amphibium, als das es die Naturgeschichte vorher aufgrund seiner Lebensweise angesehen hat, eine Reptilienlarve.

Bei Duméril werden aus den Präparaten lebende Tiere, die im Zuge des französischen Imperialismus und der Akklimatisierungsbewegung nach Paris gelangen. Während nun eine neue Form von Forschungsmaterial vorliegt, ist die Frage nach wie vor dieselbe: Sind Axolotl fertige Tiere oder nur Larven einer unbekannten Art? Dadurch, dass das Material nun in Form lebender Tiere vorliegt, eröffnet sich für Duméril ein neuer Weg, diese Frage zu beantworten. Statt tote und präparierte Tiere anatomisch zu vergleichen und Schlüsse aus einem abstrakten Merkmalssystem zu ziehen, kann er die Tiere in lebendem Zustand beobachten, um aus ihrer Entwicklung und ihrer Fortpflanzung entsprechende Ergebnisse abzuleiten. Grundlage für diesen Ansatz ist neben den lebenden Tieren der entsprechende künstliche Naturraum, in dem die Tiere gehalten und zur Fortpflanzung gebracht werden können. Hier wird die Cuviersche Larve durch die von Duméril beobachtete Fortpflanzung wieder zu einem ausgewachsenen Tier. Gleichzeitig zeigt dieser Ansatz durch die rätselhafte Verwandlung der Tiere auch eine unerwartete Produktivität. Das Ergebnis der Tierhaltung in der *collection* sind zum einen erwachsene Tiere, die sich fortpflanzen und sich trotzdem zum Teil in eine bis dahin unbekannte Form verwandeln und damit weitere Fragen aufwerfen. Zum anderen stellt sich die Verbindung aus Tieren, Wissenschaftlern und künstlichen Naturräumen auch im buchstäblichen Sinne als ausgesprochen produktiv heraus und die Axolotl vermehren sich in großer Zahl.

Die neue Form, in der sich der Axolotl bei Duméril präsentiert, ist dabei das Ergebnis einer Praxis, die im Kern eigentlich nichts mit seinem naturhistorischen Forschungsprogramm zu tun hat. Die ersten

34 Tiere kommen 1864 als Ergebnis einer imperialistischen Expedition nach Paris und werden dort der *Société impériale d'acclimatation* übergeben, die eng mit den kolonialistischen Aktivitäten Frankreichs verknüpft ist. An das *Muséum d'Histoire naturelle* gelangen die Tiere aufgrund der engen Kontakte, die das Museum seinerseits zur Akklimatisierungsgesellschaft unterhält und weil das Museum mit der *Ménagerie* über einen Bereich verfügt, in dem lebende Tiere gehalten und ausgestellt werden. Dabei ist die Arbeit mit lebenden Tieren nicht Teil des epistemischen Programms des Museums, das sich auch in den 1860er Jahren noch der Klassifikation auf Grundlage der vergleichenden Anatomie Cuviers verpflichtet sieht. Wie nicht zuletzt der Begriff *animaux conservés en captivité* zeigt, wird die Haltung lebender Tiere als Erweiterung der eigentlichen Sammlungstätigkeit des Museums und der damit verbundenen Methode nach Cuvier gesehen. Trotzdem formiert sich in der jahrelangen Arbeit der *collection des reptiles* ein elaborierter künstlicher Naturraum zur Haltung und Züchtung lebender Tiere, in dem sich technische Voraussetzungen genauso entwickelt haben wie spezialisierte Praktiken und das dazu gehörige Erfahrungswissen.

Die Bedeutung dieser Infrastruktur zeigt sich im Zuchterfolg, den die *collection* im Vergleich zum viel jüngeren *Jardin d'acclimatation* erzielt. Die *collection* ist jedoch nicht nur ein Ort der Tierhaltung, sondern auch der Forschung. Der Übergang zwischen den Praktiken der Tierhaltung und denjenigen der Forschung gestaltet sich fließend. Bei Duméril verbindet sich dabei die vergleichende Anatomie, der praktische Ansatz der Akklimatisierung mit ihren Versuchen, Tiere und Pflanzen an neue Klimata zu gewöhnen und seine Erfahrung aus der Physiologie mit dem praktischen Wissen, das er und Vallée in der *collection* kultivieren. Von den ersten Beobachtungen der neu eingetroffenen Tiere und Überlegungen zu ihrer Haltung über die Nachverfolgung der Fortpflanzung und der Verwandlung bis zu deren experimentellen Untersuchung wird ein Kontinuum von Praktiken sichtbar, die keinem strengen epistemischen Programm folgen, sondern situativ von den Ereignissen in der *collection* gelenkt werden und zu neuem Wissen und neuen Fragestellungen führen.

Wie deutlich wird, kommen die ersten Axolotl in einem Zusammenhang nach Europa, in dem Kolonialismus, praktische Tierhaltung und naturhistorische Fragestellungen eng miteinander verbunden sind. Die politische Dimension der Naturgeschichte wird hier genauso deutlich, wie die praktischen Veränderungen, die lebende Tiere bewirken. Für die weitere Geschichte der Axolotl sind besonders ihre erfolgreiche Nachzucht in der *collection* und Dumérils zahlreiche Publikationen wichtig. Sie bilden wichtige Voraussetzungen dafür, dass sich zuerst das Wissen und dann auch die Tiere selbst über Europa ausbreiten.

3 Künstliche Naturräume

Die Geschichte des Aquariums zwischen Wissenschaft, Technik, Unterhaltung und Ökonomie

Die Axolotl entwickeln bei Auguste Duméril und Honoré Vallée eine überraschende Produktivität. Ihre erste Fortpflanzung und die sich daran anschließende Verwandlung einiger Tiere werfen unerwartete Fragen auf und sind der Beginn ihrer stetigen Vermehrung in der *collection des reptiles*. Wie der Vergleich mit dem ausbleibenden Züchtungserfolg im *Jardin d'acclimatation* deutlich macht, liegt ein wichtiger Grund für die Produktivität der *collection* in ihren technischen Einrichtungen und dem dort situierten Wissen über die Haltung und Pflege lebender Tiere. Die Aquarien und Becken, in denen sie leben, sind nur der sichtbare Teil einer ausgeklügelten Maschinerie aus Wasserleitungs-, Belüftungs- und Heizungssystemen, mit deren Hilfe Bedingungen her- und sichergestellt werden, unter denen die Tiere (über-)leben und sich fortpflanzen. Die Mitarbeiter der *collection*, allen voran Honoré Vallée, richten künstliche Naturräume ein, die sie nach ihren Vorstellungen von den natürlichen Lebensbedingungen der Tiere anlegen und sukzessive den Reaktionen der Tiere anpassen. Auf diese Weise entsteht ein Wissen über die Lebensbedingungen der Tiere, das gleichzeitig die Grundlage für ihre erfolgreiche Haltung bildet.

Diese Lebensbedingungen für die vielen, meist unbekannten Tierarten, die wie der Axolotl über die imperialen Netzwerke nach Paris gelangen, werden von den Mitarbeitern der *collection* in einem gewissermaßen experimentellen Vorgehen untersucht. Gleichzeitig versuchen sie, die Erwartungen des Publikums der *Ménagerie* zu bedienen. Damit sind die künstlichen Naturräume von den Bedürfnissen der Tiere genauso geprägt wie von menschlichen Vorstellungen von Natur, den Ansprüchen des Publikums und nicht zuletzt den technischen Bedingungen der *collection*.

Aber die Bedeutung dieser Assemblage aus Technik, Wissen und Natur, wie sie die *collection* darstellt, beschränkt sich nicht auf den speziellen Fall der Pariser Axolotl. Vielmehr verweist der Axolotl und seine Ausbreitung in Europa auf eine viel umfassendere Entwicklung der Haltung und Zucht von Tieren zu einer Aktivität bürgerlicher Bildung und Unterhaltung im 19. Jahrhundert. Am deutlichsten zeigt sich diese Entwicklung am und im Aquarium. Die heute als so selbstverständlich erscheinenden Techniken des Heimaquariums mit seinen Regulations- und Zirkulationssystemen sind Mitte des 19. Jahrhunderts gerade im Entstehen begriffen. Das Aquarium stellt eine inhärent dezentrale und mobile Technik dar und finden auf diese Weise ab den 1860er Jahren eine immer größere Verbreitung in Europa. Die sich so formierende Aquarienkunde entwickelt das entsprechende Wissen und die notwendigen Praktiken, wobei die Herausforderungen der Haltung der Tiere das verbindende Element für die ansonsten heterogene Gruppe der Aquarianer darstellt. Besonders die Herausbildung des Aquariums als dezentrale Infrastruktur und die Entwicklung der Aquaristik zum Massenphänomen hat auch nachhaltigen Einfluss auf die Geschichte der Lebenswissenschaften (vgl. Kapitel 5).[1]

Für die Geschichte des Axolotls spielen Aquarien in mehrfacher Hinsicht eine elementare Rolle. Als wasserlebende Tiere sind Axolotl in Europa auf Aquarien als Lebensraum angewiesen. Damit sind Aquarien eine notwendige Voraussetzung für die Verbreitung der Tiere. Da es sich beim Axolotl um das erste sogenannte exotische oder fremdländische Aquarientier handelt, das in Europa in größeren Mengen verfügbar ist, verbreiten sich die Tiere nicht nur in, sondern auch mit den Aquarien (vgl. Kapitel 6). Und schließlich werden, wie bereits Dumérils Forschungen gezeigt haben, der künstliche Naturraum sowie das Wissen und die Praktiken der Aquaristik auch zu Instrumenten für die experimentelle Erforschung der rätselhaften Umwandlung der Tiere (vgl. Kapitel 4).[2]

Die folgende Geschichte des Aquariums ist damit die Geschichte der Entstehung dieses Lebensraums zwischen Natur und Kultur. Dabei stehen das Aquarium als Technik und die Aquaristik als Netzwerk sowie ihre Verbindungen zur lebenswissenschaftlichen Forschung im Vordergrund. Ein Schwerpunkt liegt auf der Entwicklung der Aquarienkunde als Wissenskultur und Praxis zwischen Wissenschaft, Unterhaltung, Technik und Ökonomie. Hier werden zuerst die Anfänge der Aquaristik in England und ihre Verbindung zur Akklimatisierungs-

1 Zum Konzept des *boundary objects*, an das sich hier angelehnt wird, vgl. Star/Griesemer 1989. Zum Konzept der *assemblage* vgl. Latour 2005.

2 Der Begriff »exotisch« ist eine Akteurskategorie und bezeichnet in diesem Fall Tiere, die aus außereuropäischen Gebieten kommen, ein auffallendes Aussehen haben und damit den im Exotismus gepflegten Reiz des Anders- und Fremdartigen ansprechen, vgl. Cooper 2007; Nayar 2012; Schmidt 2015.

bewegung auf dem europäischen Kontinent dargestellt. Anschließend wird auf die spezifische Situation in Deutschland eingegangen, wo die Aquaristik im Gegensatz zu anderen Ländern eine umfassende Institutionalisierung erfährt. Hier werden Zeitschriften und Vereine vorgestellt und die Verbindungen zur universitären Wissenschaft ausgewiesen. Anschließend wird gezeigt, wie die ersten nicht-einheimischen Aquarientiere die Aquaristik verändern und wie das Aquarium als künstlicher Naturraum zwischen den Bedürfnissen seiner Bewohner und den technischen Rahmenbedingungen konkret konstruiert und stabilisiert wird. Hier geht es um Aquarientiere wie den Axolotl und die verschiedenen Techniken, die notwendig sind, um Aquarien zu betreiben und in Privathaushalte zu integrieren.[3]

Die Anfänge der Aquaristik zwischen Chemicotheologie, Küstentourismus und Unterhaltung

Die Geschichte des Aquariums als Massenkultur beginnt im Großbritannien der 1830er Jahre als Teil der viktorianischen Naturgeschichte, die durch ihre Verbindung von wissenschaftlichem Wissen, romantischem Naturbild und ästhetisierender Perspektive auch über die Gruppe der Naturhistoriker hinaus anschlussfähig ist. Besonders das Sammeln von Naturobjekten wie Schneckenhäusern (Conchylien) oder Muscheln erfreut sich auch bei der wachsenden und gleichermaßen nach Unterhaltung wie Bildung strebenden Mittelschicht großer Beliebtheit. In diesem Kontext entwickelt sich eine ganze Reihe sogenannter *crazes*, bei denen die Begeisterung für bestimmte Formen dieser Naturgeschichte zu einem Massenphänomen wird. Am populärsten und charakteristischsten ist der *fern craze*. Hier werden Farne gesammelt und in Glaskästen gehalten. Diese sogenannten *Wardian cases* ermöglichen es durch ihre Luftundurchlässigkeit Pflanzen im Zimmer oder auf dem Balkon zu halten, ohne dass diese von der zunehmenden Luftverschmutzung durch Fabriken, Gasbeleuchtung und Öfen beeinträchtigt werden. Damit ist diese Form der Naturgeschichte auch Teil der viktorianischen Glaskultur, die ihren berühmtesten Ausdruck im *Crystal Palace* der Londoner Weltausstellung von 1851 findet, in dem unter anderem Aquarien ausgestellt werden. Sie verbindet sich mit der gleichzeitigen Entwicklung der Küste zu einem Ort der

3 Aspekte dieses Themas wurden bereits in anderen Zusammenhängen veröffentlicht, vgl. Reiß 2012a; Reiß 2012b; Reiß/Vennen 2014.

Erholung und der (Wieder-)Entdeckung des Meeres. Dies schlägt sich etwa im *seaweed craze* nieder, bei dem verschiedene Arten von Seetang in *Wardian cases* mit Steinen und Korallen zu unterseeischen Miniaturlandschaften arrangiert werden. Der *aquarium craze* reiht sich hier ein mit der für ihn bestimmenden Form des Aquariums, bei dem die Gezeitentümpel der englischen Küste nachgebildet werden. Es entsteht eine Ästhetik, bei der Transparenz und die unbekannte Farben- und Formenwelt der marinen Flora und Fauna im Zentrum stehen. Diese Form des Aquariums wird maßgeblich durch die Texte des englischen Schriftstellers und Naturhistorikers Philip Henry Gosse (1810-1888) bekannt gemacht und wird zur neuesten Mode der englischen Amateurnaturgeschichte.[4]

Im gleichen Zeitraum konzipiert der Londoner Chemiker Robert Warington (1807-1867) im Anschluss an die *Wardian cases* sein *balanced aquarium*. Sein Ziel ist ein Aquarium, in dem das Wasser nicht immer wieder gewechselt werden muss. Es soll über einen längeren Zeitraum ohne weitere Eingriffe, also ohne zusätzliche Zufuhr von Sauerstoff, Wasser und Organismen, funktionieren. Sein Ansatz sieht vor, Pflanzen und Tiere im richtigen Verhältnis ins Aquarium zu bringen, sodass die Pflanzen den Sauerstoff für die Tiere produzieren und selbst das von diesen produzierte Kohlendioxid verbrauchen. Dabei hat er nicht praktische Aspekte im Blick. Mit dieser sich selbst erhaltenden Miniaturwelt verbindet Warington eine auf den Prinzipien der Chemicotheologie basierende moralische Lehre über die harmonische Einrichtung der Natur durch Gott. In der Tradition der Naturtheologie versteht er sein *balanced aquarium* im Sinne einer Analogie zwischen Mikro- und Makrokosmos als Welt im Kleinen, die nach den gleichen Prinzipien funktioniert wie die von Gott geschaffene Natur und diese damit exemplifiziert.[5]

Waringtons Arbeit und seine Publikationen haben maßgeblichen Einfluss auf das Selbstverständnis der sich formierenden Gemeinschaft der Aquarianer und machen ihn zu einer Ikone der Aquaristik. Seine Idee eines selbstgenügsamen Gleichgewichts im Aquarium wird zum

4 Für eine umfassendere Analyse, die sich vor allem für das Aquarium selbst aus wissens- und medienhistorischer Perspektive interessiert, vgl. Vennen 2018. Zur Entdeckung des Meeres und der Verbindung von Küstentourismus und Naturgeschichte im 19. Jahrhundert vgl. Corbin 1990; Fyfe 2011. Zur Geschichte des Aquariums im Kontext *crazes* und der britischen Naturgeschichte vgl. Allen 1996. Zur Geschichte der *Wardian cases* vgl. Hamlin 1986; Darby 2007. Zur viktorianischen Glaskultur vgl. Armstrong 2008.

5 Vgl. Reiß/Vennen 2014; Vennen 2018.

Ideal und Phantasma der Aquaristik, die sich in die Vorstellung eines der Natur angenäherten und nach wissenschaftlichen Prinzipien eingerichteten Aquariums im Gleichgewicht tief in den Aquaristikdiskurs und in die technisch-mediale Konfiguration des Aquariums selbst einschreibt. Sie wird zu einem zentralen Orientierungspunkt für die Aquarienkunde, mit dem sie sich von anderen, älteren Formen der Haltung von Wassertieren, wie dem Goldfischglas, abgrenzt. Gleichzeitig ist Waringtons Arbeitsweise prägend für die Aquarienpraxis. Die Idee des *balanced aquarium* setzt die Beschäftigung mit den Lebensbedingungen der Aquarienorganismen und den Beziehungen zwischen diesen und einer Reihe weiterer Faktoren voraus, die in der Aquaristik zu einem Ethos der eigenen Erfahrung festgeschrieben wird. Und auch seine Versuche zum *balanced aquarium* mit ihrem experimentellen Vorgehen und den beständigen Manipulationen und Regulationen werden zu zentralen Bestandteilen des Selbstverständnisses der Aquaristik.[6]

Der englische *aquarium craze* durchläuft eine schnelle und umfassende Kommerzialisierung, die ein wichtiges Merkmal aller *crazes* der viktorianischen Naturgeschichte ist. Während die Beschäftigung mit dem Aquarium anfangs auch das eigene Sammeln der Pflanzen und Tiere als wichtigen Teil der Selbstbildung beinhaltet, entwickelt sich durch die wachsende Popularität binnen kurzer Zeit ein neues Geschäftsfeld. Spezialisierte Händler verkaufen frisches Meerwasser, Tiere, Pflanzen und Aquarien. Bald werden auch fertig eingerichtete Aquarien angeboten, die bei Bedarf von regelmäßig ins Haus kommendem Fachpersonal gepflegt werden. Entscheidend sind hier die immer besser ausgebauten Verkehrs- und Transportinfrastrukturen. Die Eisenbahn bringt nicht nur Menschen aus den Städten im Landesinneren an die Küste, sondern transportiert auch Meerwasser, Tiere und Pflanzen zurück in die Städte. Erst durch diese schnelle und sichere Transportmethode wird es möglich, den steigenden Bedarf an Aquarientieren und -pflanzen bis zu dem Punkt zu decken, an dem große Teile der Küste beinahe leergesammelt sind. Einer der bekanntesten Aquarienhändler des *aquarium craze* ist William Alford Lloyd (1824-1880) in London. In seinem Ladengeschäft, dem *Aquarium Warehouse*, hat er zeitweise 15000 Tiere auf Lager und bietet auch

6 Vgl. Reiß/Vennen 2014; Vennen 2018. Warington wird nicht nur in der Aquaristik als Gründungsfigur angesehen, sondern auch von der ökologischen Mikrokosmosforschung des 20. Jahrhunderts, vgl. Beyers/Odum 1993, S. 178-179.

darüber hinaus eine breite Palette an Waren und Dienstleistungen rund um das Aquarium und die Aquaristik an.[7]

Nach der schnellen Entwicklung flaut der *aquarium craze* bereits Anfang der 1860er Jahre wieder ab. Lloyds Geschäft muss im Zuge dessen ebenfalls Konkurs anmelden. Aber er hat genug Wissen über den Bau und den Betrieb von Meerwasseraquarien gesammelt, um zum gefragten Experten für öffentliche Schauaquarien zu werden, die sich ebenfalls im Zuge des *aquarium craze* entwickeln. Seine Expertise ist besonders auf dem europäischen Kontinent gefragt, wo er für die Planung und den Bau der Schauaquarien im *Jardin zoologique d'acclimatation* in Paris (1860), im Zoologischen Garten von Hamburg (1863) und in der Zoologischen Station Neapel (*Stazione zoologica Anton Dohrn*, 1872) mitverantwortlich ist.[8]

Im Umfeld des britischen *aquarium craze* sind damit zentrale Motive entstanden, die auch für die weitere Geschichte der Aquaristik prägend sein werden. Gosses Publikationen und Waringtons Experimente positionieren das Aquarium zwischen ästhetischer Naturbetrachtung und wissenschaftlicher Praxis. Das Ideal der Annäherung an die Natur ist in beiden Ansätzen in unterschiedlicher Weise angelegt und grenzt die Aquaristik von anderen Formen der Haltung von Wassertieren ab. Gleichzeitig vermittelt es einen umfassenden Zugang zum Leben im Wasser und den Lebensbedingungen seiner Bewohner, der über die Konzentration auf einzelne Arten oder systematische Gruppen hinausgeht.

Akklimatisierung, das Süßwasser und der Reiz des Exotischen: Das Aquarium auf dem europäischen Kontinent

Zusammen mit den Schriften von Gosse und Warington machen die öffentlichen Schauaquarien das Aquarium mit seiner spezifischen Ästhetik der Transparenz und der unbekannten Farben- und Formenvielfalt ab Mitte der 1850er Jahre auf dem europäischen Kontinent populär. Ein einfacher Transfer der englischen Meerwasseraquaristik stellt sich jedoch als schwierig heraus. Meerwasseraquarien sind im Unterhalt sehr aufwendig. Sie sind auf kontinuierlichen Nachschub

7 Vgl. Allen 1994, S. 124; Brunner 2011.

8 Vgl. Vennen 2018, S. 183-192. Für eine Übersicht über Lloyds Warenangebot vgl. Lloyd 1858.

von Wasser und Organismen angewiesen. Ein weiterer, lokalspezifischer Faktor ist, dass nicht alle europäischen Küsten über eine Flora und Fauna verfügen, die mit derjenigen der Steinküsten der britischen Inseln vergleichbar und damit für die aus der englischen Aquaristik bekannte Optik geeignet ist.[9]

Daraus ergibt sich in kontinentaleuropäischen Ländern wie Deutschland durch »die geringere Ausdehnung unserer Küsten [und] ihre große Entfernung von dem deutschen Binnenlande«[10] im Vergleich zu England ein Nachschubproblem, wie der deutsche Arzt und Naturforscher Carl von Mettenheimer (1824-1898) beklagt. Zwar verspricht auch hier die Eisenbahn Abhilfe. Allerdings entstehen, wie der Wiener Aquaristikpionier Gustav Jäger (1832-1917) hervorhebt, dadurch nicht unerhebliche Zusatzkosten. Zudem existiert fast überall ein staatliches Salzmonopol, das die Einfuhr von Seewasser erschwert. Noch im Jahr 1900 berichtet der Herpetologe Oskar Boettger (1844-1910) davon, dass nach Prag eingeführtes Seewasser vom Zoll beschlagnahmt wird, »da Grund zur Befürchtung vorliege, der Empfänger könne aus dem Seewasser Salz fabricieren«.[11] Die oft diskutierte und auch angewendete Alternative besteht darin, das Salzwasser künstlich herzustellen.[12]

Aufgrund dieser Umstände bleiben Meerwasseraquarien auf dem europäischen Kontinent vor allem auf öffentliche Schauaquarien beschränkt, wo ein entsprechender finanzieller und organisatorischer Aufwand möglich ist. Eines der ersten dieser öffentlichen Aquarien auf dem Kontinent ist das von Lloyd eingerichtete Aquarium im 1860 neu eröffneten *Jardin zoologique d'acclimatation* in Paris. Damit wird das Aquarium Teil der Konzeption wissenschaftlicher Zoos, die vom *Jardin* geprägt und von Zoos in ganz Europa übernommen wird. Gleichzeitig wird die Aquaristik, die bisher vor allem die naturhistorischen Praktiken des Sammelns und des Ausstellens umfasst, um den Aspekt der Akklimatisierung und der Züchtung erweitert.[13]

Die wissenschaftliche Fischzucht oder Aquakultur ist ab Ende der 1840er Jahre eines der Betätigungsfelder der Akklimatisierungsbewegung. Ebenfalls ausgehend von Frankreich besteht ihr Ziel darin,

9 So zeichnet sich zum Beispiel die deutsche Ostseeküste durch einen Schlammboden aus, der in der Aquaristik lange Zeit vehement abgelehnt wird, vgl. Reiß/Vennen 2014.

10 Mettenheimer 1860, S. 64.

11 Boettger 1900, S. 227.

12 Vgl. Jäger 1860; Lendenfeld 1894. Für Rezepte für künstliches Seewasser vgl. Baudisch 1879; Anonymous 1885.

13 Vgl. Weinland 1862a; Nyhart 2009, S. 107-117.

den Ertrag der Gewässer nach dem Vorbild der Landwirtschaft zu steigern. Im Sinne des Fortschrittsoptimismus der Akklimatisierung wird hier versucht, auf die sich bereits seit dem 18. Jahrhundert dramatisch verändernden Fischbestände in den heimischen Gewässern und die Bevölkerungsentwicklung zu reagieren. Damit unterliegt auch die Fischereiwirtschaft den zeittypischen Rationalisierungsbestrebungen. Im Zuge dessen werden, wie 1852 im französischen Huningue im Elsass, Versuchsstationen eingerichtet, um zu untersuchen, wie der Ertrag der heimischen Gewässer gesteigert werden kann. In Huningue werden einheimische Fischarten auf die Möglichkeit hin geprüft, sie im landwirtschaftlichen Sinne in großen Mengen zu züchten. So werden bis Ende der 1850er Jahre, also nur einige Jahre nach Gründung der Station, bereits riesige Mengen Lachs- und Forellenlaich befruchtet und an Orte in ganz Frankreich, aber auch in fast alle europäischen Nachbarstaaten verschickt. Aber auch die Ansiedlung nicht-einheimischer Arten wird im Sinne der Akklimatisierung versucht. So besteht ein reger Austausch mit der *United States Fish Commission* (USFC), die 1871 gegründet wird, um den Rückgang von kommerziell wichtigen Süßwasser- und Meerestieren zu untersuchen und Gegenmaßnahmen zu entwickeln. In den 1870er Jahren, als das Elsass und damit Huningue dem Deutschen Reich zufällt, erhält die USFC Lachse aus dem Rhein sowie 1000 befruchtete Eier einer Weißfischart. Im Gegenzug schickt die USFC 25000 befruchtete Eier des Pazifiklachses nach Huningue. Insgesamt befasst sich die wissenschaftliche Fischzucht mit der ganzen Bandbreite aquatischer Fauna, mit Süß- und Salzwasserfischen, Mollusken und sogar Blutegeln für die medizinische Anwendung. Damit werden die einheimischen Gewässer und das Wissen und die Praktiken der Fischzucht umfassend verwissenschaftlicht.[14]

14 Zur Geschichte der wissenschaftlichen Fischzucht und der Versuchsstation in Huningue vgl. Kinsey 2006. Von der deutschen Reichsgründung 1871 bis zum Ersten Weltkrieg gehört Huningue, deutsch Hüningen, und damit auch die Fischzuchtstation zum Deutschen Reich. Zur Geschichte von Fisch als Nahrungsmittel vgl. Nash 2000. Seit Gründung der USFC im Jahr 1871 ist ihr *Commissioner* der Naturhistoriker und Kurator an der *Smithsonian Institution* Spencer Baird (1823-1887), vgl. Allard 2000. Im Jahr 1850 veröffentlicht er seine *Revision of the North-American Tailed-Batrachian*, worin er den Axolotl zwar als eigene Art *Siredon mexicanus* klassifiziert, aber, ähnlich wie Cuvier, »nicht anders kann, als davon auszugehen, dass es sich hier um die Larve irgendeiner riesigen Art aus dieser Gattung [*Ambystoma*] handelt«. (Baird 1850, S. 292. »cannot but believe it to be the larva of some gigantic species of this genus.«).

Als Teil der Akklimatisierungsbewegung ist die wissenschaftliche Fischzucht aber nicht auf spezialisierte, staatlich betriebene Einrichtungen wie die Fischzuchtstation in Huningue beschränkt. Auch im neu gegründeten *Jardin* sind verschiedene Einrichtungen für im Wasser lebende Tiere integriert, die gleichzeitig Ausstellungs- und Akklimatisierungszwecken dienen. So gibt es neben dem von Lloyd gebauten Aquarium mit seinen Süß- und Salzwasserbecken auch Einrichtungen zur Zucht von Austern und Fröschen. Étienne Rufz de Lavison, der erste Direktor des *Jardin*, berichtet in diesem Zusammenhang über die erfolgreiche Zucht amerikanischer Ochsenfrösche im *Jardin*, deren »Fleisch [...] zu New-Orleans sehr geschätzt«[15] wird.

Neben dem Streben nach Nützlichkeit und dem Fortschrittsoptimismus zeichnet die Akklimatisierung auch ihr Exotismus und ihre Faszination für das als exotisch Wahrgenommene aus. Die spezifische Verbindung dieser Aspekte wird dann auch abseits von zoologischen Gärten und außerhalb Frankreichs bestimmend. Neben den wissenschaftlichen Zoos werden in ganz Europa Akklimatisierungsgesellschaften gegründet, deren Mitglieder sich privat mit Akklimatisierungsaktivitäten beschäftigen. Fischzüchter wie etwa der Franzose Pierre Carbonnier (1829-1883) oder Christian Wagner (Lebensdaten unbekannt) aus Oldenburg züchten in großem Umfang sowohl Speisefische als auch Fische, die zur Unterhaltung oder aus naturhistorischem Interesse als Haustiere in Aquarien gehalten werden. Teilweise aus Mangel an Alternativen, teilweise aus Überzeugung werden in der Aquaristik nur einheimische Süßwasserfischarten gehalten. Dabei zeigt das Beispiel des Goldfischs die Relativität und Bedingtheit dieser Zuschreibungen sowie ihre rhetorische Setzung gegen das Andere der als exotisch verstandenen Tiere. Denn im 19. Jahrhundert gilt der Goldfisch, der bereits im 17. Jahrhundert aus China eingeführt worden war, bei Fischzüchtern und Aquarianern als einheimisch. Gleichzeitig wird das Halten von Goldfischen und das mit ihnen auch heute noch assoziierte runde Goldfischglas als nicht zur Aquaristik gehörige Spielerei angesehen, da es sich hier nicht um ein als naturnah und selbstgenügsam angesehenes System im Sinne Waringtons handelt.[16]

15 Rufz de Lavison 1865, S. 148. Zu den verschiedenen Einrichtungen für wasserlebende Tiere vgl. Anonymous 1860.

16 Zur Geschichte der Akklimatisierungsbewegung in europäischer Perspektive vgl. Borowy 2009. Zu den Fischzuchtaktivitäten von Carbonnier und Wagner vgl. Wagner 1864; Anonymous 1878b; Brehm 1884, S. 269. Für einen Überblick über die verschiedenen Fischzuchtbemühungen in französischen Flüssen vgl. Caillaud 1864. Zur Konstruktion der einheimischen Natur in der

Auch Carbonnier züchtet in seiner *piscifacture*, seinem Fischzuchtbetrieb in Champigny bei Paris, lange Zeit nur einheimische Fische. Als aktives Mitglied der *Société d'acclimatation* und erfahrener Fischzüchter hat er zwar auch Zugang zu neuen Arten, die die Gesellschaft immer wieder erhält. Aber erst Mitte der 1860er Jahre gelingt die Nachzucht der ersten nicht-europäischen Aquarientiere. Carbonnier selbst ist an der Nachzucht der Axolotl beteiligt und im Jahr 1869 gelingt ihm mit dem Makropoden die erste Nachzucht eines nichteuropäischen Aquarienfischs. Im Gegensatz zu den einheimischen Arten sprechen diese Tiere die in der Akklimatisierungsbewegung gepflegte Begeisterung für das Exotische an und bilden mit ihrer Formvielfalt beliebte Objekte für naturhistorische Beobachtungen.[17]

Damit kann auch das Süßwasseraquarium das bereits vom Meerwasseraquarium bekannte Merkmal des Modischen und Exotischen entwickeln. Während sich die englische Aquaristik noch fast ausschließlich auf die Natur der britischen Küsten konzentriert, erweitert die Verbindung mit der französischen Akklimatisierung das Repertoire der zur Verfügung stehenden Aquarientiere. Damit gewinnen Aspekte wie die Einfuhr und Nachzucht neuer Tiere an Bedeutung. Nicht zuletzt mit den neuen wissenschaftlichen Zoos und den Akklimatisierungsgesellschaften, die in ganz Europa gegründet werden, breitet sich die Zierfischaquaristik aus, wobei sie besonders in Deutschland auf großes und vor allem nachhaltiges Interesse stößt. Im Gegensatz zu anderen europäischen Ländern entwickelt sich hier eine ausgeprägte und organisierte Aquaristik mit eigenen Vereinen und ab den 1890er Jahren auch eigenen Zeitschriften. Gleichzeitig finden gerade im deutschsprachigen Raum wichtige strukturelle und inhaltliche Entwicklungen in den Lebenswissenschaften statt, bei denen die Aquaristik eine entscheidende Rolle spielen wird (vgl. Kapitel 5). Die Entwicklung der Aquaristik in Deutschland und die Verbreitung des Aquariums in den deutschsprachigen Lebenswissenschaften ist damit auch für die Verbreitung der Axolotl ein entscheidender Faktor (vgl. Kapitel 6).

Frühen Neuzeit vgl. Cooper 2007. Zum Goldfisch vgl. Müller 1856; Brunner 2011, S. 25-27.

17 Vgl. Carbonnier 1864a, hier S. VI; Carbonnier 1864b. Zu Carbonnier vgl. Anonymous 1883c. Zu seiner Rolle in der Akklimatisierungsgesellschaft vgl. Éprémesnil 1865, S. LXXV. In seinem *Guide pratique du pisciculteur* von 1864 behandelt er die Zucht aller wichtigen europäischen Süßwasserfische, vgl. Carbonnier 1864a, S. 199-200. Zum Makropoden, dessen Geschichte später in diesem Kapitel noch ausführlicher als Vergleich zum Axolotl erzählt wird, vgl. Robin 1874, S. 379; Carbonnier 1882.

Aquarium und Aquarienkunde in Deutschland: Von der Liebhaberei zur Naturkunde

Die Aquarienkunde entwickelt sich insgesamt und besonders in Deutschland aus der Dynamik verschiedener Traditionslinien, deren Gemeinsamkeit im Interesse an der Haltung von im Wasser lebenden Organismen besteht. Trotzdem wird der Beginn der Aquaristik in Deutschland allgemein mit einer Person und einem von ihr publizierten Text verbunden. Im Jahr 1856 veröffentlicht der Politiker, Zoologieprofessor und Wissenschaftspopularisierer Emil Adolf Roßmäßler (1806-1867) in der von ihm 1853 mitgegründeten Familienzeitschrift *Die Gartenlaube* den Artikel »Der See im Glase«. Er schließt damit an zwei Texte an, die 1854 und 1855 an gleicher Stelle erschienen und die Meerwasseraquaristik nach englischem Vorbild vorstellen. Roßmäßler überträgt den Ansatz vom Meer auf den See und damit auf die bereits diskutierten Gegebenheiten der kontinentaleuropäischen Binnenlandschaft.[18]

Konzeptionell orientiert sich Roßmäßler an Gosses Schriften und Waringtons *balanced aquarium* und präsentiert das Süßwasseraquarium als Möglichkeit der Unterhaltung und Belehrung über die einheimische Natur. Gleichzeitig hebt er den geringen Aufwand für die Pflege eines entsprechend eingerichteten Aquariums hervor und verweist auf sein eigenes Aquarium, dass über sechs Monate hinweg ohne Wasserwechsel funktionierte. Bereits 1857 lässt Roßmäßler aufgrund der großen Resonanz auf seinen Artikel das Buch *Das Süßwasseraquarium. Eine Anleitung zur Herstellung und Pflege desselben* folgen, in dem er die Aufgabe des Aquariums präzisiert: »Ein Aquarium ist eine freundliche Zimmerzierde und zugleich ein ewig lebendiger Quell belehrender Unterhaltung.« Diese didaktische Ästhetisierung durch das Aquarium soll den Blick auf die Natur lenken, die den Lesern seines Texts räumlich am nächsten ist, aber aus seiner Sicht zumeist nur in der Wissenschaft Beachtung und Würdigung findet.[19]

Die von ihm vorgeschlagene Nachbildung im Aquarium soll Nähe zur und Wissen über eben diese Natur vermitteln und steht so in enger Verbindung zur zeitgleich einsetzenden Bewegung einer an den Begriffen »Heimat« und »Vaterland« orientierten Naturkunde und der

18 Vgl. Anonymous 1854; Anonymous 1855; Roßmäßler 1856. Zu Roßmäßler vgl. Daum 2002, S. 142-160; Vennen 2018; 164-166. Das Erscheinen von Roßmäßlers Text wird in der deutschen Aquaristik als Gründungsdatum angesehen und gefeiert, vgl. Rieck/Mau 2008, S. 138-140.

19 Vgl. Roßmäßler 1857, hier S. 4.

damit eng verbundenen Reform des naturkundlichen Schulunterrichts. Entsprechend werden »mit allerlei Zuthaten und Zierrathen« ausgestattete Aquarien genauso abgelehnt wie ihre nicht naturgemäße Besetzung. Die Verbindung zur einheimischen Natur und zur Naturkunde wird, ähnlich der frühen englischen Aquaristik, zudem durch das eigenhändige Sammeln und die damit verbundene Naturerfahrung hergestellt.[20]

Aus diesen Gründen hat Roßmäßler auch kein Interesse an Meerwasseraquarien. Er merkt an, dass er »nicht glaube, daß es jemals gelingen werde, anders als mit großen Kosten tief im Binnenlande dergleichen herzustellen«.[21] Abseits dieses praktischen Problems ist ein weiterer Vorteil des Süßwasseraquariums die »Verbindung des unter dem Wasserspiegel sich erhebenden Grün der Gewächse, während im See-Aquarium alles unter Wasser bleiben muss«.[22] Damit verweist er zum einen auf ein umfassenderes Interesse nicht nur am Leben im, sondern auch am Wasser und zum anderen auf die einheimische Natur, die für ihn durch den See besser repräsentiert wird als durch das Meer.

In diesem letzten Punkt deutet sich bereits eine weitere, für den deutschsprachigen Raum charakteristische Entwicklung an. Denn statt das Aquarium ausschließlich von der Unterwasserwelt her zu denken, entwickelt sich hier eine Tradition, die nicht nur Aquarien, sondern auch Terrarien einschließt. So entsteht eine spezifische und sehr vielgestaltige Form der Tierhaltung und Naturinszenierung, die inhaltlich wie organisatorisch (Vereine, Zeitschriften) als zusammengehörig begriffen wird. In den Aquarien und Terrarien, die manchmal unter der Sammelbezeichnung »Vivarium« firmieren, werden unterschiedlichste Landschaften nachgebildet und mit den entsprechenden Pflanzen und Tieren besetzt. Auch Übergangsformen sind nicht ungewöhnlich. So werden in sogenannten Terra-Aquarien oder Aqua-Terrarien Wasser und Land zu Uferlandschaften kombiniert und so komplexe Lebensräume nachgebaut (vgl. Abb. 4). Entsprechend ist auch die Bandbreite

20 Zur Rolle des Heimatbegriffs in der Naturkunde und in der Reform des naturkundlichen Unterrichts vgl. Nyhart 2009, S. 161-197. Zu zeitgenössischen Positionen hinsichtlich der Bedeutung des Aquariums im Naturkundeunterricht vgl. R. 1874; Frank 1894. Zur Kritik an der fehlenden Naturnähe vieler Aquarien vgl. Glaser 1866, hier S. 438. In diesem Punkt ist auch eine teilweise Abgrenzung von der Akklimatisierung und der Zoobewegung erkennbar, bei denen Spektakel und Exotik zu einer kommerzialisierten Form des Naturerlebnisses verbunden sind und die Einführung von Tieren und Pflanzen aus anderen Erdteilen zum Programm gehört.

21 Roßmäßler 1857, S. 3.

22 Roßmäßler 1856, S. 256.

Abb. 4: Gerade in Deutschland sind Aquarien- und Terrarienkunde von Beginn an eng verbunden. Dies zeigt sich nicht zuletzt an den vielen Übergangsformen zwischen Aquarien und Terrarien, die von den Liebhabern entwickelt werden. Sie werden als Aqua-Terrarien oder Terra-Aquarien bezeichnet und bilden Uferlandschaften nach (1899).

der in diesen Vivarien gehaltenen Tieren sehr hoch. Während der Schwerpunkt sicherlich auf Fischen liegt, werden auch Amphibien, Reptilien, Mollusken und Insekten gehalten und gezüchtet.[23]

Die Aquaristik mit ihrer engen Verbindung zur Terraristik entwickelt sich um die Mitte des 19. Jahrhunderts in Deutschland als Teil des größeren Felds der sogenannten naturwissenschaftlichen Liebhabereien, die zwischen Bildung, Unterhaltung und Forschung angesiedelt sind. Einen wichtigen Bereich bildet hier die praktische Naturkunde, die neben dem Sammeln in der Tradition der Naturgeschichte auch die Haltung und Zucht von Tieren und Pflanzen umfasst. Hier treffen die ökonomisch geprägten Ansätze der Akklimatisierung mit ihrem Schwerpunkt auf Züchtung mit der Tradition der Naturbildung zusammen, wie sie Roßmäßler vertritt. Neben Aquaristik und Terraristik spielten auch Haltung und Zucht von Vögeln eine wichtige Rolle. Daneben gibt es Bestrebungen zur Zucht von Rassehunden, Kaninchen und anderen Kleintieren. Aber auch die Anfänge des Tier- und Naturschutzes, Aktivitäten im Bereich Botanik, Pflanzenzucht und Gartenbau sowie ein allgemeines Interesse an Themen der Landwirtschaft und Naturkunde entstehen in diesem Kontext.

An der Figur des Liebhabers zeigt sich das Selbstverständnis der Liebhabereien, das wiederum entscheidenden Einfluss auf die Praktiken und damit auf die Ausgestaltung der künstlichen Naturräume hat. Die Liebhaber definieren sich über ihr Verhältnis zu den drei Bereichen Natur, bürgerliche Kultur und Wissenschaft. So sieht der Autor und Naturkundler Karl Ruß (1833-1899) den Ursprung und die Motivation der Liebhaberei im wachsenden Bedürfnis nach Kontakt zur Natur: »[...] das Verlangen also, nach der Berührung mit der freien Natur und ihren freundlichen Gaben: den Blumen, Vögeln und dergleichen.« Der Aquarianer Ernst Bade (1869/70-1952) bringt dieses Verlangen mit den Auswirkungen der sich wandelnden Lebens- und Arbeitswelt des 19. Jahrhunderts in Verbindung: »Der rastlose Kampf ums Dasein verkümmert aber oft dem Menschen den Umgang mit der Natur im Freien.« Daher richtet man sich »ein ›Stückchen Natur‹ selbst in seiner Häuslichkeit« ein, indem man Blumen und Tiere in die Wohnung bringt. In der Liebhaberei drückt sich damit die Sehnsucht nach einer Natur aus, die als immer weiter von der eigenen Lebenswelt entfernt wahrgenommen wird.[24]

23 Für einen Überblick über diese Formen vgl. Lachmann 1888; Bade 1899, S. 11-24.

24 Vgl. Ruß 1872, hier S. 1; Bade 1899, hier S. 2. Obwohl sich die Texte teilweise explizit auf die Vogelliebhaberei beziehen, lassen sie sich stellvertretend für das gesamte Feld der Liebhabereien fassen. Zu Bade vgl. Rieck 2001a.

Diese Sehnsucht muss auch als Reaktion auf das politische Klima des Nachmärz verstanden werden. Im Zuge der 1849 eingeführten Einschränkungen der politischen Öffentlichkeit und dem daraus folgenden Erliegen des öffentlichen politischen Diskurses wird die Natur als Rückzugsort des Bürgertums konstruiert und zum unpolitischen Raum der Kontemplation und des ästhetischen Genusses stilisiert. Gleichzeitig wird dieser Rückzugsort als zunehmend bedroht wahrgenommen. Während über die sich verdichtenden kolonialen Netzwerke einerseits eine immer größere Zahl von Pflanzen und Tieren aus anderen Erdteilen nach Europa gelangt, führen andererseits die Auswirkungen von Industrialisierung, Urbanisierung und der intensiveren Landwirtschaft zu Veränderungen der Landschaft, der Zerstörung der Natur und dem Verschwinden bestimmter Tiere und Pflanzen. Dieser Prozess wird auch zeitgenössisch problematisiert und so aus dem Wunsch nach Nähe zur Natur die Notwendigkeit ihres Schutzes formuliert.[25]

Dabei muss die Liebhaberei selbst ihr Verhältnis zur Natur rechtfertigen und sich von ihren »Schattenseiten«[26] wie »Thierquälerei« und Naturzerstörung abgrenzen, wie es Karl Ruß zeitgenössisch anmahnt. Dies soll durch die in der Liebhaberei vermittelten Kenntnisse und Fähigkeiten sowie ein entsprechendes Ethos sichergestellt werden. So entsteht das Ideal einer empathischen Beziehung zum beiderseitigen Wohl: Der Liebhaber findet wieder Kontakt zur Natur, was ihm Freude und Entspannung ermöglicht, und die Natur wird im Gegenzug geschützt. Für dieses beinahe symbiotisch gedachte Verhältnis ist für die Liebhaber das Wohlergehen der Tiere unabdingbar und damit gleichzeitig Ausweis ihrer entsprechenden Behandlung. Die Gesundheit der Tiere ermöglicht so auch Rückschlüsse auf den Charakter des Liebhabers, denn die Pflege der Tiere verlangt Disziplin und Empathie »und wer die Einen oder Andern verkümmern läßt, giebt zweifellos das ärgste Zeugniß gegen sich selber«.[27]

Dieses Ethos will die Liebhaberei auch über ihr eigenes engeres Umfeld hinaus für eine Neuausrichtung des Verhältnisses zwischen den Menschen und den Tieren in der sie umgebenden Natur vermitteln. Wie Ruß argumentiert, liegt »das rücksichtslose Benehmen der meisten Menschen gegen die freien Thiere doch entweder in Unkennt-

25 Zur politischen Geschichte der deutschen Naturkunde vgl. Daum 2002, S. 460-464. Zum Zusammenhang von Umweltveränderungen, ihren Ursachen und der Naturkunde vgl. Nyhart 2009, S. 356. Zur sich hier herausbildenden Naturschutzbewegung: Lekan/Zeller 2005; Nyhart 2009, S. 107-116.

26 Ruß 1876, S. 14.

27 Vgl. Ruß 1872, hier S. 1.

niß oder in falschen Vorstellungen begründet«. Dieser Situation kann, wie er weiter ausführt, nur durch Aufklärung und Erziehung begegnet werden. Allerdings steht der »naturgeschichtliche Unterricht in den Schulen leider noch durchaus nicht auf der Höhe […], daß er ausreichende, richtige Vorstellungen über die uns nächstumgebenden Thiere bietet«. Damit schließt Ruß die Liebhaberei genau wie Roßmäßler an einen Umstrukturierungs- und Reformprozess an, der zu dieser Zeit in der Schulbildung stattfindet und in dessen Zuge dem Naturkundeunterricht eine prominente Rolle zugeschrieben wird. Mit Verweis auf die Biografien berühmter Wissenschaftler (Linné, Newton, Galilei, Roßmäßler) arbeitet Ruß die pädagogische Bedeutung der Liebhaberei in der allgemeinen Erziehung heraus.[28]

Ruß thematisiert aber auch die größeren Zusammenhänge der Liebhaberei und der mit ihr einhergehenden Kommodifizierung der Natur. Hier kritisiert er vor allem die von finanziellen Interessen und dem immer weitergehenden Wunsch nach dem Exotischen und bisher Ungesehenen angetriebene Einfuhr einer großen Anzahl neuer Arten, wie von der Akklimatisierungsbewegung betrieben. Wie ambivalent die Position der Liebhaberei zur Natur insgesamt ist, zeigt nicht zuletzt der Umstand, dass Ruß zur Lösung des Einfuhrproblems die Nachzucht der Tiere in Deutschland empfiehlt.[29]

Die negativen Folgen der Liebhaberei werden auch in anderen Zusammenhängen diskutiert. So beklagt der österreichische Herpetologe und spätere Zoologieprofessor an der Universität Wien Franz Werner (1867-1939) um 1900 das Verschwinden der lokalen Amphibien- und Reptilienpopulationen »namentlich um die Großstädte herum, was viel weniger die Feinde dieser Tiere als ihre Freunde, […] die Liebhaber […] verschuldet haben«. Gleichzeitig sieht er dadurch die Gelegenheit, durch

> eine Einbürgerung der einen oder anderen Art bei uns […] die oft schon recht armselig gewordene Fauna der Umgebung seines Wohnortes durch fremdländische Arten wieder etwas aufzufrischen oder eine von Natur aus arme auf diese Weise etwas mannigfaltiger zu gestalten.

28 Vgl. Ruß 1878, hier S. 3 und 4. Zur Diskussion der Rolle der Naturkunde in der Schulbildung vgl. Nyhart 2009, S. 161-197. Der Umstand, dass der zu diesem Zeitpunkt bereits verstorbene Roßmäßler in eine Reihe mit diesen Ikonen der Naturwissenschaften gestellt wird, zeigt die Bedeutung, die ihm zu dieser Zeit von den Aquarianern zugemessen wird.

29 Vgl. Ruß 1872, S. 2.

Hier wird ein weiteres Mal die Spannung zwischen Naturschutz auf der einen und dem immer noch präsenten Denken der Akklimatisierung auf der anderen Seite sichtbar.[30]

Zum Abschluss seiner Charakterisierung der Liebhaberei fasst Ruß die Ausrichtung der Liebhaberei als kollektive Praxis zusammen. Alle Interessierten sind dazu aufgerufen, sich am gemeinsamen Projekt zu beteiligen, denn »[f]ern sei es von uns, nur auf die Ansichten, Meinungen und Erfahrungen Einzelner zu bauen; wir nehmen vielmehr die Hülfe eines Jeden in Anspruch«.[31] Die Liebhaber teilen so ihre Erfahrungen und sorgen durch das gesellige Moment gleichzeitig für eine weitere Verbreitung der Liebhaberei.[32]

Die Liebhabereien orientieren sich ambivalent an den akademischen Naturwissenschaften und entwickeln ein zunehmendes Selbstbewusstsein bezüglich des von ihnen produzierten Wissens. Ihre Akteure verstehen sich als Produzenten eines Wissens, das nicht von akademischen Institutionen legitimiert werden soll. Charakteristisch ist hier ein enzyklopädischer und praxisorientierter Ansatz, der komplementär zu den Wissenschaften gedacht wird. Um dieses Selbstverständnis und den entsprechenden Anspruch an die eigene Tätigkeit zu verdeutlichen, wird der Begriff »Liebhaberei« gegen Ende des 19. Jahrhunderts zunehmend durch den Begriff der »Kunde« ersetzt. Auf diese Weise sollen die Aktivitäten der Liebhaber als eigenständige und legitime Form der Wissensproduktion von der akademischen Wissenschaft abgegrenzt und gleichzeitig ihr wissenschaftlicher Anspruch und damit ihre Nähe zu den Fachwissenschaften betont werden.[33]

Die Liebhaberei stellt sich also als heterogene Praxis dar, die zentrale und oft widersprüchliche Momente des zeitgenössischen Naturdiskurses in sich zu vereinen versucht. Der Inblicknahme der lokalen Natur und der damit verbundenen Sorge um ihren Zustand stehen eine vom lokalen Kontext abgelöste Ästhetisierung und die Faszination des Exotischen gegenüber. Für das vorliegende Argument zu Aquarien als künstliche Naturräume sind hier besonders zwei Punkte von Bedeutung. Der erste Punkt ist die Entwicklung der Liebhaberei als kollektive Praxis, die für die Aquarienkunde wesentlich ist. Dieser Aspekt wird im Folgenden anhand von Zeitschriften und Vereinen als Kommunikationsplattformen aquaristischen Wissens vertieft. Der zweite

30 Vgl. Werner 1900, hier S. 246 und 247.
31 Ruß 1872, S. 1-2.
32 Vgl. etwa Dürigen 1890.
33 Vgl. Nyhart 2009, S. 253-256; Nyhart 2012.

Punkt ist das Verhältnis zwischen den Bereichen Natur und Kultur, das Mitte des 19. Jahrhunderts im Zuge von Industrialisierung und Urbanisierung neu verhandelt werden muss. Dieser Aushandlungs- und Integrationsprozess wird am Beispiel der Aquarientiere und der Aquarientechnik herausgearbeitet. Dadurch kann zugleich der Status des Aquariums als künstlicher Naturraum weiter herausgearbeitet werden.[34]

Zeitschriften und Vereine als Organisationszentren der Aquaristik und Zirkulationsräume aquaristischen Wissens

Wie bei allen Liebhabereien kommen in der Aquarien- und Terrarienkunde unterschiedliche Ansätze zusammen, die alle darauf ausgerichtet sind, lebende Tiere zu halten und auf diese Weise ein Stück Natur in die eigene Lebenswelt zu integrieren. Trotz aller Unterschiede und Widersprüche in Ansatz und Ausgestaltung bilden die Herausforderungen und Probleme bei der konkreten Umsetzung einen gemeinsamen Nenner, der die Aquarien- und Terrarienkunde als kollektive Praxis zusammenhält. Gerade das Aquarium verdeutlicht diesen Umstand. Die Suche nach Lösungen für praktische Probleme wie Wasserbelüftung, Temperaturregulation oder Futterversorgung bildet hier den Fokus. Es entsteht ein Kommunikationsnetzwerk, in dem sich Aquarianer über persönliche Kontakte, auf lokaler Ebene in Vereinen und auf nationaler und internationaler Ebene in Zeitschriften miteinander austauschen. Das praktische Wissen, das von Aquarianern erarbeitet wird, zirkuliert in diesem Netzwerk, wird in den Zeitschriften gesammelt, archiviert und über Aquarienhandbücher systematisch zugänglich gemacht. Aber auch Dinge und vor allem Lebewesen verbreiten sich auf diesem Weg.[35]

34 Zu einer heutigen Fassung des Begriffs »Liebhaberei«, die fast identisch mit der hier vorgestellten ist, vgl. Rieck 2001b.

35 Als Beispiele für Aquarienhandbücher vgl. Graeffe 1861; Dürigen 1886; Heß 1886; Geyer 1892; Zernecke 1897; Bade 1898a. Ein zeitgenössischer Bericht aus der Zeitschrift *Isis – Zeitschrift für alle naturwissenschaftlichen Liebhabereien; Verkehrsblatt für naturgeschichtlichen Kauf und Tausch* schätzt die zu dieser Zeit insgesamt in Deutschland mit der Post verschickten Tiere auf mehrere Millionen Individuen. Hierbei sind jedoch auch landwirtschaftliche Haustiere, Bienen etc. mitgerechnet, vgl. Anonymous 1879.

Damit ist das Netzwerk nicht nur wichtig für die Verbreitung bereits bestehenden Wissens, sondern auch für die materielle Entwicklung der künstlichen Naturräume und ihre Besiedelung. Denn obwohl bereits ab Mitte der 1860er Jahre die ersten Aquarienhandlungen eröffnen, findet die Entwicklung der Aquarientechnik bis zum Ende des 19. Jahrhunderts vor allem im Rahmen der privaten Aquaristik statt. So zeichnet sich die Entwicklung der Liebhabereien in Deutschland nicht zuletzt aus durch die schnelle Gründung spezieller Zeitschriften und Vereine, die zu ihrer fortschreitenden Etablierung beitragen. Aufgrund der Nähe zwischen Zoos und Akklimatisierungsbewegung entwickelt sich hier die Zeitschrift *Der Zoologische Garten* in kurzer Zeit zu einem der wichtigsten Publikationsorgane zum Thema Tierhaltung. Gegründet 1859 als Hauszeitschrift der Zoologischen Gesellschaft Frankfurt am Main und ihres Zoos wird sie bereits mit dem fünften Band 1864 in *Der Zoologische Garten. Zeitschrift für Beobachtung, Pflege und Zucht der Thiere*, ein Jahr später in *Der Zoologische Garten. Zeitschrift für Beobachtung, Pflege und Zucht der Thiere. Gemeinsames Organ für Deutschland und angrenzende Gebiete* und schließlich mit dem 29. Band 1888 in *Der Zoologische Garten. Zeitschrift für Beobachtung, Pflege und Zucht der Thiere. Organ der zoologischen Gärten Deutschlands* umbenannt. Diese sukzessive Ausweitung des thematischen und geografischen Einzugsbereichs der Zeitschrift spiegelt das wachsende Publikum mit einem Interesse an Tierhaltung wider und weist gleichzeitig die damit einhergehenden Prozesse der Ausdifferenzierung und Institutionalisierung im Bereich der Tierhaltung aus.[36]

Bis zum Ende der 1870er Jahre, als sich das Zeitschriftenangebot im Bereich Tierhaltung auszudifferenzieren beginnt, stellt *Der Zoologische Garten* die zentrale Publikation für einen Kontext dar, der Tierhaltung und -zucht in Zoos, in der Landwirtschaft und in Privathaushalten umfasst und explizit an die Akklimatisierungsbewegung anschließt. Entsprechend eröffnet David Friedrich Weinland, Herausgeber der Zeitschrift von 1859 bis 1864 und zu dieser Zeit Direktor des Frankfurter Zoos, die erste Ausgabe mit einem programmatischen Text, in dem er zuerst die in Deutschland gehaltenen Nutz- und Haustiere nach taxonomischen Klassen geordnet auflistet. Im Anschluss

36 Die Zeitschrift erscheint nach mehreren Unterbrechungen noch heute unter dem Titel *Der Zoologische Garten: Zeitschrift für die gesamte Tiergärtnerei; offizielles Organ des Verbandes Deutscher Zoodirektoren und Organ of the World Association of Zoos & Aquariums.*

weist er auf die Geschichte dieser Haustiere und den Umstand hin, dass schon immer und bis in die jüngste Vergangenheit neue Arten eingeführt und/oder domestiziert wurden. Entsprechend des für die Akklimatisierung charakteristischen Fortschrittsoptimismus schließt er mit der Frage:

> [W]arum sollte es in unserer energischen Zeit, in der man, wie ein Amerikaner sagte, an Unmöglichkeiten zu glauben fast aufgehört hat, nicht gelingen, noch das eine oder andere werthvolle Thier oder wenigstens neue Racen bei uns heimisch zu machen?[37]

Bereits ab der ersten Ausgabe der Zeitschrift spielen auch Fischzucht und Aquaristik eine wichtige Rolle. So erscheint 1858 ein Bericht über die Arbeit des landwirtschaftlichen Vereins in Koblenz, der in jenem Jahr 2000 Rheinlachse in einem von einem Mitglied konstruierten »Stubenbrutapparat« aus befruchteten Eiern aufzieht und in der Mosel aussetzt, sowie über Forellenzucht in Frankfurt. Auch enthält die Zeitschrift viele Berichte über See- und Süßwasseraquarien, über die entsprechende Technik sowie Anleitungen zu ihrer Einrichtung.[38]

Hier zeichnet sich bereits eine wichtige Funktion ab, die *Der Zoologische Garten* und später auch andere Zeitschriften für die Aquaristik übernehmen. Denn der Bericht über die Koblenzer Fischzucht enthält auch den Hinweis, dass »Anleitung und Belehrung, sowie Zeichnung und Beschreibung des obigen Apparates [...] von dem Vereine stets bereitwillig ertheilt« werde und »auch für Beschaffung befruchteter Eier von edlen Fischformen [...] bei frühzeitiger Anmeldung« gesorgt werden kann.[39] Ähnlich geht Weinland vor, dessen Interesse den Seewasseraquarien gilt. Seit 1861 besitzt der Zoologische Garten in Frankfurt ein ebenfalls von Lloyd gebautes Aquarium, das »zunächst nur versuchsweise in dem Sitzungszimmer des Verwaltungsraths« aufgestellt und mit Organismen aus Nord- und Ostsee besetzt wird.[40] Als das Aquarium über ein Jahr ohne Wasserwechsel läuft, richtet Weinland »ein ganzes System von Aquarien in einer Zusammensetzung und mit einer Einrichtung [ein], die eine fortwährende Bewegung des Wassers und somit eine continuirliche Versorgung desselben mit atmosphärischer Luft«[41] erlaubt, und kommuniziert dieses seinen Lesern. In

37 Weinland 1859, S. 4. Zur Biografie Weinlands vgl. Daum 2002, S. 516.
38 Vgl. etwa Anonymous 1859a; Mettenheimer 1860; Weinland 1861a; Weinland 1861b; Möbius 1862; Weinland 1862c; Weinland 1862d; Garthe 1863.
39 Anonymous 1859a, S. 36.
40 Weinland 1861a, S. 197.
41 Weinland 1862d, S. 149.

einem im gleichen Band publizierten Aufsatz weist Weinland auf die Naturalienhandlung Wessel in Hamburg hin, bei der Tiere und Seewasser bezogen werden können.[42] Zeitschriften wie *Der Zoologische Garten* präsentieren also nicht nur Inhalte, sondern vermitteln auch Kontakte und sorgen damit neben der Verbreitung von Wissen auch für die Zirkulation von Praktiken, Techniken und Organismen.

Die Zeitschrift fungiert hier als Plattform, die eine sich gerade formierende Gemeinschaft miteinander vernetzt. Dies zeigt nicht zuletzt die bis 1876 geführte Rubrik »Verkäufliche Thiere«. Hier erscheinen Berichte aus zoologischen Gärten in ganz Europa, es werden Wissen über Haltung und Pflege sowie technische Lösungen ausgetauscht und diskutiert und lebende Tiere vermittelt. Diese Netzwerkfunktion wird in einer Frage deutlich, mit der ein Bericht über den japanischen Riesensalamander schließt, der gerade in der *Ménagerie* bei Auguste Duméril angekommen ist:

> Hat kein Freund unseres Gartens Handelsverbindungen mit Japan, daß er uns dieses merkwürdige Amphibium verschaffen könnte? Man kann es jedem Kapitän mitgeben, denn es hält sich vortrefflich und kann lange fasten.

Bereits vier Jahre später kann Weiland über einen Riesensalamander berichten, den der Zoologische Garten Frankfurt soeben erhalten hat. In diesem Bericht treten exemplarisch die Probleme hervor, die sich bei der Einführung neuer Tierarten ergeben und die in ausführlichen Darstellungen in Zeitschriften wie *Der Zoologische Garten* diskutiert werden. Denn in vielen Fällen weiß man wenig bis gar nichts über die neuen Arten, die oft auf komplizierten Wegen nach Europa gelangen. Gerade die Frage nach dem richtigen Futter ist hier existenziell. Nach den Erfahrungen mit einer Schnappschildkröte, die »trotz aller Versuche, ihr Nahrung beizubringen, nach einjährigem Fasten zu Grunde« geht, ist man »nicht ohne ängstliche Sorge darauf bedacht [...], dem werthvollen Riesensalamander eine möglichst angenehme Kost vorzusetzen«. Die Sammlung und Verfügbarmachung von Erfahrungen im Umgang mit den Tieren, die so anderen Interessierten als Hilfestellung für ihre eignen Versuche dienen sollen, bilden einen wichtigen Bestandteil der Zeitschrift.[43]

42 Vgl. Weinland 1862c.
43 Zum Aufruf an die Leser bezüglich des Riesensalamanders vgl. Anonymous 1859b, hier S. 56. Weinland berichtet dann vier Jahre später ausführlich über das Tier, vgl. Weinland 1863, hier S. 139.

Der Zoologische Garten richtet sich mit einem umfassenden thematischen Angebot, das alle Bereiche der Tierhaltung, -zucht und -beobachtung abdeckt, an ein breites Publikum, das Zoos, landwirtschaftliche Tierzüchter und Privatpersonen umfasst. Ab den frühen 1870er Jahren kommt es im Zuge der wachsenden Popularität von Tierzucht und -haltung zu einer sukzessiven Ausdifferenzierung des Zeitschriftenmarktes. So gründet Karl Ruß zusammen mit dem Berliner Lehrer, Geflügelzüchter und Aquarianer Bruno Dürigen 1876 die Zeitschrift *Isis – Zeitschrift für alle naturwissenschaftlichen Liebhabereien; Verkehrsblatt für naturgeschichtlichen Kauf und Tausch* (vgl. Abb. 5), die zum ersten Mal die Liebhaber ins Zentrum stellt. Bereits seit 1872 gibt Ruß zudem die Zeitschrift *Die gefiederte Welt. Zeitschrift für Vogelliebhaber, -Züchter und -Händler* heraus, die ein ähnlich breites Publikum wie *Der Zoologische Garten* in den Blick nimmt. Auch hier spielen Akklimatisierung und landwirtschaftliche Geflügelzucht noch eine wichtige Rolle. Aber bereits im Titel und dem einführenden Text *Zur Begrüßung* wird deutlich, dass die Liebhaber als Publikum eine immer wichtigere Rolle spielen.[44]

Während bei *Die gefiederte Welt* noch die Vögel den gemeinsamen Nenner für ein heterogenes Publikum bilden, rückt die *Isis* die Liebhaber programmatisch als Publikum ins Zentrum, um das sie alle Varianten der naturwissenschaftlichen Liebhaberei gruppiert.[45] Die Zeitschrift findet rasch eine immer größere Leserschaft, sodass 1879 mit dem vierten Jahrgang von zweiwöchentlichem auf wöchentliches Erscheinen umgestellt werden kann. Die *Isis* ist damit die erste einer ganzen Reihe ähnlicher Zeitschriften, die in den folgenden Jahren gegründet werden und die verschiedene, vor allem naturkundliche Liebhabereien und deren praktische Umsetzung thematisieren. Damit unterscheiden sich diese Zeitschriften von der Masse der in dieser Zeit in Deutschland publizierten populärwissenschaftlichen Magazine und Zeitungen, wie zum Beispiel der von Roßmäßler herausgegebenen *Gartenlaube*. Diese sehen ihre Aufgabe vor allem in der Verbreitung von weltanschaulich kontextualisierten naturwissenschaftlichen Inhalten.[46]

44 Zur Geschichte der Zeitschrift *Isis* vgl. Paepke 2007a. Zu Bruno Dürigen vgl. Paepke 2007b. *Die Gefiederte Welt* erscheint, mit einer Unterbrechung zwischen 1943 und 1949, seit ihrer Gründung bis heute. Dass auch hier die Lage nicht so eindeutig ist, zeigt ein Bericht über Zuchtversuche mit dem Axolotl im dritten Band, vgl. Dulitz 1874.

45 Vgl. Ruß 1872.

46 Zur programmatischen Ausrichtung der *Isis* vgl. Ruß 1872. Zur Umstellung auf wöchentliches Erscheinen vgl. Ruß/Dürigen 1879, S. 1. Andreas Daum

Isis

Zeitschrift für alle naturwissenschaftlichen Liebhabereien.

(Verkehrsblatt für naturgeschichtlichen Kauf und Tausch).

Bestellungen durch jede Buchhandlung sowie jede Postanstalt. Preis vierteljährlich 3 Mark. Wöchentlich eine Nummer.

Herausgegeben von

Dr. Karl Ruß und Bruno Dürigen.

Anzeigen werden die gespaltene Petitzeile mit 25 Pfg. berechnet und Bestellungen in der Expedition Wilhelmstr. 32 entgegengenommen.

Nr. 3. Berlin, den 16. Januar 1879. IV. Jahrgang.

Abb. 5: Die Zeitschrift *Isis – Zeitschrift für alle naturwissenschaftlichen Liebhabereien; Verkehrsblatt für naturgeschichtlichen Kauf und Tausch* widmet sich als erstes Periodikum den verschiedenen Formen der praktischen Naturkunde aus Sicht der Liebhaberei. Sie wird 1876 von Karl Ruß und Bruno Dürigen in Berlin gegründet.

Die *Isis* wird 1889 eingestellt. Ein Grund für ihr Ende ist, wie auch Ruß in seinem Abschiedswort an die Leser und Mitarbeiter konstatiert, die immer weitergehende Ausdifferenzierung im Bereich der Liebhabereien. Es gibt aber auch inhaltliche Differenzen, die bereits 1884 zum Ausscheiden Bruno Dürigens geführt haben. Bereits 1892 tritt die Zeitschrift *Natur und Haus: illustrirte Zeitschrift für alle Naturfreunde* die Nachfolge der *Isis* an. Im Jahr 1899 folgt ihr *Nerthus: illustrirte Wochenschrift für Tier- und Pflanzenfreunde; Organ für Sammler und Freunde aller naturwissenschaftlichen Zweige*. Ein Jahr nach dem Ende der *Isis* gründet Bruno Dürigen mit *Blätter für Aquarien- und Terrarien-Freunde: illustrirte Halbmonatsschrift für die Interessen der Aquarien- und Terrarienliebhaber* die erste Zeitschrift, die sich ausschließlich mit der Haltung und Zucht von Tieren in Aquarien und Terrarien beschäftigt. Im Jahr 1902 stellen die Blätter von halbmonatlichem auf wöchentliches Erscheinen um und ändern ihren Namen in *Blätter für Aquarien- und Terrarienkunde: illustrirte*

grenzt die populärwissenschaftlichen Zeitschriften von den Liebhaberzeitschriften ab, vgl. Daum 2002, S. 341-343.

Wochenschrift für die Interessen der Aquarien- und Terrarienkunde. Diese Änderungen dokumentieren mit dem wöchentlichen Erscheinen die steigende Nachfrage und mit dem Wechsel von der Liebhaberei zur Kunde die Bemühungen um eine stärker an den akademischen Wissenschaften orientierte Ausrichtung. Die Aquaristik will also nicht mehr als Liebhaberei und damit als Zeitvertreib gesehen, sondern in ihrer Arbeit als legitime Form der Wissensproduktion ernst genommen werden und versucht daher ihr Verhältnis zur institutionellen Wissenschaft neu zu definieren. Im Jahr 1904 wird mit der *Wochenschrift für Aquarien- und Terrarienkunde* ein Konkurrenzblatt gegründet, mit dem die *Blätter* 1939 fusionieren. Bereits 1908 geht die Zeitschrift *Natur und Haus*, die ihrerseits 1905 *Nerthus* aufnimmt, in den *Blättern* auf und beendet damit die Phase allgemeiner Liebhaberzeitschriften.[47]

Die vorgestellten Zeitschriften aus dem Kontext der Liebhabereien und der praktischen Naturkunde zeigen das komplexe Verhältnis zwischen akademischer und außerakademischer Wissenschaft. Bereits *Der Zoologische Garten* richtet sich aufgrund seines spezifischen Profils an eine Autoren- und Leserschaft, die mit der einfachen Dichotomie nicht zu erfassen ist. Und auch die anderen besprochenen Zeitschriften adressieren ein entsprechendes Publikum. Dies belegt zum einen der Umstand, dass beispielsweise die *Blätter* spätestens ab ihrer Umbenennung 1902 in vielen deutschen Universitätsbibliotheken zu finden sind. Zum anderen gehören auch Berufswissenschaftler zu ihren Autoren, genauso wie Aquarianer regelmäßig in naturwissenschaftlichen Fachzeitschriften publizieren (vgl. Kapitel 5).

Die Aquarienkunde basiert als kollektive Praxis wesentlich auf der Vernetzung und Kommunikation ihrer Akteure untereinander. Hier sind Zeitschriften eine wichtige Plattform. Sie ermöglichen besonders in der Frühphase, als sich die verschiedenen Zweige gerade herausbilden, den Anhängern der verschiedenen Liebhabereien den Austausch über lokale Kontexte hinaus und sorgen damit auch für eine entsprechende Sichtbarkeit. Als die Liebhabereien und vor allem die Aquarienkunde im Laufe der Zeit mehr und mehr Popularität erlangen, findet auch auf lokaler Ebene eine zunehmende Organisation im Rahmen von Vereinen statt. Ab den 1880er Jahren werden die ersten Vereine für Aquaristik und Terraristik gegründet. Allgemein gilt der 1882 im

47 Zum Ende der *Isis* vgl. Ruß 1889, S. 409-410. Zum Ausscheiden Dürigens vgl. Paepke 2007a, S. 76-77. Die oben bereits erwähnte kontinuierliche Publikationsgeschichte der Zeitschrift *Die Gefiederte Welt* verdeutlicht ebenfalls die Spezialisierungstendenz.

thüringischen Gotha gegründete Verein *Aquarium* als erster deutscher Aquarienverein. Ihm folgen bis 1900 31 weitere Vereine. Die größte Welle von Vereinsgründungen setzt allerdings erst im ersten Jahrzehnt des 20. Jahrhunderts ein. Im Jahr 1911, als sich die deutsche Vereinsaquaristik durch die Gründung der Dachorganisation *Verband der Aquarien- und Terrarienvereine* neu organisiert, existieren in ganz Deutschland insgesamt 284 Vereine. An dieser Zahl lässt sich die außergewöhnliche Popularität der Aquaristik und der Terraristik Deutschland ablesen. Im Vergleich zu den 284 Vereinen in Deutschland existieren im Ausland bis 1911 nur insgesamt 46 ähnliche Vereine.[48]

Bereits die Benennung der Vereine ermöglicht einen Einblick ins Selbstverständnis der Aquarianer. Die Vereinsnamen setzen sich aus drei Kategorien zusammen. Erstens gibt es neutrale, beschreibende Namen wie *Aquarium* (z.B. Gotha 1882; Göppingen 1892; Zwickau 1893) oder *Verein der Aquarien- und Terrarienfreunde* (z.B. Stuttgart 1900). Die zweite Kategorie bezieht sich auf berühmte Naturforscher wie *Humboldt* (z.B. Hamburg 1893), *Linné* (z.B. Hannover 1897) oder *Brehm* (z.B. Gelsenkirchen 1899) und verweist auf die naturkundliche Tradition, in die sich die Aquarianer selbst stellen. Die weitaus größte Zahl der Vereine wählt Namen wie *Triton* (z.B. Berlin 1888), *Proteus* (z.B. Breslau 1900), *Daphnia* (z.B. Halle 1902), *Isis* (z.B. München 1894) oder *Heros* (z.B. Nürnberg 1898).[49] Die Namen der dritten Kategorie beinhalten mindestens eine doppelte Referenz, die ein weiteres Mal den hybriden Charakter der Liebhabereien und der praktischen Naturkunde zeigt. Sie referenzieren zum einen die antike Mythologie und stellen sich damit in den Kontext humanistischer Bildung und des Bildungsbürgertums. Zum anderen beziehen sich die Vereinsnamen auch immer auf die wissenschaftlichen Gattungs- und Artnamen von Lebewesen, die mit dem Wasser als Lebensraum und dem Aquarium assoziiert sind. Wie bei dem im Zusammenhang mit den Zeitschriften erwähnten Ersatz der Begriffe »Freunde«

48 Während die Liebhabereien anfänglich noch im Rahmen von allgemeinen naturkundlichen und naturwissenschaftlichen Vereinen betrieben werden, erfolgt auch hier, ähnlich wie bei den Zeitschriften, eine zunehmende Ausdifferenzierung. Zur Geschichte des naturkundlichen Vereinswesens in Deutschland vgl. Daum 2002, S. 89-118. Zur Geschichte der Aquarien- und Terrarienvereine in Deutschland vgl. Hohl 2001a, S. 27-37.

49 In Klammern sind Beispiele angegeben. Hierbei werden jeweils die Stadt, in der der Verein gegründet wird, und das Gründungsjahr genannt, vgl. Hohl 2001a, S. 31-32.

und »Liebhaberei« durch die »Kunde« zeigt sich auch hier, dass das Bestreben, wissenschaftliche Kennerschaft auszuweisen, mindestens genauso groß ist wie der Wunsch nach Anerkennung durch die bürgerliche Kultur.[50]

Eine besondere Stellung unter den deutschen Aquarienvereinen nimmt der 1888 in Berlin gegründete *Verein für Aquarien- und Terrarienliebhaber* zu Berlin ein, der 1891 in *Triton – Verein für Aquarien- und Terrarienkunde zu Berlin* umbenannt wird. Er gilt damit nach dem Gothaer Verein *Aquarium* als zweitältester Aquarien- und Terrarienverein der Welt. Im Gegensatz zu den meisten anderen Vereinen hat *Triton* nicht nur die Organisation der lokalen Aquarianer im Auge, sondern richtet sich auch an Aquarianer und Terrarianer auf der ganzen Welt. Bereits fünf Jahre nach seiner Gründung hat der Verein 150 Mitglieder, zu denen entsprechend auch – angelehnt an die Praxis wissenschaftlicher Akademien – korrespondierende beziehungsweise auswärtige Mitglieder zählen. Im Jahr 1893 stehen 67 Mitgliedern und zwei Ehrenmitgliedern aus Berlin 80 auswärtige Mitglieder gegenüber. Bis 1904 steigt ihre Zahl weiter auf 320 Personen. Zu den Mitgliedern des *Triton* zählen die wichtigsten Protagonisten der deutschen Aquarienkunde. So ist einer der Mitinitiatoren und erste Vorsitzende des Vereins Karl Ruß. Weiterhin sind die Verfasser wichtiger Aquarienbücher wie Ernst Bade und Ernst Zernecke

50 Für die bildungsbürgerlichen Bezüge vgl. Daum 2002, S. 111. Triton ist sowohl der Sohn des Poseidon als auch ein heute nicht mehr verwendeter Name einer Amphibiengattung, zu der unter anderem der Teichmolch (*Triton vulgaris*, heute *Lissotriton vulgaris*) und der Kammmolch (*Triton cristatus*, heute *Triturus cristatus*) zählen, die als Aquarientiere gehalten werden. Proteus bezeichnet ebenfalls einen Gott des Meeres aus der griechischen Mythologie, aber auch die Gattung, zu der der Grottenolm *(Proteus anguineus)* gehört, der sich unter Aquarianern großer Beliebtheit erfreut. Daphnia kann sowohl die Tochter des griechischen Flussgottes Peneios sein, als auch eine Gattung von Wasserflöhen, die eine wichtige Futterquelle der Aquaristik bilden und mit denen nicht zuletzt der erste Axolotlnachwuchs in Paris gefüttert wurde. Isis ist der Name einer Göttin aus der ägyptischen Mythologie und gleichzeitig der Name einer Korallengattung. Heros ist eine Bezeichnung für verschiedene Heldenfiguren aus der griechischen Mythologie und auch der alte Gattungsname des Chanchitos oder Chamaeleonbuntbarschs (u.a. *Heros autochthon*, *Heros jenynsii* oder *Heros acaroides*, heute *Australoheros facetus*), eines frühen Aquarienfischs. Zusätzlich gibt es eine Reihe ähnlicher Vereinsnamen, die keinen offensichtlichen mythologischen Bezug aufweisen, wie *Nymphea alba* (Berlin 1895), der wissenschaftliche Name der Weißen Seerose, sowie *Vallisneria* (Magdeburg 1896) und *Sagittaria* (Köln 1899), beides Gattungsnamen von Wasserpflanzen.

(1869-1949) sowie Zierfischzüchter und Aquarienhändler wie Paul Matte (1854-1922) und Julius Reichelt (1861-1917) zu nennen.[51]

Aber es sind nicht nur Liebhaber oder praktische Naturkundler, die sich im Triton organisieren. Zu seinen Mitgliedern zählen im Laufe der Zeit auch viele akademische Wissenschaftler, wie der Direktor des Zoologischen Gartens Berlin, Ludwig Heck (1860-1951) und viele seiner Nachfolger. Daneben treten Zoologen wie Otto Zacharias (1846-1916), Gründer und Direktor der Biologischen Station am Plöner See, Franz Eilhard Schulze (1840-1921), Zoologieprofessor an der Berliner Universität und Paul Kammerer (1880-1926), zu dieser Zeit noch Zoologiestudent in Wien, dem Verein bei. Weiterhin ist Max von dem Borne (1826-1894) zu nennen, der 1878 den *Fischereiverein für die Provinz Brandenburg* gründet und eine wichtige Rolle in der wissenschaftlichen Fischzucht spielt. Genau wie Zacharias und von dem Borne belegt auch das Beispiel von Johannes Frenzel (1858-1897), dem ersten Direktor der 1893 gegründeten *Biologischen und Fischerei-Versuchsstation des Deutschen Fischereivereins*, die enge Verbindung, die der *Triton* zur Fischerei- und Gewässerforschung unterhält.[52] Die Stellung, die der Verein zu dieser Zeit in der Wissenschaft innehat, zeigt auch eine wissenschaftliche Preisaufgabe zur Schädlingsbekämpfung in Aquarien, die 1895 ausgelobt wird. Der Preisjury gehören neben Franz Eilhard Schulze auch Karl Möbius (1876-1953), Zoologieprofessor und Direktor des Berliner Museums für Naturkunde, sowie Hermann Haack, Leiter der Fischzuchtstation im zu diesem Zeitpunkt zu Deutschland gehörenden Hüningen an.[53] Auch wird der *Triton* zur 73. Versammlung deutscher Naturforscher und Ärzte, die 1901 in Hamburg stattfindet, eingeladen. Als 1901 der V. Internationale Zoologenkongress in Berlin tagt, sind neun der elf Mitglieder des Organisationskomittees auch Mitglieder des *Triton*. Damit zeigen sich im *Triton* die Verankerung der Aquaristik und Terraristik im bürgerlichen

51 Vgl. Hohl 2001a, S. 28-30; Rieck/Mau 2008.

52 Neben Frenzel und seinen Nachfolgern ist auch die Versuchsstation selbst institutionelles Vereinsmitglied. Aus der Station wird 1906 das Königliche Institut für Binnenfischerei der Landwirtschaftlichen Hochschule Berlin und ihre Direktoren haben gleichzeitig die dortige Professur für Fischerei und Fischzucht inne.

53 Möbius richtet 1863 mithilfe von William Alford Lloyd das Aquarium im zoologischen Garten von Hamburg ein, führt während seiner Zeit als Zoologieprofessor in Kiel protoökologische Forschungen in Nord- und Ostsee durch und beschäftigt sich mit künstlicher Austernzucht (vgl. Kapitel 5). Auch wenn viele Indizien dafür sprechen, so lässt sich nicht abschließend klären, ob er auch Mitglied des *Triton* war.

Milieu der Kaiserzeit und die engen Beziehungen zur institutionellen Wissenschaft.[54]

Exemplarisch lässt sich die große Überschneidung zwischen institutioneller Wissenschaft und Aquarienkunde auch andernorts nachweisen. Paul Kammerer vertritt noch als Student den Wiener *Verein für Aquarien Lotus* bei der Feier des 50-jährigen Bestehens der *Kaiserlich-Königlichen Zoologisch-Botanischen Gesellschaft* in Wien und hält im Namen des Vereins eine Glückwunschadresse vor nationalen und internationalen Honoratioren aus Politik und Wissenschaft. Valentin Haecker (1864-1927) steht während seiner Zeit als Professor für Zoologie an der Universität Halle/Saale dem dortigen Verein *Vivarium-Halle* nahe und rekrutiert mehrere seiner Doktoranden aus dem Vereinsnachwuchs (vgl. Kapitel 6). In Jena sind der Anatomieprofessor Friedrich Maurer (1859-1936), der Tiermedizinprofessor Karl Hobstetter (1875-1944), der Zoologieprofessor Ludwig Plate (1862-1937) und der Zoologieprofessor Julius Schaxel (1887-1943) Mitglieder im örtlichen Verein *Wasserrose e. V. 1913 Jena*.[55]

Während die meisten Aquarien- und Terrarienvereine in Deutschland nur auf lokaler Ebene aktiv sind, verbindet der *Triton* die Arbeit in Berlin mit nationalen und auch internationalen Aktivitäten. So organisiert der Verein regelmäßig Ausstellungen wie die bereits 1890 stattfindende Ausstellung in den Räumen des Grand Hotels am Berliner Alexanderplatz, die während ihrer 14-tägigen Dauer 7000 Besucher anzieht. In den *Blättern für Aquarien- und Terrarienkunde*, seit der ersten Ausgabe 1890 das Vereinsorgan des *Triton*, ist der Verein mit einer eigenen Rubrik zur Beantwortung von Fragen zur Aquaristik und Terraristik sowie einer umfassenden Dokumentation des Vereinslebens präsent. Auf nationaler und internationaler Ebene hat der Verein Vorbildcharakter. Neue Vereine werden mit Verweis auf den *Triton* oder von dessen auswärtigen Mitgliedern gegründet, die ihrerseits wieder institutionelle Mitglieder des *Triton* werden.[56]

54 Vgl. Rieck/Mau 2008, S. 45-91. Für die Einbindung des *Triton* in die wissenschaftlichen Kongresse vgl. Nitsche 1901b, S. 339.

55 Abschriften der Sitzungsprotokolle des Vereins *Wasserrose e. V. 1913 Jena*, unnummeriert. Für die Abschriften der Protokolle bedanke ich mich herzlichst bei Wolfram Buhler. Zu Schaxel vgl. Reiß 2007. Zu Kammerers Glückwunschadresse vgl. Anonymous 1901, S. 236 und 260. Zu Kammerer vgl. Taschwer 2016. Ich bedanke mich bei Klaus Taschwer für diesen Hinweis. Zu Haecker und seinen Schülern vgl. Roßmäßler-Vivarium 2006, S. 81-83.

56 Zu den vom *Triton* organisierten Ausstellungen vgl. Rieck/Mau 2008, S. 71-72. In New York wird 1893 ein Aquarienverein mit direktem Bezug auf den Berliner Triton unter gleichem Namen gegründet, vgl. Rieck/Mau 2008, S. 85.

Durch die vielen auswärtigen und den Einfluss der Berliner Mitglieder verfügt der *Triton* bald über ein weltweites Netzwerk, das er für die Beschaffung neuer Tierarten mobilisieren kann. Aber die Mitglieder sind in dieser Hinsicht auch selbst aktiv. So führt etwa Paul Schnee (Lebensdaten unbekannt), Kaiserlicher Regierungsarzt auf Kriegsschiffen in den deutschen Niederlassungen in Südostasien und Australien, von dort regelmäßig neue Tierarten ein. Das Beispiel einer Ägyptenreise von Ernst Bade zeigt, wie der Verein derartige Reisen finanziell unterstützt, wenn die gesammelten Tiere und Pflanzen durch Nachzucht auch den eigenen Mitgliedern zugänglich gemacht werden. Um noch breiteren Zugriff auf die globale Vielfalt potenzieller Aquarien- und Terrarientiere zu haben, veröffentlicht Paul Nitsche (1857-1901), Vorsitzender des *Triton* von 1895-1901, einen Ratgeber zum Import von Aquarien- und Terrarientieren, der sich mit dem Anreiz »sich leicht einen reichlichen Nebenverdienst zu schaffen« gezielt an Seereisende wendet. In Zusammenarbeit mit den Berliner Zierfischzüchtern Paul Matte und Julius Reichelt sind es somit vor allem die Mitglieder des *Triton*, die einen nicht unerheblichen Teil der Neuimporte von Aquarienfischen um 1900 verantworten. Damit schließt die Aquaristik als praktische Naturkunde an die in der Naturgeschichte und der Akklimatisierung bereits seit Längerem etablierten Praktiken der Akquise und Zirkulation von Objekten an.[57]

Zeitschriften und Vereine verbinden die stetig wachsende Zahl von Aquarianern auf lokaler und überregionaler Ebene. Dieses Wachstum spiegelt sich auch in der Dimension wider, die der kommerzielle Aquarienhandel zu Beginn des 20. Jahrhunderts erreicht. Allein die Firma Glaschker in Leipzig verkauft zwischen 1905 und 1912 100.000 Aquarien.[58] Gleichzeitig vernetzen sich in den Vereinen akademische und außerakademische Akteure und erlauben damit genau wie die Zeitschriften eine umfassende Zirkulation von aquaristischem Wissen, Aquarientechnik und Lebewesen.

Die Aquaristik hat in den USA allerdings bereits eine längere, eigene Geschichte, vgl. Hamera 2012.

57 Für eine Liste der durch den *Triton* eingeführten Fischarten vgl. Hohl 2001a, S. 28-30. Zum Transport von Aquarientieren vgl. Vennen 2018, S. 235-264. Für eine detaillierte Beschreibung von Mattes Zuchtanstalt vgl. Nitsche 1889; Paepke 1987. Zur Einführung neuer Arten durch den *Triton* vgl. Rieck/Mau 2008, S. 72 und S. 119. Zu Nitsches Ratgeber vgl. Nitsche 1901a.

58 Vgl. Hohl 2001b, S. 117.

Aquarientiere und Aquarientechnik: Das Leben der künstlichen Naturräume

Aber nicht nur Wissen zirkuliert in der Aquarienkunde. Auch die Verbreitung von Aquarientieren ist ein zentraler Aspekt aquaristischer Praxis. Die frühe Aquaristik beschränkt sich noch auf einheimische Arten und muss dies aufgrund fehlender Alternativen auch. Viele Aquarianer sammeln diese ganz im Sinne der naturhistorischen Praxis selbst in der Natur. Die Beispiele von Carbonnier und Wagner haben allerdings bereits gezeigt, dass auch hier schon eine Kommerzialisierung und Kommodifizierung der einheimischen Fauna stattgefunden haben. Mit dem zunehmenden Import außereuropäischer Tiere und deren erfolgreicher Nachzucht werden diese Aspekte sowie die Zirkulation der Tiere innerhalb der Aquaristik immer wichtiger.

Dies wird bereits beim ersten nicht-europäischen Aquarientier, eben jenem mexikanischen Axolotl, deutlich. Seine Geschichte zeigt, wie umfassend die Zirkulation von Lebewesen bereits in der frühen Aquaristik ist. Für seine schnelle Ausbreitung sind wesentlich die Aquarianer selbst verantwortlich (vgl. Kapitel 6). Dabei spielen für die Popularität der Tiere mehrere Faktoren eine Rolle. Neben seiner Herkunft ist es besonders sein ungewöhnliches Aussehen, das ihm einen Hauch von Exotik verleiht und ihn für die Aquarianer attraktiv macht. Die rätselhafte Verwandlung und die damit verbundene Stellung in der Wissenschaft sind weitere Aspekte, die den Tieren in der Aquarienwelt zu Popularität verhelfen. Die vergleichsweise einfache Handhabung der Tiere in der Haltung verstärkt diese Punkte zusätzlich.

Bei der Verbreitung des Axolotls handelt es sich jedoch nicht um ein singuläres Ereignis. Die im Folgenden kurz skizzierte Geschichte des Paradiesfisches zeigt, dass es sich um einen zentralen Prozess handelt, der sich hier herausbildet. Da der Goldfisch bereits als in gewisser Weise einheimisch angesehen wurde, handelt es sich beim Paradiesfisch um die erste erfolgreiche Nachzucht eines nicht-europäischen Zierfisches. An seinem Beispiel wird deutlich, wie groß die Nachfrage nach entsprechenden Arten ist und wie schnell hier eine Verbreitung stattfindet. Die ersten Paradiesfische gelangen 1869 und damit fünf Jahre nach den ersten Axolotln nach Europa. Gabriel Eugène Simon (1829-1896), französischer Konsul im chinesischen Ning-Po und Ehrenmitglied der *Société d'acclimatation*, bringt bei einem Besuch in Paris eine Reihe von Fischen aus China mit und übergibt einige der Tiere an Pierre Carbonnier. Wie dieser berichtet, ist der Transport von

Fischen mit großen Schwierigkeiten verbunden und so erreichen von den 100 Fischen, mit denen Simon in China aufbricht, nur 29 lebend Paris. Die 21 Tiere, die Carbonnier von Simon erhält, identifiziert er als zur Gattung »Macropodes« gehörig, wobei 17 Individuen zu einer bis dahin völlig unbekannten Art aus dem chinesischen Kanton gehören. Aufgrund ihrer auffälligen Färbung und der großen Schwanzflosse gibt er dieser Art den Namen »Paradiesfisch [...], weil sie unter den Fischen das ist, was der Paradiesvogel unter dem fliegenden Volk ist«.[59]

Während Carbonnier in seiner Beschreibung die Schönheit der Tiere hervorhebt, die Haltung und Pflege beschreibt und damit ihren Ziercharakter betont, gibt es auch ein zoologisches Interesse im engeren Sinne. Wie der Axolotl ist der Paradiesfisch als unbekannte Art für die Naturgeschichte interessant. Aber auch aus physiologischer Perspektive ist die Art vielversprechend, wie Auguste Duméril in einer Sitzung der Akklimatisierungsgesellschaft, in der es auch um den Axolotl geht, anmerkt.[60]

Von Paris aus verbreiten sich die Paradiesfische, die im Deutschen später auch »Makropoden« oder »Großflosser« genannt werden, im Zuge der wachsenden Popularität von Aquarien in ganz Europa. In Deutschland werden sie erstmals 1876 von der *Aquarien-Fabrik und Zoohandlung Gebr. Sasse* (vgl. Abb. 6) direkt von Carbonnier in Paris bezogen und im Rahmen einer Ausstellung des Vereins *Aegintha* in Berlin präsentiert. Einer der ersten, der 1876 im Rahmen der Ausstellung ein Makropodenpärchen bei Sasse kauft, ist Kronprinz Friedrich Wilhelm (1831-1888). Er wird dazu von seinem Kammerherrn Max von dem Borne angeregt, der später den *Fischereiverein für die Provinz Brandenburg* gründet und dem *Triton* beitritt. Damit erwirbt Sasse das Privileg Kaiserlicher und Königlicher Hoflieferant (vgl. Abb. 6). Der anfänglich sehr hohe Preis für die Tiere – Kronprinz Friedrich Wilhelm soll 300 Mark für sein Makropodenpärchen bezahlt haben – fällt

59 Carbonnier 1869, S. 409. »Poisson de Paradis [...], car il est parmi les poissons ce qu'est l'Oiseau de Paradis dans la gent volatile.«

60 Vgl. Carbonnier 1869, S. 408-409. Da Carbonnier keinen wissenschaftlichen Namen angibt, bleibt unklar, um welche Art Paradiesfisch es sich hier genau handelt. Verschiedene Quellen geben verschiedene Artnamen an. Sicher scheint zu sein, dass es sich um eine Art aus der Gattung *Macropodus* handelt. Die heute als Zierfische gehaltenen Makropoden gehören zu der Art *Macropodus opercularis*. In diesem Zusammenhang berichtet Carbonnier auch über mehrere fehlgeschlagene Versuche, Gouramis oder Labyrinthfische von der Insel La Réunion nach Paris zu bringen. Zur physiologischen Verwendung des Paradiesfisches vgl. Duméril 1869c.

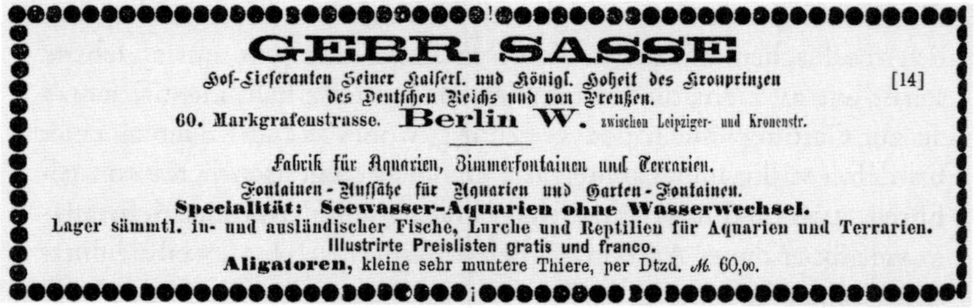

Abb. 6: Anzeige der Aquarienhandlung Gebr. Sasse, die sich ab den 1870er Jahren zu einem zentralen Umschlagplatz für Aquarienorganismen in Deutschland entwickelt und damit eine erste Phase der Kommerzialisierung in der Aquarienkunde einleutet. Mit dem Verkauf des ersten Makropodenpärchen an Kronprinz Friedrich Wilhelm erwerben sie sich das Privileg *Kaiserlicher und Königlicher Hoflieferant* (1879).

relativ schnell. Bereits drei Jahre später, im Jahr 1879, verkauft der Berliner Zierfischzüchter Paul Matte, dessen Karriere 1873 mit der Nachzucht von Axolotln beginnt, zuchtfähige Pärchen für 15 bis 50 Mark. Im Jahr 1874 veröffentlicht der deutsch-russische Zoologe und Aquarianer Jacques von Bedriaga (1854-1906) die erste ausführliche Beschreibung der Haltung und Zucht des Paradiesfischs in deutscher Sprache.[61]

Genau wie der Axolotl kommt der Paradiesfisch also entlang der kolonialen Netzwerke Frankreichs nach Europa und hier zur *Société*

61 Zur Einführung des Paradiesfisches vgl. Vereinigte Zierfisch-Züchtereien in Rahnsdorfer Mühle 1914, S. 59-62; Hohl 2001a, S. 18-19; Rieck/Mau 2008, S. 46-48. Auch der spätere Preis für Makropoden ist, trotz des rapiden Verfalls, vergleichswiese hoch. So kosten 100 Goldfische zur gleichen Zeit 36 bis 40 Mark und ein maßgeschneiderter Herrenanzug 5 bis 36 Mark, vgl. Rieck/Mau 2008, S. 48. Zu Mattes Anfängen als Axolotlzüchter vgl. Matte 1892. Der Verein *Aegintha* ist ein von Karl Ruß mitgegründeter Verein für Vogelfreunde, vgl. Rieck/Mau 2008, S. 47. Spätestens mit dem Umzug in die neuen Geschäftsräume in der Friedrichstraße vermarktet Adolf Sasse, der Gründer der Gebr. Sasse, das Geschäft gleichzeitig auch als Ausstellungsraum, in dem Besucher nicht nur die zum Verkauf stehenden Tiere ähnlich wie in einem zoologischen Garten betrachten können, sondern auch eine Auswahl an zoologischen Präparaten ausgestellt ist, vgl. Sasse 1879a. Die erste Berliner Zoohandlung, Zoohandlung H. Daimer, soll ca. 1864 in der Ritterstraße 33 eröffnet worden sein, vgl. Rieck/Mau 2008, S. 45. Wie das Beispiel des Aquarianers Georg Deister zeigt, ist es zu dieser Zeit auch für Privatpersonen nicht unüblich, nach Paris zu fahren, um Aquarienfische bei Carbonnier zu kaufen. Deister reist 1875 eigens nach Paris, um unter anderem Paradiesfische bei Carbonnier einzukaufen, vgl. Deister 1889, S. 211. Für Bedriagas Text zum Makropoden vgl. Bedriaga 1874.

d'acclimatation nach Paris. Und genau wie die Axolotl bewegt sich das Interesse an den ersten Paradiesfischen zu Beginn zwischen Wissenschaft und Unterhaltung. Im Vergleich werden die Voraussetzungen deutlich, die auch für die Verbreitung des Axolotls entscheidend sind. Der Axolotl kommt bereits fünf Jahre vor dem Paradiesfisch nach Europa und ist damit das erste exotische Aquarientier überhaupt, das in größerer Menge in Europa erhältlich ist. Das Aquarium als künstlicher Naturraum und die Aquarienkunde als hybrider Bereich zwischen Liebhaberei und Wissenschaft bilden den Kontext, in dem sich Tiere wie der Axolotl aufgrund einer entsprechenden Nachfrage verbreiten. So stellt auch der Aquarianer Fritz Griebel rückblickend fest, dass die Axolotl »der aufblühenden Liebhaberei als geeignetes Objekt gerade recht« kommen.[62]

Dieser Zustand dauert bis zum Ende des 19. Jahrhunderts an und bis zum Ersten Weltkrieg gehören die Tiere »fast zum eisernen Bestand jeder Aquarienhandlung, jedes Vereins [...], um dessen Anblick sich der junge Nachwuchs für unsere Liebhaberei an den Schaufenstern der zoologischen Handlungen« drängt. Im Jahr 1890 beklagt der Regensburger Aquarianer und Aquarienhändler Wilhelm Geyer (1828-1899), dass neben den Makropoden die Axolotl die einzigen umfassend verfügbaren Aquarientiere sind, und kritisiert in diesem Zusammenhang ihre »zweifelhafte Beliebtheit«, die weit über den Personenkreis hinausgeht, den die Aquarianer selbst zur Aquaristik zählen. Die Popularität der Axolotl wird auch bei Bruno Dürigen deutlich. Dieser widmet der Haltung und Zucht der Tiere in seinem Ratgeber *Fremdländische Zierfische* von 1886 einen eigenen Anhang. Dagegen werden sie in der zweiten Auflage des Buchs von 1897 nicht einmal mehr erwähnt. Denn in der Zierfischaquaristik stehen die Seltenheit einer Art und der Wert, der ihr zugemessen wird, in einem engen Zusammenhang. Gleichzeitig wird die Kommunikation von Ratschlägen vor allem bei den seltenen Arten als besonders wichtig erachtet.[63]

Doch die Erfolge in der Nachzucht und das wachsende Angebot an exotischen Fischen ist nicht nur ein Ergebnis kolonialer Netzwerke und der zunehmenden Erfahrung im Umgang mit den Tieren. Wie

62 Griebel 1930, S. 205. Axolotl und Paradiesfisch sind nur die ersten von vielen exotischen Aquarientieren, die über Frankreich nach Europa kommen, vgl. Hohl 2001a, S. 18-19. Der französische Zoologe Nicolas Joly (1812-1885) untersucht in den 1870er Jahren die Entwicklung des Makropoden und des Axolotls, vgl. Joly 1872; Joly 1873. Vgl. hierzu auch Kapitel 6.

63 Vgl. Griebel 1930, hier S. 205; Geyer 1890, hier S. 4; Dürigen 1886; Dürigen 1897. Zu Geyer vgl. Stiegele 1899; Pongratz 1963, S. 103; Rieck 2001c.

bereits die erfolgreiche Axolotlzucht von Duméril und Vallée in der *collection* gezeigt hat, ist auch die technische Entwicklung der künstlichen Naturräume von entscheidender Bedeutung. Genau wie die Verbreitung der Aquarientiere und die Zirkulation des Wissens der Aquarianer basiert auch die Entwicklung der Aquarientechnik auf der kollektiven Praxis der Aquarienkunde. Damit verdeutlicht die nun folgende kurze Darstellung einiger wichtiger Aspekte dieser Technologie ein weiteres Mal die Dynamik dieser Kommunikationspraxis. Gleichzeitig wird an den vorgestellten Themen die technische Seite der künstlichen Naturräume und damit ihr Konstruktionsprozess deutlich.

Durch das Fehlen kommerzieller Produkte wird das Aquarium erst in seiner konkreten Benutzung durch die Aquarianer entwickelt. Auf diese Weise entstehen durch die Versuche, bestimmte Ideen umzusetzen, Probleme, die mit entsprechenden technischen Eigenkonstruktionen mehr oder weniger erfolgreich gelöst werden. Erst die auf diesem Weg schrittweise entwickelten und von der Aquarianergemeinde als gut befundenen technischen Lösungen werden später in größerem Maßstab hergestellt und in den Aquarienhandlungen angeboten. Daneben beeinflusst aber auch der in allen Liebhabereien gepflegte Ethos der Eigenhändigkeit und des Praktischen diese Entwicklung. Er ist ein wichtiger Bestandteil dieser Form der Naturgeschichte und findet seinen Weg über die frühe, nichtkommerzielle Phase des britischen *aquarium craze* und die praktische Naturkunde in die deutsche Aquaristik.[64]

Neben dem Aquarium als solchem, für das sich schnell die bekannte, rechteckige Form mit vier Glaswänden und einem Metallboden durchsetzt, sind besonders die Wasserbelüftung und die Regulation der Wassertemperatur von Beginn an große Herausforderungen. Das vorrangige Ziel der technischen Lösungen besteht vor allem in der Stabilisierung und Automatisierung dieser Vorgänge, die eine immer größere Unabhängigkeit des Aquariums von der Anwesenheit seines Betreibers ermöglichen soll.[65]

Während bei öffentlichen Aquarien die Durchlüftung des Wassers mittels großer Maschinerie oder entsprechendem Personaleinsatz bewerkstelligt werden kann, müssen im privaten Rahmen andere Lösungen gefunden werden. Hier entwickeln sich unterschiedliche Ansätze.

64 Vgl. Nyhart 2009, S. 35-38, 174-177.

65 Zur Aquarientechnik und den verschiedenen Aquarienformen vgl. Vennen 2018; S. 183-234. Für einen zeitgenössischen Überblick vgl. Lutz 1886, S. 6-28.

Hydraulische oder pneumatische Vorrichtungen, oft in Kombination mit den beliebten Springbrunnen oder Fontänen, sind bereits seit den 1850er Jahren verbreitet. Bei den hydraulischen Durchlüftungsapparaten wird nach dem Prinzip der kommunizierenden Röhren ein Wasserbehälter in möglichst großer Höhe aufgehängt und so der für die Durchlüftung oder die Fontäne notwendige Wasserdruck erzeugt. Bei den pneumatischen Vorrichtungen handelt es sich um Druckbehälter, in denen etwa mittels einer Luftpumpe Luft verdichtet und so der entsprechende Wasserdruck hergestellt wird (vgl. Abb. 7). Bis ins frühe 20. Jahrhundert erscheinen in Aquarienzeitschriften regelmäßig neue Bauanleitungen und Verbesserungsvorschläge. Obwohl es eher phantasmatische Züge trägt, ist Waringtons Prinzip des *balanced aquarium* ein ebenfalls immer wieder diskutierter Ansatz. Besonders in der naturalistischen Tradition soll das Aquarium so mit Tieren und Pflanzen besetzt werden, dass sich ein annäherndes Gleichgewicht zwischen Sauerstoffverbrauch und Sauerstoffproduktion einstellt. Um ein solches Aquarium einzurichten ist neben einem hohen Maß an Erfahrung auch ein Besatz mit Tieren und Pflanzen notwendig, der sich nicht an der von den meisten Besitzern gesuchten naturnahen Ästhetik des Aquariums, sondern an den Notwendigkeiten des gewünschten Gleichgewichts orientiert.[66]

Neben der Weiterentwicklung der hydraulischen und pneumatischen Systeme werden auch ständig neue Möglichkeiten der Durch-

66 Ein Beispiel für die Wasserbelüftung in öffentlichen Aquarien liefert Lloyds Beschreibung des Aquariums im zoologischen Garten von Hamburg, vgl. Lloyd 1864, S. 86-87. Für eine ausführliche Diskussion der Belüftungsfrage mit ihren weiteren Implikationen vgl. Vennen 2018, S. 215-234. Einen Eindruck der Belüftungsproblematik vermittelt Dorners Schilderung, vgl. Dorner 1874, S. 41-42. Ein Überblick über die verschiedenen in den frühen 1870er Jahren zur Verfügung stehenden Belüftungsapparate findet sich etwa bei Semper 1874a. Ausführlicher und mit detaillierten Bauanleitungen behandelt Zernecke das Thema, vgl. Zernecke 1897, S. 29-36, 39-45. Für eine ausführliche Darstellung des hydraulischen Systems vgl. etwa Geyer 1892, S. 14-15. Das pneumatische Prinzip findet sich etwa bei Hothorn 1893, S. 26-27, und Zernecke 1897, S. 40-43. Vorbild scheint hier zum Teil die vom Chemiker Robert Bunsen (1811-1899) entwickelte Luftpumpe zu sein, vgl. Rey 1884, S. 194. Zu Bunsens Luftpumpe vgl. Bunsen 1904, S. 456. Für den Hinweis auf Bunsens Publikation bedanke ich mich bei Christine Nawa. Die Kontinuität der Diskussion wird in der folgenden Reihe exemplarisch deutlich, vgl. Weinland 1862b; Semper 1874a; Anonymus 1877b; Rey 1884; Buck 1891; Buck 1892; Keil 1895; Mandée 1908. Eine Diskussion eines Aquariums nach Warington mit seinen Herausforderungen findet sich etwa bei Dorner 1874 und Zernecke 1897, S. 26-29, 44-45.

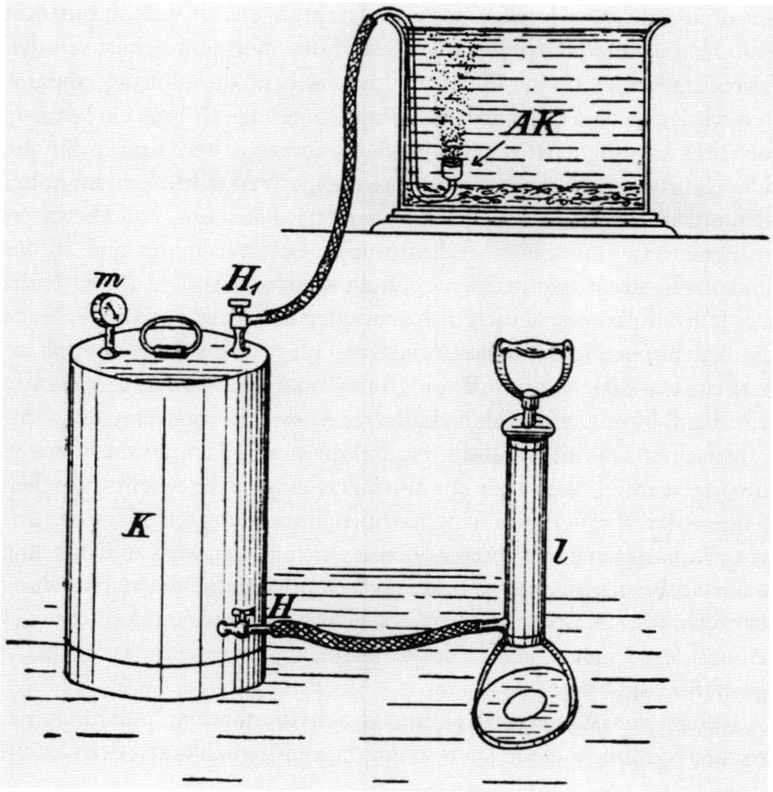

Abb. 7: Pneumatische Belüftungsvorrichtung mit Luftpumpe (l), Druckbehälter (K) und Aquarium (1897). Belüftungsvorrichtungen für Aquarien haben lange Zeit provisorischen Charakter und sind wenig in das Aquarium oder die Umgebung integriert. Ihre Beschreibungen mit technischen Zeichnungen dienen der Kommunikation des Prinzips und sollen den Nachbau ermöglichen.

lüftung gesucht. Neben einer offensichtlichen Freude am Basteln steht hier besonders die Integration in die Zeit- und Raumregime der urbanen Lebenswelt des späten 19. Jahrhunderts im Fokus. Denn die pneumatischen und hydraulischen Vorrichtungen haben eine Reihe von Nachteilen. Sie nehmen erheblichen Platz ein und stehen in ihrem klobigen Aussehen in starkem Kontrast zum Aquarium selbst. Zudem haben diese Systeme nur eine begrenzte Laufzeit und müssen daher regelmäßig gewartet, ausgebessert oder erneuert werden. Dies ist besonders für Besitzer mehrerer Aquarien mit großem Aufwand verbunden. Bei pneumatischen Vorrichtungen muss mittels einer Luftpumpe neue Luft in den Druckkessel gepumpt werden. Wie der Aquarien-

Abb. 8: Eine Vorrichtung, um mittels eines Federmechanismus eine Strömung im Aquarium zu erzeugen und es dadurch zu belüften (1875). Bei der Lösung der Probleme beim Betrieb der Aquarien zeichnen sich die Aquarianer durch einen großen Erfindungsreichtum und eine Begeisterung für die Bastelei aus. In Zeitschriften werden neue Ideen ausführlich vorgestellt und diskutiert.

händler Adolf Sasse berichtet, ist zudem »das beim Pumpen unvermeidliche Wasserspritzen« ein großer Nachteil. Bei den hydraulischen Systemen muss das Wasserreservoir nachgefüllt werden, was ähnliche Probleme mit sich bringt.[67]

Auf der Suche nach einem eleganteren und weniger wartungsintensiven Mechanismus werden Federmechanismen (vgl. Abb. 8) und kleine Dampfmaschinen ausprobiert, die allerdings entweder die gleichen oder neue Probleme mit sich bringen. Während Federn ebenfalls regelmäßig aufgezogen werden müssen, benötigen die kleinen Dampfmaschinen ständig neuen Spiritus und man kann sie nur mit abgekochtem Wasser betreiben, das wiederum erst bereitet werden muss. Zudem sind sie sehr wartungsintensiv, so »dass man sich nicht auf längere Zeit von der gehenden Maschine entfernen« darf.[68]

Eine Lösung des Problems verspricht die Nutzung des Wasserdrucks der zentralen städtischen Wasserversorgungssysteme, die in der zweiten Hälfte des 19. Jahrhunderts in immer mehr Städten eingerichtet

67 Vgl. Sasse 1878, hier S. 143.
68 Zum Federmechanismus vgl. etwa Buck 1874. Zur Dampfmaschine vgl. Buck 1875.

werden. In Berlin wird 1856 eine zentrale Wasserversorgung installiert und bis zum Ende des 19. Jahrhunderts umfassend ausgeweitet.[69] Im Jahr 1878 berichtet Adolf Sasse ausführlich über seine Erfahrungen mit der Wasserdurchlüftung mittels Wasserleitung. Seine Vorrichtung basiert auf dem System von Heinrich Lenz, Direktor der Naturaliensammlung in Lübeck, das dieser für das Meerwasseraquarium der Sammlung entwickelt. Da er nicht selbst im Museum wohnt, nicht jeden Tag vor Ort ist und auch seinem Kustos das Aquarium nur bedingt anvertrauen will, konstruiert er eine Durchlüftungsvorrichtung nach dem Prinzip des Wassertrommelgebläses, die mittels der »städtische[n] Wasserkunst« auch über längere Zeiträume selbstständig und zuverlässig funktionieren soll (vgl. Abb. 9).[70] Für Aquarienbesitzer bedeutet der Anschluss an die städtische Wasserleitung neben der Möglichkeit, mittels des konstanten Wasserdrucks neue Durchlüftungsvorrichtungen zu betreiben auch den Zugang zu qualitativ deutlich einheitlicherem Wasser als vorher. Dies ist nicht zuletzt vor dem Hintergrund der sich verschlechternden Qualität von Brunnen- und anderem Wasser in den urbanen Ballungsräumen von großer Bedeutung, die ihrerseits Anlass für die Einrichtung einer zentralisierten Wasserversorgung ist.[71]

Sasse selbst betreibt seit 1875 ein Meerwasseraquarium in seiner Wohnung, das er mittels einer von einem Hausangestellten betätigten Pumpe belüftet. Obwohl er mit diesem System zufrieden ist, erscheint ihm das Pumpen bald als zu umständlich und er stellt zudem fest, dass die ganze Vorrichtung mit zwei Reservoiren das ansprechende Erscheinungsbild des ganzen Aquariums beeinträchtigt. Zudem spritzt beim Pumpen immer eine nicht unerhebliche Menge Wasser ins Zimmer. Aufgrund des Berichts von Lenz wird er auf dessen Apparat aufmerksam und reist eigens von Berlin nach Lübeck, um sich die Durchlüftungsvorrichtung persönlich vorführen und erklären zu lassen. Zurück in Berlin richtet er das gleiche System für sein Meerwasseraquarium ein. Zu diesem Zweck schließt er den eigentlichen Apparat in der Küche seiner Wohnung an die Wasserleitung an und legt einen dünnen Gummischlauch durch drei Zimmer zum Standort des Aquariums. Dieses »städtische[..] Perpetuum mobile« arbeitet acht Tage lang zu Sasses vollster Zufriedenheit. Dann interveniert der Hausbesitzer, da die Wasserleitung Tag und Nacht läuft. Aufgrund des Verbots muss Sasse wieder zur alten Pumpmethode zurückkehren.

69 Vgl. Mohajeri 2005.
70 Vgl. Lenz 1876; Sasse 1878.
71 Vgl. etwa Bade 1899, S. 68.

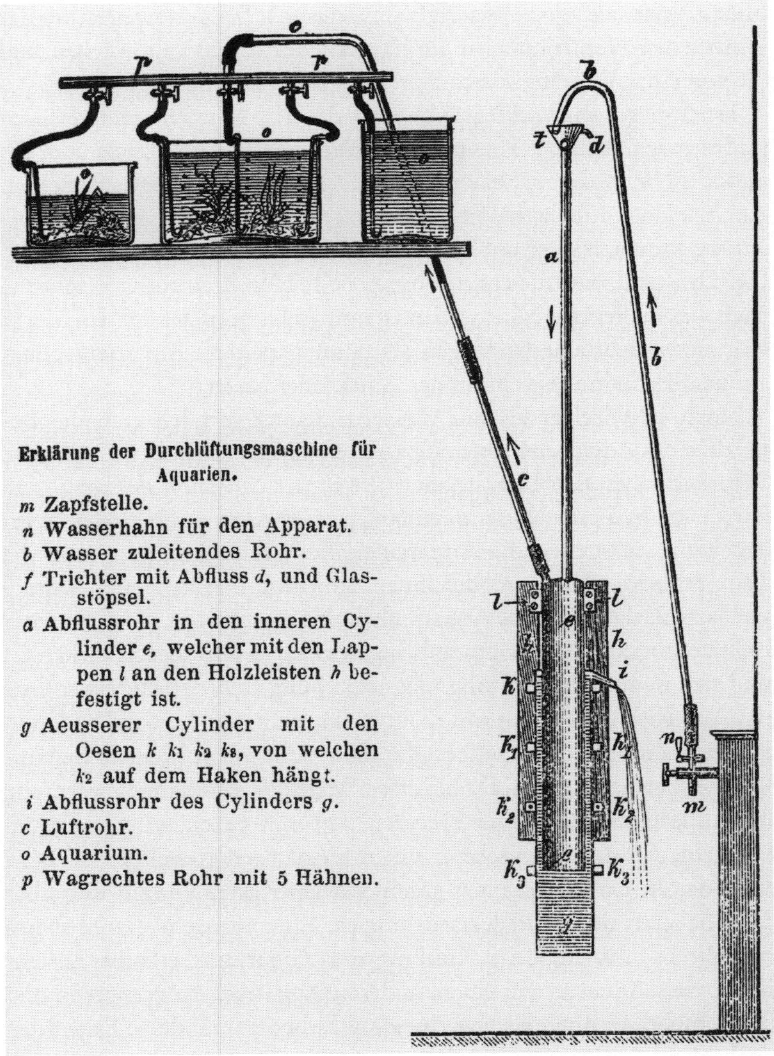

Abb. 9: Im Laufe der Zeit werden die Belüftungsvorrichtungen immer ausgefeilter und komplexer. Mit der zunehmenden Verfügbarkeit von Wasserleitungen wird der Wasserdruck aus diesen ebenfalls für Belüftungsvorrichtungen genutzt. Um ein vielversprechendes neues System in Augenschein zu nehmen, reisen Aquarianer auch längere Strecken, wie Sasses Besuch bei Lenz zeigt. Der Durchlüftungsapparat nach Lenz, an dem Sasse sich orientiert (1876).

Hier zeigen sich die Schwierigkeiten, die sich bei der Integration der künstlichen Naturräume in die bürgerliche Lebenswelt ergeben und die von einer Vielzahl konkurrierender Interessen bedingt werden.[72]

Trotz dieses Rückschlags gibt Sasse das Thema noch nicht verloren und entwickelt eine Verbesserung der Vorrichtung von Lenz, über die dieser 1879 in der Fachzeitschrift *Zoologischer Anzeiger* berichtet. Auch andere Liebhaber greifen die Durchlüftung mittels Wasserleitung immer wieder auf und schlagen weitere Verbesserungen vor. Der Umstand, dass die erste kommerzielle Durchlüftungsvorrichtung nach diesem Prinzip erst 1908 und damit 30 Jahre später auf den Markt kommt, verdeutlicht den langen Zeitraum, in dem die Aquarientechnik auf dem Erfindungsreichtum der Aquarianer basiert.[73]

Noch schwieriger als die Wasserbelüftung gestaltet sich die Beheizung des Aquarienwassers für Lebewesen aus wärmeren Gegenden. Während in großen Institutionen wie in der *collection des reptiles* in Paris auch in diesem Zusammenhang großer Aufwand betrieben werden kann, versuchen die Aquarianer die Wärmeerzeugung und die Temperaturregulation mit den ihnen zur Verfügung stehenden Mitteln zu lösen. Ziel ist es, »eine Aquarienheizung zu schaffen, die nicht teuer ist, sich an jedes Aquarium anbringen lässt, nicht feuergefährlich ist und sich in der Unterhaltung möglichst billig stellt«.[74] Zudem soll sie das Aussehen des Aquariums nicht beeinträchtigen. So werden Aquarien auf Zinkbleche montiert, die dann mit einem kleinen Benzinbrenner beheizt werden. Da bei dieser Methode durch die Erwärmung des Aquarienbodens oft die Pflanzen zugrunde gehen, wird wiederum versucht, Aquarien indirekt in einem Heizkasten zu beheizen. Dabei wird das Aquarium in einen geschlossenen Kasten gestellt und über Luft beheizt, die es im Kasten umgibt. Eine andere Variante dieses Verfahrens, das auch die Kühlung des Aquariums erlaubt, besteht darin, dass Aquarium in einem anderen Aquarium zu versenken und die Temperatur über das umgebende Wasser zu verändern. Es werden auch Heizlampen entweder direkt im Aquarium versenkt oder durch eine entsprechende Vorrichtung im Boden in die Mitte des Aquarienkastens gebracht. Daneben gibt es Systeme, in denen Wasser in einem geschlossenen Kreislauf erhitzt und damit das Aquarienwasser beheizt

72 Vgl. Sasse 1878.

73 Zur Diskussion um die Verbesserung von Lenz' System vgl. Lenz 1879; Hothorn 1893; Freund 1898a. Für das erste kommerziell verfügbare System vgl. Hohl 2001a, S. 46.

74 Bade 1898c, S. 6.

wird. Bei all diesen Ansätzen erfolgt die Thermoregulation manuell. Die Temperatur wird mit einem Thermometer direkt im Wasser gemessen und dann entsprechend die Wärmezufuhr angepasst. Obwohl es einfache Thermoregulatoren zum Selbstbau bereits in den 1880er Jahren gibt, werden derartige Regulationsmechanismen erst Anfang des 20. Jahrhunderts kommerziell angeboten und finden dadurch eine größere Verbreitung. Auch hier wird das Bestreben deutlich, durch die Integration von Technik und Natur einen künstlichen Naturraum zu konstruieren, der den Bedürfnissen der Aquarienlebewesen entspricht und gleichzeitig möglichst wartungsarm und selbsttätig funktioniert.[75]

Aber nicht nur im Zusammenhang mit den technischen Aspekten der künstlichen Naturräume wird der Integrationsprozess mit seinen Schwierigkeiten sichtbar. Besonders die Aquarianerzeitschriften mit ihren Artikeln und Fragekästen zeigen die Konflikte auf, die bei diesem Prozess auftreten. So diskutiert Ernst Bade 1897 die Problematik des Wasserstands im Aquarium. Hier stehen die Aquarianer vor einem viel diskutierten Dilemma. Wenn man das Aquarium bis fast unter den Rand füllt, riskiert man das Herausspringen der Fische. Lässt man genug Platz zwischen Wasseroberfläche und Aquarienoberkante, um dieses Herausspringen zu verhindern, bilden sich bald unansehnliche »Schmutzstreifen, die mit der Zeit kaum noch zu entfernen sind«.[76] Da die Aquarien zu dieser Zeit meist oben offen und mit Pflanzen besetzt sind, die weit über die Wasseroberfläche herausragen, kann das Problem auch nicht mit einer einfachen Abdeckung gelöst werden. So muss man sich zwischen der optischen Beeinträchtigung und dem Leben der Aquarienbewohner entscheiden, oder, wie Bade, einen aufwendigen Aufsatz konstruieren, der die Aquarienwände erhöht, ohne in direktem Kontakt mit dem Wasser zu stehen. In diesem Zusammenhang kommt es auch zum Niedergang der bis in die frühen 1890er Jahre so beliebten Springbrunnen und Fontänen. Sie geraten gegen Ende des Jahrhunderts als »Spielereien« in Verruf. Allerdings beruht dieser Ansehensverlust weniger auf einem ästhetischen Urteil,

75 Eine Übersicht über die verschiedenen Heizsysteme geben Zernecke 1897, S. 45-50, und Bade 1899, S. 25-30. Für die Diskussion der verschiedenen Varianten vgl. Chauvin 1883a, S. 680; Stiegele 1896; Sigl 1897; Bade 1898c; Freund 1898b; Roetzel 1899. Für einen selbstgebauten Thermoregulator vgl. Vogel 1888. Für eine kurze Übersicht über die kommerziell angebotenen Systeme vgl. Hohl 2001a, S. 45.

76 Bade 1897, S. 6.

sondern vielmehr auf praktischen Überlegungen. Denn »bei allen Springbrunneneinrichtungen [ist] ein Durchsickern und Ueberspritzen von Wasser auf den Zimmerboden unvermeidlich«.[77]

Auch die zeitgenössischen Hygienediskurse bilden sich im Aquariendiskurs ab und zeigen die Unsicherheiten im Umgang mit der künstlichen Natur im Wohnraum. Auf die Frage eines Lesers, ob man ein Aquarium im Schlafzimmer aufstellen könne, antwortet die Redaktion der *Isis* 1876 mit einer deutlichen Warnung: »[D]ie Ausdünstungen haben dort nur zu leicht nachtheilige Folgen, und namentlich schreiben die Aerzte ihnen die Erzeugung des Wechselfiebers zu.«[78] Der Begriff der Ausdünstungen mit ihren negativen Folgen verweist hier auf die miasmatische Krankheitslehre. Diese erklärt die Entstehung von Krankheiten wie dem Wechselfieber mit schlechten Gerüchen und Ausdünstungen. Der heute geläufigere Terminus für diese Krankheit ist Malaria, ein Begriff, der sich aus der lateinischen Bezeichnung *mala aria*, also schlechte Luft, herleitet und damit wiederum auf die Miasmentheorie zurückgeht. Als 17 Jahre später ein Leser mit der gleichen Frage an die Zeitschrift *Natur und Haus* herantritt, hat sich die medizinische Krankheitstheorie und damit auch die Antwort der Herausgeber grundlegend geändert: »Trockene Luft macht den Aufenthalt in dem dann staubigen Zimmer ungesund und ungemüthlich.«[79] In der Zwischenzeit wurde die miasmatische Lehre von der Infektionstheorie abgelöst und auch das Wechselfieber mit einzelligen Erregern in Verbindung gebracht. Damit sind Aquarien nicht nur medizinisch unbedenklich, sondern, wie die Antwort der Herausgeber zeigt, sogar positiv für das Raumklima.[80]

Es gilt aber nicht nur, die Grenzen zwischen dem bürgerlichen Wohnraum und dem künstlichen Naturraum auszuhandeln und zu stabilisieren. Die meist von Männern betriebene Liebhaberei muss auch in das Familienleben integriert werden. Noch 1899 beklagt ein Aquarianer, »daß in so vielen Fällen die Nachkommen eine so große Gleichgültigkeit für unsere schöne Liebhaberei hegen«. Die Ursache für diesen Zustand liegt für ihn auf der Hand. Obwohl

77 Vgl. Hinderer 1897, hier S. 248. Für weitere Diskussion dieser Probleme vgl. Geyer 1892, S. 15; Zernecke 1897, S. 26; Bade 1897.

78 Anonymous 1876, S. 133.

79 Vgl. Luks 1893, S. 36.

80 Für die Geschichte der miasmatischen Krankheitstheorie und ihr Ende vgl. Corbin 1984, S. 35-40, und 292-293. Zur Geschichte der Malaria in diesem Kontext vgl. Schumaker 2000.

> das Aquarium den Mittelpunkt des ganzen Haushaltes bildete, [...] alle Rücksichten zurückstehen [und] mancher berechtigte Wunsch von Frau und Kind zurückstehen mußte [...], durfte keine Frau, kein Kind auch nur in die Nähe des Heiligtums kommen, noch weniger mit einem Finger daran rühren.[81]

Diese Entwicklungen machen deutlich, wie das Aquarium als künstlicher Naturraum entsteht und in die Lebenswelt der Aquarianer integriert wird. Dabei müssen eine ganze Reihe von Konflikten zwischen den Aquarienbetreibern, den Aquarienbewohnern und verschiedenen anderen Akteuren gelöst werden. Dies geschieht sowohl auf technischem, wie auch auf sozialem Wege und führt dazu, dass der Betrieb der Aquarien immer reibungsloser verläuft und damit auch die technische Seite von Aquarien immer unsichtbarer wird. Während der Betrieb der Aquarien in der Anfangsphase noch von Störungen und anderen Problemen geprägt war, gehen sie als künstliche Naturräume zunehmend in ihrer Umgebung auf. Sie werden zu einem unproblematischen Stück Natur, das diese durch mimetische Annäherung und funktionelle Identität in die menschliche Lebenswelt bringt und für die Aquarianer einen Ort der Unterhaltung, aber auch der Kontemplation und Selbstbildung darstellt. Durch die eigenhändige Einrichtung und Instandhaltung des Lebens im Aquarium und dessen geduldige Beobachtung stellen die Besitzer die Stabilität des künstlichen Naturraums sicher und üben sich gleichzeitig in den Praktiken der Aquaristik und der in der Liebhaberei angelegten Wertschätzung der Natur.[82]

Ab dem Beginn des 20. Jahrhunderts ist die Einrichtung von Aquarien als künstliche Naturräume kein Problem mehr. In Ratgeberbüchern und Zeitschriften gesammeltes Wissen, die in Vereinen entwickelten Praktiken und Technologien und nicht zuletzt die mittlerweile große Vielfalt an Aquarienlebewesen sowie die zu diesem Zeitpunkt kommerziell angebotenen Geräte stehen in großem Umfang zur Verfügung. Nicht zuletzt durch die allgemeine Verfügbarkeit von elektrischem Strom sind die beiden großen technischen Herausforderungen der Aquaristik, Durchlüftung und Temperaturregulation, durch Vorrichtungen gelöst, die im Vergleich zu ihren Vorgängern im 19. Jahrhundert nahezu unsichtbar sind.

81 Dankler 1899, S. 94.

82 Diese praktischen Aspekte werden besonders in den Ratgeberbüchern zur Aquaristik hervorgehoben und zum Selbstbild der Aquarianer festgeschrieben, vgl. u. a. Langer 1877, S. 3-4; Lutz 1886, S. 2-5; Bade 1899, S. 1-3.

Das Aquarium als künstlicher Naturraum und die Aquarienkunde als heterogene Praxis

Die Liebhaberei im Allgemeinen und Aquarien- und Terrarienkunde im Speziellen entwickeln sich zwischen 1860 und 1900 aus einem komplexen Gefüge unterschiedlicher Traditionen zu einer spezifischen Kultur der privaten Tierhaltung. Die Meerwasseraquaristik des britischen *aquarium craze*, die Mischung aus Nützlichkeit und Unterhaltung der französischen Akklimatisierung und die deutsche Tradition der praktischen Naturkunde verbinden sich zu einem spezifischen Ensemble aus Wissen und Praktiken, das zwischen Wissenschaft, Unterhaltung, Technik und Ökonomie angesiedelt ist. Dies wird nicht zuletzt durch die gegen Ende des 19. Jahrhunderts ein- und sich zu Beginn des 20. Jahrhunderts fortsetzende Ausdifferenzierung im Bereich der Zeitschriften und Vereine deutlich. Wie die Beispiele in diesem Kapitel zeigen, steht hier die Dynamik zwischen den Liebhabern, den Tieren und den künstlichen Naturräumen im Zentrum. Besonders die Axolotl tragen als erste nicht-europäische Aquarientiere zur Verbreitung des Aquariums bei und profitieren selbst vom entstehenden Aquarienraum, in dem sie sich ausbreiten. Die Geschichte des Makropoden verdeutlicht diese Zusammenhänge. Während gerade zum Ende des 19. Jahrhunderts immer neue Arten für das Aquarium eingeführt werden, sind die Axolotl bald ein allgemein bekanntes und verfügbares Aquarientier.

Dabei ist die Integration des Aquariums in Privathaushalte während der zweiten Hälfte des 19. Jahrhunderts durch die Interessen der verschiedenen Akteure bedingt und von Konflikten bestimmt. Im Vordergrund steht das Ziel, künstliche Naturräume wie das Aquarium so weit in die urbane Lebenswelt zu integrieren, dass sie nicht mit den spezifischen Gegebenheiten der bürgerlichen Gesellschaft kollidieren. Gleichzeitig wird die Ausgestaltung der Aquarien durch die Bedürfnisse ihrer Bewohner, also der Tiere und Pflanzen des Aquariums, und durch die ästhetischen Vorstellungen der Aquarianer bestimmt. In diesem Sinne müssen vielfältige Grenzen gezogen und ausgehandelt sowie gleichzeitig Integrations- und Anschlussprozesse vollzogen werden, um die künstlichen Naturräume zu stabilisieren. Es entwickelt sich eine elaborierte Technisierung, die auf der einen Seite das Aquarium als unberührtes Stück Natur, den es durch seine Form und die Transparenz seiner Glaswände vermittelt, aufrechterhalten soll, ohne auf der anderen Seite die Ordnung der Wohnung und des Lebens zu stören.

Gleichzeitig entwickelt sich das Aquarium unter diesen Voraussetzungen zu einem Einfallstor, einem Instrument und einer zu beforschenden Umwelt in den Lebenswissenschaften im 19. Jahrhundert. Insbesondere in der Zoologie, die sich ab der Mitte des 19. Jahrhunderts zu einer eigenen Disziplin entwickelt, spielt das Aquarium und die Aquarienkunde aus verschiedenen Gründen eine wichtige Rolle. Und auch die Axolotl treten hier prominent auf, wie die folgenden beiden Kapitel zeigen.

4 Metamorphoseforschung
Die Verwandlung des Axolotls zwischen Entwicklung und Evolution

Die Ereignisse um die Fortpflanzung und die anschließende Verwandlung der Axolotl 1865 in der *collection* sorgen für erhebliches Aufsehen in der Zoologie und Dumérils Berichte werden mehrfach nachgedruckt, übersetzt oder zusammenfassend wiedergegeben. Aber es ist nicht nur das Wissen über den Axolotl, das sich verbreitet. Duméril beginnt auch die Tiere selbst, die sich so gut vermehren, in Umlauf zu bringen. Sein Vorgehen folgt der in der Naturgeschichte und Akklimatisierungsbewegung üblichen Tauschpraxis. In Naturkundemuseen werden überzählige Präparate, sogenannte Dubletten, im direkten oder indirekten Tausch gegen Objekte, die in der eigenen Sammlung fehlen, an andere Institutionen und Personen abgegeben. Das so etablierte Tauschsystem ermöglicht es Museen und Sammlern, kostengünstig ihre Sammlungen zu vervollständigen, Platz zu sparen sowie Kontakte zu pflegen und zu intensivieren. Auch die *Société zoologique d'acclimatation* sieht die Weitergabe verfügbarer Tiere als essenzielle Tugend ihrer Arbeit an. Auf diese Weise soll nicht zuletzt der Akklimatisierungserfolg erhöht werden. Duméril ist in beiden Kontexten zuhause und verfügt durch den großen Fortpflanzungserfolg der Axolotl über ein unerschöpfliches Reservoir an Tauschobjekten, die er bereitwillig zuerst in Paris, dann im gesamten Land und schließlich in ganz Europa verteilt. Er gibt Tiere aus seiner Zucht nicht nur an den *Jardin zoologique d'acclimatation* zurück. Es werden auch Axolotl im Aquarium der Pariser Weltausstellung von 1867 gezeigt, ebenso wie im öffentlichen Aquarium von Montmartre. Zudem schickt er Tiere an interessierte Personen und Einrichtungen in Frankreich. In anderen Fällen kommen Interessierte auch selbst nach Paris und nehmen Axolotl mit nach Hause. Auf diese Weise gelangen die Tiere nicht nur an verschiedene Orte in Frankreich, sondern auch in ganz Europa.[1]

1 Die genaue Praxis und Geografie dieser Verbreitung ist Thema des sechsten Kapitels. Zur Funktionsweise derartiger Tauschnetzwerke am Beispiel der Botanik vgl. Robin 2006. Die hier angegebenen Berichte über die Ereignisse in Paris sind nur eine Auswahl der Berichte, die zeitnah zu Dumérils Veröffentlichungen erscheinen. Zur Fortpflanzung vgl. Anonymous 1865 (England);

Im Folgenden wird einer dieser Wege verfolgt, auf dem Axolotl über Würzburg nach Freiburg i. Br. gelangen. Hier werden die Tiere und ihre rätselhafte Verwandlung zu Fallbeispielen in Debatten über den genauen Mechanismus der Evolution. Während der Würzburger Anatomieprofessor Albert Kölliker die Bestätigung der von ihm vertretenen Theorie der heterogenen Zeugung rein in der Beobachtung der Axolotl sucht, wählt die Freiburger Naturkundlerin und Aquarien- und Terrarienliebhaberin Marie von Chauvin, die die Verwandlung auf Bitte des Zoologieprofessors August Weismann untersucht, einen experimentellen Ansatz. Im Gegensatz zum größten Teil der Verbreitungsgeschichte des Axolotls ist der Weg von Paris über Würzburg nach Freiburg detailliert nachvollziehbar und zeigt, aus welchen Gründen Wissenschaftler die Tiere anschaffen, über welche Verbindungen sie an diese gelangen und wie die Axolotl an den verschiedenen Orten gehalten werden. Daneben wird an diesem Fallbeispiel deutlich, wie die Axolotl für verschiedene wissenschaftliche Fragestellungen und Positionen mobilisiert werden und wie sich in diesem Kontext die Untersuchungsmethoden ändern.

Kölliker interpretiert die Verwandlung des Axolotls als eine Höherentwicklung und damit die Entstehung einer neuen Art, die er als Beleg für die von ihm vertretene Theorie der heterogenen Zeugung, einer Alternative zu Charles Darwins Evolutionstheorie, sieht. Ähnlich deutet der Naturforscher Moritz Wagner die Umwandlung, allerdings im Kontext einer konkurrierenden Alternative, der von ihm entwickelten Separationstheorie. Weismann widerspricht als Anhänger Darwins diesen beiden antidarwinistischen Positionen und will die Ursache der Verwandlung experimentell ermitteln. Durch die Ergebnisse Chauvins, die die Experimente schließlich erfolgreich durchführt, verliert die Verwandlung des Axolotls ihre Relevanz in den Kontroversen zur Evolutionstheorie. Gleichzeitig entwickelt Chauvin eine größere Experimentalreihe, in der sie die Fortpflanzung, Entwicklung und Anpassung verschiedener Amphibien untersucht und mithilfe des Aquariums manipuliert. Ihre Arbeiten zeigen im Vergleich zu Wagner, Kölliker und Weismann den Wandel von den Methoden der Naturgeschichte und der vergleichenden Anatomie zum experimentel-

Duméril 1865b (Frankreich); Harting 1865 (Niederlande); Meyer 1865 (Deutschland); Anonymous 1866 (Dänemark). Zur Verwandlung vgl. Duméril 1866c (England); Harting 1866 (Niederlande); Godet 1867 (Schweiz); Schultze 1867 (Deutschland); Török 1872a (Ungarn); Bogdanov 1873 (Russland). Zu den Experimenten vgl. Duméril 1867c (England). Zu den Axolotln in Pariser Aquarien vgl. Duméril 1867e, S. 573.

len Arbeiten in der sich gerade institutionell formierenden Zoologie. Hier wird besonders der Einfluss sichtbar, den das Wissen und die Praktiken der Liebhaberei haben. Dies stellt einen bisher unberücksichtigten Aspekt in der Frühgeschichte experimenteller Forschung in den Lebenswissenschaften dar.

Die Verwandlung als Höherentwicklung: Albert Kölliker, der Axolotl und die Theorie der heterogenen Zeugung

Einer derjenigen, der Axolotl von einer Parisreise mit nach Hause bringt, ist Albert Kölliker, Professor für vergleichende Anatomie und Physiologie an der Universität Würzburg. Während einer Parisreise im Frühjahr 1868 besucht er Auguste Duméril und erhält von diesem 20 Axolotl der zweiten Brut. Mit den Tieren kehrt er Anfang April über Amsterdam nach Würzburg zurück. Bereits in Amsterdam legen zwei Weibchen Eier, die sich jedoch nicht entwickeln. Die nächste Fortpflanzung erfolgt am 8. Mai in Würzburg. Dieses Mal ist sie erfolgreich und am 22. Mai schlüpfen Larven.[2]

Gleich einen Tag später präsentiert Kölliker den Fall der Verwandlung der Axolotl in Paris sowie ein lebendes Tier in der Sitzung der *Physikalisch-Medizinischen Gesellschaft zu Würzburg*. Am 25. August 1868 trägt er auf der Sitzung der Zoologischen Sektion der *Schweizerischen Naturforschenden Gesellschaft* in Einsiedeln über den Axolotl vor, ohne allerdings ein lebendes Tier zu zeigen. Kölliker, der bereits für seine Theorie des Primordialschädels mit dem präparierten Axolotlmaterial in Würzburg gearbeitet hat (vgl. Kapitel 2), stellt die Verwandlung als möglichen Beweis für die von ihm vertretene Theorie der heterogenen Zeugung vor.[3]

Die Theorie geht auf den baltischen Zoologen Karl Ernst von Baer (1792-1876) zurück, der sie in den 1830er Jahren als eingeschränkte Form der Entwicklung im Rahmen seiner Theorie des Organischen vorschlägt, in der sich eine teleologische Vorstellung der Natur im

2 Vgl. Kölliker 1869, S. XXIV. Kölliker unternimmt in den 1860er Jahren mehrere Reisen nach London und Paris, wo er sich mit Kollegen austauscht, vgl. Kölliker 1899, S. 168. Es bleibt unklar, ob sich die Bezeichnung »zweite Brut« auf den zweiten Laich der aus Mexiko stammenden Axolotl vom 6. März 1865 (vgl. Kapitel 2) bezieht oder allgemeiner auf die in Paris geborenen Tiere der zweiten Generation, vgl. Kölliker 1869, S. XXIV.

3 Vgl. Kölliker 1868; Kölliker 1869, S. XXIII-XXIV. Zur Theorie der heterogenen Zeugung und den Axolotl vgl. Kölliker 1864, S. 12.

Sinne Immanuel Kants mit den mechanischen Prinzipien der zeitgenössischen Naturwissenschaften verbinden. Dem Anspruch nach handelt es sich dabei um eine mechanisch-physiologische Erklärung der Neubildung organischer Formen, bei der ein allgemeines Entwicklungsgesetz die zielgerichtete Höherentwicklung der Lebewesen bestimmt. Der Münchner Botaniker Carl Wilhelm Nägeli (1817-1891) erweitert diese Theorie, die Kölliker in der neuen Form wiederum auf das Tierreich überträgt.[4]

Für die Erklärung der Vielfalt der organischen Welt sieht Kölliker mehrere Möglichkeiten. Eine Erschaffung der organischen Wesen als Schöpfung im religiös-theologischen Sinne lehnt er als wissenschaftliche Erklärung grundsätzlich ab. Die *Generatio spontanea*, wie sie noch von Lamarck für seine Entwicklungstheorie angenommen wurde und nach der Organismen kontinuierlich aus unbelebter Materie gebildet werden können, verwirft Kölliker ebenfalls, da die spontane Entstehung komplexerer Lebensformen wie der Wirbeltiere aus seiner Sicht nicht vorstellbar ist.[5] Als wissenschaftliche Erklärung bleibt so nur noch die *Generatio secundaria*, also die Bildung des Neuen aus bereits Bestehendem. Zu diesen Sekundärbildungstheorien gehört für Kölliker einmal Darwins Theorie der natürlichen Zuchtwahl mit ihrem graduellen Entwicklungsgedanken. Als zweite Möglichkeit führt er die Theorie der heterogenen Zeugung an, die die Entstehung der Arten durch ein Naturgesetz erklären will.[6]

Kölliker würdigt damit Darwins Verdienst um eine in seinen Augen umfassende, empirisch fundierte Erklärung der biologischen Vielfalt. Allerdings hat er zwei zentrale Einwände gegen Darwin: Er kritisiert seinen Zweckbegriff und das Nützlichkeitsprinzip sowie den Gradualismus. Damit zielt Kölliker auf Darwins Dialektik von Anpassung und Selektion und hier besonders auf die Vorstellung, dass diese hauptsächlich von außen auf den Organismus einwirkenden Prinzipien eine »harmonisch vom Einfacheren zum Vollkommneren fortschreitende[...] Stufenfolge der Organismen [...] ermög-

4 Zum sogenannten teleomechanischen Forschungsprogramm vgl. Lenoir 1982. Zu Kölliker und Nägeli, vgl. Lefèvre 2005, S. 63. Zum weiteren biologiehistorischen Kontext der orthogenetischen Tradition in der Evolutionstheorie vgl. Levit/Olsson 2006, hier v.a. S. 101-102.

5 Vgl. Kölliker 1864, S. 8 und 10. Die *Generatio spontanea* ist zu dieser Zeit ein dritter Weg zwischen Evolution und Schöpfung, der bis in die 1860er Jahre eine ganze Reihe von Anhängern hat. Zur Geschichte dieser Idee insbesondere im 19. Jahrhundert vgl. Rupke 2005.

6 Vgl. Kölliker 1864, S. 8.

liche«.[7] Das Bestehen auf dem Gradualismus stellt für ihn dagegen die unnötige Einführung eines neuen Prinzips dar. Dagegen führt Kölliker an, dass die Varietäten unabhängig von einem derartigen Zweck oder einer Nützlichkeit allein »nach allgemeinen Naturgesetzen« bzw. »unter der Einwirkung eines die ganze Natur beherrschenden Entwicklungsgesetzes« entstehen.[8] Ein neues Prinzip ist damit auch nicht nötig. Kölliker betont, dass es sich bei diesem Gesetz nicht um einen Vitalismus handelt, sondern dass er für die belebte Natur die gleichen Gesetze wie für die unbelebte annimmt und sein

> Gedankengang […] somit einfach der [ist], dass wie der Bildung der Krystalle, der Himmelskörper, der Sonnensysteme allgemeine Gesetze zu Grunde liegen, die die genauesten Uebereinstimmungen dieser Formeinheiten bewirken, ohne dass ein genetischer Zusammenhang zwischen denselben besteht, ebenso auch im Thier- und Pflanzenreiche eine Uebereinstimmung sich finden könne«[9]

In dieser Formulierung zeigt sich am deutlichsten das Wissenschaftsbild, dem sich das teleomechanische Forschungsprogramm verpflichtet fühlt. Inspiriert durch die Physik Isaac Newtons (1642-1726), die auf einfachen und allgemeingültigen Gesetzen beruht, suchen Zoologen nach vergleichbaren Prinzipien für die organische Natur.

Für die Theorie der heterogenen Zeugung präsentiert Kölliker zwei Entwicklungsphänomene aus der Tierwelt als Hinweise auf einen entsprechenden Veränderungsprozess. Erstens weist er auf Parthenogenese und Knospung hin, also Vorgänge, bei denen Nachkommen ohne geschlechtliche Fortpflanzung gebildet werden. Hierfür sieht er vor allem das Phänomen des Generationswechsels als Beleg. Beim Generationswechsel handelt es sich um den Vorgang, bei dem sich erstens, auf der Ebene der Fortpflanzungsart, geschlechtliche und ungeschlechtliche Fortpflanzung abwechseln und so alternierend die verschiedenen Generationen hervorbringen. Zweitens erfolgt ein

7 Vgl. Kölliker 1864, S. 7. Zu Köllikers Haltung zu Darwin vgl. Nyhart 1995, S. 121-129.

8 Kölliker 1864, S. 7-8. Die Zögerlichkeit, mit der Kölliker die Ursache der heterogenen Zeugung anspricht, ist charakteristisch für Zoologen seiner Generation, vgl. Nyhart 1995, S. 126-128. Diese verstehen sich als wissenschaftliche Zoologen in Abgrenzung zu Naturgeschichte und Naturphilosophie ihrer Vorgängergeneration und zeichnen sich durch eine ausgesprochene Vorsicht bei allem aus, was als metaphysische Spekulation bezeichnet werden könnte. Dies ist eine Reaktion insbesondere auf die negative Rezeption der romantischen Naturphilosophie nach 1800.

9 Kölliker 1872, S. 4.

Wechsel auf der Ebene der Form, da sich die Generationen zum Teil deutlich in ihrem Aussehen unterscheiden.[10]

Als wichtigstes Beispiel für seine Theorie sieht Kölliker den Generationswechsel der Hydrozoen an, also derjenigen Tiere, die man landläufig als Quallen bezeichnet. Viele Arten dieser Gruppe pflanzen sich durch einen Generationswechsel fort, bei dem festsitzende Polypen durch Knospung die freischwimmenden Medusen (diese Tiere kennt man als Quallen) abschnüren (ungeschlechtliche Fortpflanzung). Aus den befruchteten Eizellen der sich geschlechtlich fortpflanzenden Medusen entstehen wiederum festsitzende Polypen und der Zyklus beginnt von Neuem. Allerdings gibt es, wie Kölliker schreibt, auch Hydrozoen ohne Generationswechsel, die entweder nur als Polypen oder nur als Medusen vorkommen sowie alle erdenklichen Zwischenformen. Für ihn ist diese Vielfalt an Formen ein Hinweis auf ein Ereignis der heterogenen Zeugung. Er stellt sich diesen Entwicklungsprozess wie folgt vor: Die ursprüngliche Form der Hydrozoen bilden für ihn Arten, die sich als Polypen ohne Generationswechsel geschlechtlich fortpflanzen. Aus ihnen entstehen neue Arten durch ungeschlechtliche Knospung, die damit den schöpferischen Akt darstellt. Bei der so entstehenden Zwischenform bleiben der Polyp als Ursprungsart und die neue Form der Medusen über den Generationswechsel verbunden. Bei manchen dieser Zwischenarten bildet sich nun das Polypenstadium vollständig zurück und die Entwicklung der in Köllikers Sinne höherentwickelten Medusen, die sich wieder nur geschlechtlich fortpflanzen, ist abgeschlossen.[11]

Den zweiten möglichen Weg einer heterogenen Zeugung sieht Kölliker darin, dass aus befruchteten Eiern weiterentwickelte Formen entstehen und damit die Höherentwicklung im Verlauf der Individualentwicklung erfolgt. Auch wenn, wie er betont, ein derartiger Vorgang bis dahin noch nie beobachtet wurde, so liegt er für ihn doch im Bereich des Vorstellbaren. Es geht also darum, dass, ausgelöst durch das von Kölliker angenommene allgemeine Entwicklungsgesetz der Natur, in bestimmten Momenten nicht mehr Gleiches aus Gleichem entsteht, sondern Eltern Nachkommen hervorbringen, die sich derart von ihnen

10 Kölliker 1864, S. 10. Zur Geschichte des Generationswechsels vgl. Parnes 2005; Nyhart/Lidgard 2017.

11 Vgl. Kölliker 1864, S. 11. Der Generationswechsel der Hydrozoen hat bereits Karl Ernst von Baer zu seiner ersten, vorsichtigen Fassung der Theorie der heterogenen Zeugung inspiriert, vgl. Lenoir 1982, S. 268. Als Ludwig Stieda 1874 vor der *Dorpater naturforschenden Gesellschaft* über die Verwandlung des Axolotls vorträgt, ist Baer ebenfalls anwesend, vgl. Stieda 1874.

unterscheiden, dass beide nicht mehr zur selben Art gerechnet werden können. Als Indiz führt er an, dass sich die frühen Stadien der Säugetierembryonen nicht nur untereinander stark ähneln, sondern auch den Embryonen von Vögeln und beschuppten Amphibien. Kölliker gibt zu bedenken, dass durch diese große Ähnlichkeit nur eine kleine Änderung der Entwicklungsrichtung nötig ist, um ein neues Ergebnis hervorzubringen. Dabei hat er auch die morphologische Reihe der Individualentwicklung und die Ähnlichkeit zwischen den Embryonal- und Larvenstadien verschiedener Tiergruppen im Blick. So ist es für ihn zumindest denkbar, dass es ein Potenzial zur Höherentwicklung entlang der Formenreihe der Embryonalentwicklung gibt. Zudem sieht er die Möglichkeit, dass sich neue Formen durch eine veränderte Entwicklung einzelner Teile oder Organe während der Embryonalentwicklung bilden. So könnte während der Entwicklung eines Embryos die Form der nächst höheren Entwicklungsstufe entstehen, also »aus dem Ei eines Perennibranchiaten einmal ein Triton- oder Salamander-ähnliches Geschöpf oder ein Ecaudate hervorgehen«.[12]

Dieses letzte Szenario, das Kölliker 1864 noch als Vermutung äußert, scheint sich im Fall der Pariser Axolotl zu einer realistischen Möglichkeit zu konkretisieren. Es könnte sich hier um eine tatsächliche heterogene Zeugung handeln, vielleicht sogar um die »directe Thatsache«,[13] die Köllikers zweiten Weg der heterogenen Zeugung beweisen würde. Der Fall erlaubt aus seiner Sicht zumindest eine »doppelte Deutung«. Entweder der Axolotl ist eine Larve und der Amblystoma das fertige Tier, womit »das Unerhörte, dass ein nicht ausgebildetes Thier, eine Larve, geschlechtlich sich fortpflanzt«, eintreffen würde. Oder beide, Axolotl und Amblystoma, sind fertige Tiere, womit »das noch Wunderbarere, dass im Sinne Darwin's Eine [sic] Thierform eine andere erzeugt«, eingetreten wäre. Für Kölliker ist zu diesem Zeitpunkt eine Entscheidung für die eine oder andere Interpretation noch völlig offen. Erst will er abwarten, ob und wie sich die verwandelten Amblystomen in Paris fortpflanzen. Da bis zu diesem Zeitpunkt noch keine Fortpflanzung stattgefunden hat, ist unklar, ob die verwandelten Tiere überhaupt fortpflanzungsfähig sind und wenn ja, ob es sich bei ihrem

12 Kölliker 1864, S. 10-12. Obwohl es hier scheinbar deutliche Anklänge an Ernst Haeckels biogenetisches Grundgesetz gibt, steht Kölliker diesem ablehnend gegenüber, vgl. Kölliker 1879, S. 367-399. Haeckel selbst fasst den Axolotl als Amphibienlarve auf und sieht Fortpflanzung und Verwandlung zwar als ungewöhnlich, aber insgesamt doch als Bestätigung für sein biogenetisches Grundgesetz an, vgl. Haeckel 1873, S. 215-216.

13 Kölliker 1864, S. 12.

Nachwuchs um Axolotl handelt oder um eine andere Larvenform. Auch sind zusätzliche Beobachtungen an den Axolotl in Paris und an anderen Orten notwendig, vor allem dahingehend wie viele von den Tieren sich letztendlich verwandeln und welche Ursachen die Verwandlung haben könnte.[14]

Vor diesem Hintergrund stellt Kölliker die Verwandlung des Axolotls in Würzburg und Einsiedeln vor. Als er vor der *Schweizerischen Naturforschenden Gesellschaft* über die Axolotl berichtet, werden die zwei Deutungen der Verwandlung kontrovers diskutiert. Der Genfer Zoologe Henri de Saussure (1829-1905) berichtet von seinen eigenen Beobachtungen in Mexiko, wo er auch Axolotl gesehen hat. Er beobachtete unzählige Tiere, aber niemals die Amblystomaform. Für ihn liegt die Vermutung nahe, dass sich der Axolotl in Mexiko überhaupt nicht verwandelt und die Verwandlung in Paris durch die warme und gleichmäßige Temperatur in der Pariser *collection des reptiles* verursacht wurde. Dies seien schließlich auch die Bedingungen, die an dem Ort herrschen, an dem der Schweizer Zoologe Johann Jakob von Tschudi (1818-1889) in den Vereinigten Staaten von Amerika das Tier gefunden hat, das als das dem Amblystoma ähnlichste angesehen wird. Zudem werde berichtet, dass die Seen auf dem Plateau von Mexiko nicht mit einem scharf abgegrenzten Ufer versehen, sondern von einem breiten, moorigen Streifen umgeben sind, der es dem Axolotl praktisch unmöglich macht, wirklich trockenes Land zu erreichen. Diese spezielle Lebenssituation könnte der Grund sein, der die Tiere an der Verwandlung hindert.[15]

Kölliker vermutet in der Verwandlung des Axolotls eine Höherentwicklung im Sinne der Theorie der heterogenen Zeugung und damit ihren Beweis. Die Beispiele, die er anführt, ebenso wie die Kritik an Darwin zeigen, dass seine Vorstellung des Veränderungsprozesses stark durch ein entwicklungsgeschichtliches Denken geprägt ist. Fortpflanzung, Entwicklung und Evolution erscheinen hier als Teile eines Gesamtprozesses, der durch ein allgemeines Naturgesetz angetrieben wird. Dabei stehen nicht das Individuum oder die Art als Menge von Individuen im Zentrum, sondern der einer Art innewohnende Typus,

14 Vgl. Kölliker 1869, S. XXIII.

15 Vgl. Kölliker 1868, S. 88-90. Tschudi beschreibt 1839 die Gattung *Ambystoma*, auf deren Vertreter Saussure sich hier bezieht, vgl. Tschudi 1839, S. 57 und 92. Wie Tschudi in seiner Arbeit betont, handelt es sich um ein schwieriges taxonomisches Problem, das nur von Zoologen gelöst werden kann, »die Gelegenheit haben, diese Tiere sowohl lebend zu beobachten, als auch in grosser Individuenzahl zu untersuchen«. (Tschudi 1838, S. 57).

der als Form der Höherentwicklung entgegenstrebt. Die konzeptionelle Verknüpfung des Generationswechsels der Hydrozoen und der morphologischen Parallelen bei den Wirbeltierembryonen zeigen hier ein teleomechanisches Denken in Formreihen, die über die Prozesse von Fortpflanzung, Entwicklung und Evolution verbunden sind.[16]

Höherentwicklung, Rückschlag oder Evolution: Marie von Chauvin, August Weismann und die experimentelle Verwandlung des Axolotls

Die Absicht, seine Vermutung durch weitere Untersuchungen und Beobachtungen an den Tieren zu untermauern, verfolgt Kölliker jedoch nicht weiter. Obwohl er die Gelegenheit hat, die Verwandlung bei einem seiner Tiere selbst zu beobachten, bezieht er sich auch in späteren Diskussionen der Theorie der heterogenen Zeugung immer nur auf seine ursprüngliche theoretische Vermutung. Allerdings entsteht aus seinen 20 Tieren eine erfolgreiche Axolotlzucht, die »mehrere hundert Axolotl'n [sic]« hervorbringt. Die Tiere werden zu einer wichtigen Ressource für entwicklungsgeschichtliche und vergleichend-anatomische Arbeiten in Würzburg und Kölliker gibt – wie Duméril – etliche Tiere an andere Wissenschaftler ab (vgl. Kapitel 6).[17]

Auf diesem Weg erhält 1872 auch August Weismann (1834-1914), zu dieser Zeit außerordentlicher Professor am neueingerichteten Lehrstuhl für Zoologie der Universität Freiburg i.Br., einige Tiere von Kölliker. Weismann beschäftigt sich seit Mitte der 1860er Jahre intensiv mit Darwins Evolutionstheorie und wird zu einem ihrer streitbarsten Verteidiger. Sein Interesse am Axolotl geht darauf zurück, dass dessen Verwandlung zum Beleg für alternative Evolutionstheorien angeführt wird. Neben der Theorie der heterogenen Zeugung ist hier besonders die Separationstheorie des Naturforschers und Reiseschriftstellers Moritz Wagner (1813-1887) zu nennen, der die Verwandlung der Tiere, genau wie Kölliker, als »directen Beweis« für seine Position

16 Zur sukzessiven Aufspaltung der drei Phänomenbereiche vgl. Churchill 1987.

17 Weismann 1876, S. 235. Zur Axolotlzucht in Köllikers Institut vgl. Braun 1876. Zu Köllikers umgewandeltem Axolotl vgl. Duméril 1869a, S. 347; Malbranc 1876, S. 39-40; Weismann 1876, S. 235. Warum er sein Vorhaben nicht weiterverfolgt, bleibt im Dunkeln. Zur Erwähnung des Axolotlbeispiels in Köllikers späteren Schriften vgl. Kölliker 1872, S. 15 und 42; Kölliker 1887, S. 6; Kölliker 1899, S. 324-325 und 359-360.

anführt.[18] Ursprünglich als Migrationsgesetz und Erweiterung von Darwins Theorie angelegt, baut er es sukzessive zu einer alternativen Evolutionstheorie, der Separationstheorie, aus. In Wagners Augen vernachlässigt Darwin die Rolle der geografischen Isolation im Prozess der Artbildung. Denn nur durch diesen Mechanismus ist für Wagner erklärbar, wieso die im graduellen Evolutionsprozess nach Darwin neu entstehenden Varianten nicht einfach durch Kreuzung wieder in der Elternart aufgehen. Weismann lehnt diese Abschwächung der Selektion als zentralen Mechanismus der Evolution strikt ab und wird zu einem der schärfsten Kritiker Wagners, mit dem er sich eine Kontroverse in verschiedenen Schriften liefert.[19]

Wagner argumentiert in seinen beiden Texten vor allem mit Beobachtungen, die er auf seinen vielen Reisen gemacht hat, und postuliert eine ganze Reihe von Migrations- und Isolationsmechanismen. In diesem Zusammenhang führt er auch die Verwandlung der Axolotl in Paris an. Diese zeigt für ihn eindeutig, wie durch räumliche Trennung in Paris »eine andere Salamanderähnliche [sic] Molchform« entsteht, während in Mexiko derartiges nicht passiert.[20]

Für Weismann ist dieser Fall dagegen nicht so eindeutig. Abgesehen davon, dass er das Ausbleiben der Umwandlung in Mexiko bezweifelt, führt er an, dass es sich bei der Verwandlung in Paris eben nicht nur um eine einfache Isolation der Pariser Axolotl handelt, sondern damit auch eine »plötzliche Veränderung aller Lebensverhältnisse«[21] einhergeht. Die Tiere wurden also nicht einfach von ihren Artgenossen in Mexiko getrennt, wie es Wagners Separationstheorie vorsieht, sondern auch in eine andere Umgebung gebracht. Dabei müsste, so Weismann, die Auswirkung einer Versetzung aus dem mexikanischen Hochland nach Paris auf die Atmungsorgane und damit der direkte Einfluss der veränderten Lebensbedingungen dazu geführt haben, dass der Axolotl in Paris »plötzlich eine höhere Entwicklungsstufe erreichte, die viele seiner Verwandten längst erreicht haben, die offenbar in der Natur

18 Wagner 1870, S. 172.

19 Vgl. Wagner 1868a; Wagner 1868b; Weismann 1868; Wagner 1870; Weismann 1872. Für eine detaillierte Analyse von Weismanns Auseinandersetzung mit Wagner vgl. Weissman 2010. Zu Weismann vgl. Churchill 2015. Zur Biografie und zum Werk Wagners vgl. Nyhart 2010. Für eine ausführliche Diskussion von Wagners Theorie vgl. Hoquet 2009, S. 357-360; Weissman 2010, S. 737-740; Nyhart 2010. Für einen systematischen Überblick alternativer Evolutionstheorien im deutschsprachigen Raum vgl. Levit/Meister/Hoßfeld 2008.

20 Wagner 1870, S. 172.

21 Weismann 1872, S. 33.

seines Organismus liegt und die er selbst vielleicht auch in seinem Vaterland erreicht haben würde«.[22] Für Weismann ist der direkte Einfluss der Umweltbedingungen für die Verwandlung des Axolotls verantwortlich, die er damit als sprunghafte Höherentwicklung der Art versteht. Sein Argument zeigt hier die gleiche Denkweise, die Dumérils Experimenten zugrunde lag (vgl. Kapitel 2), und belegt die anatomisch-entwicklungsgeschichtliche Tradition, aus der Weismann kommt. Zu diesem Zeitpunkt ist er also noch nicht vollständig von der Rolle der natürlichen Selektion als entscheidendem Evolutionsfaktor überzeugt, für die er nur wenig später so vehement eintritt. Dies ändert sich erst im weiteren Verlauf der Kontroverse.

Weiterhin gibt er zu bedenken, dass, wie Wagner fälschlicherweise anführt, ein bereits befruchtetes Weibchen nach Paris gekommen sei. Da in Wagners Theorie die Trennung zwischen ursprünglicher und neuer Art die zentrale Rolle spielt, hätten sich, wie Weismann betont, doch alle Nachkommen dieses Axolotlweibchens verändern müssen und nicht nur einige wenige. Oder es müssten sich auch in Mexiko zumindest hin und wieder einzelne Tiere verwandeln. Als letzten, entscheidenden Punkt führt Weismann die bis dahin nicht erfolgte Paarung und Fortpflanzung der umgewandelten Axolotl in Paris an, mit der »jede Möglichkeit auf[hört], den Fall in Wagner'schem [sic] Sinne auszulegen«. Nur eine erfolgreiche Fortpflanzung würde dem biologischen Artkriterium genügen und beweisen, dass es sich bei den verwandelten Tieren um eine neue Art handelt.[23]

Obwohl Wagner auf die Kritik an seiner Theorie mit weiteren Publikationen antwortet, ist die Kontroverse für Weismann mit seiner Veröffentlichung von 1872 zu seinen Gunsten entschieden und damit beendet.[24] Dessen ungeachtet hat die Verwandlung des Axolotls jedoch seine Aufmerksamkeit nachhaltig geweckt. Mit Wagner und Kölliker hatten zwei Vertreter alternativer Evolutionstheorien die Verwandlung prominent platziert. Gleichzeitig versucht man überall in Europa, die Ursache für die Verwandlung herauszufinden. Wie Weismann schreibt, ist die Vermehrung der Tiere zwar nirgends ein Problem. Allerdings konnte eine Umwandlung nur sehr selten beobachtet werden. Daher war es auch nicht möglich herauszufinden, ob sie durch innere oder äußere Faktoren ausgelöst wird. Im gleichen Jahr noch bittet Weismann daher Albert Kölliker um einige Tiere aus dessen

22 Weismann 1872, S. 33.
23 Weismann 1872, S. 33-34.
24 Vgl. Nyhart 2010, S. 45-46.

Zucht, denn er hofft nicht zuletzt, »dass möglicherweise dieser eine specielle Fall im Stande sein könne, über die Richtigkeit der Grundprincipien zu entscheiden, nach welchen man sich in den beiden feindlichen Heerlagern der Transmutation und der heterogenen Zeugung die Entstehung der Arten vorstellt«. Weismann greift also die Bedeutung, die Kölliker und Wagner der Verwandlung zuschreiben, auf und stilisiert sie seinerseits zum entscheidenden Beweis im Streit um den Mechanismus der Evolution. Er ist davon überzeugt, dass der zu findende Mechanismus nicht im Widerspruch zu Darwins Theorie stehen wird und sich damit die Verwandlung in seinem Sinne erklären lässt.[25]

Damit wird die Verwandlung der Axolotl auch Teil eines Forschungsprogramms, an dem Weismann bereits seit Mitte der 1860er Jahre arbeitet. Hier experimentiert er mit verschiedenen Phänomenen, die ähnlich wie die Verwandlung als Beweise oder Mechanismen alternativer Evolutionstheorien angeführt werden. Sein Interesse gilt unter anderem dem Saisondimorphismus bei Schmetterlingen und der Frage, wie sich dessen Entstehung evolutionär erklären lässt. Als »Saisondimorphismus« wird das Phänomen bezeichnet, dass die zu verschiedenen Jahreszeiten geborenen Nachkommen bestimmter Schmetterlingsarten Unterschiede in der Flügelzeichnung, der Größe und der Färbung zeigen. Im Jahr 1866 beginnt Weismann mit Experimenten u.a. am Landkärtchen *(Araschnia levana)*. Diese Schmetterlingsart zeigt zwei, selten drei saisonale Varianten, die so unterschiedlich in Größe und Flügelzeichnung sind, dass sie bis in die 1830er Jahre als unterschiedliche Arten, *Vanessa levana* und *Vanessa prorsa*, klassifiziert werden. Als man erkennt, dass es sich um eine Art handelt, wird die Winterform, also die Variante, die im Frühling aus den überwinternden Puppen schlüpft, als *Vanessa levana* (Synonym zum heutigen gültigen Namen *Araschina levana*) bezeichnet und die Sommerform, die im Sommer aus von der Winterform gelegten Eiern schlüpft, als *Vanessa levana prorsa*. Selten kommt noch eine dritte intermediäre Form vor, *Vanessa levana porima*. Selbst 1875 muss Weismann in seiner Publikation noch deutlich darauf hinweisen, dass es sich tatsächlich um Varianten der gleichen Art handelt und er dies im Rahmen seiner Experimente nochmals überprüft hat. Da der Saisondimorphismus in den gleichen Zusammenhängen wie der Generationswechsel diskutiert wird, also als Prozess zwischen Fortpflanzung, Entwicklung

25 Vgl. Weismann 1876, S. 229.

und Evolution, will Weismann dessen genaue Funktionsweise sowie die Rolle der Umwelt experimentell aufklären.[26]

Die experimentelle Untersuchung der Verwandlung des Axolotls und deren Ursachen schließt daran an. Denn auch bei der Verwandlung geht es für Weismann um ein Phänomen zwischen Fortpflanzung, Entwicklung und Evolution, bei dem der Einfluss der Umwelt nicht klar ist. Der Ansatz, mit dem er die Verwandlung untersuchen will, orientiert sich an Dumérils Experimenten. Die Tiere sollen »halb auf dem Wasser halb auf dem Land« gehalten werden, um ihnen »den Gebrauch ihrer Kiemen [zu] erschwere[n]«. Weismann will die Tiere Verhältnissen aussetzen, an die sie nicht mehr völlig angepasst sind und die eher der umgewandelten Form entgegenkommen.[27]

Allerdings stellt sich die Durchführung des Experiments komplizierter dar als angenommen. Die fünf Tiere, die er 1872 von Kölliker erhält, pflanzen sich erst ein Jahr später fort und die meisten der Jungtiere, mit denen Weismann arbeiten will, sterben, bevor sie das von Duméril angegebene Alter, in dem die Verwandlung meistens stattfindet, erreicht haben. Die wenigen verbleibenden Tiere unterzieht er zwar seinem Experiment. Allerdings überleben sie die Prozedur nur bis ins Frühjahr des nächsten Jahres, ohne sich umzuwandeln. Weismann hat, wie er annimmt, den Tieren aufgrund von Reisen und anderen Projekten »zu wenig Pflege und Aufmerksamkeit zu Theil werden lassen.« Wie er nachträglich feststellen muss, sind das jedoch genau die entscheidenden Voraussetzungen für eine erfolgreiche Durchführung der Versuche.[28]

Um diese Pflege und Aufmerksamkeit und damit das Gelingen des Experiments beim nächsten Versuch sicherzustellen, zieht Weismann die Freiburger Naturkundlerin und Aquarien- und Terrarienliebhaberin Marie von Chauvin hinzu. Wie ihr Mentor, der Münchner Zoologe Carl Theodor von Siebold (1804-1885), im selben Jahr schreibt, hat sie sich mit vergleichbaren Versuchen und der Haltung verschiedenster Tiere bereits einen Namen gemacht hat (vgl. Kapitel 4). Sie soll, zwei Jahre nachdem Weismann die fünf Tiere von Kölliker erhalten hat,

26 Zu Weismanns Forschung zum Saisondimorphismus der Schmetterlinge vgl. Weismann 1875a. Für den deutlichen Hinweis auf die Verwandtschaftsverhältnisse der sehr unterschiedlich aussehenden Formen vgl. Weismann 1875a, S. 2. Für eine ausführliche Diskussion der Schmetterlingsexperimente im Kontext von Weismanns experimentellem Forschungsprogramm zur Evolution vgl. Reiß 2014b.

27 Weismann 1876, S. 230.

28 Weismann 1876, S. 230.

erneut versuchen, die Axolotl experimentell umzuwandeln. Da kein Tier aus dem ersten Laich von 1873 überlebt hat, arbeitet sie mit fünf Larven aus dem neuen Laich, die acht Tage vorher geschlüpft sind.[29]

Marie von Chauvin wird am 21. Dezember 1848 in Berlin geboren (vgl. Abb. 10). Nach der Pensionierung ihres Vaters, des preußischen Generalmajors Franz von Chauvin, zieht die Familie 1872 nach Freiburg i.Br., wo sie ihr gesamtes weiteres Leben verbringt. Sie stirbt am 21. Juli 1921 in Littenweiler bei Freiburg. Chauvin beschäftigt sich bereits in jungen Jahren mit Naturkunde und Tierzucht. Da sie als Frau zu dieser Zeit noch keinen Zugang zu Universitäten hat, eignet sie sich unter der Anleitung der Zoologen Carl Eduard Gerstäcker (1828-1895) und Carl Theodor von Siebold (1804-1885) im Privatstudium die entsprechenden zoologischen Fachkenntnisse und wissenschaftlichen Arbeitsmethoden an, um eigene Forschungen betreiben zu können. Während sich ihr Kontakt zu Gerstäcker vor allem auf ihre Berliner Zeit konzentriert, steht sie mit Siebold bis zu dessen Tod im Jahr 1885 in enger Verbindung.[30]

Chauvins zoologisches Interesse gilt anfänglich den Köcherfliegen (*Trichoptera*) und hier besonders der Familie der *Phryganeidae*. Sie fängt die im Wasser lebenden Larven und bringt sie zur Metamorphose. Auf diese Weise gelingt es ihr, »eine große Anzahl von bis dahin nicht bekannten (oder wenigstens nicht für Deutschland nachgewiesenen) Arten«[31] zu identifizieren, sowie eine umfangreiche Sammlung anzulegen. Parallel dazu untersucht sie, wie die Larven dieser Köcherfliegenfamilie ihren Köcher bauen. Von 1871 bis 1877 ist sie Mitglied im Berliner Entomologischen Verein. Zudem tauscht sie sich mit internationalen Fachkollegen, wie Robert McLachlan, Schatzmeister der *Entomological Society of London*, aus, dem sie auch Exemplare der Trichopterenart *Anomalopteryx chauviniana* schickt. Obwohl ihre Arbeiten auf diesem Gebiet allgemein anerkannt sind, kommt es nie zu einer Publikation.[32]

29 Vgl. Siebold 1876, S. 537.

30 Zu Chauvins Biografie sind bisher nur wenige Informationen vorhanden, vgl. Zacharias 1887; Williams 1978, S. 19; Hoppe 1987, S. 57; Nyhart 1995, S. 313. In der vierten Auflage von Meyers Konversationslexikon, herausgegeben von 1885 bis 1892, ist ihr im Ergänzungsband ein eigener Eintrag gewidmet, vgl. Anonymous 1885-1892. Für eine ausführlichere Fassung vgl. Reiß 2014a, S. 279-282.

31 Zacharias 1887.

32 Vgl. McLachlan 1876. Wie das Artepitheton *chauviniana* andeutet, könnte der Erstbeschreiber der Art, der Berliner Entomologe Paul Stein (1852-1921), die Art nach ihr benannt haben. Das gleiche könnte für die Trichopterenart *Anomalopterygella chauviniana* gelten.

Abb. 10: Marie von Chauvins Experimente an Axolotln und anderen Amphibien sind bis ins frühe 20. Jahrhundert hinein wichtige Vorbilder für experimentelle Forschung in den Lebenswissenschaften. Danach gerät sie in Vergessenheit. Es ist nur eine einzige Abbildung von Marie von Chauvin bekannt. Sie stammt aus einem Bericht über sie, den der Gewässerforscher Otto Zacharias in einer Publikumszeitschrift veröffentlicht (1887).

Das Ende ihrer Mitgliedschaft im *Berliner Entomologischen Verein* erfolgt einige Jahre nach dem Umzug nach Freiburg und fällt mit dem Beginn ihrer Publikationen zur Fortpflanzung und Entwicklung der Amphibien zusammen. Im Jahr 1874 beginnt sie ihre Arbeit zur Metamorphose des Axolotls, anfangs noch in Zusammenarbeit mit August Weismann, und verfolgt sie bis in die frühen 1880er Jahre weiter. Gleichzeitig führt sie experimentelle Studien zur Entwicklung des Alpensalamanders und zur Fortpflanzung des Grottenolms durch. Siebold verweist auf ihre große Erfahrung in Züchtung von Haustieren, Amphibien und Insekten und hebt ihre Fähigkeiten Tiere aller Art zu halten, zur Entwicklung zu bringen und zu züchten hervor.[33]

Nach ihrer letzten Publikation zu den Amphibien 1885 beschäftigt sie sich mit der Zucht verschiedener Vogelarten. Als um 1900 der Freiburger Anatom Franz Keibel (1861-1929) mit seinen Schülern die Embryologie der Vögel untersucht, stellt Chauvin ihnen umfangreiches Untersuchungsmaterial aus ihrer Zucht zur Verfügung. Für seine Normentafel zur Entwicklungsgeschichte des Huhnes *(Gallus domesticus)* erhält er Bruthennen und Eier des Zwerghuhns von ihr. Und auch Keibels Schüler Karl Abraham und Wilhelm Hildebrandt arbeiten für ihre Untersuchungen zur Vogelembryologie mit Eiern

33 Vgl. Siebold 1876, S. 537.

verschiedener Vogelarten (Wellensittich, Zwergohrente) aus ihrer Zucht.[34]

Nachdem Chauvin sich bereits einen Namen mit der Zucht von Insekten, Amphibien und Vögeln gemacht hat, tritt sie ab den 1910er Jahren als Kakteen- und Sukkulentenzüchterin in Erscheinung. Sie beschäftigt sich insbesondere mit der Zucht von Arten aus der Familie der Mittagsblumengewächse (damals: *Mesembryanthemaceae*, heute: *Aizoaceae*), deren bekannteste Vertreter die sogenannten lebenden Steine aus der Gattung *Lithops* sind, und legt eine 5000 Exemplare umfassende Sammlung von seltenen Kakteen und Sukkulenten an. Sie korrespondiert mit dem Hamburger Prähistoriker und Botaniker Gustav Schwantes (1881-1960), einem Spezialisten auf dem Gebiet der *Mesembryanthemaceae*, und tauscht mit ihm nicht nur Erfahrungen über die Zucht, sondern auch lebende Pflanzen aus. Wie aus den Briefen hervorgeht, ist sie Teil eines größeren, europaweiten Korrespondenz- und Tauschnetzwerks um diese Pflanzenfamilie. In der Erstbeschreibung einer neuen Art bedankt sich Schwantes bei Chauvin, die ihm Exemplare dieser Pflanze hat zukommen lassen, und benennt die Art »als kleines Dankeszeichen für jahrelange eifrige Unterstützung meiner Arbeit« nach ihr *Mesembryanthemum chauviniae*. Weiterhin bezeichnet er sie als »in Forscher- und Liebhaberkreisen durch ihre Beobachtungen und Kulturen von Tieren und Pflanzen wohlbekannte und hochgeschätzte Besitzerin einer der ausgezeichnetsten Privatsammlung sukkulenter Gewächse«.[35]

Als Chauvin am 21. Juli 1921 in Littenweiler bei Freiburg stirbt, ist der Axolotl bereits ein vielseitig und intensiv genutztes Labortier in den experimentellen Lebenswissenschaften. Ihre eigenen Experimente aus den 1870er und 1880er Jahren, die im Laufe dieses Kapitels noch ausführlich zur Sprache kommen, bilden dabei einen zentralen Referenzpunkt, besonders wenn es um die Metamorphose und die Neotenie der Tiere geht. Aber auch über diese speziellen Fragestellungen hinaus wird auf ihren experimentellen Ansatz und ihre Vorgehens-

34 Vgl. Keibel 1914, S. 74. 1273; Keibel/Abraham 1900, S. 4; Abraham 1901, S. 592; Hildebrandt 1903, S. 114. Zur Geschichte von Keibels Normaltafeln vgl. Hopwood 2007.

35 Schwantes 1920, S. 77-78. Der Austausch zwischen Chauvin und Schwantes ist auch dokumentiert in Briefen von Marie von Chauvin an Gustav Schwantes, Schleswig-Holsteinische Landesbibliothek in Kiel, Nachlass Schwantes, cb 47.56:(1916-17) und (1918-20). Chauvins Kakteen- und Sukkulentensammlung wird immer wieder in Spezialistenkreisen erwähnt, vgl. Schick 1914; Schick 1917; Richter 1921.

weise verwiesen. Ihre Anwendung der Praktiken und des Wissens aus der Aquarienkunde auf das Problem der Umwandlung des Axolotls und der Ausweitung der Experimentalreihe auf Fragestellungen zur Fortpflanzung und Entwicklung der Amphibien zeigen die Bedeutung der praktischen Naturkunde für die zoologische Forschung und die Entwicklung experimenteller Ansätze in diesem Bereich. Dabei wird in ihrer Arbeit mit Insekten, Amphibien, Vögeln und sukkulenten Pflanzen der größere Kontext der Haltung von Tieren und Pflanzen in der praktischen Naturkunde und der Liebhaberei deutlich. Gleichzeitig zeigt Chauvins Geschichte auch den Umstand, dass die Arbeit in der praktischen Naturkunde und der Liebhaberei oft auf den fehlenden Zugang zu wissenschaftlichen Institutionen zurückgeht.

Am 12. Juni 1874 beginnt Chauvin mit ihren Experimenten an den Axolotln, die sie wohl nicht in Weismanns Institut, sondern bei sich zuhause durchführt. Sie orientiert sich ebenfalls an Dumérils Versuchen und will die Tiere langsam von der Kiemen- zur Lungenatmung bringen. Sie beginnt damit, sich mit dem Verhalten und den Bedürfnissen der fünf frisch geschlüpften Tiere vertraut zu machen und deren Entwicklung zu beobachten. Die Tiere werden in einem »Glasballon von etwa 30 Cent[imeter] Durchmesser gehalten, die Temperatur geregelt und als Nahrung zuerst Daphnien, später auch grössere Wasserthiere in reichlicher Menge dargeboten«. Ende November 1874 haben die Axolotl das von Duméril als optimal für die Versuche angegebene Alter von sechs Monaten erreicht und Chauvin beobachtet, dass das Tier, das sie mit »I« bezeichnet, oft die Wasseroberfläche aufsucht. Diesen Axolotl bringt sie nun in ein großes Aquarium. Damit beginnt am 1. Dezember 1874 das eigentliche Experiment.[36]

36 Vgl. Weismann 1876, S. 231-233. Weismann gibt in den *Studien zur Descendenz-Theorie* Chauvins Versuchsprotokoll wörtlich wieder, vgl. Weismann 1876, S. 231-233. In der Fassung, die in der Zeitschrift für wissenschaftliche Zoologie erscheint, ist die Passage zusätzlich mit ihrem Namen unterschrieben, vgl. Weismann 1875b, S. 299-301. Ein Jahr später veröffentlicht sie einen eigenen Aufsatz über diesen und weitere Umwandlungsversuche, vgl. Chauvin 1876. Weismann beginnt zu dieser Zeit auch, die Fauna von Seen zu untersuchen, vgl. Weismann 1876-1879; Weismann 1877a. Das Material für diese Studie sammelt er vor allem während seiner vielen Kuraufenthalte in dieser Zeit, die er wegen seiner Augenkrankheit unternimmt und die einer der Gründe für die längeren Phasen der Abwesenheit in Freiburg waren, vgl. Löther 1990, S. 49-50. In den Aquarien seines Instituts ist daher eine ganze Reihe von Wassertieren vorhanden, die auf der einen Seite im Rahmen eigener Projekte untersucht und auf der anderen Seite für die Fütterung anderer Untersuchungsobjekte wie dem Axolotl verwendet werden.

Bereits bei diesen vorbereitenden Schritten wird deutlich, dass es hier um mehr geht, als um die von Weismann deutlich weiblich konnotierten Tugenden der Aufmerksamkeit und Pflege. Vielmehr macht sich Chauvin umfassend mit ihren Versuchsobjekten vertraut, um die Reaktion der Tiere auf ihr experimentelles Vorgehen sehr genau zu registrieren und darauf zu reagieren. Das Versuchsaquarium, in das sie das Tier bringt, folgt dem Aufbau von Dumérils erstem Experiment in der *collection*. Es ist so mit Sand befüllt, dass der Axolotl an einer Stelle vollständig untertauchen und an einer anderen Stelle das Wasser vollständig verlassen kann. In allen anderen Bereichen dieser künstlichen Uferlandschaft kommt das Tier immer gleichzeitig mit Wasser und Luft in Berührung. Der Bereich außerhalb des Wassers ist mit feuchtem Moos ausgelegt und damit den Lebensbedingungen der einheimischen Salamander nachempfunden. Wie bei Duméril besteht das Experiment am Anfang darin, die Tiere Bedingungen auszusetzen, »die sie vom Athmen unter dem Wasser zu dem Athmen über dem Wasser nöthigen«.[37]

Axolotl I zeigt unmittelbar nach der Überführung in das Versuchsaquarium Zeichen der Umwandlung und sucht aktiv die seichteren Stellen im Aquarium auf. An diesem Punkt beginnt Chauvin damit, Dumérils und Weismanns Vorgehen zu modifizieren. Diese hatten den Tieren den Übergang zwischen Wasser und Land nur angeboten, ohne weiter in den Aufbau einzugreifen. Chauvin senkt dagegen schrittweise den Wasserspiegel, um die Notwendigkeit der Luftatmung weiter zu verstärken. Daraufhin beginnen sich die Kiemen von Axolotl I zurückzubilden und am 4. Dezember 1874 verlässt das Tier das Wasser und versteckt sich im feuchten Moos. Das Verlassen des Wassers wird von den anatomischen Veränderungen begleitet, die bereits von Duméril beschrieben wurden. Die Kiemen und der Flossensaum an Rücken und Schwanz verschwinden fast vollständig und der vorher breite Schwanz nimmt »eine runde dem Schwanze des Landsalamanders ähnliche Gestalt an«. Die Phase vor der eigentlichen Umwandlung ist durch die Rückbildung der Kiemen und die immer längere Verweildauer an der Luft gekennzeichnet. Die Umwandlung selbst vollzieht sich innerhalb von vier Tagen.[38]

Die Tiere II, III und IV verhalten sich ganz ähnlich, wobei III und IV bis Mitte Januar und damit einen Monat länger brauchen, bis die

37 Vgl. Weismann 1876, S. 231-233. In der feministischen Wissenschaftsgeschichte wurde versucht, dieses Argument als »Gefühl für den Organismus« ins Positive zu drehen, vgl. Keller 1983.

38 Vgl. Weismann 1876, S. 232.

Verwandlung bei ihnen einsetzt. Chauvin hebt hervor, dass bei den Tieren I bis IV zwar die Zeit vom Umsetzen in das Versuchsaquarium bis zum Beginn der Umwandlung unterschiedlich ist, dass die Umwandlung selbst jedoch genau gleich verläuft. Einzig bei Tier V verläuft der Versuch nicht so reibungslos und wird damit zum eigentlichen Experiment. Chauvin beobachtet bereits zu Beginn ihres Experiments, dass dieser Axolotl im Vergleich zu den anderen weniger kräftig ist und auch ein langsameres Wachstum zeigt. Daher ist sie nicht überrascht, dass bei diesem Tier nicht nur der ganze Vorlauf der Umwandlung, sondern auch die Umwandlung selbst statt vier ganze 14 Tage dauert. Während für die erfolgreiche Verwandlung der ersten vier Tiere nur der Wasserspiegel im künstlichen Naturraum sukzessive gesenkt werden musste, erfordert die Umwandlung von Axolotl V größere Eingriffe. Chauvin setzt das Tier regelmäßig der Luft aus, nimmt es also aus dem Wasser, und beobachtet seine Reaktion. Sobald diese zu negativ ausfällt – das Tier zeigt eine leichte Aufhellung der Hautfarbe und »einen eigenthümlichen Geruch, ähnlich dem, den Salamander verbreiten, wenn sie geängstigt oder gefährdet werden« –, bringt sie es zur Erholung wieder ins tiefe Wasser. Nach vielfacher Wiederholung dieser Prozedur setzt auch bei diesem Axolotl die Verwandlung ein.[39]

Besonders diese anfängliche Widerständigkeit von V bestätigt für Chauvin, dass die Umwandlung tatsächlich experimentell hervorgerufen wurde. Axolotl I hätte sich in ihren Augen durch seine »entschiedene Hinwendung zur Metamorphose, eine Vorliebe für Lungenathmung« von selbst, also auch ohne experimentellen Eingriff, verwandelt. Dieser Fall stellt also das Äquivalent zu den ersten Verwandlungen in Paris dar, die ebenfalls ohne experimentelle Manipulation stattfanden. Bei den Tieren II, III und IV ist die Situation unentschieden. Sie haben zwar im Gegensatz zu Tier I keine Initiative zum Landgang gezeigt, sich allerdings unter den Bedingungen des Versuchsaquariums relativ schnell umgewandelt. Dagegen lässt die Verwandlung von Axolotl V den Schluss zu, dass hier tatsächlich Chauvins Eingreifen ursächlich war. Das Tier hätte sich andernfalls wohl nicht umgewandelt oder wäre bei einer zu starken experimentellen Manipulation gestorben. Erst ihr situatives Vorgehen, dass die Reaktion des Tiers auf die Behandlung berücksichtigte, hat auch bei diesem Tier zum Erfolg geführt. Damit ist neben der Auswahl gesunder Tiere und ihrer entsprechenden Haltung genau die Vertrautheit mit dem Versuchsobjekt notwendig, die sich Chauvin durch die eingehende Beschäftigung mit den Tieren erworben

39 Vgl. Weismann 1876, S. 233.

hat. Daneben spricht auch eine Art Gegenkontrolle für die experimentelle Herbeiführung der Verwandlung. Parallel zu Chauvin zieht auch Joseph Gehrig, unter Weismann Diener und Konservator des Zoologischen Museums der Freiburger Universität, eine große Zahl an Larven aus dem gleichen Laich auf. Von diesen überleben nur sechs Tiere den Winter, und diese zeigen keinerlei Anzeichen der Verwandlung.[40]

Die Zusammenarbeit zwischen Chauvin und Weismann endet offensichtlich an dieser Stelle. Später erwähnt Weismann sie nur noch einmal kurz in einem Brief, den er 1892 an seinen Schwiegersohn, den englischen Zoologen William Newton Parker (1861-1924), schreibt, und weist auf ihre weiteren Amphibienexperimente hin. Das genaue Verhältnis der beiden auf wissenschaftlicher und persönlicher Ebene bleibt im Dunkeln. Es ist weder klar, wie Chauvin dazu kommt, das Axolotlexperiment durchzuführen, noch über ihre genaue Stellung in seinem Institut. Weismann stellt die Zusammenarbeit als eine Art Auftragsarbeit dar, die er aufgrund ihrer Erfahrung, aber auch aus eigenem Zeitmangel an Chauvin delegiert. Chauvin dagegen schreibt in ihrer eignen Publikation, dass Weismann ihr die Tiere für das erste Experiment »freundlichst« abtritt, als sie selbst sich zur Untersuchung der rätselhaften Verwandlung der Axolotl in Paris entschließt. Hier geht die Initiative also von ihr aus und Weismann nutzt anschließend nur ihre Ergebnisse für seine evolutionstheoretischen Überlegungen. Bei Weismann ist Chauvin die geschickte Experimentatorin, die er zwar ausführlich lobt, der er jedoch keinerlei Autorität über die reine Versuchsdurchführung hinaus zubilligt. Chauvin wiederum erwähnt Weismann in ihren Arbeiten praktisch nicht und wenn, dann nur um auf ihre Versuchsbeschreibung in seinem Aufsatz hinzuweisen.[41]

Chauvin gelingt es, die Verwandlung experimentell herbeizuführen. Weismann dagegen scheitert nicht zuletzt daran, dass sein Tagesablauf, seine Terminplanung und seine Aufmerksamkeit einem Zeitregime folgen, das nicht mit dieser Art Experiment und dem hochgradig individuellen Eingehen auf die Reaktion der Tiere zusammenpasst. Entscheidend sind also Chauvins Arbeitsweise und ihre praktischen Fähigkeiten, die stärker in der Liebhaberei und der praktischen Naturkunde verwurzelt sind als in der zeitgenössischen wissenschaftlichen Zoologie. Sie nutzt den künstlichen Naturraum des Versuchsaquariums

40 Vgl. Weismann 1876, S. 233-234. Gehrig scheint die Tiere nicht im Sinne einer Gegenprobe gezüchtet zu haben. Der Zusammenhang wird offensichtlich erst nachträglich hergestellt.

41 Vgl. Chauvin 1876, S. 522-523. Zur Erwähnung Chauvins in Weismanns Brief an Parker vgl. Churchill/Risler 1999, S. 172.

nicht nur dazu, die Tiere einfach darin zu halten und der nachgebildeten Uferlandschaft auszusetzen, wie es Duméril und Weismann vor ihr versucht haben. Sie macht sich umfassend mit ihren Versuchsobjekten vertraut und kann so das Aquarium, die Haltung der Tiere und den Verlauf des Experiments situativ an das Verhalten der Tiere anpassen. Zusammen mit ihrer bereits vor den Axolotlversuchen erworbenen Erfahrung im Umgang mit Amphibien kann sie das gewünschte Resultat erreichen. Wie wichtig dieses praktische Wissen für den Umgang mit lebenden Tieren ist, zeigt auch der Vergleich mit der Axolotlzucht des Konservators Gehrig. Die hohe Sterblichkeit weist Gehrig als Übergangsfigur aus. Seine Erfahrung konzentriert sich noch stark auf den Umgang mit präpariertem Material aus dem Museum. Der Übergang zu der neuen Arbeitspraxis unter Weismann führt zu einer ganzen Reihe von Konflikten (vgl. Kapitel 5).

Weismann schließt sich Chauvins Interpretation an, dass es sich zumindest bei Axolotl V um eine experimentelle Verwandlung handelt. Um diesen Zusammenhang noch deutlich herauszuarbeiten, plant er ursprünglich, Chauvin den Versuch vor der Veröffentlichung nochmal mit einer größeren Zahl von Tieren wiederholen zu lassen. Allerdings liefern seine Tiere 1875 wieder keinen Laich. So entschließt er sich dazu, seine Interpretation der Verwandlung auf der Basis der bisherigen Ergebnisse zu veröffentlichen. Für ihn ist die Verwandlung erstaunlich. Denn die Axolotl sind »ganz andre Thiere geworden«. Das Ausmaß ihrer Veränderung wird ihm erst in dem Moment völlig klar, als er die Tiere und ihre Umwandlung mit eigenen Augen sieht. Er kennt zwar die ausführliche anatomische Beschreibung Dumérils, »allein das Zusammenlesen vieler Detailangaben gibt noch kein lebendiges Bild«. Der Anblick der lebenden Tiere und ihrer Veränderungen macht für Weismann nachdrücklich deutlich, dass sich die Umwandlung nicht nur bei den Organen vollzieht, die, wie die Kiemen und Lungen, direkt mit den entsprechenden Umweltbedingungen in Verbindung stehen. Und auch durch korrelative Veränderungen kann die Umwandlung für ihn nicht hinreichend erklärt werden. Die Verwandlung verändert die gesamte anatomische Struktur der Tiere grundlegend und zwar in einer Weise, die Axolotl und Amblystoma für ihn nicht einmal mehr zur gleichen Familie gehörig erscheinen lassen. Er ordnet sie zwei verschiedenen Unterordnungen zu, den Axolotl zu den *Ichthyodea* und den Amblystoma zu den *Salamandrida*.[42]

42 Vgl. Weismann 1876, S. 240-243. Weismann folgt hier der zeitgenössisch aktuellsten Systematik nach Strauch, der die *Urodela* als Ordnung aus der

Weismann diskutiert, ausgehend von den Versuchsergebnissen und unter Hinzuziehung »aller schon bekannten Daten«,[43] das Für und Wider verschiedener Interpretationen der Verwandlung. Er kritisiert zuerst, dass die meisten Zoologen, soweit sie nicht wie Duméril »in den Cuvier'schen Anschauungen von der Unveränderlichkeit der Species befangen sind«,[44] davon ausgehen, dass es sich bei der Umwandlung um eine Höherentwicklung handelt. Dabei kommt die »phyletische Lebenskraft«,[45] die Kölliker und andere Anhänger der Theorie der heterogenen Zeugung annehmen, für ihn als Erklärung nicht infrage. Für ihn als Verfechter des Gradualismus und der natürlichen Selektion ist diese Theorie, die eine sprunghafte Entwicklung mit teleologischem Charakter annimmt, nicht haltbar. Zudem sieht er sich durch Chauvins erfolgreiches Experiment darin bestätigt, dass die Umwandlung durch äußere Einflüsse ausgelöst werden kann.[46]

Um Chauvins Versuchsergebnisse mit dem Gradualismus und der Selektion als maßgeblichen Merkmalen der Evolution nach Darwin zusammenzubringen, greift Weismann auf eine Erklärung zurück, die er bereits für seine gradualistisch-selektionistische Interpretation des Saisondimorphismus der Schmetterlinge entwickelt hat. Auch hier stand eine Interpretation als teleologische Höherentwicklung im Raum. Bei der Umwandlung des Axolotl muss es sich, genau wie beim Saisondimorphismus der Schmetterlinge, um einen Rückschlag handeln, der nur durch die Chronologie der Ereignisse den Eindruck einer Progression erweckt. Es ist also nicht so, dass sich der Axolotl unter bestimmten Umständen spontan in eine höhere Form, den Amblystoma, entwickelt. Vielmehr stellt der Amblystoma für Weismann die ursprüngliche Form dar, die durch bestimmte Umweltbedingungen in der Axolotlform verbleibt, die Amblystomaform als Potenzial aber immer in sich trägt. Der Axolotl hat also wie alle Amphibien bereits

Klasse der *Amphibia* auffasst und in zwei Hauptgruppen einteilt, die *Ichthyodea* (Kiemenlurche) und die *Salamandrida* (Molche), vgl. Strauch 1870, S. 13-14. Korrelative Veränderungen bezeichnen Veränderungen, die nicht die direkt mit dem spezifischen Umwelteinfluss in Verbindung stehenden Organe oder Körperteile betreffen (beim Axolotl wären das zum Beispiel die Kiemen), sondern die als funktionelle anatomische Konsequenz der direkten Veränderungen entstehen.

43 Weismann 1876, S. 235.

44 Weismann 1876, S. 239.

45 Weismann 1876, S. 244.

46 Für eine ausführliche Diskussion des Axolotlfalls bei Weismann im weiteren Kontext der damaligen Diskussion um Darwins Theorie vgl. Hoquet 2009, S. 383-388.

vor langer Zeit aufgrund der natürlichen Selektion ein Adultstadium entwickelt, das an Land lebt und durch eine Metamorphose aus der im Wasser lebenden Larvenform entsteht. Erst als im Laufe der Zeit die Lebensbedingungen an Land ungünstig wurden, »ist er wieder in die alte oder doch eine ihr nahestehende Form zurückgefallen«.[47]

Als Argumente für seine Rückschlagstheorie führt Weismann neben den anatomischen Daten die Sterilität der Amblystomen an. Bei Duméril haben sich bis 1870, also bis zu dessen Tod, von seinen vielen tausend Axolotln 30 in Amblystomen verwandelt. Von diesen Tieren zeigte keines Anzeichen von Geschlechtsreife. Zwar vermeldet Émile Blanchard (1819-1900), ebenfalls Professor am Museum und ein Kandidat für die Nachfolge Dumérils, dass die Amblystomen im *Muséum d'Histoire naturelle* ungefähr zur gleichen Zeit Eier gelegt haben, also doch geschlechtsreif wurden. Allerdings bleibt Weismann diesem Bericht gegenüber skeptisch, da er ungenau ist und keine weiteren Angaben darüber enthält, ob die abgelegten Eier befruchtet wurden und sich entwickeln. Er vermutet vielmehr, dass es Blanchard nicht zuletzt darum geht, dass »der unbequeme Fall vom Axolotl [...] glücklich aus der Welt geschafft« wird.[48]

Weismann sieht die Amblystomen daher noch als steril an, was einen Widerspruch zur Interpretation der Umwandlung als »phyletische Fortentwicklung« darstellt, auf den er bereits in seiner Kontroverse mit Wagner hingewiesen hat. Denn wenn sich die neue Entwicklungsstufe, also der Amblystoma, nicht fortpflanzen kann, würde sich keine neue Art etablieren und von Höherentwicklung könnte man bei einer Form, der eine der zentralsten Lebensfunktionen fehlt, auch nicht sprechen. Weismann kann mit seiner Rückschlagstheorie die Sterilität zwar auch nicht erklären, »aber sie steht doch wenigstens nicht geradezu in Widerspruch zu ihr«.[49]

Neben den Ergebnissen von Chauvins Experiment im künstlichen Naturraum des Aquariums versucht er seine Interpretation mit dem Verweis auf die speziellen Bedingungen im natürlichen Lebensraum des Axolotls in Mexiko zu untermauern. Hier kann er jedoch nur Vermutungen anstellen, da es bis dahin keine Beobachtungen der Lebensumstände der Axolotl und der Amblystomen unter spezifischer Berücksichtigung der Frage nach den Ursachen der Verwandlung gibt.

47 Vgl. Weismann 1876, S. 245-248. Zu Weismanns Arbeit mit den Schmetterlingen und seine Herausarbeitung der Rückschlagstheorie vgl. Reiß 2014b.
48 Weismann 1876, S. 252-253. Zu Blanchards Bericht vgl. Blanchard 1876.
49 Weismann 1876, S. 253-254.

Bis zu diesem Zeitpunkt verfügt er nur über kursorische und in anderen Zusammenhängen gesammelte Beschreibungen, die erst nachträglich, wie im Falle Saussures, auf den Axolotl und seine Verwandlung bezogen werden.[50]

Weismann vermutet, dass, ähnlich wie bei den Schmetterlingen, derjenige äußere Einfluss den Rückschlag verursacht haben muss, der vorher für die evolutive Entstehung der Amblystomaform verantwortlich war. Wie nicht zuletzt durch Chauvins Experimente deutlich wurde, handelt es sich bei diesem äußeren Einfluss um die Notwendigkeit der Luftatmung. Der Rückschlag in die Axolotlform muss daher dadurch ausgelöst worden sein, dass die Tiere aufgrund irgendwelcher Umweltveränderungen nicht mehr an Land gehen konnten. In diesem Punkt stützt er sich auf Saussures Kommentar im Zusammenhang mit Köllikers Vorstellung des Axolotls vor der *Schweizerischen Naturforschenden Gesellschaft* 1868. Dieser berichtet über die geringe Wassertiefe des Sees von Mexiko und den breiten, sumpfigen Übergangsbereich zwischen See und trockenem Land. Weiterhin erfährt Weismann von seinem Freund Alexander von Frantzius (1821-1877), einem deutschen Arzt und Forschungsreisenden, dass der See von Mexiko schwach salzig ist. Aus diesen und weiteren Detailinformationen, die er aus verschiedenen Quellen zusammenträgt, versucht er ein konkretes Bild der Lebensverhältnisse im See von Mexiko zu rekonstruieren, anhand dessen er den Rückschlag erklären kann. Er stellt allerdings auch klar, dass er »nicht im Stande [ist] aus der Ferne mit Bestimmtheit die Ursachen ausfindig zu machen«, und seine Ausführungen damit zum großen Teil spekulativ bleiben. Trotz dieser ungeklärten Zusammenhänge positioniert Weismann seine Rückschlagstheorie der Verwandlung der Axolotl als einzig möglich Erklärung. Denn sie erklärt diese eben ganz im Sinne Darwins nicht als »das auf einen Schlag entstandene Werk einer Zauberkraft [...], sondern [als] das Endresultat einer langen Reihe von natürlichen, wenn auch im Einzelnen kleinen und unscheinbaren Ursachen«.[51]

Mit der in seinen Augen erfolgreichen Erklärung der Verwandlung ist das Axolotlthema für Weismann abgeschlossen. Zu diesem Zeitpunkt sind nur noch zwei der umgewandelten Tiere am Leben, ein Männchen und ein Weibchen, die sich allerdings noch nicht fortgepflanzt haben. Im Gegensatz zu seinen Schmetterlingsversuchen, die er noch bis in die 1890er Jahre fortsetzt und darüber publiziert, hat sein Interesse an der

50 Vgl. Weismann 1876, S. 258.
51 Vgl. Weismann 1876, S. 262 und 264.

Verwandlung des Axolotls also nur kurz Bestand. Es scheint ihm hier zu genügen, die Erklärungsversuche von Kölliker und Wagner widerlegt, ihnen damit den Beweis für ihre jeweilige Theorie genommen und die Verwandlung selbst im Sinne der Darwinschen Evolution erklärt zu haben. Wie in Würzburg entwickelt sich der Axolotl in Freiburg aber zu einer Ressource für andere Forschungen (vgl. Kapitel 6).[52]

Weismann will mit seiner Verbindung von Chauvins experimentellen Ergebnissen und seiner theoretischen Erklärung eine Fragestellung angehen, die ihren Ursprung in seinem eigenen Nachdenken über die Evolutionstheorie und besonders in den von ihm geführten Kontroversen hat. Chauvin gelingt es, die Entstehung der kontrovers interpretierten Phänomene in ihrem zeitlichen Verlauf zu ordnen und Kausalitäten aufzuzeigen. Diese Erkenntnisse bilden die Grundlage für Weismanns evolutionstheoretische Überlegungen, ohne dass sich jedoch eine starke und produktive Wechselwirkung zwischen Experiment und Theorie entfaltet. Chauvin vertritt, wie sich in ihren eignen Arbeiten zeigt, zwar ihre eigene Interpretation des Experiments im Sinne der Theorie der heterogenen Zeugung. Allerdings verschiebt sich ihr Interesse schnell noch weiter in Richtung Experiment. Die Versuche mit den Axolotln werden hier Teil einer ganzen Experimentalreihe, die sie im Laufe der 1870er und 1880er Jahre zur Entwicklung bei den Amphibien durchführt.

Ähnlich wie zehn Jahre zuvor Auguste Dumérils Berichte zur Fortpflanzung und zur Verwandlung der Axolotl in Paris werden auch die Freiburger Umwandlungsexperimente breit rezipiert. Es erscheinen verschiedene Berichte, die Chauvins Experimente und Weismanns Interpretation zusammenfassen und diskutieren. Obwohl diese sich vor allem auf die beiden Publikationen von Weismann beziehen, steht die erfolgreiche experimentelle Durchführung durch Chauvin genauso im Zentrum des Interesses wie seine theoretische Erklärung der Umwandlung. Die Rezeption der Arbeit Weismanns und Chauvins illustriert das anhaltende Interesse an den Axolotln und zeigt die unterschiedlichen Kontexte, in denen es zirkuliert. Gleichzeitig wird deutlich, wie besonders Chauvins Experimente aufgegriffen und weitergeführt werden.[53]

52 Danach berichtet Weismann nur noch 1878 kurz über das weitere Schicksal der Amblystomen, die Chauvin für ihn umgewandelt hat, vgl. Weismann/Wiedersheim 1878.

53 Vgl. etwa Noll 1876a; Török 1876; Vetter 1877; Mawer 1884; Hahn 1892. Ich bedanke mich bei Raf de Bont für den Hinweis auf den Text von Guillaume Hahn.

In der Liebhaberzeitschrift *Isis* erscheint 1877 ein Bericht über Weismanns Schmetterlingsversuche und Chauvins Axolotlexperimente als Anleitung, »wie der Natur durch den Versuch die Antwort auf eine an sie gestellte Frage abzuzwingen« sei. Denn obwohl, wie der Autor des Berichts hervorhebt, sich immer mehr Menschen mit der Beobachtung und Zucht lebender Tiere beschäftigen und damit auch »die Zahl der Einzelbeobachtungen, der Züchtungsversuche immer mehr« zunimmt, finden diese wenig Niederschlag in der akademischen Wissenschaft. An Weismanns und Chauvins Experimenten wird erklärt, wie eine entsprechende Fragestellung und ein dazu passendes Experiment entworfen werden können. Hier zeigt sich auch ein weiteres Mal das Selbstverständnis der Liebhaberei und der praktischen Naturkunde, die sich auf praktischer Ebene als Vorreiter verstehen.[54]

Im gleichen Jahr reklamiert der deutsch-russische Zoologe und Aquarien- und Terrarienliebhaber Jacques von Bedriaga, der bereits durch seine Beschreibung der Haltung des Makropoden in Erscheinung getreten war, die Priorität für die erste experimentelle Umwandlung eines Axolotls. Wie er in *Der Zoologische Garten* berichtet, sieht er im Jahr 1869, während seines ersten Studienjahrs in Moskau, beim Moskauer Professor für Histologie und Physiologie Aleksandr Ivanovic Babuchin (1827-1891) das erste Mal Axolotl und auch einen Amblystoma, die dieser selbst von Duméril erhalten hat. Babuchin überlässt ihm einige Tiere. Bedriaga beginnt bereits in Moskau mit dem Versuch, die Verwandlung experimentell herbeizuführen. Es dauert bis zum Herbst 1873, als er bereits in Jena ist, ehe die Verwandlung glückt. Da er »in der Metamorphose nicht Zufälliges und Erstaunliches fand, sondern vielmehr in der Umwandlung des Axolotl einen ganz natürlichen Vorgang sah«,[55] verzichtet er auf eine Publikation und berichtet nur Blanchard in Paris in einem Brief darüber. Erst das Interesse an Chauvins Experimenten und Weismanns Interpretation bringt ihn dazu, die Priorität für die experimentelle Umwandlung zu reklamieren.[56]

Der russische Zoologe Elias Metschnikoff (1845-1916) publiziert 1876 eine Beschreibung eigener Umwandlungsversuche mit dem

54 Vgl. Anonymous 1877a, S. 30.

55 Bedriaga 1877, S. 133.

56 Vgl. Bedriaga 1877; Bedriaga 1878. Bedriaga studiert bei Ernst Haeckel in Jena und promoviert 1875 über die Fortpflanzungsorgane der Amphibien. Er publiziert 1874 auch die erste deutschsprachige Beschreibung der Haltung und Zucht des Makropoden, vgl. Bedriaga 1874. Zur Biografie Bedriagas vgl. Böhme 1996; Bischoff/Böhme 2001.

Axolotl. Er führt die Experimente durch, da er Weismanns Rückschlagstheorie wenig überzeugend findet. Metschnikoff beschäftigt sich seit den 1860er Jahren mit Fragen der Embryologie und der Evolutionstheorie und arbeitet zusammen mit dem Zoologen Aleksandr Kowalewski (1840-1901) an einer evolutionären Embryologie. Die Axolotl für seine Experimente bekommt er wahrscheinlich von Kowalewski, der 1867 Tiere von Duméril aus Paris mitbringt (vgl. Kapitel 6). Aufgrund seiner Experimente kommt Metschnikoff zu dem Schluss, dass es sich bei der Umwandlung nicht, wie Weismann argumentiert, um einen Rückschlag in eine ursprünglichere Form aufgrund der veränderten Umweltbedingungen handelt. Vielmehr sieht er die Ursache für die unregelmäßige Umwandlung in der Entwicklung der Geschlechtsdrüsen des Axolotls begründet.[57]

Im Jahr 1877 erscheint eine englische Übersetzung von Weismanns Aufsatz im *Report of the Board of Regents of the Smithsonian Institution* und 1882 folgt die englische Übersetzung der *Studien zur Descendenz-Theorie*. Ebenfalls 1877 berichtet die *New York Times* ausführlich über Chauvins »bemerkenswerte Experimentalreihe«. Der Autor dieses Berichts hebt hervor, dass die Umwandlungsversuche deshalb so bedeutend sind, weil sie gezeigt haben, dass »veränderte Lebensbedingungen sogar in kurzer Zeit tatsächlich große Veränderungen in Lebewesen hervorrufen können« und stellt sie damit in einen lamarckistischen Kontext. Chauvins Experimente hätten dabei nur »vorläufigen« Charakter und seien der Anfang einer Entwicklung, in der die »wissenschaftliche Welt gerade erst mit einer Serie biologischer Experimente beginnt«. Weismanns Interpretation erwähnt der Bericht dagegen gar nicht.[58]

Im Jahr 1880 wird wiederum eine auf der englischen Übersetzung von Weismanns Aufsatz basierende spanische Übersetzung in *La Naturaleza*, der Zeitschrift des Naturkundemuseums in Mexiko Stadt *(Museo nacional de Historia natural)* und der mexikanischen Gesellschaft für Naturgeschichte *(Sociedad mexicana de Historia Natural)*, veröffentlicht. Damit kehrt der Axolotl, zumindest als wissenschaftliches Thema, wieder zurück in seine Heimat. Die spanische Überset-

57 Vgl. Metschnikoff 1876; Gaissinovitch 1973, S. 101-102; Levit 2007, S. 132-136. Metschnikoff publiziert nur diesen einen Aufsatz zum Axolotl. Zusätzlich deutet der Umstand, dass er den Text auf Russisch in den *Mémoires de la Société des Naturalistes de la Nouvelle-Russie* veröffentlicht und nicht wie die meisten seiner anderen Arbeiten in ausländischen Fachzeitschriften, darauf hin, dass ihm das Thema nicht sehr wichtig war.

58 Vgl. Weismann 1877b; Weismann 1882; Anonymous 1877b, S. 6.

zung ermöglicht es damit auch der mexikanischen Wissenschaft sich am internationalen Diskurs über die Tiere zu beteiligen. Der mexikanische Maler und Naturforscher José Maria Velasco (1840-1912) ergreift diese Gelegenheit und fügt der Übersetzung einen ausführlichen Kommentar bei. Er folgt zum einen der Aufforderung, die Weismann in seinem Aufsatz formuliert, und berichtet über die bisher noch wenig bekannte Naturgeschichte des Axolotls in Mexiko. Gleichzeitig nutzt Velasco seine Beobachtungen, um Weismanns Rückschlagstheorie zu kritisieren. Velasco ist zwar kein Anhänger Darwins und dessen »gewagter Theorie«, aber er akzeptiert sie als für »viele Zweige der Naturwissenschaften« fruchtbare Hypothese.[59] Er fühlt sich allerdings durch Weismanns polemischen Stil und dessen Argumentation herausgefordert. Dabei versteht er gerade die aus seiner Sicht falschen Informationen über die Verhältnisse in Mexiko als kolonialen Akt. Zudem ist es die sich in dieser Zeit formierende mexikanische Nationalidentität, die Velasco zu einer Art Reconquista des Axolotls motiviert. Er fordert das Tier, das in Europa für so viel Aufsehen in der Wissenschaft gesorgt hat, für Mexiko zurück.[60]

Velascos Kommentar wird in Europa verschiedentlich aufgegriffen und auch von Weismann selbst in der englischen Ausgabe der Studien diskutiert. Wie der deutsche Zoologe Johann Wilhelm Spengel (1852-1921) in seiner Wiedergabe von Velascos Text anmerkt, ist dieser »über den Stand der Frage augenscheinlich nicht völlig unterrichtet« und hat »Weismann auch an manchen Stellen in verhängnissvoller [sic] Weise missverstanden«.[61] Velascos ausführliche Beobachtungen und die Informationen, die er über den Axolotl zusammengetragen hat, werden mit großem Interesse aufgenommen, da sie ein umfassendes Bild der Lebensweise des Axolotls in seiner Heimat zeichnen und damit die zuvor nur spärlich vorhandenen Informationen korrigieren und erweitern. Die wichtigste Information, die Velasco mitteilt, ist, dass sich

59 Vgl. Velasco 1880, zitiert nach Trabulse 1992, S. 277.

60 Vgl. Weismann 1880 und Velasco 1880. Im Folgenden wird Velascos Arbeit nach dem Neuabdruck von Elias Trabulse zitiert, vgl. Trabulse 1992, S. 271-291. Hier finden sich auch weiterführende Informationen zu Velasco und seiner Arbeit als Maler und Naturforscher, vgl. Trabulse 1992; Phaf-Rheinberger 2011. Velasco spielt eine wichtige Rolle im Findungs- und Formierungsprozess der mexikanischen Nationalidentität, vgl. Canizares-Esguerra 2006, S. 129-168. Zur ikonischen Bedeutung des Axolotls für die mexikanische Identität vgl. Moreno 1969; Vila Riquelme 2001. Ich bedanke mich bei Ineken Phaf-Rheinberger für den Hinweis und weitere Informationen zu Velasco.

61 Spengel 1883, S. 81.

Axolotl auch in ihrer Heimat regelmäßig und in Reaktion auf Veränderungen der Lebensbedingungen verwandeln. Wie Spengel schreibt, kehrt sich das Axolotlproblem damit gleichsam um:

> Wir haben jetzt nicht mehr zu fragen: unter welchen Umständen kann die Verwandlung erfolgen, sondern die präcise Frage würde lauten: welche Umstände verhindern die Verwandlung des Ajolotl in Amblystoma?[62]

Velasco versucht in seinem Text bereits eine Antwort auf diese neue Frage zu geben. Für ihn sind die unterschiedlichen Beobachtungen in Mexiko und Europa und damit auch die Verhinderung der Verwandlung das Resultat der Bedingungen, unter denen die Tiere in Europa untersucht werden. Die Bedingungen in den Aquarien und Laboren entsprechen nicht den tatsächlichen Bedingungen in Mexiko, sondern beruhen vornehmlich auf ungenauen Informationen und auf den Annahmen der verschiedenen Wissenschaftler. Hier sieht Velasco auch die Ursache für Weismanns falsche Schlussfolgerungen. Aber auch ganz grundsätzlich sind diese Bedingungen für ihn künstlich und damit nicht geeignet, aus ihnen Schlüsse über die eigentliche Natur des Axolotls zu ziehen.[63]

Während das Interesse an Weismanns Interpretation anfänglich sehr hoch ist und dann schnell wieder abebbt, bleiben Chauvins Experimente bis ins frühe 20. Jahrhundert ein wichtiger Bezugspunkt für experimentell arbeitende Zoologen und hier besonders für die frühen Vererbungswissenschaftler. So verweist der Zoologe und Vererbungsforscher Richard Goldschmidt (1878-1958) auf die »klassischen Experimente[n]« und hebt ihre »große Erfahrung, Ausdauer und individuell verteilte Sorgfalt« als Voraussetzung für die erfolgreiche Durchführung hervor. Auch der Zoologe Richard Semon (1859-1918) bezieht sich für seine Theorie der Mneme ausführlich auf ihre Ergebnisse und steht auch in Kontakt zu ihr. Direkt an Chauvin knüpfen die britischen Zoologen Julian Huxley (1887-1975) und Lancelot Hogben (1895-1975) mit ihrer Arbeit zur hormonellen Auslösung der Metamorphose an. Auch für die Arbeiten von Paul Kammerer stellen Chauvins Experimente einen zentralen Bezugspunkt dar. Er bezieht

62 Spengel 1883, S. 83. Spengel übernimmt von Velasco die hispanisierte Schreibweise »ajolotl« des aus dem präkolumbianischen Nahuatl stammenden Wortes »axolotl«.

63 Vgl. Velasco 1880, zitiert nach Trabulse 1992, S. 272-276. Zur Rezeption von Velascos Kommentar in Europa vgl. Weismann 1882; Spengel 1883; Haecker 1890; Hahn 1892.

sich bereits in seiner Dissertation auf ihre Arbeit zum Alpensalamander.[64]

Während sich Weismann also schnell anderen Themen zuwendet, verfolgt Chauvin die Axolotlversuche im Rahmen einer größeren Experimentalreihe zur Fortpflanzung, Entwicklung und Evolution bei verschiedenen Amphibienarten weiter. Hier wird deutlich, dass sie wie Kölliker die Theorie der heterogenen Zeugung vertritt und damit in direktem Widerspruch zu Weismanns Ansichten steht. Eine sichtbare Auseinandersetzung über diesen Punkt findet zwischen den beiden jedoch nicht statt. Vielmehr übergehen sie in ihren jeweiligen Bezügen aufeinander die widersprechende Position des anderen. Chauvin interessiert sich besonders für den Einfluss, den das »Medium« auf die Entwicklung und die Fortpflanzung der Tiere hat. Dieser Zusammenhang bildet den Ansatzpunkt für ihre Experimente. Im Folgenden werden diese Versuche dargestellt, die einen detaillierten Einblick in ihre experimentelle Praxis und die Rolle des Aquariums als Instrument in der lebenswissenschaftlichen Forschung geben.[65]

Nach dem Ende Ihrer Zusammenarbeit mit Weismann führt Chauvin einen weiteren Versuch zur Umwandlung des Axolotls durch, um mit den umgewandelten Tieren die noch ungeklärte Fortpflanzung des Amblystomas zu untersuchen. Hier steht also nicht mehr die Umwandlung selbst im Zentrum, sondern wird zum experimentellen Mittel, mit dem sie die noch offene Frage nach der Sterilität der Tiere untersuchen will. Die Tiere, zwölf Axolotllarven, bezieht sie aus dem Aquarium in Hannover, das über eine große Zucht mit mehr als 800 Tieren verfügt. Durch das höhere Alter und die unterschiedliche Herkunft der Tiere hofft Chauvin zudem, mehr über die Verwandlung und ihre Ursachen zu erfahren.[66]

Im Gegensatz zu den Tieren aus dem ersten Versuch, die im Alter von sechs Monaten dem Experiment unterzogen wurden und damit Dumérils Empfehlungen entsprachen, sind die Hannoveraner Tiere bereits neuneinhalb Monate alt, als Chauvin mit dem Experiment be-

64 Vgl. Goldschmidt 1911, S. 48 und 206. Zu Semon vgl. Semon 1904, S. 199. Semons Verweise auf Chauvin nehmen in späteren Auflagen des Buchs noch deutlich zu. Zu Huxleys und Hogbens Forschung vgl. Huxely/Hogben 1922. Zu diesem Forschungsprojekt vgl. Erlingsson 2009. Zu Kammerers Arbeit vgl. Kammerer 1904. Zu Kammerers Forschung im Kontext vgl. Gliboff 2005; Gliboff 2006; Taschwer 2016; Müller 2017.

65 Vgl. Chauvin 1885, S. 383.

66 Vgl. Chauvin 1876, S. 526. Zum Axolotl im Aquarium von Hannover vgl. Noll 1876b.

ginnt. Wie sich zeigt, ist ihre Neigung zur Umwandlung deutlich schwächer ausgeprägt. Die Umwandlung setzt erst nach längerer Zeit ein und auch nur nachdem Chauvin die Tiere einer ähnlichen Prozedur wie Axolotl V aus dem ersten Versuch unterzieht. Entsprechend überleben nur zwei Tiere diesen von ihr »ziemlich energisch ausgeübten Zwang« und bestätigen damit ihre Hypothese aus dem ersten Versuch.[67]

Trotzdem sieht Chauvin auch dieses Experiment als erfolgreich an, denn es unterstützt ihre Vermutung, dass es sich bei der Verwandlung um eine Höherentwicklung im Sinne der Theorie der heterogenen Zeugung handelt. Es ist vor allem die Leichtigkeit, mit der sie die Umwandlung besonders bei jungen Tieren auslösen kann, die sie in ihrer Interpretation bestätigt. Chauvin gewinnt nach eigener Aussage »sofort die Ueberzeugung[,] dass man es hier mit einem natürliche[n] Verlaufe zu thun hat, in dem das Streben nach Fortentwicklung zu vollkommneren Formen nicht zu verkennen ist«. Die Gefräßigkeit der Tiere und ihr kontinuierliches Wachstum unterstützen ihren Eindruck, dass es sich im Kern um einen natürlichen Vorgang handeln muss, der durch ihr experimentelles Eingreifen lediglich ermöglicht und verstärkt wird.[68]

Mit den Hannoveraner Axolotln baut sich Chauvin eine eigene Zucht auf, mit der sie auch über den zweiten Versuch hinaus weiterarbeitet. Ihr Interesse gilt weiterhin der Umwandlung und ihren Bedingungen. Zudem will sie versuchen, die Amblystomen zur Fortpflanzung zu bringen. Da sie die Verwandlung als Höherentwicklung versteht, geht sie, im Gegensatz zu Weismann, davon aus, dass die verwandelten Tiere fortpflanzungsfähig sein müssen. Aus ihrer bisherigen Arbeit mit anderen Landsalamandern weiß sie jedoch, dass die Fütterung von Landtieren im Gegensatz zu Wassertieren deutlich schwieriger ist. Gleichzeitig hängt die Fortpflanzungsbereitschaft der Tiere von ihrer Konstitution ab. Es sei daher ausgesprochen schwierig, Landtiere in Gefangenschaft genug Nahrung zu verabreichen, dass sie zur Fortpflanzung bereit sind.[69] Für sie liegt die Ursache für das bisherige Ausbleiben der Fortpflanzung daher nicht in der Sterilität der Tiere begründet, sondern in der Haltung und Pflege der Amblystomen. Genau wie beim ersten Versuch spielten auch für diesen Versuch ihre

67 Vgl. Chauvin 1885, S. 366.
68 Vgl. Chauvin 1876, S. 523.
69 Vgl. Chauvin 1876, S. 526.

Erfahrung und ihre Vertrautheit mit den Untersuchungsobjekten eine wichtige Rolle.[70]

Um ihre These zu überprüfen, verwandelt Chauvin 1879 eine Reihe von Axolotln für den Fortpflanzungsversuch. Dabei ist die experimentelle Verwandlung, die kurz vorher im Zentrum ihrer Forschung stand, nur noch ein vorbereitender Schritt, um die Tiere in den für die eigentlichen Experimente notwendigen Zustand, die Amblystomaform, zu bringen. Als die Tiere mehrere Jahre nacheinander Paarungsverhalten zeigen, ohne sich fortzupflanzen, setzt Chauvin sie 1883, als sie wieder paarungsbereit scheinen, in ein speziell eingerichtetes Aquarium. Dieses bietet den Amblystomen eine ganze Reihe unterschiedlicher Bedingungen (Wasser und Sandboden sowie verschiedene Pflanzen und Steine) zur Paarung und Eiablage und trägt damit dem Umstand Rechnung, dass zu diesem Zeitpunkt noch völlig unbekannt ist, wie genau sich Fortpflanzung und Eiablage vollziehen. Dieses Mal paaren sich die Tiere und legen Eier ab. Über dieses Ereignis berichtet Chauvin sowohl in einer vorläufigen Mitteilung im *Zoologischen Anzeiger* als auch in der *Isis* und kommuniziert diese damit sowohl einem zoologischen Fachpublikum als auch den Liebhabern und Aquarianern. Die Fortpflanzung der Amblystomen wiederholt sich ein Jahr später nochmals. Zu diesem Zeitpunkt liegt bereits der von Weismann kritisierte Bericht Blanchards über die Fortpflanzung in der *collection* sowie der Bericht von Matte und Kühn über die Fortpflanzung ihres Amblystoma auf der Internationalen Fischerei-Ausstellung in Berlin im Jahr 1880 vor.[71]

Nachdem sie gezeigt hat, dass und wie die Amblystomen sich fortpflanzen, nutzt sie die sich nun bietende Gelegenheit, an deren Nachwuchs weitere Experimente zur Verwandlung durchzuführen. Aus den befruchteten Eiern entwickelt sich »eine größere Anzahl Larven«.[72] An 20 dieser von Amblystomen abstammenden Axolotln untersucht Chauvin, ob sich die Neigung der Tiere zur Verwandlung durch ihre Abstammung von der Amblystomaform verändert hat. Sie vermutete bereits bei den ersten Umwandlungsversuchen, dass die Tiere über

70 Vgl. Chauvin 1876, S. 533.

71 Vgl. Chauvin 1882; Chauvin 1883d; Chauvin 1883e; Chauvin 1885. Aus den Texten geht nicht hervor, ob es sich hier um einen neuen Ansatz handelt, die Tiere zur Fortpflanzung zu bewegen, oder ob das spezielle Gefäß schon vorher zum Einsatz kommt. Zu den weiteren Berichten über die Fortpflanzungen vgl. Blanchard 1876; Friedel 1880, S. 335; Kühn/Matte 1881, S. 65; Bade 1898b.

72 Chauvin 1885, S. 385.

einen »Trieb zu Fortentwicklung«[73] verfügen, der sich im Laufe der Generationen immer mehr verstärkt und so immer weniger durch äußere Einflüsse gehemmt werden kann.

Um ihre Vermutung zu überprüfen, hält sie die Tiere unter Bedingungen, die bei Nachkommen wasserlebender Axolotl nach ihrer Erfahrung zu keiner Umwandlung führen. Nachdem die Tiere sich insgesamt öfter an der Wasseroberfläche aufhalten, also eine größere Neigung zur Luftatmung zeigen, bilden sich nach einem Jahr die Kiemen zurück. Daraufhin gibt sie den Tieren im Versuchsaquarium wieder die Gelegenheit, an Land zu gehen und nach 23 Tagen haben alle 20 Tiere ohne weiteren Eingriff das Wasser verlassen. Die Neigung zur Verwandlung, »ein, im Inneren des Individuums selbst wohnender, durch Vererbung erworbener, mächtiger Trieb«,[74] hat sich bei den Nachkommen der verwandelten Tiere also durch Vererbung noch gesteigert. Chauvin kann die Fortpflanzungsfähigkeit der Amblystomen und damit ihre Theorie der Höherentwicklung und der Vererbung und Verstärkung zeigen. Gleichzeitig legen ihre Experimente aber auch nahe, dass die Verwandlung experimentell ausgelöst werden kann und damit nicht ausschließlich auf den inneren Trieb zur Fortentwicklung zurückzuführen ist. Den Auslöser vermutet sie in der Qualität, Sauerstoffsättigung und Temperatur des Wassers.

Um dieser Frage weiter nachzugehen, beginnt Chauvin weitere Umwandlungsexperimente. Nach den ersten beiden Versuchen mit Weismanns sechs Monate alten Larven und den neuneinhalb Monate alten Tieren aus Hannover will sie dieses Mal Tiere im Alter von 13,5 Monaten umwandeln. Bei diesen läuft die Verwandlung noch langsamer ab. Damit bestätigt sie zwar ihre Vermutung, dass die Neigung zur Umwandlung mit dem Alter abnimmt. Über den eigentlichen Auslöser der Verwandlung kann sie jedoch immer noch nichts sagen. Chauvins nächster Schritt ist ein Großversuch. Aus ihrer Zucht wählt sie 24 Axolotl zwischen sechseinhalb und siebeneinhalb Monaten aus, die sie speziell für das Experiment aufgezogen hat. Nicht zuletzt wegen des Alters der Tiere und ihres guten Entwicklungsstandes geht sie davon aus, dass sie sich ohne Mühe umwandeln lassen würden. Allerdings zeigen diese Tiere, sehr zu Chauvins Überraschung, keinerlei Neigung zur Umwandlung. Erst nach »aufmerksamer Behandlung« und »längerem Experimentiren« gelingt es ihr, die Axolotl in Amblystomen umzuwandeln. Sie stellt fest:

73 Chauvin 1876, S. 523.
74 Chauvin 1885, S. 384.

> Wenn es ungeachtet des ausgesprochenen Widerstrebens dieser Larven gegen das Landleben dennoch glückte, sämmtliche zu Amblystomen zu verwandeln, so ist dies einestheils den bei meinen früheren Versuchen gemachten Erfahrungen zu verdanken, und anderentheils dem achtsamen Eingehen auf die individuelle Eigenthümlichkeit des einzelnen Thieres. Nur durch eine dem Organismus des Individuums angepasste Behandlungsweise kann ein günstiger Erfolg bei so vielen Versuchsthieren erzielt werden.[75]

Den Grund für die überraschende Widerständigkeit sieht Chauvin im Aquarium gegeben und schließt daraus wiederum auf einen möglichen Auslöser für die Verwandlung. Durch die besondere Sorgfalt, mit der sie die Tiere für das Experiment aufzog, entwickelten diese sehr gut ausgebildete Kiemen und hatten so weder einen Anlass noch die Möglichkeit ihre Lungen zu benutzen.[76]

Im Lauf der verschiedenen Experimente wird für Chauvin immer deutlicher, dass die Axolotl im Gegensatz zu anderen Amphibien, mit denen sie gearbeitet hat, über eine große Anpassungsfähigkeit an verschiedene Lebensbedingungen und gleichzeitig eine robuste Konstitution gegenüber der experimentellen Behandlung verfügen. Ihr Ziel ist es, das Ausmaß dieser Plastizität bei der Verwandlung zu erforschen. Dafür will sie einen Axolotl erst in einen Amblystoma umwandeln und anschließend diese Umwandlung wieder rückgängig machen. Chauvin wandelt das Versuchstier, das zu diesem Zeitpunkt 15 Monate alt ist, ohne Probleme innerhalb von zwölf Tagen bis zu dem Punkt um, an dem es an Land in feuchtem Moos leben kann und ausschließlich mit der Lunge atmet, aber anatomisch noch nicht vollständig zum Amblystoma geworden ist. In diesem Zustand, in dem Chauvin das Tier 15 Monate hält, kann es sowohl im Wasser als auch auf dem Land leben und ist auch anatomisch eine Zwischenform zwischen Axolotl und Amblystoma. Die Kiemenbüschel und der Flossensaum an Rücken und Schwanz haben sich fast vollständig zurückgebildet und wenn das Tier im Wasser ist, schwimmt es nicht mehr, sondern kriecht »ganz nach Art des Erdsalamanders«.[77]

Für die Rückverwandlung zum Axolotl kehrt sie den Aufbau der ursprünglichen Umwandlungsversuche einfach um. Sie setzt das Tier in ein Glasgefäß, das zwar vollständig mit Wasser gefüllt ist, in dem das Tier jedoch durch einfaches Heben des Kopfes Luft atmen kann. Zu-

75 Chauvin 1885, S. 369.
76 Vgl. Chauvin 1885, S. 367-370.
77 Chauvin 1885, S. 372.

sätzlich erhöht sie die Wassertemperatur um einige Grad und füttert das Tier besonders reichhaltig. Trotz anfänglichem Widerstand gegen die Behandlung verwandelt sich die Axolotl-Amblystoma-Zwischenform binnen dreieinhalb Monaten wieder zurück in einen Axolotl. Allerdings erscheint Chauvin diese Rückumwandlung als »viel gewaltsamer[...] und für das Leben des Thieres bedrohlicher[...]« als die ursprüngliche Verwandlung in einen Amblystoma. Nachdem sie gezeigt hat, »dass man mit Hilfe äußerer Einwirkungen einen wirklichen Rückschritt zu erzielen vermag«, verwandelt sie das Tier schlussendlich wieder in einen Amblystoma – die Form, die ihr für das Tier nach den vielen Experimenten als die natürlichere erscheint. Da sie den Zustand des Tieres als angegriffen einschätzt, wählt sie für diesen Schritt ein schonenderes Umwandlungsverfahren. Das Tier wird am Tag in abgekochtem und damit sauerstoffarmem Wasser gehalten und nur nachts in sauerstoffreiches Wasser gebracht. Zusätzlich reduziert sie sukzessive den Wasserspiegel.[78]

Angespornt vom Erfolg dieses Experiments beginnt Chauvin eine weitere Experimentalreihe mit fünf Axolotln, bei denen sie die Umwandlung unterbrechen und die Tiere über lange Zeit im Zwischenzustand halten will. Dies gelingt ihr bei vier Tieren über einen Zeitraum von drei Jahren und zwei Monaten, in denen die Tiere am Tag an Land und in der Nacht im Wasser gehalten werden. Zum Abschluss dieses Versuchs will sie zwei dieser Zwischenformen wieder zurück in Axolotl und zwei weitere in Amblystomen verwandeln. Während die Rückverwandlung in Axolotl ohne größere Probleme verläuft, funktioniert die Weiterverwandlung der beiden anderen Individuen zu Amblystomen nur bei einem Tier, während das andere stirbt.[79]

Im Lauf dieser verschiedenen Experimente, die Chauvin in einem Zeitraum von fast zehn Jahren durchführt, erreicht sie einen ausgesprochen hohen Grad an Versiertheit im experimentellen Umgang mit den Axolotln und den Amblystomen, die ihr immer komplexere Versuchsanordnungen mit immer weitgehenderen Eingriffen in die Entwicklung der Tiere erlaubt. Gleichzeitig wird der Verlauf der Experimentalreihe entscheidend von den Beobachtungen und Erfahrungen während der Experimente bestimmt. Besonders interessiert ist sie dabei am »Einfluss des umgebenden Elementes auf den Organismus der Thiere«. Dieser Einfluss ist für sie Mittel und Zweck zugleich. Zum einen will Chauvin herausfinden, in welcher Weise die Lebensbedin-

78 Vgl. Chauvin 1885, S. 374.
79 Vgl. Chauvin 1885, S. 376-377.

gungen, also die »vornehmlich wirkenden Elemente[…], Luft, Wasser und Wärme«, Einfluss auf die Umwandlung der Tiere nehmen.[80]

Zum anderen ermöglicht ihr der Einfluss des Mediums den experimentellen Zugriff auf die Entwicklung der Tiere. Die Wärme ist für Chauvin notwendig, um »einen erhöhten Lebensprocess zu erwecken« und ermöglicht damit alle weiteren Schritte. Das Wasser, dem sie besondere Bedeutung zuschreibt, ist für sie »das Medium, in welchem das Individuum zu leben gezwungen ist« und durch welches die Tiere auf der aus ihrer Sicht niedrigen Entwicklungsstufe des Axolotls stehen bleiben. Gleichzeitig vermittelt es aber auch verschiedene andere Einflüsse wie die Wirkung der Wärme und des Sauerstoffs. So schließt Chauvin aus ihren Experimenten, dass warmes, sauerstoffarmes Wasser über einen längeren Zeitraum zum Einsetzen der Umwandlung führt, während kühles, sauerstoffreiches Wasser diese eher verhindert.[81]

Sukzessive löst sie sich in ihrer Forschung von der anfänglichen Fragestellung und folgt immer stärker der Eigendynamik der Experimente. Während am Anfang noch die bereits in Zusammenhang mit der Theorie der heterogenen Zeugung bei Kölliker diskutierte enge Verbindung zwischen den Phänomenen Fortpflanzung, Entwicklung und Evolution stark im Vordergrund steht, spielt im Verlauf der Experimentalreihe die Kontrolle der Verwandlung eine immer zentralere Rolle.

Neben dem Axolotl und dem Amblystoma, dessen Fortpflanzungsfähigkeit sie weiterhin untersucht, arbeitet Chauvin auch mit Alpensalamandern *(Salamandra atra)*, Feuersalamandern *(Salamandra maculosa)* und Grottenolmen *(Proteus anguineus)*. Alle diese Experimente erfolgen in enger zeitlicher Nähe und bilden eine zusammenhängende Experimentalreihe zur Fortpflanzung, Entwicklung und Evolution der Amphibien. Ihr Interesse gilt auch hier der experimentellen Überführung verschiedener Entwicklungsstadien dieser Tiere in unterschiedliche Lebensbedingungen und zum anderen der Herbeiführung der Fortpflanzung.[82]

Bereits in einem Zusatz zu Chauvins Axolotlartikel von 1876 weist ihr Mentor Carl Theodor von Siebold auf Versuche an Alpensalamandern hin, die er selbst erfolglos beginnt und dann an sie übergibt. Im

80 Vgl. Chauvin 1885, S. 382-383.

81 Vgl. Chauvin 1885, S. 383.

82 Ursprünglich will Chauvin die Ergebnisse ihrer Arbeit zum Alpensalamander zusammen mit dem ersten Axolotltext veröffentlichen, vgl. Chauvin 1876, S. 534-535; Chauvin 1877, S. 324. *Salamandra maculosa* ist ein Synonym für den heute gültigen Namen *Salamandra salamandra*.

Gegensatz zu den meisten Amphibien sind Alpensalamander *vivipar* (lebendgebärend). Die Larven schlüpfen also nicht aus im Wasser abgelegten Eiern, sondern die Mutter bringt bereits voll entwickelte, lungenatmende Junge zur Welt. Siebold geht davon aus, dass sich der Alpensalamander ursprünglich genauso fortpflanzte wie andere Amphibien und erst im Zuge seiner Einwanderung in höher gelegene Gebiete in den Alpen lebendgebärend wurde. Die Ursache für die Entwicklung der Viviparie sieht er in dem Umstand, dass es in den alpinen Regionen, in welche die Alpensalamander einwanderten, wenige stehende Gewässer gibt und die Tiere daher keine geeigneten Laichplätze mehr fanden. Infolgedessen entwickelte sich die Viviparie als Anpassung an den neuen Lebensraum. Im Anschluss an diese Vermutung stellt sich für Siebold die Frage, ob die sich im Mutterleib entwickelnden Larven auch im Wasser lebensfähig sind, ob die Larven also immer noch ihre ursprüngliche Anpassung besitzen. Diese Frage will er experimentell beantworten und entnimmt dafür trächtigen Weibchen Föten, deren Kiemen sich bereits vollständig entwickelt haben. Diese Föten bringt er in ein Aquarium, in dem sich verschiedene Algen als mögliche Nahrung für die Tiere befinden. Seine Versuche scheitern, da sich die Kiemen der Föten zurückbilden und die Tiere sterben. Daher zieht er, ähnlich wie später Weismann, Chauvin als Expertin hinzu.[83]

Auch sie hat trotz mehrfacher, ausgedehnter Experimente, die sie im Anschluss an Siebolds Versuche durchführt, nur eingeschränkten Erfolg. Obwohl keines der Versuchstiere das Experiment bis zum Ende überlebt, gelingt es ihr, die Larven deutlich länger am Leben zu erhalten als Siebold und ausführliche Beobachtungen an ihnen anzustellen. Grundlage sind hier einmal mehr ihre Erfahrenheit im Umgang mit lebenden Tieren und besonders mit Amphibien sowie ihre Aquaristikkenntnisse. Mehrfach verweist Chauvin auf »[d]ie Erfahrungen, welche ich an andern Lurchen gemacht hatte«. Dazu gehört unter anderem, »die Versuchsthiere stets in Wasser zu halten, dem beständig frische Luft zugeführt« wird, wofür sie »die bekannte, nach dem von Bunsen und Kirchhoff angegebenen System construirte Luftzuführungsvorrichtung« verwendet. Die Tiere für ihre Versuche sammelt sie während zweier Reisen in die Schweiz, wobei sie das erste Mal 74 und das zweite Mal 94 lebende Alpensalamander fängt.[84]

83 Vgl. Siebold 1876.
84 Vgl. Chauvin 1877, S. 325-330 und 343. Im Kontext ihrer zweiten Sammelexkursion beschreibt sie auch einen Behälter zum Transport der gesammelten Tiere, den sie eigens für diesen Zweck hat herstellen lassen, vgl. Chauvin 1877,

Unter diesen Tieren wählt sie die trächtigen Weibchen aus und entnimmt ihnen die Föten. So erhält sie aus dem ersten Fang 23 Larven von 45 Alpensalamanderweibchen und aus dem zweiten Fang 39 Larven von 26 Weibchen, die sie in Aquarien hält. Besonderes Augenmerk legt sie auf die Kiemen der Larven, die sich, wie bereits beim Axolotl, als verlässlicher Indikator für das Wohlbefinden der Tiere herausstellen. Auch auf die Pflege der Tiere geht Chauvin ausführlich ein. Sie erklärt detailliert, wie das Wasser beschaffen sein muss und wie sie die Tiere füttert. Die Nahrungsaufnahme stellt sich als die größte Herausforderung dar. Nachdem die Tiere des ersten Fangs nicht in der Lage waren, angebotene Insekten selbstständig zu fressen, geht sie dazu über, Regenwürmer an einem Stück Draht vor dem Maul der Larven so hin und her zu bewegen, dass diese danach schnappen und den Wurm nach mehreren Versuchen auch tatsächlich schlucken. Bei den Larven des zweiten Fangs beginnt sie daraufhin sofort, die Tiere auf diese Weise zu füttern, wobei einige dieser Larven »erst nach stundenlanger Nöthigung« zum Fressen bewegt werden können.[85]

Von den Larven aus den beiden Fängen überleben nur zwei Individuen lange genug, dass sie die Kiemen des Fötalstadiums verlieren und neue Kiemen bilden. Das Erreichen dieses Stadiums ist für Chauvin das Zeichen, dass die experimentelle Umwandlung in eine wasserlebende Form gelungen ist. Und auch sonst hat sich ihr Körper »in einer dem veränderten Elemente entsprechenden Weise umgebildet«.[86] Dieser Zustand hält allerdings nur 14 Wochen an und auch die neu gebildeten Kiemen verschwinden. Nun bringt sie die Larven in ein Aquarium, dass ähnlich aufgebaut ist wie das Versuchsaquarium der Axolotl, also einen Übergang zwischen Wasser und feuchtem Land bietet. Daraufhin wandeln sich die beiden wasserlebenden Alpensalamanderlarven in die Landform um. Entsprechend ihrer bereits bei der Umwandlung des Axolotls geäußerten Überzeugung sieht Chauvin die Umwandlung auch hier primär »durch innere organische Vorgänge bedingt«[87] und nicht durch äußere Einflüsse. Auch hier handelt es sich, wie sie betont, um einen Fortentwicklungstrieb, der sich durch Vererbung über Generationen verstärkt hat und durch die äußeren Einflüsse lediglich ausgelöst wird.

S. 343. Beim erwähnten System handelt es sich um eine der Durchlüftungsvorrichtungen, die in Kapitel 3 diskutiert werden.

85 Vgl. Chauvin 1877, S. 330 und 344.

86 Chauvin 1885, S. 384.

87 Chauvin 1877, S. 338.

Zur selben Zeit unternimmt Chauvin ein ähnliches Experiment mit Larven des Feuersalamanders. Der Feuersalamander ist im Gegensatz zum Alpensalamander ovipar, legt also Laich. Chauvin will nun versuchen, die Larven des Feuersalamanders im Wasser zu halten und sie damit an der Entwicklung zur Landform zu hindern.[88] Dies erreicht sie durch ein über der Wasseroberfläche des Aquariums gespanntes Drahtnetz, das den Tieren das Auftauchen unmöglich macht. Nachdem ihr die Verhinderung der Verwandlung über sechs Monate gelungen ist, tritt bei allen Versuchstieren trotzdem die Metamorphose im Wasser ein und Chauvin entlässt sie an Land.

Neben dem Axolotl und den beiden Salamanderarten arbeitet Chauvin noch mit dem Grottenolm. Diese Amphibienart lebt ausschließlich in den unterirdischen Gewässern der Karsthöhlen des Dinarischen Gebirges, zum Beispiel in der Adelsberger Grotte im heutigen Postojna. Das Vorkommen dieser Tiere in den unterirdischen Gewässern wird in den 1810er Jahren entdeckt, worauf sie in großen Mengen gefangen und als Souvenirs an Touristen und Wissenschaftler verkauft und verschenkt werden. Durch ihre unterirdische Lebensweise ist lange Zeit wenig über die Tiere bekannt. Neben der Entwicklung des Grottenolms ist vor allem seine Fortpflanzungsart völlig unbekannt. Weder weiß man, ob die Eier intern oder extern befruchtet werden, noch ob die Grottenolme Laich ablegen oder wie die Alpensalamander lebendgebärend sind.[89]

Der Grund für diese Wissenslücke besteht vor allem darin, dass die Tiere einerseits in ihrem natürlichen Lebensraum schwer zu beobachten sind und sich andererseits in Gefangenschaft bislang nicht zur Fortpflanzung bringen lassen. Chauvins Interesse am Grottenolm beginnt bereits 1877 und dreht sich vor allem darum, die Tiere im Aquarium zur Fortpflanzung zu bringen. Sie weiß, dass bei den einheimischen Amphibien die Fortpflanzung in Gefangenschaft dann am einfachsten ist, wenn die Tiere bereits im paarungsbereiten Zustand gefangen werden. Sie versucht also bei verschiedenen »Proteen-Händlern« paarungsbereite Tiere zu bekommen. Allerdings muss sie feststellen, dass die Händler keine derartigen Tiere besorgen und auch nicht das Geschlecht der Tiere bestimmen können. Daraufhin lässt sie sich

88 Vgl. Chauvin 1885, S. 385.

89 Vgl. Chauvin 1882; 1883b. Sie berichtet über ihre Ergebnisse auch in der Zeitschrift *Naturforscher* sowie in den *Mitteilungen der Section für Höhlenkunde des Österreichischen Touristen-Club Wien*, vgl. Chauvin 1883b; Chauvin 1883c. Zur Geschichte des Grottenolms als Souvenir und Wissenschaftsobjekt vgl. Shaw 2005.

> eine größere Zahl ausgewachsener Proteen aus Adelsberg kommen [um] durch aufmerksames Studium ihrer Eigenthümlichkeiten dahin zu gelangen, die für sie erforderlichen Lebensbedingungen zu ergründen und dem möglichst entsprechende Einrichtungen treffen zu können.[90]

Chauvin geht also genauso vor wie bei ihren Experimenten mit den anderen Amphibien. Durch eingehende Beobachtungen und den Umgang mit den Tieren versucht sie, deren Lebensweise zu verstehen und damit die Bedingungen herauszufinden, unter denen die Tiere am besten zu halten sind und sich eventuell auch fortpflanzen. In der ersten Phase der Untersuchung, die von 1877 bis 1882 dauert, zeigen nur zwei Tiere in regelmäßigen Abständen Veränderungen, die von Chauvin als erste Zeichen der Paarungsbereitschaft interpretiert werden. Allerdings kommt es bei den beiden Tieren, die sie auf diese Weise als Männchen und Weibchen bestimmen kann, nie zur Paarung. Als die Olme am 15. März 1882 wieder Anzeichen für ihre Paarungsbereitschaft zeigen, bringt Chauvin sie in ein eigens dafür eingerichtetes Aquarium. Wie bereits bei Axolotl und Amblystoma richtet sie auch für die Grottenolme das Aquarium entsprechend ihren Erfahrungen mit anderen Amphibien und ihren Vorstellungen über den natürlichen Lebensraum der Tiere ein. Dafür bedeckt sie den Boden des Aquariums mit Flusssand und baut darauf »eine Grotte aus Tropfsteinen derart auf […], dass verschiedene Gänge, so wie größere und kleinere Höhlen« entstehen. Zusätzlich setzt sie mehrere Arten von Wasserpflanzen ein, um den Grottenolmen verschiedene Möglichkeiten zur Eiablage zu geben.[91]

Die beiden Grottenolme paaren sich tatsächlich, und das Weibchen beginnt Eier abzulegen. Chauvin kann aufgrund der großen Scheu der Tiere während dieser Phase die Art der Befruchtung nicht direkt beobachten. Zudem hält sie es für notwendig, das Aquarium der Höhlentiere gegen Licht zu schützen, um sie nicht zu beunruhigen und damit die Eingewöhnung in das Aquarium zu stören. Diese Bedingungen herzustellen ist zwar kein Problem, allerdings gestalten sich jetzt Pflege und Beobachtung dadurch schwierig. Chauvin sind »nur vereinzelte Blicke, bei karger Kerzenbeleuchtung, vergönnt«. Um einen umfassenden Einblick in das Verhalten der Tiere zu bekommen,

90 Chauvin 1883a, S. 672.

91 Vgl. Chauvin 1883a, S. 672-674. Wie intensiv sie sich mit den Tieren auseinandersetzt, zeigt nicht zuletzt der Umstand, dass die sehr scheuen Grottenolme im Laufe ihrer Untersuchungen handzahm werden und Chauvin sie zur genaueren Untersuchung in die Hand nehmen kann.

> musste […] das geistige Auge, geschärft durch jahrelange Beobachtungen der Thiere in ihrem Gebahren und ihrer körperlichen Beschaffenheit, in ihrer Ernährung und Entwicklung etc., dem körperlichen Auge zu Hilfe kommen, um diese Geistesarbeit vollführen zu können.[92]

Eine direkte Beobachtung der Befruchtung ist also nicht möglich. Auf die innere Befruchtung kann sie jedoch dadurch schließen, dass sie das Weibchen, dass sich während der Eiablage an der Kloake verletzt, in ein eigenes Aquarium bringt. Dort legt es ebenfalls Eier ab, die auch entwicklungsfähig sind. Da sie das Aquarium mit frischem Wasser füllt, ist »eine Überführung von Sperma ausgeschlossen«.[93]

Chauvin beschreibt ausführlich die äußeren Zeichen der Paarungsbereitschaft, das Paarungsverhalten, die Eiablage, die Brutpflege der Tiere sowie die Eier selbst. Daneben erklärt sie, wie die Tiere am besten zu halten sind. Sie hebt hervor, dass die Tiere erst nach relativ langer Zeit in Gefangenschaft paarungsbereit werden und erklärt diesen aus ihrer Sicht außergewöhnlichen Umstand mit den nur schwer im Aquarium nachzustellenden Lebensbedingungen. Die Tiere sind durch ihr Leben in den Karsthöhlen an gleichmäßige Temperaturen und die Abwesenheit von Licht und Erschütterungen gewöhnt. Sie erläutert sehr ausführlich, wie sie die entsprechenden Bedingungen für die Tiere herstellt. So weist sie neben der Dunkelheit besonders auf die Einstellung der für die Tiere angenehmen, niedrigen und gleichmäßigen Wassertemperatur hin, die vor allem im Sommer ein großes Problem darstellt. Zuerst versucht sie, das Wasser durch beständigen Nachfluss

92 Chauvin 1883a, S. 681. Grottenolme werden neben Axolotln in dieser Zeit ebenfalls zu einem beliebten Aquarientier, vgl. Wagner 1880. Aber auch in der Zoologie besteht ein anhaltendes Interesse an ihnen. Nachdem sich die Haltung der Tiere als schwierigstes Problem darstellt, wird die natürliche Umgebung der Tiere, also die unterirdischen Gewässer der Karsthöhlen, immer aufwendiger nachgestellt. So werden die Tiere in der Biologischen Versuchanstalt in Wien, der Institution, an der Paul Kammerer unter anderem mit dem Proteus arbeitete, in einer alten Zisterne gehalten, vgl. Kammerer 1907; Kammerer 1912; Berz 2009; Reiß 2017. Kammerer kämpft trotz der großzügigeren Ausstattung der Versuchsanstalt allerdings mit den gleichen Problemen bei der Beobachtung wie Chauvin, vgl. Kammerer 1907, S. 278-280. Im Jahr 1948 eröffnet das *Laboratoire souterrain*, also ein unterirdisches Labor, in Moulis in Frankreich, das vom französischen *Centre national de la recherche scientifique* eingerichtet wird, um höhlenbewohnende Organismen und vor allem den Proteus zu untersuchen, vgl. Menage 2004, S. 40-47.

93 Vgl. Chauvin 1883a, S. 677.

frischen Brunnenwassers zu kühlen. Als sie feststellt, dass dies negative Reaktionen bei den Olmen hervorruft, setzt sie das Aquarium mit den Olmen in ein größeres Aquarium, das beständig mit frischem Brunnenwasser beschickt wird und dadurch das Wasser im Olmaquarium indirekt kühlt. Aber nicht nur die Wassertemperatur, sondern auch die Wasserqualität ist wichtig. Das Wasser muss in Chauvins Augen, wie in den Karsthöhlen, nicht nur »sehr klar und rein« sein, sondern auch über die richtige Menge Sauerstoff verfügen.[94]

Wie bereits bei den Amblystomen und den Alpensalamandern, ist auch bei den Olmen (im Gegensatz zu den Axolotln) die Fütterung ein Problem. Bis dahin war es nur in wenigen Fällen gelungen, gefangene Olme zu füttern. Da die Tiere lange Zeit ohne Nahrung überleben können, wurde ihre Haltung trotzdem praktiziert.[95] Wie sie berichtet, beginnen die frisch eingetroffenen Tiere »erst nach wochenlangen Experimenten« selbstständig nach Nahrung zu suchen. Als Nahrung bietet sie ihnen »die Larven von verschiedenen Wasserinsekten, Fröschen, Salamandern, Regen- und Fadenwürmern« an.[96]

Der erste Axolotlversuch ist für Chauvin nur der erste Schritt in einer größeren Experimentalreihe, in der sie die Entwicklung, Fortpflanzung und Evolution verschiedener Amphibienarten untersucht und experimentell manipuliert. Dabei zeigen sich zum einen ihr spezielles Interesse am Einfluss des Mediums auf die Entwicklung und Fortpflanzung der Tiere und zum anderen ihre spezifische Forschungspraxis, in der sie Aquarien als künstliche Naturräume nutzt, um immer weitergehende Manipulationen an den Tieren vorzunehmen. Die Experimentalreihe endet 1885 mit der Publikation der letzten Ergebnisse ihrer Axolotlexperimente. Sie bleibt danach zwar weiterhin in der praktischen Naturkunde aktiv, tritt aber nicht mehr als Autorin in Erscheinung.

Marie von Chauvins Experimente mit den verschiedenen Amphibienarten stehen in engem Zusammenhang zueinander. Die Experimentalreihe zeigt insbesondere die Bedeutung einer Erfahrenheit im Umgang mit lebenden Tieren. Die Genese dieses Erfahrungswissens wurde im vorangegangenen Kapitel als spezifisch für die Aquarienkunde vorgestellt. Und auch die Art des manipulativen Experimentierens weist

94 Vgl. Chauvin 1883a, S. 676-682. Zu Heiz- und Kühlvorrichtungen in der Aquaristik vgl. Kapitel 3.

95 David Friedrich Weinland berichtet 1863 in *Der Zoologische Garten* über den Grottenolm des Frankfurter Zoos, der über ein Jahr nichts gefressen hat, vgl. Weinland 1863, S. 139.

96 Vgl. Chauvin 1883a, S. 683.

große Ähnlichkeit mit der Arbeitsweise der Aquarianer auf. Chauvin berichtet über die gleichen Probleme bei der Haltung der Tiere, der Durchlüftung des Wassers und der Temperaturregulation. Sie setzt den künstlichen Naturraum des Aquariums als Forschungsinstrument ein, mit dem sie die Fortpflanzung und Entwicklung der Amphibien untersucht und manipuliert.

Ihr Vorgehen ist dabei gleichzeitig in die wissenschaftliche Diskussion über die Fortpflanzung, Entwicklung und Evolution von Amphibien eingebettet. Der Vergleich mit den experimentellen Ansätzen von August Weismann und Carl Theodor von Siebold, die erst in Chauvins Händen erfolgreich verlaufen, verdeutlicht dies zusätzlich: Im Gegensatz zur Vorgehensweise der beiden Zoologieprofessoren basiert Chauvins experimenteller Zugang auf ihrer Vertrautheit mit dem Verhalten und den Reaktionen der Tiere, die sie sich durch intensive und langdauernde Beobachtung aneignet. Der Unterschied wird nicht zuletzt darin sichtbar, dass sie den mehrmals hin- und herverwandelten Axolotl auf eine Reise mitnimmt, um ihn weiter beobachten zu können. Auf diesem so erarbeiteten Wissen basiert dann das explorative Ausprobieren, mit dem sie die eigentlichen Experimente angeht. Erst durch diesen tentativen Zugang ist es ihr möglich, das Verhältnis zwischen Umwelt und Organismus auszuloten und für ihre Fragestellungen produktiv einzusetzen. Weismann und Siebold kommen bei ihren Versuchen trotz des gleichen Ansatzes nicht über die ersten Schritte eines Experiments hinaus.[97]

Chauvins Erfolg ist damit ein Ergebnis der Anwendung des Aquarienwissens und der Aquarientechnik auf die Fragestellung. Gleichzeitig arbeitet sie ergebnisoffen und empirisch angeleitet. Weismann und Siebold konzipieren dagegen ihre Experimente im Rahmen ihrer theoretischen Überlegungen und legen sie als Entscheidungen für oder gegen eine bestimmte Interpretation an. Siebold geht beim Alpensalamander von der Annahme aus, dass dieser vom Feuersalamander abstammt und seine vivipare Fortpflanzung eine Anpassung an die neue Umgebung ist. Entsprechend müssen die im Mutterleib befindlichen Larven des Alpensalamanders noch Anpassungen an die ehemaligen Lebensbedingungen zeigen. Weismann geht, auch vor dem Hintergrund der Kontroversen, die er mit Moritz Wagner und den Vertretern der Theorie der heterogenen Zeugung führt, noch einen Schritt weiter und stilisiert den Axolotlversuch zu einer Art *experimentum crucis*. Das Experiment soll die Entscheidung liefern, ob die

97 Vgl. Chauvin 1885, S. 375.

Umwandlung durch die Änderung der Lebensbedingungen oder durch eine innere Entwicklungskraft ausgelöst wird. Mit der Antwort auf diese Frage verbindet er eine Entscheidung zwischen seiner Interpretation von Darwins Evolutionstheorie und der Theorie der heterogenen Zeugung. Der Entscheidungscharakter, den die Experimente von Siebold und Weismann haben, schlägt sich auch in ihrer Durchführung nieder, der jegliche Prozessualität und Generativität fehlt. Sie verfügen weder über die für die Experimente notwendige Erfahrenheit noch über ein Interesse an der spezifischen Dynamik experimenteller Forschung.

Für Chauvin spielen die theoretischen Fragen auch eine wichtige Rolle. Sie sind jedoch für ihre experimentelle Praxis nur eingeschränkt handlungsleitend. Wichtiger und produktiver sind für sie ihre Erfahrung in der Haltung und Zucht von Tieren und die durch ihre tägliche experimentelle Arbeit mit Axolotl/Amblystoma, Salamander und Grottenolm gesammelten Kenntnisse über das Verhalten und die Lebensweise der Tiere. Chauvin entwickelt so eine Experimentalreihe, in der sie einen neuen Phänomenbereich schrittweise und systematisch auslotet. Dadurch bekommen ihre Versuche einen iterativen und offenen Charakter, durch den die Experimente erst ihre Produktivität entwickeln.[98]

Wie ihre Biografie zeigt, ist Marie von Chauvin vor allem in Bereichen aktiv, die der Liebhaberei und der praktischen Naturkunde zugerechnet werden müssen. Damit unterläuft ihre Arbeit die Unterscheidung in traditionelle Naturgeschichte und neue oder wissenschaftliche Zoologie, die das Produkt des Abgrenzungsdiskurses der sich um die Mitte des 19. Jahrhunderts als eigenständige Disziplin profilierende Zoologie ist. Hier ist es nicht zuletzt das Experiment, das als kategorialer Unterschied zwischen nicht- oder vorwissenschaftlicher Naturkunde und wissenschaftlich-objektiver Zoologie stilisiert wird. Chauvins Beispiel zeigt, dass die Lage deutlich komplizierter ist und es besonders auf praktischer Ebene eine starke Kontinuität zwischen den Bereichen gibt. Entsprechend sind Weismann und Siebold, zwei Protagonisten der neuen wissenschaftlichen Zoologie, auf ihre Fähigkeiten aus dem Bereich der Naturkunde angewiesen.[99]

98 Vgl. Rheinberger 2006b.
99 Vgl. Nyhart 1996.

Zwischenfazit: Vom »directen Beweis« zur Experimentalisierung der Verwandlung

In den Diskussionen im Anschluss an die Evolutionstheorie zeigt sich eine abermalige Veränderung in der wissenschaftlichen Behandlung des Axolotls, dessen Status in der Wissenschaft sich damit ein weiteres Mal verändert. Bei den Repräsentationen der Frühen Neuzeit, Cuviers präparierten Exemplaren und den lebenden Axolotln bei Duméril steht immer das Tier und seine systematische Stellung im Zentrum des Interesses. Es geht um die Naturgeschichte des mexikanischen Axolotls, deren Fluchtpunkt immer das Tier in der Natur, also in Mexiko ist. Sein hybrides Dasein zwischen Larven- und adulter Form sowie später die Verwandlung wurden dabei lediglich als Störungen oder Unregelmäßigkeiten aufgefasst, die einen Widerstand bei der Klassifikation der Art bilden.

Wagner, Kölliker und Weismann wenden durch ihre Mobilisierung des Axolotls als Beweis für die verschiedenen Evolutionstheorien diese Störung positiv. Die Unregelmäßigkeit der Naturgeschichte wird so auf verschiedene Weisen zur Regelmäßigkeit des allumfassenden Veränderungsprozesses der Evolution. Aber auch hier bleibt der Axolotl in Mexiko der zentrale Referenzpunkt. Allerdings stehen die Naturgeschichte und Taxonomie der Art nun nicht mehr als eigentliches Erkenntnisinteresse im Vordergrund, sondern sind nur noch Mittel zum Zweck der Beweisführung für und gegen bestimmte Interpretationen evolutionärer Veränderungen. Damit wird der Axolotl zu einem Beispiel für einen größeren Prozess, an dem er selbst Teil hat. Gleichzeitig erweitert sich das wissenschaftliche Interesse über den eigentlichen Organismus hinaus auf seine Umwelt, die nun sowohl durch Velasco in Mexiko als auch durch Chauvin in Freiburg untersucht wird.

Der eigentliche Bruch zu dieser Naturgeschichte des Axolotls vollzieht sich mit Chauvins Experimentalisierung der Verwandlung und der Fortpflanzung der Amblystomen. Ihre umfassende Manipulation der Phänomene lässt diese isoliert hervortreten und löst sie gleichzeitig vom Ursprung des Axolotls in Mexiko, von dessen Beobachtung und von der Spekulation über die Frage, ob die Verwandlung dort ebenfalls auftritt. Dieser Bruch zeigt sich auch in Velascos Kritik an der experimentellen Untersuchung der Tiere in Europa und seinem Versuch, die europäischen Axolotl wieder an ihre mexikanische Naturgeschichte zurückzubinden. Die Geschichte des Axolotls hat sich zu diesem

Zeitpunkt bereits in die Naturgeschichte des Axolotls in Mexiko und seine Wissenschafts- und Kulturgeschichte in Europa aufgespalten. Die von den Pariser Tieren abstammenden, europäischen Axolotl verlieren, nachdem sie bereits geografisch getrennt sind, die Verbindung zu den Axolotln in Mexiko und breiten sich als Aquarien- und Wissenschaftstiere immer weiter über Europa aus.

Diese Loslösung ist nicht zuletzt Ergebnis der experimentellen Praxis von Chauvin. Während die verschiedenen Interpretationen der Umwandlung des Axolotls nur von kurzem Interesse in der Zoologie sind, stellen Chauvins Experimente im frühen 20. Jahrhundert eine wichtige Referenz für experimentalzoologisches Arbeiten dar. Auf konzeptioneller Ebene spielt die Naturgeschichte der Tiere immer noch eine große Rolle. Dagegen speisen sich Chauvins Experimente aus dem Wissen und den Praktiken der Liebhaberei. Dies wird nicht zuletzt im Vergleich mit den Versuchen Siebolds mit dem Alpensalamander und Weismanns mit dem Axolotl deutlich. Neben der Art und Weise, wie Chauvin das Aquarium als Instrument einsetzt, sind es besonders spezifische epistemische Tugenden, die ihren Ansatz auszeichnen und deutlich von Siebolds und Weismanns Versuchen unterscheiden.[100] Hierzu zählen besonders die für ein derartiges experimentelles Vorgehen notwendige ausdauernde Beobachtung und eine umfassende Vertrautheit mit dem Untersuchungsobjekt, die sie in der Forschung mit lebenden Tieren anwendet und die gleichzeitig auf die Aquarienkunde verweisen. Aus ihrer Versiertheit im Umgang mit Tieren und dem Aquarium und ihrer geduldigen Beobachtung der Tiere entwickelt sie einen experimentellen Ansatz, der sie weit von der ursprünglichen Fragestellung nach der Ursache der Verwandlung des Axolotls wegführt und eine für die experimentelle Forschung charakteristische Eigendynamik entwickelt.

100 Zum Begriff der epistemischen Tugenden vgl. Daston/Galison 2007, S. 41-44.

5 Einfallstor, Instrument, Umwelt
Das Aquarium in den Lebenswissenschaften

Wie die Forschungen zum Axolotl sowie die Zirkulation der Tiere in Europa zeigen, hat das Aquarium als künstlicher Naturraum ab den späten 1860er Jahren auch in den Lebenswissenschaften und besonders in der Zoologie einen festen Platz. Dabei kommen ihm drei Aufgaben zu. Es funktioniert erstens als Einfallstor (*gateway*) für neue Tierarten wie den Axolotl und versorgt die Zoologie so mit neuem Untersuchungsmaterial. Es wird, etwa bei Marie von Chauvin, als Instrument eingesetzt, mit dem die Fortpflanzung und Entwicklung bestimmter Tierarten untersucht wird. Und es entwickelt sich, drittens, zu einer Umwelt, die nicht nur als Lebensraum für die Forschungsorganismen dient, sondern die auch selbst zum Untersuchungsgegenstand im Kontext früher ökologischer Forschung wird. Das vorliegende Kapitel nimmt besonders die ersten beiden Aspekte in den Blick und zeigt an verschiedenen Beispielen, wie und zu welchem Zweck Aquarien in die Forschungsräume der Zoologie integriert werden.[1]

Natürlich sind Aquarien nicht allein in zoologischen Instituten zu finden. Anatomie und Physiologie haben als große lebenswissenschaftliche Fächer mit mehr Wissenschaftlern und mehr Studenten einen deutlich höheren Bedarf an Untersuchungsmaterial. Entlang der methodischen Unterschiede zwischen Physiologie, Anatomie und Zoologie entwickeln sich jedoch auch unterschiedliche Praktiken der Versuchstierhaltung. So kommen zwar in der Anatomie wasserlebende Tiere in großem Umfang zum Einsatz. Allerdings ist, wie zu Beginn des 20. Jahrhunderts ein Handbuchtext zum Bau von Gebäuden für anatomische und physiologische Institute feststellt, »[e]ine längere Erhaltung und Beobachtung lebender Tiere […] durch die Zwecke des Anatomen in der Regel nicht gefordert«. Entsprechend sind in anatomischen Instituten nur selten Aquarien im engeren Verständnis der Aquaristik zu finden. Es handelt sich weder um Glasbehältnisse noch, und das ist das entscheidende Kriterium, um einen an die Natur angenäherten künstlichen Naturraum. Die Unterbringung der wasserlebenden Tiere erfolgt in einfachen Behältnissen, wie Stein- und

1 Vgl. auch Reiß 2012a; Reiß 2012b.

Zementbecken oder Kästen aus Holz, Schiefer oder Metall, wo die Tiere eher aufbewahrt als im aquaristischen Sinne gehalten werden.[2]

Die Physiologie, die für ihre Forschungen auf einen gewissen Grad an Lebendigkeit bei ihren Untersuchungsobjekten angewiesen ist, muss hier größeren Aufwand betreiben. Aquarien sind daher in physiologischen Instituten obligatorisch und meist in einem eigenen Aquarienraum im Keller untergebracht. Eine der elaboriertesten Aquarienanlagen befindet sich im Institut des Physiologen Emil du Bois-Reymonds (1818-1896), das 1876 in Berlin eröffnet wird. Sie wird Anfang der 1880er Jahre nach dem Vorbild des Aquariums in Anton Dohrns (1840-1909) Zoologischer Station in Neapel und mit technischer und praktischer Unterstützung durch das Berliner Aquarium eingerichtet. Die Verbindung zwischen Physiologie und Großaquarien ist hier auch Ausdruck der staatstragenden Rolle der Physiologie in Deutschland in der zweiten Hälfte des 19. Jahrhunderts. Entsprechend verweist dieses Meerwasseraquarium, das du Bois-Reymond praktisch ausschließlich für die Haltung von elektrischen Fischen bauen lässt, weniger auf die verteilten Praktiken der Aquarianer, als vielmehr auf die großtechnischen Anlagen öffentlicher Schauaquarien, die zu diesem Zeitpunkt überall in Europa florieren.[3]

Eine andere Form der Haltung von Wassertieren stellen in vielen physiologischen Instituten Außenbecken dar, in denen vor allem Frösche für elektrophysiologische Experimente gehalten werden. Eine Inspiration für die Einrichtung dieser sogenannten Ranarien ist Claude Bernards physiologisches Laboratorium in Paris und damit indirekt wiederum der zoologische Garten. Bernard war seit 1868 Professor für allgemeine Physiologie am *Muséum d'Histoire naturelle* und konnte somit auf die räumlichen und praktischen Ressourcen der *Ménagerie* zurückgreifen, wo sich auch sein Ranarium befand.[4]

Die Verbindung von wissenschaftlicher Forschungseinrichtung und öffentlichem Schauaquarium, wie sie in Neapel von Dohrn erfolgreich umgesetzt wird, gilt für viele Zoologen als ideale Konstellation. Allerdings scheitern im 19. Jahrhundert praktisch alle Versuche, öffentliche Aquarien oder auch zoologische Gärten mit universitären oder außeruniversitären Forschungseinrichtungen zu verbinden. Neben den oft gegenläufigen Interessenlagen der beteiligten Akteure sind es sicher

2 Müssigbrodt/Schmitt/Spieker 1905, S. 9-38.

3 Zu Aquarien in physiologischen Instituten vgl. Müssigbrodt/Schmitt/Spieker 1905, S. 39-57. Zur staatstragenden Rolle der Physiologie im Kaiserreich vgl. Guttstadt 1886, S. 277-280; Dierig 2006, S. 227-229.

4 Vgl. Cyon 1876, S. 23; Dierig 2006, S. 224.

auch die unterschiedlichen Organisations- und Finanzierungsmodelle, die derartigen Verbindungen entgegenstehen. Noch 1926 versucht Jakob von Uexküll (1864-1944) in Hamburg sein Institut für Umweltforschung am Neapolitaner Vorbild auszurichten. Er nutzt schließlich die Aquarien des Hamburger Zoos, die in den 1860er Jahren von Karl Möbius und William Alford Lloyd eingerichtet wurden und sich zu diesem Zeitpunkt in einem desolaten Zustand befinden.[5]

Die Physiologie folgt bei der Auswahl von Versuchsorganismen ihrem an vitalen Funktionen orientierten Ansatz. Dagegen ist die Zoologie an anderen Fragestellungen und am gesamten Tierreich interessiert. Sie hat prinzipiell alle Tierarten in ihrer Einbindung in die Umgebung im Blick und verfolgt zumindest programmatisch das Ziel, diese Tiere auch ihren natürlichen Lebensbedingungen entsprechend unterzubringen. Daraus ergibt sich der Bedarf für unterschiedliche künstliche Naturräume, deren umfassende Integration in die Zoologie insbesondere in Deutschland stattfindet. Zwar hat das Aquarium bereits im Kontext des britischen *aquarium craze* Einzug in dortige wissenschaftliche Institutionen gehalten. Und auch in Frankreich ist, wie nicht zuletzt das Beispiel des Axolotls und der *collection des reptiles* zeigt, der Einsatz von Aquarien nicht unüblich. Aber erst in Deutschland zeigt diese Entwicklung eine flächendeckende und nachhaltige Wirkung. Die Gründe für diese besondere Entwicklung liegen in der institutionellen Entwicklung der Zoologie in Deutschland, in der Ausrichtung zeitgenössischer Forschungsfragen und -methoden sowie in den vielfältigen Verflechtungen zwischen Aquaristik und akademischer Zoologie, die im Folgenden kurz umrissen werden.[6]

Zoologische Fragestellungen wurden lange Zeit entweder in der Anatomie und Physiologie und damit in der medizinischen Fakultät bearbeitet. Oder sie sind Thema in der Naturgeschichte, die in den philosophischen Fakultäten beheimatet ist, aber vor allem in Naturalienkabinetten und Naturkundemuseen praktiziert wird. Ab Mitte des 19. Jahrhunderts werden an immer mehr Universitäten in Deutschland

5 Zur Verbindung von Zoos mit zoologischen Forschungseinrichtungen vgl. Schuberg 1891b, S. 5. Zu Uexkülls Aquarium vgl. Uexküll/Brock 1930; Mildenberger 2007, S. 127-129. Für den Hinweis bedanke ich mich bei Florian Mildenberger.

6 Der Umstand, dass in der Physiologie neben guter Verfügbarkeit und leichter Haltung vor allem die Ausprägung bestimmter experimentell zugänglicher Merkmale und Funktionen eine Rolle spielt, wird später als »Krogh-Prinzip« bekannt, vgl. Holmes 1993. Zum Aquarium in der britischen Wissenschaft vgl. Gooday 1991; Elwick 2007.

entsprechende Professuren eingerichtet – oft durch Umwidmung naturhistorischer Lehrstühle. In diesem Zuge entwickelt sich die Zoologie in Deutschland zu einer epistemisch und institutionell eigenständigen Disziplin. In der Anatomie und der Physiologie bleiben zoologische Fragen zwar weiterhin wichtige Forschungsthemen. Durch die neu gewonnene Autonomie ist es der Zoologie als Disziplin jedoch möglich, ein eigenes Forschungsprofil zu entwickeln, das zwischen den taxonomisch-biogeografischen Arbeiten der Naturgeschichte auf der einen Seite und den anatomisch-morphologischen und physiologischen Ansätzen der Anatomie und der Physiologie auf der anderen Seite verortet ist. Neben den auch in den anderen Disziplinen durchgeführten Arbeiten zur Taxonomie, Anatomie, Physiologie, Entwicklungsgeschichte und Embryologie spielt hier besonders die Untersuchung von Tieren in ihrem Lebensraum und im Verhältnis zu ihrer Umwelt eine immer wichtigere Rolle. Genauso wie die Zoologie inhaltlich und methodisch nicht klar von den anderen genannten Disziplinen abzugrenzen ist, steht auch dieser Forschungsansatz zwischen den angeführten Forschungsfeldern. Man beschäftigt sich mit einzelnen Arten und insbesondere mit deren Lebensweise in einem umfassenden Sinne und bringt Lebenszyklus, Verbreitung, Lebensweise und das Verhalten miteinander in Verbindung. Verstärkt wird das Interesse an diesen Zusammenhängen ab den 1860er Jahren, als das Verhältnis zwischen Organismus und Umwelt durch die Evolutionstheorie Darwins noch weiter in den Vordergrund rückt.[7]

Deutlicher als auf inhaltlicher und methodischer Ebene lässt sich dieser neue Ansatz auf praktischer Ebene bestimmen. Denn die skizzierten Untersuchungen können nicht an den präparierten Tieren der naturkundlichen und anatomischen Sammlungen durchgeführt werden, sondern setzen lebende Tiere voraus. Da die Untersuchung der entsprechenden Fragen *in situ* im Rahmen von Exkursionen und Feldstudien eine zwar verbreitete, aber mit einer ganzen Reihe von Schwierigkeiten verbundene Möglichkeit darstellt, wird versucht, die Arbeiten aus dem Feld an den institutionellen Ort der Wissenschaften zu verlegen. Ab den 1860er Jahren werden die Räumlichkeiten zoologischer Institute und Laboratorien immer stärker in diesem Sinne umgenutzt und in künstliche Naturräume umgewandelt. Damit handelt es sich hier in gewisser Weise um die Komplementärbewegung zu den schon lange stattfindenden Bemühungen, Forschungsverfahren aus dem Labor ins Feld zu überführen. Die Zoologie erfährt in der

7 Vgl. Nyhart 1995; Nyhart 1996.

zweiten Hälfte des 19. Jahrhunderts also eine institutionelle Aufwertung und eine Reihe von inhaltlichen, methodischen und praktischen Veränderungen. Damit entsteht eine Situation, die, zusammen mit dem rapiden Wachstum der Wissenschaften im Allgemeinen und der Naturwissenschaften im Besonderen, zu einer für Deutschland spezifischen Konjunktur der Zoologie führt.[8]

Eine zweite, in diesem Zusammenhang wichtige Entwicklung verläuft in enger Verbindung zu der eben beschriebenen. Das Meer rückt seit dem frühen 19. Jahrhundert immer stärker ins Blickfeld lebenswissenschaftlicher Forschung. Dabei spielt ein genuines Interesse am Meer und seiner Flora und Fauna eine ebenso große Rolle wie Probleme der Fischereibiologie und entwicklungsgeschichtliche und embryologische Fragen. In den Anfängen dieser Entwicklung unternehmen einzelne Forscher eigenständig Forschungsreisen an die europäischen Küsten. Ab Mitte des 19. Jahrhunderts verstärkt sich die Meeresforschung zunehmend. Es werden Expeditionen mit speziell dafür ausgerüsteten Schiffen durchgeführt, um das Meer auch abseits der leichter zugänglichen Küsten zu untersuchen. Gleichzeitig werden an allen europäischen Küsten zoologische Forschungsstationen eingerichtet, von denen die 1874 gegründete Zoologische Station Neapel die bekannteste und einflussreichste ist. Obwohl ihr Gründer Anton Dohrn ein alle Aspekte der Lebenswissenschaften umfassendes Forschungsprogramm für die Zoologische Station Neapel plant, wird diese in der Folge vor allem zu einer Hochburg entwicklungsgeschichtlicher und embryologischer Forschung. Die sich aus durchsichtigen Eiern entwickelnden, freilebenden Larven mariner Invertebraten sind die Objekte, die von Fischern im Golf von Neapel gefangen und dann in den Aquarien auf den Arbeitstischen der Station untersucht werden. An diesen Objekten wird versucht, Einblicke in die Prozesse der Individualentwicklung und der größeren evolutionsgeschichtlichen Zusammenhänge zu erlangen. Aufgrund des nur an diesen Orten zugänglichen Untersuchungsmaterials gehört bis in die 1930er Jahre eine Reise nach Neapel oder an eine der anderen Stationen in Europa zum Pflichtprogramm jedes an zoologischen Themen interessierten Wissenschaftlers. Damit finden auch die an den Stationen praktizierten und entwickelten Methoden eine große Verbreitung. Gleichzeitig bleiben sie allerdings an die Verfügbarkeit der verwendeten Organismen und damit an die Stationen und damit an Ort und Zeit

8 Zur Wissenschaftsgeschichte des Felds als Ort der Forschung vgl. Kohler/Vetter 2016.

gebunden. Daraus ergibt sich ein Problem für die sich verbreitende Universitätszoologie.[9]

Diese institutionellen und methodischen Veränderungen haben nicht nur Einfluss auf die zoologische Forschung. Sie stellen auch die Lehre vor neue Herausforderungen. Dies ergibt sich zuallererst aus dem allgemeinen Anstieg der Studentenzahlen an deutschen Universitäten ab den 1860er Jahren, der auch in der Zoologie deutlich spürbar ist. Gleichzeitig ändert sich zunehmend die Unterrichtsform. Der Frontalunterricht der Vorlesung wird wie bereits in anderen Naturwissenschaften durch praktische Übungen ergänzt und das Labor wird zum gemeinsamen Ort für Forschung und Lehre. Dadurch erhöht sich nicht nur der Bedarf an Untersuchungsmaterial. Auch das Problem der oben beschriebenen Zeit- und Ortgebundenheit vieler Methoden verschärft sich zusätzlich. Die Einrichtung künstlicher Naturräume in der Zoologie wird damit auch durch das Bemühen angetrieben, ausreichend Untersuchungsmaterial für die praktischen Übungen verfügbar zu machen und die entsprechenden Forschungsmethoden zu mobilisieren.[10]

Die entscheidende Möglichkeitsbedingung bilden das Aquarium und die Aquarienkunde selbst. Ihre Entwicklung als Technik und Praxis findet in einem Bereich zwischen Wissenschaft und Unterhaltung statt und spiegelt damit die Situation anderer hybrider Wissens- und Praxisräume wider, die im 19. Jahrhundert im Umfeld der sich professionalisierenden und institutionalisierenden akademischen Wissenschaften entstehen. Die zunehmende Bedeutung der Aquaristik als Technologie und Praxis für die Zoologie zeigt sich nicht zuletzt an den Konflikten, die ihre Einführung in zoologischen Instituten nach sich zieht und deren Lösung beim Bau neuer Institute berücksichtigt wird. Im Zuge der Institutionalisierung der Zoologie werden eigene, den philosophischen Fakultäten zugeordnete Professuren und Institute gegründet. Zeitschriften wie die *Zeitschrift für wissenschaftliche Zoologie* zeigen das wachsende Selbstbewusstsein eines sich von Anatomie und Naturgeschichte emanzipierenden Fachs. Während die Arbeit dieser traditionsreichen Disziplin auf dem Aufbau und der Analyse umfangreicher Sammlungen von Präparaten gründet, rückt in der

9 Zur Geschichte der Meeresforschung vgl. Rozwadowski 2005. Zu Meeres- und anderen Forschungstationen vgl. De Bont 2015.

10 Zur Entwicklung der allgemeinen Studentenzahlen vgl. Rüegg 2010. Für eine Auswertung nach einzelnen Universitäten und Fakultäten vgl. Conrad 1893, S. 120-121. Zu den Veränderungen der Lehre in der Zoologie vgl. Hertwig 1893, S. 99-100. Zum Methodenproblem, das sich dadurch verschärft, vgl. auch Kohler 1994, S. 33-37.

Zoologie eine neuartige Form von Sammlung in den Vordergrund. Zwar übernehmen die neuen zoologischen Lehrstühle und Institute die alten Naturalienkabinette. Allerdings verlieren diese Sammlungen im Zuge der methodischen und konzeptionellen Veränderung in der Zoologie für die Forschung sukzessive ihre zentrale Bedeutung in Forschung und Lehre. Die Präparate einzelner oder weniger Individuen einer Art sind für die Untersuchung der Entwicklungsgeschichte und der Lebensweise der Tiere nur bedingt geeignet. Daher werden die naturhistorischen Sammlungen zunehmend durch andere Formen der Sammlung und Materialbeschaffung ergänzt.

Das um 1900 in zweiter Auflage erscheinende *Handbuch der Architektur* vermerkt hierzu, dass bei der Planung zoologischer Institute zu beachten ist, dass in den Forschungssammlungen »das Material [...] auf sehr verschiedene Weise konserviert« wird. Da dieses oft selten ist und immer in entsprechenden Mengen verfügbar sein soll, werden »Tiere in geeigneten Räumen und Behältern lebend vorrätig gehalten«. Und hier sind es, wie weiter betont wird, »an erster Stelle die Aquarien (Süß- und Seewasseraquarien)«, die für diese Zwecke herangezogen und entsprechend in die Institutsgebäude integriert werden müssen.[11] Dagegen dienen die naturhistorischen Präparatesammlungen immer öfter vor allem Schau- und Lehrzwecken. Was im *Handbuch der Architektur* am Anfang des 20. Jahrhunderts rückblickend als notwendige Voraussetzung für ein adäquat eingerichtetes Institut vermerkt wird, ist das Ergebnis eines längeren Entwicklungsprozesses. Dieser beginnt in den 1870er Jahren und beschleunigt sich in den 1880er Jahren mit der Einrichtung neuer Zoologieprofessuren und der Gründung zoologischer Institute an vielen Universitäten. In dieser Zeit werden an sieben der 20 deutschen Universitäten mit Zoologieprofessur neue Institutsgebäude gebaut, die alle in mehr oder weniger großem Umfang den neuen Anforderungen Rechnung tragen.[12]

Bereits der Umstand, dass ein an Architekten gerichtetes *Handbuch* Aquarien als ein zentrales Element bei der Planung von Zoologieinstituten um 1900 hervorhebt, zeigt ihre Bedeutung für die zoologische Forschung. In der Zoologie selbst setzt sich diese Sichtweise bereits in den 1880er Jahren durch. Der Kieler Zoologe Karl Möbius schreibt in einem Artikel über den Bau zoologischer Museen: »Enthält

11 Eggert/Junk/Körner/Schmitt 1905, S. 431-432.

12 Vgl. Eggert/Junk/Körner/Schmitt 1905, S. 434-444; Nägelke 2000. Zur Zahl der Zoologieprofessuren vgl. Nyhart 1995, S. 366-367. Neue Institutsgebäude werden in Erlangen (1885), Freiburg (1886), Jena (1884), Kiel (1880), Leipzig (1880), Strassburg (1893) und Würzburg (1889) gebaut.

das Gebäude zugleich auch das zoologische Institut der Universität, so sind in den kühleren gegen Norden und Osten liegenden Kellerräumen Aquarien aufzustellen.«[13] Nicht immer folgt der Umwidmung alter Räume ein Neubau eigens geplanter neuer Gebäude. Oft verbleiben die Institute Provisorien, sodass sich auch zu Beginn des 20. Jahrhunderts noch keine »bestimmte bauliche Gestaltung«[14] herausgebildet hat. Deutlich zu erkennen ist dagegen die funktionelle Gestaltung, die sich, unabhängig von den räumlichen Gegebenheiten, vor dem Hintergrund der veränderten Forschungsmethoden entwickelt.

Im Folgenden wird diese Entwicklung exemplarisch an vier Beispielen dargestellt. Das zoologische Institut der Universität Leipzig ist das erste zoologische Institut, das dem Prinzip des Labors folgt. Zusätzlich muss eine große Schausammlung mit entsprechendem Publikumsverkehr integriert werden. Hier zeigt sich der Übergangsprozess an der Hybridform zwischen Museum und Labor. Die Gebäude in Freiburg und Würzburg werden dagegen ohne Museumsanteil geplant und sind somit ganz auf die neuen Anforderungen an Forschung und Lehre ausgerichtet. Diese drei ersten Beispiele sind durch die an ihnen durchgeführten Forschungen und die Tierhaltung zudem eng mit der Geschichte des Axolotls verbunden. Das vierte Beispiel bildet das zoologische Institut der Universität Kiel, bei dem Aquarien Teil eines konkreten Forschungsprogramms zur Meeresbiologie werden.

Zwischen Museum und Labor: Rudolf Leuckart und das zoologische Institut der Universität Leipzig

Rudolf Leuckart (1822-1898) wird 1869 Ordinarius für Zoologie und Zootomie und zum Direktor des zoologischen Museums an die Universität Leipzig berufen. Die Räume der Zoologie, die er bezieht, sind gleichzeitig das Museum und befinden sich im Hauptgebäude der Universität, dem Augusteum. Sie umfassen auf zwei Stockwerken drei Säle, zwei Zimmer, ein Direktorenzimmer, ein Inspektorenzimmer und das Auditorium sowie den Keller und eine Kammer auf dem Dachboden. Die Sammlung des Museums wurde von seinem Vorgänger Eduard Pöppig (1798-1868) rein systematisch angelegt und nimmt fast den gesamten zur Verfügung stehenden Raum ein. Für Leuckart ist dies keine akzeptable Situation. Er kommt nicht zuletzt als Vertreter

13 Möbius 1884, S. 380.
14 Eggert/Junk/Körner/Schmitt 1905, S. 433.

einer morphologisch orientierten Zoologie nach Leipzig und benötigt entsprechende Räumlichkeiten, Instrumente und Objekte. Der andere Grund für seine Berufung sind seine als fortschrittlich geltenden Unterrichtsmethoden. Das Zentrum von Forschung und Lehre bildet bei Leuckart bereits seit seiner Zeit als Professor in Gießen das zoologische Praktikum, in dem Studenten zuerst im Arbeiten mit Instrumenten und Methoden angeleitet werden und dann schrittweise eigenständige Forschungen anstellen. Das Laboratorium, also der Ort, an dem Leuckart, seine Mitarbeiter und die Studenten zusammenarbeiten, ist der zentrale Ort seiner Wissenschaft. Damit führt er in die Zoologie jenes Forschungs- und Lehrmodell ein, dass vorher von Justus von Liebig (1803-1873) in Gießen populär gemacht wurde und eine der zentralen strukturellen Entwicklungen der Naturwissenschaften im 19. Jahrhundert darstellt. In Leipzig funktioniert er zu diesem Zweck zuerst einen der Säle des Museums zu einem Laboratorium mit acht Arbeitsplätzen um. Gleichzeitig setzt er sich für den Bau eines neuen Institutsgebäudes ein, dessen Planung zwar bereits 1872 beginnt, das allerdings erst 1880 fertiggestellt wird.[15]

Neben dem Laboratorium als zentralem Forschungs- und Lehrort ist es das Forschungs- und Lehrmaterial, das die neue Zoologie in den alten Räumen vor Probleme stellt. Während Pöppig ein zoologisches Museum in naturhistorischer Tradition angelegt hat, in dem das Tierreich systematisch gesammelt, dargestellt und beschrieben wird, vertritt Leuckart einen entwicklungsgeschichtlichen Zugang. Das Untersuchungsmaterial besteht nun nicht mehr aus einzelnen oder wenigen Vertretern möglichst vieler Taxa, die ihrem Aussehen und ihrer anatomischen Struktur gemäß und damit auch für die Ausstellung konserviert werden. Vielmehr benötigt Leuckart größere Mengen bestimmter Arten in verschiedenen Entwicklungsstadien, deren Analyse und Vergleich nun im Vordergrund stehen. Der Bedarf an großen Mengen dieses Materials wird durch die zentrale Rolle des zoologischen Praktikums in der Ausbildung zusätzlich vergrößert.

In den alten Räumen des Museums im Augusteum konzentriert sich Leuckart zuerst auf die Schaffung einer zootomischen Sammlung und die Einrichtung des Laboratoriums mit entsprechender Ausstattung. Das neue Institutsgebäude in der Leipziger Talstraße, das 1880 eröffnet wird, trägt dann den neuen Anforderungen umfassend Rechnung (vgl. Abb. 11):

15 Zu Leuckart vgl. Wunderlich 1978. Zu seiner Zeit in Gießen vgl. Ankel 1957. Zur Geschichte der Zoologie an der Universität Leipzig vgl. Naumann 2009. Zur Geschichte des Laboratoriums in Forschung und Lehre vgl. Meinel 2000.

> [N]ach den speciellen Angaben [Leuckarts] erbaut, zeichnet [es] sich nicht nur durch eine vortreffliche Einrichtung der Laboratorien und Sammlungssäle aus[,] sondern enthält auch eine ganze Anzahl eigener, nur der Zucht und Pflege der Thiere gewidmeter Räume und Behälter,[16]

wie Paul Fraisse (1851-1909), außerordentlicher Professor für Zoologie unter Leuckart, hervorhebt.[17]

Im neuen Institut bleibt also das Museum mit seinen Sammlungen, das im ersten Stock untergebracht ist, erhalten. Im Erdgeschoss, dem Souterrain und dem Garten befinden sich die Einrichtungen, die Leuckart im alten Institutsgebäude vermisste. Im Erdgeschoss gibt es ein kleines Laboratorium mit sechs und ein großes mit 30 Plätzen. In einem Erker im Eingangsbereich befinden sich große Becken mit verschiedenen Wassertieren. Der Natur- und Heimatkundler Ernst Friedel (1837-1918) verweist auf die verschieden großen »Terrarien und Aquarien, in denen Zucht- und andere Versuche angestellt werden«.[18] Es gibt Käfige, in denen Seidenraupen gezüchtet werden, sowie verschiedene technische Vorrichtungen zur Zucht von Tieren, etwa ein Brutapparat. Das Souterrain ist ganz der Tierhaltung gewidmet. Hier befindet sich der eigentliche Aquarienraum, in dem entlang der Wände zahlreiche Aquarien verschiedener Größe untergebracht sind und der auch sonst über alle für deren Betrieb notwendigen Einrichtungen verfügt. Neben zwei Seewasseraquarien, die das Institut übernommen hat, als das Schauaquarium im Leipziger Schützenhaus geschlossen wurde, gibt es Aquarien, die der Hausmeister des Instituts selbst herstellt. Er orientiert sich dabei an einem von der Zoologischen Station in Neapel eingeführten Modell. Zur Durchlüftung wird ein vom Würzburger Zoologen Johann Wilhelm Spengel entwickelter Apparat eingesetzt, der mit dem Druck aus der Wasserleitung arbeitet. In zwei weiteren Räumen werden Vögel und Säugetiere gehalten.[19]

16 Fraisse 1882, S. 17.

17 Vgl. auch Chun 1909, S. 161-162.

18 Friedel 1887, S. 367.

19 Beschreibungen des neuen Instituts finden sich bei Fraisse 1882; Friedel 1887; Eggert/Junk/ Körner/Schmitt 1905; Chun 1909. Brutapparate oder Inkubatoren, wie der von Roulliet-Arnauld, der in Leipzig angeschafft wird, spielen in der Akklimatisierung eine wichtige Rolle. Zum Durchlüftungsapparat vgl. Spengel 1875. Eine Modifikation dieses Apparates, der dem Umstand Rechnung trägt, dass in den 1870er Jahren Wasserleitungen noch nicht überall verfügbar sind, stellt Friedrich Carl Noll, Herausgeber von *Der Zoologische Garten*, vor, vgl. Noll 1881.

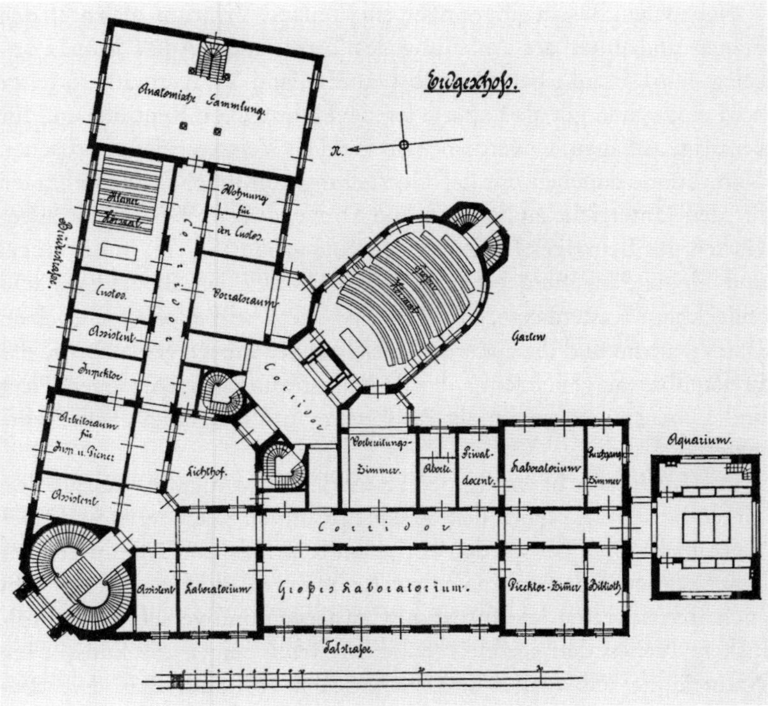

Abb. 11: Der Neubau des zoologischen Instituts der Universität Leipzig zur Zeit von Leuckarts Nachfolger Carl Chun (1909). Die ursprüngliche Anlage ist nur noch zu erahnen. Ein großer Teil des Gartens musste bereits dem neuen Hörsaalbau zwischen den beiden Gebäudeflügeln weichen. An den westlichen Gebäudeflügel, der an die Talstraße grenzt, schließt das unter Chun erbaute, neue Aquariengebäude an.

Zusätzlich verfügt das neue Institut über einen großen Garten, auf den Leuckart bei der Planung besonderen Wert legt. Im Zentrum des Gartens befindet sich ein zementiertes, rundes Bassin, das durch Zwischenwände in Sektoren eingeteilt ist. In diesen Abteilungen kann der Wasserstand frei reguliert werden. Die Belüftung des Wassers erfolgt durch eine Fontäne in der Mitte. Ziel ist es,

> die Tierwelt des Wassers, vom feuchten Erdboden bis zum strömenden Forellenbächlein, in allen Übergängen (Moor, Sumpf, stehendes Wasser, fließendes Wasser) durch charakteristische, gleichzeitig den Universitätslehrzwecken dienende[…] Tiere zu vergegenwärtigen.[20]

20 Friedel 1887, S. 367. Zur Bedeutung des Gartens für Leuckart vgl. Chun 1909, S. 165.

Neben dem Bassin gibt es noch ein Freiland-Vivarium, das nach den Plänen und unter der Anleitung des Terrarianers Adolf Franke angelegt wird. Franke betreibt selbst ein Freiland-Vivarium in Stötteritz bei Leipzig und gilt als Experte für die Haltung von Reptilien und für derartige Anlagen. Er verdient sein Geld als Vertreter der praktischen Naturkunde daneben mit der Herstellung von Präparatesammlungen für den Unterricht an Schulen und Universitäten. Weiter gibt es im Garten des Leipziger Instituts noch eine große Voliere, in der Vögel und kleine Säugetiere gehalten werden, sowie ein Bienenhaus und abdeckbare Kastenbeete, in denen vor allem wirbellose Tiere leben. Das Vivarium und die anderen Einrichtungen dienen genauso wie das Freilandbassin gleichzeitig der Demonstration verschiedener Tiere und Lebensräume sowie als Ressource für Forschungs- und Lehrmaterial.[21]

Das Institut ist bereits in den ersten Jahren von einer Vielzahl von Tieren bevölkert. Neben den bereits erwähnten Säugetieren und einer Vielzahl von Vögeln werden vor allem Reptilien und Amphibien gehalten, unter anderem eine ganze Reihe von Axolotln. Aber es gibt auch Invertebraten wie Insekten, Crustaceen und verschiedene Mollusken. Neben den gezielt gehaltenen Arten zeigen die künstlichen Naturräume selbst eine unvorhergesehene Produktivität. Die Seeanemonen, die für das Meerwasseraquarium angeschafft wurden, füttert man täglich mit frischen Austern. Wie sich herausstellt, sind deren Schalen mit einer Vielzahl von Würmern, kleinen Seeanemonen, Schnecken, Seesternen, Seepocken und Einzellern besetzt, die wiederum in Aquarien übertragen und gezüchtet werden. Fraisse bringt die Bedeutung eines derartig eingerichteten Instituts und besonders des Gartens wie folgt auf den Punkt:

> Wie der Botanische Garten zum Botanischen Institut, so gehört eigentlich zu jedem zoologischen Institut ein, wenn auch nur kleiner, Zoologischer Garten. Freilich fehlt das Interesse hierfür leider den meisten Forschern auf zoologischem Gebiete.[22]

Der zoologische Garten als Referenzpunkt und Vorbild für ein zoologisches Forschungs- und Lehrinstitut, dessen anderes Zentrum ein Laboratorium bildet, wirkt auf den ersten Blick überraschend. Denn

21 Zu Franke vgl. Friedel 1887, S. 361-365. Für sein 1881 erscheinendes Buch *Reptilien und Amphibien Deutschlands. Nach eigenen Beobachtungen geschildert von Adolf Franke* verfasst Leuckart ein Vorwort, vgl. Franke 1881.

22 Fraisse 1882, S. 27. Zu den verschiedenen Tierarten vgl. Fraisse 1882, S. 24; Friedel 1887, S. 367.

üblicherweise werden zoologische Gärten in der Biologiegeschichte entweder überhaupt nicht mit zoologischer Forschung in Verbindung gebracht und unter dem Aspekt »Populärwissenschaft« sowie »bürgerliches« Spektakel abgehandelt oder sie gelten als Orte für die Anfänge von Disziplinen wie Verhaltensforschung, Ökologie und Naturschutzbiologie. Fraisses Einschätzung aus der Perspektive des entwicklungsgeschichtlich arbeitenden Zoologen fällt ähnlich aus, wenn er beklagt, dass Zoos und Schauaquarien für die Zoologen nur schwer zugänglich sind und von diesen nicht genutzt werden.[23]

Versteht man den zoologischen Garten jedoch nicht als die Institution, die Fraisse kritisiert, sondern im weiteren Sinn als Praxis der Tierhaltung, fällt die Referenz auf den zweiten Blick weit weniger überraschend aus. Gerade bei der Akklimatisierung und den Liebhabereien handelt es sich um hybride Bereiche, aus denen nicht nur die Institution des modernen Zoos hervorgeht, sondern sich auch Praktiken der Tierhaltung entwickeln, die zwar weit weniger sichtbar sind, jedoch über ihre große Verbreitung entscheidenden Einfluss haben. Vor diesem Hintergrund erklärt sich auch, warum Fraisses Institutsbeschreibung in der Zeitschrift *Der Zoologische Garten* erscheint. In der gleichen Zeitschrift veröffentlicht auch Ernst Friedel einen Bericht zu Orten der Tierhaltung in Leipzig und Umgebung. Leuckarts neues Institut wird hier zusammen mit dem damals noch privat geführten zoologischen Garten in Leipzig und Frankes Freiland-Vivarium in Stötteritz und damit in eben diesen Kontexten vorgestellt.

Dieser Zusammenhang schlägt sich auch in den Forschungsmethoden und Forschungsfragen der Institutsmitarbeiter nieder. Fraisse beschäftigt sich seit seiner Dissertation über die Anatomie des Rippenmolchs (*Pleurodeles waltl*), die er 1880 bei Carl Gottfried Semper (1832-1893) in Würzburg einreicht, auch intensiv mit der Haltung der Tiere. Er kauft selbst sechs Rippenmolche bei der Berliner Aquarienhandlung Gebr. Sasse und kann zudem vier Exemplare des zoologischen Instituts in Würzburg verwenden. In dieser Zeit erstellt Fraisse auch eine experimentelle Studie zur Gewebe- und Organregeneration bei Wirbeltieren. Der Schwerpunkt der Untersuchung liegt auf Reptilien und Amphibien, wobei er unter anderem mit Axolotln arbeitet und seltenere Arten wiederum bei Sasse in Berlin bezieht. Neben Fraisse arbeiten in Leipzig auch Herbert Haviland Field (1868-1921) für eine Entwicklungsgeschichte der Wirbelsäule bei den Amphibien und Julius Blaues

23 Zum Zoo als Ausgangspunkt und Ort lebenswissenschaftlicher Forschung vgl. etwa Burkhardt 1999; Nyhart 2009; Hochadel 2011.

(Lebensdaten unbekannt) für eine Untersuchung der Nasenschleimhaut bei Fischen und Amphibien mit Axolotln.[24]

Auch der Großteil der weiteren Publikationen im Leipziger Institut fällt in die Bereiche Entwicklungsgeschichte und vergleichende Anatomie. Wie Fraisse betont, dient die Tierhaltung des Instituts also vor allem als Ressource für das im Kontext dieser Forschungen benötigte Material. So ist es gerade für die entwicklungsgeschichtliche Forschung wichtig, dass »stets Eier in allen Entwicklungsstadien frisch zur Verfügung« stehen. Die Wellensittiche des Instituts stellen hier »eine Art lebendiger Brutmaschine« dar und auch die Forelleneier, die von der bereits erwähnten Fischzuchtstation in Huningue bezogen und in einem Fischbrutkasten aus Kalifornien aufgezogen werden, dienen diesem Zweck. Vor diesem Hintergrund stellt Fraisse das neue Institut als Modell für Institutsneubauten in der Zoologie vor. Denn auch Zoologen mit weniger ausgeprägtem Interesse an lebenden Tieren, also Taxonomen und Anatomen, die eigentlich nur mit Sammlungen und »todten Thieren« arbeiten, können aus einer derartigen Anlage ihren Nutzen ziehen:

> Dem Systematiker ist vollauf die Gelegenheit geboten, Thiere der verschiedensten Arten auch einmal lebendig vor sich zu sehen, der Anatom wird in der Zergliederung der immerhin noch häufig genug absterbenden Thiere seine Befriedigung finden und dem Embryologen stehen Eier und Larven in grosser Anzahl zur Verfügung.[25]

Die Haltung lebender Tiere wird als Ressource für verschiedene methodische Ansätze vorgestellt. Und auch die Studenten profitieren in Fraisses Augen von einer derartigen Anlage, ermöglicht doch das auf diese Weise so reichhaltig vorhandene Unterrichtsmaterial praktische Übungen. Daneben erlernen die Studenten den Umgang mit lebenden Tieren, mit den Brut- und Zuchtapparaten sowie den verschiedenen anderen technischen Einrichtungen. Diese Fähigkeiten stellen für Fraisse wichtige Zusatzqualifikationen für die Absolventen der noch jungen Zoologie dar, deren Zahl stetig steigt und für die es im Gegensatz zu den Medizinstudenten zu dieser Zeit keinen etablierten, außeruniversitären Berufsweg gibt.[26]

24 Zu Fraisses Dissertation und den Rippenmolch vgl. Fraisse 1880. Zur Regenerationsstudie vgl. Fraisse 1885. Zu den anderen Arbeiten vgl. Blaue 1882; Blaue 1884; Field 1895.

25 Vgl. Fraisse 1882, hier S. 27. Zu Leuckarts eigenen Arbeiten und den von ihm betreuten Dissertationen vgl. Wunderlich 1978, S. 41-49, 112-123.

26 Vgl. Fraisse 1882, S. 27. Zu den Karrieremöglichkeiten für Zoologen in der zweiten Hälfte des 19. Jahrhunderts vgl. Nyhart 1995, S. 351-352. Die Heraus-

Die ursprüngliche Anlage des Leipziger Instituts hat nur kurz Bestand. Bereits in seinem Aufsatz von 1882 berichtet Fraisse über Beschwerden der Nachbarn über das nächtliche Froschquaken. Und wenig später wird der Garten bereits erheblich durch Neubauten verkleinert, etwa durch die Zentralheizung für die verschiedenen Gebäude. Carl Chun (1852-1914), Leuckarts Schüler und ab 1898 sein Nachfolger in Leipzig, kritisiert, ähnlich wie sein Lehrer 30 Jahre vor ihm, die Gegebenheiten, dieses Mal in Leuckarts Neubau, als unzureichend. Es gibt zu wenig Platz und Licht, nicht zuletzt für das im Keller gelegene Aquarium. Vor diesem Hintergrund und »[d]a zudem die moderne experimentelle zoologische Forschung an ein Aquarium erhöhte Anforderungen stellt«, wird zwischen 1910 und 1912 ein aufwendiger neuer Anbau für Aquarien gebaut, durch den der Garten zusätzlich an Fläche verliert (vgl. Abb. 11). Hier zeigt sich nicht nur die Geschwindigkeit, mit der die auf die Forschungspraxis ausgerichteten Räume veralten, sondern auch die immer weitergehende Integration von Aquarien in der Zoologie.[27]

Leuckart verbindet in seinem Institut die naturhistorische Tradition der Sammlung mit einem Laboratorium, das den neuen Anforderungen an Forschung und Lehre entspricht. Die Tierhaltung in Leipzig steht in enger Verbindung zum Laboratorium und liefert vor allem das Material für Forschung und Lehre. Dabei verdeutlichen die Institutsbeschreibungen von Fraisse und Friedel, dass das Konzept des neuen Gebäudes und insbesondere die Einbeziehung der Tierhaltung in die Planung auf vielfältige Weise von zoologischen Gärten und der Liebhaberei profitieren. Dabei ermöglichen die künstlichen Naturräume eine Erweiterung bereits existierender Methoden und Fragestellungen, insbesondere in der Entwicklungsgeschichte und der vergleichenden Anatomie.

forderungen, die der zoologische Unterricht in dieser Zeit an die Lehrenden stellt, ist auch an einer anderen Neuerung zu erkennen, die Leuckart maßgeblich vorantreibt. Er bringt eine der frühesten Serien von zoologischen Wandtafeln heraus, die einen Überblick über die Anatomie verschiedener Arten und taxonomischer Gruppen geben sollen, vgl. Redi 2002; Hoßfeld/Markert 2011.

27 Vgl. Chun 1909, S. 165-167; Naumann 2009, S. 1144. Zu den Beschwerden der Nachbarn vgl. Fraisse 1882, S. 18.

Wasserkünste: August Weismann und das zoologische Institut der Universität Freiburg

Im zoologischen Institut der Universität Freiburg sieht sich August Weismann im gleichen Zeitraum mit ähnlichen Problemen konfrontiert sieht wie Leuckart in Leipzig. Auch in Freiburg gibt es ein Naturalienkabinett, das lange Zeit den Kern der dortigen Zoologie bildet und in dem Weismann zu Beginn arbeitet. Die Räume des Kabinetts bestehen aus einem kleinen Arbeitszimmer und zwei Sammlungssälen im dritten Stock des alten Universitätsgebäudes. Die Sammlung stellt Weismann um und schafft so Raum für Forschung und Lehre. Zwischen 1863 und 1866, also noch bevor der Zoologielehrstuhl an der Philosophischen Fakultät eingerichtet und er zum außerordentlichen Professor ernannt wird, gelingt es ihm zwei weitere Säle zu akquirieren. Im Laufe der Zeit baut er seinen Raumanteil immer weiter aus und richtet sich ein, sodass ihm 1880 sechs mit Wasserhähnen und Mikroskopen ausgestattete Arbeitsplätze zur Verfügung stehen. Im Jahr 1871 lässt er eine Wasserleitung in zwei der Säle verlegen, mit der die »Zimmer-Aquarien, wie sie für so viele Untersuchungen unentbehrlich sind«, mit Wasser versorgt werden sollen. Weismann interessiert sich anfänglich sowohl für See- als auch für Süßwasseraquarien. Bei seiner Arbeit mit einem Seewasseraquarium, das er mit Organismen aus dem Frankfurter Schauaquarium besetzt, muss er jedoch feststellen, dass es ihm nur bedingt gelingt, die Tiere am Leben zu erhalten und gibt diese Forschungen daraufhin wieder auf. Süßwasserorganismen bilden dagegen einen festen Bestandteil seiner Forschung. Zusätzlich setzt er die Einrichtung von drei Becken im Hofgarten der Universität durch und nutzt den Teich im botanischen Garten für seine Zwecke. Dabei bleibt die Sammlung auch nach dem Umbau der Säle für Publikum zugänglich.[28]

Diese provisorischen Lösungen schränken die Arbeit erheblich ein und führen zu einer Reihe von Konflikten. Durch die Doppelnutzung der Laboratorien als Arbeits- und Ausstellungsräume müssen Aquarien, andere Geräte und das sonstige Arbeitsmaterial zur Besuchszeit weggeräumt werden. Im Jahr 1875 streitet Weismann mit der Univer-

28 Zur Geschichte des zoologischen Instituts in Freiburg vgl. Weismann 1881; Koehler 1957. Zur Gleichzeitigkeit von Museum und Labor vgl. Koehler 1957, S. 133. Zu Weismanns Schwierigkeiten mit den Aquarien vgl. Weismann 1881, S. 83; Churchill/Risler 1999, S. 45.

sitätsverwaltung über den Bau von drei Zementbecken im Hofgarten der Universität, die er als »wesentliche Errungenschaft des Instituts« ansieht. Er beansprucht auch den Teich des botanischen Gartens, für den er, genau wie für die schließlich genehmigten Becken, eine Abdeckung für den Winter fordert. In den Becken und dem Teich will er Wassertiere halten und züchten, da diese in der Umgebung von Freiburg aufgrund von Urbanisierung und Trockenlegungen immer seltener werden und andernfalls »nur durch weite Ausflüge oder in hiesiger Gegend auch gar nicht zu beschaffen wären«. Während Weismann versucht, die Grundlage der Forschung und Lehre an seinem Institut sicherzustellen, sorgt sich die Universitätsverwaltung dagegen um die Idylle des Hofgartens, die sie durch das stehende Wasser der Becken bedroht sieht.[29]

Wie in Würzburg ist der Diener und Konservator des Zoologischen Museums, in diesem Fall Joseph Gehrig (1809-1881), für die Pflege der stetig wachsenden Zahl von Tieren in den Aquarien, Becken und dem Teich verantwortlich. Dieser züchtet unter anderem die Axolotl, die Weismann von Kölliker erhalten hat und die später als nachträgliche Gegenprobe zu Marie von Chauvins erstem Experiment dienen (vgl. Kapitel 4). Als sich Gehrigs Gesundheit im Alter verschlechtert, übernimmt sein Sohn Gustav (Lebensdaten unbekannt) dessen Aufgaben. Da es immer wieder zu Wasserschäden in den Räumen des Instituts und den darunterliegenden Geschossen kommt, wird 1881 eine universitätsinterne Ermittlung gegen den Sohn eingeleitet. Nachdem sich herausstellt, dass die Ursache der Schäden die falsche Handhabung der Aquarien in Weismanns Institutsräumen ist, soll Gustav Gehrig für die entstandenen Schäden zur Rechenschaft gezogen werden. Er verteidigt sich mit dem Hinweis, dass nicht klar festgelegt ist, wer für die Aquarien verantwortlich sei und dass er keine Anleitung »zur Bedienung der Aquarien und zum Umgang mit fließendem Wasser« erhalten habe. Zudem verbringe Weismann selbst sehr viel Zeit mit den Aquarien und ist meist der letzte, der das Institut verlässt, »und am Morgen ist dann alles überfluthet«. Hier wiederholen sich ähnliche Probleme wie bei Weismanns Arbeit mit den Axolotln und dem Seewasseraquarium. Aquarien sind, wie sich zeigt, sowohl in räumlich-technischer Hinsicht als auch im praktischen Umgang zu diesem Zeitpunkt nur provisorisch in das zoologische Institut integriert.[30]

29 Vgl. Weismann 1881, S. 83; Koehler 1957, S. 133.
30 Vgl. Koehler 1957, S. 133-134. Joseph Gehrig ist pensionierter Lehrer, der 1872 Joseph Lerch auf die Stelle des Konservators und Institutsdieners nach-

Weismann nutzt für seine Forschung aber nicht nur Aquarien, Becken und den Teich als künstliche Naturräume. Für seine Experimente zum Saisondimorphismus der Schmetterlinge, die er bereits in den 1860er Jahren beginnt, züchtet er in großem Umfang Schmetterlinge und untersucht den Einfluss der Umgebungstemperatur auf ihre Entwicklung. Dafür benutzt er Eisschränke, kühle Keller, Gewächshäuser und geheizte Zimmer. So kann er jeweils unterschiedliche Temperaturen erzeugen und deren Einfluss auf die Entwicklung der saisonalen Varianten mit ihrem unterschiedlichen Aussehen untersuchen. Da Weismann, wie er beklagt, zu dieser Zeit noch über kein Institut mit den entsprechenden Einrichtungen verfügt, bittet er den Wirt eines Freiburger Hotels, dessen Eisschrank für seine Versuche nutzen zu dürfen. Hier zeigen sich die Dringlichkeit, mit der neue Institutsgebäude mit ihren künstlichen Naturräumen nicht nur in Freiburg benötigt werden, und das Netzwerk, das mobilisiert wird, um diese provisorisch zu ersetzen.[31]

Vor dem Hintergrund dieser Provisorien, des immer dringlicher werdenden Platzmangels im alten Universitätsgebäude und da, wie das Verfahren gegen Gustav Gehrig zeigt, »[v]on jeher und überall […] Zoologen, die in geisteswissenschaftlichen Häusern zu Gast sind, durch ihre unerbetenen Wasserkünste auf[fallen]«,[32] gelingt es Weismann schließlich den Neubau eines eigenen Institutsgebäudes durchzusetzen, das 1886 eröffnet wird (vgl. Abb. 12). Im neuen Gebäude ist kein Platz für die zoologische Sammlung vorgesehen, die in einem eigenen, 1889 fertiggestellten, einstöckigen Gebäude neben dem eigentlichen Institut untergebracht wird. Daneben befinden sich auf dem Institutsgrundstück ein einfaches Stallgebäude für Tiere, ein kleiner Teich und vier Bassins. Die Aquarien sind in einem Aquarienraum im Sockelgeschoss des Institutsgebäudes untergebracht.[33]

Aquarien spielen in Freiburg eine wichtige Rolle in Forschung und Lehre. Die Aquarien dienen hier vor allem der Aufnahme und Haltung verschiedener Organismen. In der Forschung liegt der Fokus, ähnlich wie in Leipzig und Würzburg, auf entwicklungsgeschichtlichen Arbeiten

folgt. Sein Sohn Gustav Gehrig vertritt seinen kranken Vater bereits einige Zeit, bevor dieser 1881 im Alter von 72 Jahren an einem Schlaganfall stirbt, vgl. Weismann 1881, S. 83.

31 Vgl. Churchill/Risler 1999, S. 599.

32 Koehler 1957, S. 134.

33 Zur Durchsetzung von Weismanns Vorhaben vgl. Koehler 1957, S. 134. Zum neuen Institutsgebäude vgl. Stengel 1898, S. 512-513; Eggert/Junk/Körner/Schmitt 1905, S. 438-439; Koehler 1957, S. 134-135, Nägelke 2000, S. 312-313.

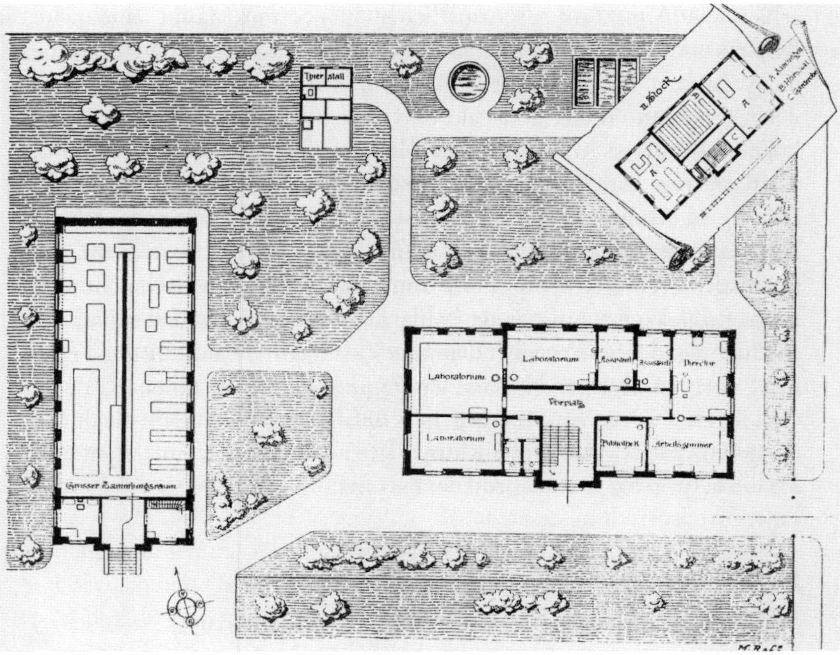

Abb.12: Der Neubau des zoologischen Instituts der Universität Freiburg zeigt die verschiedenen Einrichtungen zur Tierhaltung und auch die Trennung von Institut und Museum. Das Museum am westlichen Rand des Grundstücks besteht nur aus einem großen Sammlungssaal. Im Institutsgebäude sind Räume für Forschung und Lehre eingerichtet. Das Laboratorium bildet hier den zentralen Ort. Neben dem Stallgebäude am nördlichen Rand des Grundstücks sind der Teich und die Bassins zu erkennen (1898).

an einer großen Bandbreite von Organismen. Die Bedeutung hier und in der Lehre zeigt nicht zuletzt ein Praktikumslehrbuch, das Valentin Haecker (1864-1927), seit 1890 Weismanns Assistent und seit 1895 außerplanmäßiger Professor für Zoologie unter ihm, 1899 veröffentlicht. Das Thema ist die Zytologie und damit die Teilung und Befruchtung der Zelle. Da in diesem Zusammenhang ähnlich wie in der Physiologie taxonomische Überlegungen nur eine untergeordnete Rolle spielen, wählt Haecker die zu verwendenden Organismen vor allem dahingehend aus, dass sie leicht verfügbar und für die Darstellung des zu demonstrierenden Phänomens gut geeignet sind. Bei ihm sind Aquarien für die Haltung und Zucht verschiedener Tiere, unter anderem Axolotln, notwendig. Er zeigt zudem, dass einige für das Praktikum brauchbare Organismen wie bestimmte Einzeller leicht in bereits vorhandenen Aquarien zu finden sind. Wie bereits in Leipzig erhält das Aquarium als künstlicher Naturraum damit eine neue Dimension, da nicht nur gezielt darin gehaltene Organismen Verwendung finden, sondern sein Inhalt ein Eigenleben entwickelt, das wiederum neues Interesse weckt und neue Möglichkeiten eröffnet.[34]

Die Freiburger Aquarien dienen hauptsächlich der Aufnahme und Haltung von Organismen für Forschung und Lehre. Während in Leipzig die Sammlung noch einen Großteil des zur Verfügung stehenden Raums in Anspruch nimmt, gelingt es Weismann, diese so weit zu marginalisieren, dass sie bei der Planung eines neuen Institutsgebäudes keine Berücksichtigung mehr findet und in einem einfachen Nebengebäude untergebracht wird. Damit vollzieht er die methodische Trennung von Naturgeschichte und Zoologie auch auf räumlicher Ebene. Gleichzeitig werden in Freiburg die Konflikte offensichtlich, die durch die neue Arbeitsweise und die künstlichen Naturräume entstehen und die ein Grund für den Institutsneubau sind.

Mehr Licht: Carl Gottfried Semper und das zoologische Institut der Universität Würzburg

Als Carl Gottfried Semper im Jahr 1869 zum ordentlichen Professor für Zoologie und Direktor des zoologischen Kabinetts an die Universität Würzburg berufen wird, findet er eine ähnliche Situation vor wie Leuckart und Weismann. Die Räume des Kabinetts befinden sich im alten Universitätshauptgebäude und sind ganz auf die Anforderungen einer naturhistorisch-systematischen Sammlung ausgerichtet. Im Jahr 1871 wird, nicht zuletzt auf Betreiben Sempers, das zoologische Kabinett institutionell zu einem Institut aufgewertet und auf diesem Weg zumindest administrativ den geänderten Anforderungen an Forschung und Lehre angepasst. Semper wird damit Direktor des zoologisch-zootomischen Instituts der Universität Würzburg und ordentlicher Professor für Zoologie und vergleichende Anatomie. Der von Semper gewählte Name »zoologisch-zootomisches Institut« ist, wie sein Nachfolger Theodor Boveri (1862-1915) betont, »ein Kampfname«,[35] der das veränderte Selbstbewusstsein der Zoologie zeigen und nicht zuletzt gegen die Ansprüche der Anatomie verteidigen soll.[36]

34 Vgl. Haecker 1899, hier S. 12. Abgesehen von Aquarien verweist Haecker auch auf Gewächshäuser, Schlachthäuser und Keller als Materialquellen.

35 Boveri 1914, S. 76.

36 Vgl. auch Semper 1874b, S. 1. Zu Semper vgl. Schuberg 1891a; Mayr 2008.

Aus praktischer Perspektive sind die Räume seines neuen Instituts jedoch noch immer die alten Räume eines Kabinetts oder Museums und daher wenig geeignet für die von ihm geplante Forschung und Lehre, die ebenfalls nach dem Laboratoriumsmodell erfolgen soll. Neben der obligatorischen Entwicklungsgeschichte will er vor allem »experimentell biologische[...] Studien« durchführen, die den Einfluss der Lebensbedingungen auf den Organismus im Kontext der Evolutionstheorie untersuchen. Diese Fragen finden aus seiner Sicht in der damaligen Zoologie zu wenig Berücksichtigung.[37]

Entsprechend ist Semper in den ersten Jahren seiner Professur vor allem damit beschäftigt, die Sammlung mehrfach umzustellen, die vielen schlecht erhaltenen Präparate auszusortieren und so Platz »für practische Uebungen oder Untersuchungen« zu schaffen. Auf diese Weise gelingt es ihm »ausser dem Zimmer des Dieners, 3 kleinere Zimmer, jedes mit je einem grossen Fenster, ein grösseres mit 2 und ein[en] Saal mit 4 solchen« für Forschung und Lehre zu gewinnen. Es geht also auch in Würzburg um Raum zum Arbeiten und Licht zum Mikroskopieren. Letzteres ist allerdings trotz aller Umstellungen nicht in ausreichendem Maße zu bekommen. Semper beklagt sich mehrfach darüber, dass die Räume »dumpf« seien und nur für einige Stunden am Nachmittag Sonne durch die Fenster scheine. Die schlechten Lichtverhältnisse beeinträchtigen nicht nur die mikroskopische Arbeit, die eine wichtige Grundlage des funktionell-morphologischen Ansatzes ist, sondern auch die von ihm geplanten experimentell-biologischen Arbeiten.[38]

Im Zentrum dieser Forschung steht die Arbeit mit Aquarien, die Semper anfangs in zwei der kleineren Zimmer unterbringt. Das erste Forschungsprojekt in dieser Richtung beschäftigt sich mit den Wachstumsbedingungen der Spitzschlammschnecke *(Lymnaeus stagnalis)*. Anfänglich will Semper herausfinden, ob die zweigeschlechtliche Schneckenart zur Selbstbefruchtung und zur Parthenogenese fähig ist. Allerdings scheitern diese Versuche, da die »Aquarien, in dem uralten Gebäude der Universität befindlich, unter Mangel an Licht und Ueberfluss an Staub und Pilzen«[39] leiden und sich dadurch eine Vielzahl an Parasiten entwickelt, die schließlich auch die Schnecken befallen und zum Absterben bringen. Im Laufe dieser ersten Versuche stellt Semper

37 Schuberg 1891a, S. X. Der Begriff »biologisch« trägt hier die im 19. Jahrhundert verbreitete Bedeutung einer Untersuchung der Lebensbedingungen von Lebewesen vgl. Toepfer 2011a, S. 260-261.

38 Vgl. Semper 1874b, S. 6.

39 Semper 1874c, S. 139-140.

jedoch fest, dass das Größenwachstum der Schnecken, die er in eigenen Aquarien isoliert um ihre Fortpflanzung zu beobachten, in Abhängigkeit zur sie umgebenden Wassermenge variiert. Die schlechten Lebensbedingungen in den Institutsräumen führen so selbst zu einem neuen Experiment über die Lebensbedingungen der Schnecken und werden so auf unerwartete Weise produktiv.[40]

Neben dem Mangel an Licht und der schlechten Luft sind auch die infrastrukturellen Voraussetzungen in den alten Räumen unzureichend. So verfügt die Universität nur über »ungenügende Wasserleitungsröhren«,[41] sodass weder die Aquarien mit ausreichend frischem Wasser versorgt werden können, noch eine zufriedenstellende Durchlüftung des Wassers gewährleistet ist. Die Lösung des Durchlüftungsproblems erläutert Semper im Zusammenhang mit den Wachstumsexperimenten ausführlich. Um auf der einen Seite das Wasser mit Sauerstoff anzureichern und auf der anderen Seite eine Störung der Aquarien durch eine zu starke Wasserbewegung zu verhindern, leitet er das Wasser aus der Zuleitung über neun Arme zuerst in jeweils neun Glasgefäße, in die »ein dünner Wasserstrahl mit bedeutender Kraft« strömt und so das Wasser durchlüftet. Aus diesen Gefäßen wird das belüftete Wasser mittels Heber in die eigentlichen Aquarien mit den Schnecken befördert. Semper nutzt die Aquarien damit als kontrollierbare künstliche Naturräume, um Störungen zu identifizieren und soweit zu kontrollieren, dass am Ende nur der zur Verfügung stehende Raum als ausschlaggebender Einfluss auf das Wachstum der Schnecken übrigbleibt.[42]

Auf diese Weise entwickeln Semper und seine Mitarbeiter eigene technische Lösungen und beteiligen sich am aquaristischen Diskurs, der Anfang der 1870er Jahre noch hauptsächlich in der Zeitschrift *Der Zoologische Garten* stattfindet. Semper selbst berichtet hier über seine Erfahrungen mit einem Seewasseraquarium und diskutiert in diesem Zusammenhang die Vor- und Nachteile verschiedener Durchlüftungsvorrichtungen, die er selbst ausprobiert hat. Seine Erwähnung eines Federwerks zur Durchlüftung etwa veranlasst den Aquarienliebhaber Emil Buck (1840-1899) zu einem Bericht über seine langjährigen Erfahrungen mit diesem Mechanismus. Im gleichen Band stellt der Aquarienliebhaber H. Dorner (Lebensdaten unbekannt) einen Durch-

40 Vgl. Semper 1872; Semper 1874c. Nach heutiger Nomenklatur ist der wissenschaftliche Name der Schnecke *Lymnaea stagnalis*.

41 Semper 1874b, S. 6.

42 Vgl. Semper 1872; Semper 1873, S. 62-63.

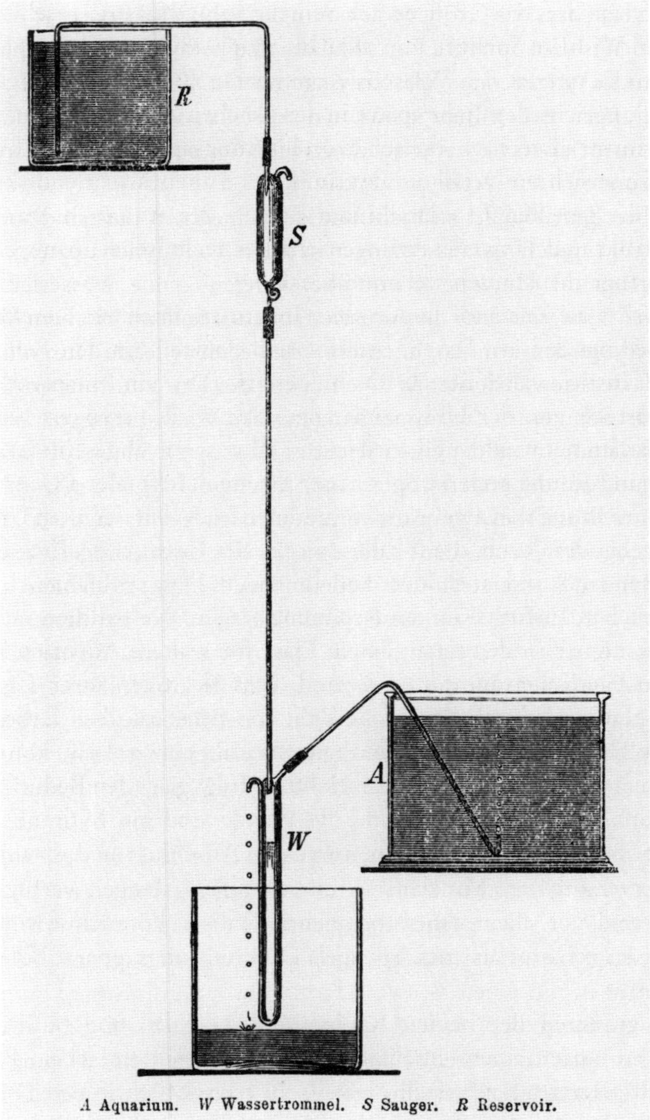

Abb. 13: Auch Zoologen treten als Praktiker auf und beteiligen sich an den Bemühungen zur Lösung des Belüftungsproblems. So entwickelt Johann Wilhelm Spengel in seiner Zeit als Assistent von Carl Gottfried Semper in Würzburg einen Apparat, der im Institut eingesetzt wird und den er in der Zeitschrift *Der Zoologische Garten* veröffentlicht (1875).

lüftungsapparat vor, den er bei Semper in Würzburg gesehen hat. Johann Wilhelm Spengel, von 1874 bis 1876 Assistent bei Semper und später Übersetzer von Velascos Kommentar zu Weismann (vgl. Kapitel 4), berichtet ein Jahr später in der gleichen Zeitschrift über einen im Institut weiterentwickelten Durchlüftungsapparat (vgl. Abb. 13). Hier zeigt sich im Detail die Dynamik des frühen Aquariendiskurses. Über die geteilten Probleme beim Betrieb der Aquarien entwerfen Liebhaber und Universitätswissenschaftler technische Lösungen, die sie im engen Austausch weiterentwickeln.[43]

Da sich die Zustände in den alten Institutsräumen auf diesem Weg nur bedingt bessern lassen, bemüht sich Semper um den Bau eines neuen Institutsgebäudes. Obwohl bereits 1875 ein entsprechendes Grundstück von der Universität angekauft wird, verzögert sich der Neubau immer wieder und wird erst 15 Jahre später abgeschlossen. Als Übergangslösung setzt Semper in der zweiten Hälfte der 1870er Jahre die Einrichtung von zwei Aquarienräumen im Keller des alten Universitätsgebäudes durch, die für die Zwecke des Instituts deutlich besser geeignet sind und auch den zunehmenden Platzproblemen in den eigentlichen Institutsräumen Rechnung tragen. Neben dem nun zur Verfügung stehenden zusätzlichen Platz für weitere Aquarien haben die beiden Kellerräume den Vorteil, dass sie, trotz ihrer Lage im Untergeschoss, durch eine große Zahl von Fenstern über verbesserte Lichtverhältnisse verfügen und gleichzeitig eine relativ konstante Temperatur garantieren. Ihre Einrichtung folgt ganz den Bedürfnissen der Aquaristik. Der Boden und die Wände sind mit hydraulischem Mörtel verputzt und es gibt einen direkten Anschluss an die städtische Wasserversorgung. Mit dem so in beliebigen Mengen verfügbaren kalk- und vor allem sauerstoffreichen Wasser können sowohl die Aquarien versorgt als auch Spengels Durchlüftungsapparat betrieben werden.[44]

Im größeren der beiden Räume sind 24 Salz- und Süßwasseraquarien, »nach einem geschmackvollen, zugleich einfachen, Pariser Modell gefertigt«, aufgestellt, jeweils zu sechs Stück in den Nischen der acht Fenster des Raums. Diese Aquarien sind als Kaskaden zu je drei Stück so angeordnet, dass das Wasser aus der Leitung durch drei Aquarien und vom dritten Aquarium über den Tisch schließlich in den Abguss am Boden läuft. In einigen Aquarien ist mithilfe dieses System

43 Vgl. Semper 1874a; Buck 1874; Dorner 1874; Spengel 1875.

44 Zum Institutsneubau vgl. Schuberg 1891a, S. X. Zum Aquarienraum vgl. Braun 1878a.

ein Mechanismus eingebaut, der den Zu- und Abfluss des Wassers so steuern soll, dass ein Gezeiteneffekt entsteht. Weiterhin gibt es eine Reihe kleinerer Aquarien. Im kleineren der beiden Räume befindet sich zudem »ein grosser Blechkasten mit Springbrunnen, enthaltend Fische, Frösche und Muscheln zum gewöhnlichen Bedarf« und ein großes Aquarium, in dem Flusskrebse gezüchtet werden.[45]

Aber auch abseits der Aquarien wird die Tierhaltung im alten Würzburger Institut ausgebaut. So werden in größerem Umfang Terrarien angeschafft, um verschiedene Reptilien zu halten und zu züchten. Des Weiteren werden Räume für Vögel und Säugetiere eingerichtet. Bereits 1872 beklagt sich Semper über das Fehlen eines Präparators, da der Diener »der mühseligen Pflege der lebenden Thiere wegen nur wenig Zeit zum Skelettiren übrig«[46] hat.[47]

Der seit Anfang der 1870er Jahre geplante Institutsneubau wird am 2. November 1889 feierlich eröffnet (vgl. Abb. 14). Entsprechend des problematischen Zustands der ursprünglichen Sammlung spielt diese in der Planung des neuen Gebäudes so gut wie keine Rolle mehr. Da keine großen Sammlungs- oder Museumssäle benötigt werden, unterscheidet sich das neue Gebäude architektonisch deutlich vom Leipziger Institut. Aufgrund der ähnlichen Ausrichtung in Forschung und Lehre gibt es aber durchaus auch Parallelen. Denn, wie es Sempers Assistent August Schuberg (1865-1939) in seiner Beschreibung des neuen Gebäudes ausdrückt, »das Gebäude wird gewissermassen zur Verkörperung der herrschenden Ideen«. Durch das Fehlen der Sammlung wird dies beim Würzburger Institut noch viel deutlicher als in Leipzig. Auch hier gibt es einen großen Garten, den Schuberg als einen der »werthvollsten Bestandteile unseres neuen Heims« bezeichnet. Aber auch das Gebäude selbst ist viel umfassender an die Bedürfnisse der neuen Zoologie angepasst. Schuberg fasst diese wie folgt zusammen:

> In einer Zeit, wo man allerorts marine zoologische Stationen gründet und sogar mit der Einrichtung von Süsswasserstationen begonnen hat, dürfte es fast Wunder nehmen, dass die am meisten der Forschungsarbeit dienenden Universitätsinstitute zur Zucht und Beobachtung selbst der einheimischen Tiere oft sehr wenig Gelegenheit bieten.[48]

45 Vgl. Braun 1878a, S. 35-36.
46 Semper 1874b, S. 8.
47 Vgl. Braun 1878b.
48 Schuberg 1891b, hier S. 9.

Das gesamte Institut ist also als künstlicher Naturraum konzipiert,in dem eine große Bandbreite unterschiedlichster Tiere gehalten und gezüchtet werden kann, um diese dann für Forschung und Lehre zu verwenden. Zu diesem Zweck wird ein hochgradig kompartimentalisierter Raum geschaffen, in dem »Tieren der verschiedensten Existenzbedürfnisse möglichst günstige Verhältnisse«[49] geboten werden können. Sempers Interesse an experimentell-biologischer Forschung gibt hier neben den von Schuberg angeführten meeres- und süßwasserbiologischen Stationen die Richtung vor.

Dem Institutsgebäude ist in einem Anbau ein getrennt beheizbares Warmhaus angeschlossen, das den »hübschen Charakter einer kleinen Tropenlandschaft« hat. Hier befinden sich auch mehrere beheizbare Zementbassins sowie eine Reihe kleinerer Aquarien. Die eigentlichen Aquarienräume liegen im Sockelgeschoss. Weiterhin werden ein Bienenstock und ein Taubenschlag eingerichtet sowie ausreichend Wasseranschlüsse und elektrisches Licht. Das ablaufende Wasser aus den Zementbassins des Warmhauses wird als kleiner Bach durch eine künstliche Grotte, die zusätzliche Aquarien und Zuchtbehälter beherbergt, in den Garten geleitet. Im Garten selbst befinden sich weitere fünf Zementbassins zur Fischzucht. Diese sind so hintereinander gestaffelt, dass, ähnlich wie im Aquarienraum des alten Instituts, das Wasser in einer Kaskade nacheinander durch alle Bassins und schließlich in den Bach fließt. Dieser mündet in einem eigens anlegten Teich, der »[t]eils durch unser eigenes Zuthun, grösstenteils aber von selbst [...] bereits in erfreulichster Weise mit einem ziemlichen Reichtum namentlich niederer Tiere bevölkert« wird. Die Fauna des Teiches findet Verwendung als zusätzliches Material in Forschung und Lehre sowie als Futterquelle für andere Tiere des Instituts. Die Bedeutung des Teichs für das Institut hebt Sempers Nachfolger, Theodor Boveri, noch im Jahr 1914 hervor. Neben diesen Einrichtungen ist ein Stall mit Voliere geplant, für den allerdings noch das Geld fehlt.[50]

Semper stirbt bereits vier Jahre nach der Einweihung des neuen Gebäudes nach längerer Krankheit und kann den von ihm konzipierten künstlichen Naturraum nur noch wenig für eigene Forschungen nutzen.[51] Doch bereits seine Arbeiten aus der Zeit vor dem Neubau zeigen, wie er die künstlichen Naturräume und hier vor allem Aquarien nicht

49 Schuberg 1891b, S. 9.

50 Vgl. Schuberg 1891b, S. 8 und 10; Boveri 1914, S. 77.

51 Vgl. Schuberg 1891a, S. XI-XII. Bis kurz vor seinem Tod arbeitet Semper weiter mit Aquarien und berichtet in seiner letzten Veröffentlichung über seine Beobachtungen, vgl. Semper 1891.

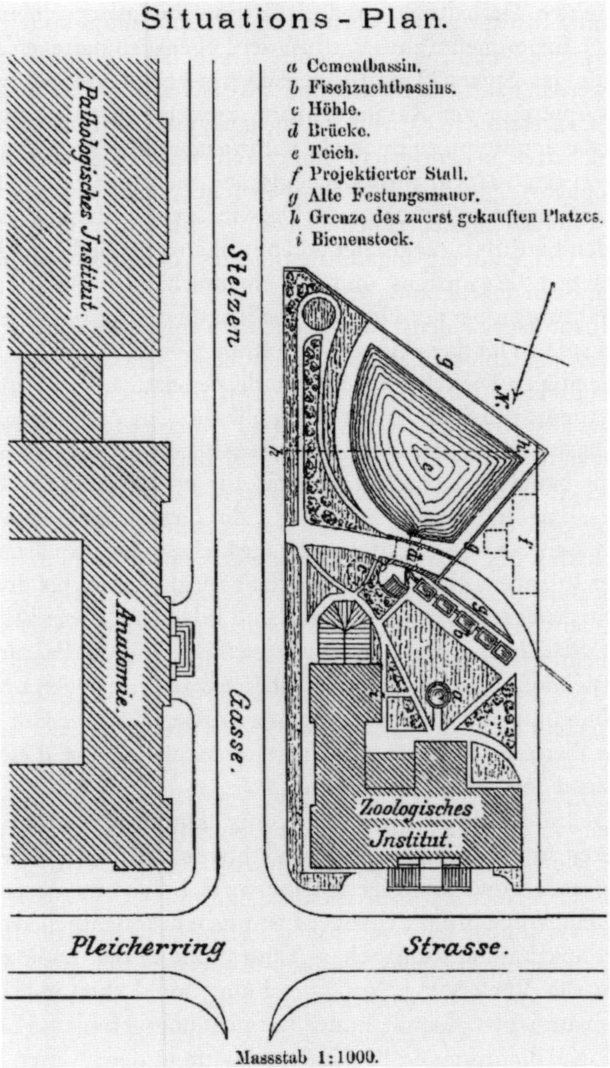

Abb. 14: Der Lageplan des neuen Institutsgeländes von Carl Gottfried Semper zeigt, wie umfassend die künstlichen Naturräume in der Zoologie angelegt sind (1891). Ausgehend von der auf dem Plan angegebenen Orientierung befindet sich das Institutsgebäude am nördlichen Rand des Grundstücks (als Zoologisches Institut bezeichnet). Am süd-östlichen Flügel schließt das Warmhaus an. Davon ausgehend ist die Lage der Grotte (mit c bezeichnet) angedeutet. Westlich der Grotte liegen die zu einer Kaskade angeordneten Zementbassins (mit b bezeichnet). Am südlichen Rand des Grundstücks und eingefasst von der alten Festungsmauer (mit g bezeichnet) liegt der Teich.

nur zur reinen Tierhaltung, sondern als Forschungsinstrumente einsetzt. Seine Experimente zum Einfluss der Lebensbedingungen auf das Wachstum der Spitzschlammschnecken verweisen auf ein weitergehendes Interesse am Zusammenhang zwischen Organismus und Umwelt, das er mit seinem Buch *Die natürlichen Existenzbedingungen der Thiere* von 1880 in protoökologischer Richtung verfolgt. Hier untersucht Semper im Anschluss an Darwins Evolutionstheorie systematisch den Einfluss biologischer und physikalischer Bedingungen auf den tierischen Organismus und die entsprechenden Anpassungen. Seine Erfahrungen bei der Haltung von Tieren und insbesondere mit Aquarien spielen hierbei eine wichtige Rolle.[52]

Gleichzeitig entwickelt er eine Methode, den natürlichen Fortpflanzungsrhythmus des Axolotls zu manipulieren. Das Ziel dieser Manipulation besteht darin, den Zeitpunkt des Ablaichens zu kontrollieren und damit bei Bedarf frisches Material für embryologische Untersuchungen zur Verfügung zu haben. Zu diesem Zweck setzt er geschlechtsreife Tiere zu mehreren in enge Gefäße oder Aquarien ohne Sand oder Pflanzen. Nach vier Monaten verlegt er zwei bis drei Pärchen in ein großes Aquarium mit Sand und Pflanzen. Wie er berichtet, beginnen diese dann sehr schnell und zuverlässig mit der Paarung und dem Ablaichen. Da jedes Weibchen aber trotzdem nur zwei Mal im Jahr laicht, empfiehlt er »einen ziemlich grossen Vorrath von reifen, d.h. zum Eierlegen geschickten Thieren« anzulegen, um diese dann entsprechend dem Bedarf einzusetzen.[53]

Diese Methode zeigt, wie das Aquarium zusammen mit dem Axolotl und anderen Amphibien zu einem produktiven Werkzeug in der Embryologie und Entwicklungsgeschichte wird. Bereits im Zusammenhang mit den Arbeiten des Leipziger Instituts wurde deutlich, dass eine zentrale Funktion der künstlichen Naturräume in den zoologischen Instituten die Versorgung von Forschung und Lehre mit Untersuchungsmaterial ist. Gerade in der Entwicklungsgeschichte und der Embryologie, die durch die Evolutionstheorie in der zweiten Hälfte des 19. Jahrhunderts wichtige neue Impulse erfahren, ist die Verfügbarkeit von lebendem Untersuchungsmaterial in möglichst vielen verschiedenen Entwicklungsstadien eine unabdingbare Voraussetzung.

52 Vgl. Semper 1880, insbesondere S. 73, 95, 195-196, 215-216, 273-274, 283-284, 287.

53 Vgl. Semper 1878. Die sechs Tiere, aus denen er viele hundert Individuen züchtet, hat das zoologische Institut aus Köllikers Zucht erhalten, vgl. Braun 1876; Semper 1880, S. 111. Sempers Mitarbeiter, der spätere Zoologieprofessor Max Braun, berichtet in der *Isis* über die Erfahrungen in der Haltung und Pflege der Tiere, vgl. Braun 1876.

Meeresbiologische Stationen, insbesondere Anton Dohrns Zoologische Station in Neapel, werden zu Zentren dieser Forschung, die hier auch eine zunehmend experimentelle Ausrichtung entwickelt. Ab Ende der 1870er Jahre entwickelt sich die Reise ans Meer für die meisten Zoologen zu einem disziplinären Initiationsritus und zu einem obligatorischen Teil der Sommersemesterferien. Man reist im Sommer ans Meer, um zu forschen und Material für die Arbeit an der heimatlichen Universität zu sammeln.[54]

Mit der wachsenden Bedeutung von Entwicklungsgeschichte und Embryologie ab den 1880er Jahren beginnt dieser Arbeitsmodus problematisch zu werden. In seinem Aufsatz »Experimentelle Untersuchung über die Regeneration der Keimblätter bei den Amphibien« bezeichnet der Dorpater Zoologe Dietrich Barfurth (1849-1927) das Amphibienei als »pièce de résistance für die armen Leute, denen ein längerer Aufenthalt an der See durch Beruf und andere Fesseln unmöglich gemacht wird«.[55] Die Frage, ob man experimentelle Embryologie betreibt oder nicht, ist also nicht (mehr) nur eine epistemische, sondern für eine zunehmende Zahl von Zoologen auch eine ökonomische und soziale Frage. Gleichzeitig werden die entsprechenden Methoden auch Teil des praktischen Unterrichts in der Zoologie, der den Bedarf an entsprechendem Material zusätzlich erhöht. Sempers Methode, zu beliebiger Zeit Axolotleier zu erhalten, stellt in diesem Kontext einen ersten wichtigen Schritt zu einer Lösung dar. Barfurth, der in seiner Forschung ebenfalls Axolotl verwendet, hebt in einem Aufsatz von 1894 diesen Vorteil des Axolotls gegenüber einheimischen Amphibien hervor. Während die Tiere bei Semper nur zwei Mal im Jahr laichen und es vor allem darum geht, den Zeitpunkt der Fortpflanzung zu kontrollieren, berichtet Barfurth 20 Jahre später bereits von vier Fortpflanzungen pro Jahr.[56]

54 Zum Materialbedarf der Entwicklungsgeschichte vgl. Lenoir 1982, S. 246-275; Churchill 1991, S. 16-20. Zur Experimentalisierung der Entwicklungsgeschichte an meeresbiologischen Stationen vgl. De Bont 2015, S. 51-70. Zum Zusammenhang von Zoologie und Tourismus vgl. Groeben 2008.

55 Barfurth 1893, S. 313.

56 Barfurth 1894b, S. 362. Aus dem gleichen Grund werden am Beginn des 20. Jahrhunderts die gerade kommerziell verfügbar gewordenen Filmkameras eingesetzt, um Studenten mittels mikrokinematografischer Zeitrafferaufnahmen einen lebendigen Eindruck von Zellteilung und Entwicklung am Beispiel des prominentesten Organismus in diesem Zusammenhang, dem Seeigel, zu gewähren, der ansonsten nur an den meeresbiologischen Stationen studiert werden kann, vgl. Landecker 2012, S. 381-384. Zur Bedeutung des Seeigels in der Embryologie vgl. Ernst 2011.

Tiere wie der Axolotl und die Manipulation ihres Fortpflanzungszyklus machen es so möglich, ein weiteres praktisches Problem der Embryologie zu lösen, das sowohl die Arbeit an meeresbiologischen Stationen als auch in zoologischen Instituten im Inland betrifft. Die Fortpflanzung fast aller verwendeten Arten folgt einem jährlichen Zyklus. Damit sind die für die Forschung so wichtigen Eier und die sich daraus entwickelnden Stadien nur zu bestimmten Zeitpunkten verfügbar. Wie Sempers und Barfurths Arbeiten zeigen, erlauben es die künstlichen Naturräume der Zoologie und die in ihnen lebenden Tiere, diesen Rhythmus zu beeinflussen und damit die embryologische Forschung von ihrem bisherigen, beinahe landwirtschaftlichen Zyklus zu lösen. Erst durch die schrittweise räumliche und zeitliche Entkoppelung ist eine umfassende Verbreitung und Anwendung embryologischer Methoden möglich.

Das Aquarium hat einen festen Platz an Sempers Institut inne. Wie nachhaltig dies in der Lehre der Fall ist, zeigen zwei Handbücher für das zoologische Praktikum von ehemaligen Mitarbeitern. So empfiehlt Max Braun (1850-1930), seit 1883 Professor für Zoologie in Dorpat und ehemaliger Assistent von Semper in Würzburg, in seinem Praktikumsbuch Aquarien für die Unterbringung der auf Exkursionen gesammelten Tiere. Gerade wenn das Ziel darin besteht, »die Thiere länger lebend zu erhalten, um sie zu beobachten, sie etwa zur Vermehrung zu bringen [...], sind [Aquarien] in der That unentbehrlich!« Aus diesem Grund sind nach Braun in allen zoologischen Instituten entsprechende Aquarienräume vorhanden. Er erklärt im Anschluss noch ausführlich die wichtigsten Punkte bei der Anlage eines Aquariums und geht hier, ganz im Sinne der Aquaristik, vor allem auf die Lösung des Durchlüftungsproblems ein.[57]

Auch August Schuberg, Sempers letzter Assistent, veröffentlicht 1910 eine Praktikumsanleitung, bei der Aquarien als essenzielle Bestandteile zoologischer Arbeit eingeführt werden. Er verweist zusätzlich auf die »ziemlich umfangreiche, meist aus Liebhaberkreisen stammende Literatur« und empfiehlt Ratgeber von Liebhabern wie Ernst Bade und Ernst Zernecke. Aus diesen übernimmt er auch die Abbildungen, mit denen er seine Erklärung zur richtigen Einrichtung eines Aquariums (Behälter, Boden, Wasser, Durchlüftung, Fütterung der Tiere) illustriert.[58]

57 Vgl. Braun 1886, S. 7-10.
58 Vgl. Schuberg 1910, S. 24-34.

Ähnlich wie in Leipzig und Freiburg bilden die künstlichen Naturräume des Würzburger Instituts vor allem eine Ressource für Forschung und Lehre. Und auch Semper und seine Mitarbeiter unterhalten Verbindungen zur Aquarienkunde und beteiligen sich aktiv am Aquaristikdiskurs. Zudem wird das Aquarium hier zum Instrument und zur künstlichen Umwelt, in der das Wachstum von Schnecken untersucht und der Fortpflanzungsrhythmus von Axolotln manipuliert werden können. Das Beispiel des Würzburger Instituts verdeutlicht noch einen weiteren Aspekt: In der Aquarienkunde zirkulieren nicht nur Wissen und Techniken, sondern auch eine spezifische Form bürgerlicher Naturästhetik, die eigentlich mit zoologischen Gärten, Schauaquarien und den Liebhabereien assoziiert wird. Wenn Schuberg mit Blick auf das Warmhaus vom »hübschen Charakter einer kleinen Tropenlandschaft« spricht, klingen die gleichen Referenzpunkte an, wie bei der Ausgestaltung des Institutsgartens. So sind Grotten in dieser Zeit typische Elemente öffentlicher Schauaquarien wie des Berliner Aquariums und auch das »kleine Bächlein« dient nicht nur der Zuleitung des Wassers aus den verschiedenen Becken in den Teich, sondern trägt aus Sicht der Akteure auch zur Atmosphäre einer idyllischen Naturlandschaft bei. Das Ziel, »[m]annigfache Lebensbedingungen zu schaffen«, führt also zu einer umfassenden Rekonstruktion von Naturlandschaften oder ihren Elementen, die nicht nur von praktischen, sondern auch von ästhetischen Überlegungen aus der Liebhaberei geprägt sind.[59]

Karl Möbius und das zoologische Institut der Universität Kiel

Während Leuckart, Semper und Weismann erst im Laufe ihrer akademischen Karrieren ein Interesse an Aquarien entwickeln, steht der Zoologe Karl Möbius für einen anderen Zugang. Als er 1868 als Professor auf den neugeschaffenen Lehrstuhl für Zoologie an der Universität Kiel berufen wird, hat er bereits eine Karriere als Lehrer und praktischer Naturkundler hinter sich. Im Zuge seiner umfassenden Untersuchung der Fauna der Kieler Bucht, die er in dieser Phase zusammen mit dem Unternehmer und Naturforscher Heinrich Adolph Meyer (1822-1889) durchführt, hat er bereits ausführliche Erfahrungen

59 Vgl. Schuberg 1891b, S. 8-12. Für eine Beschreibung des Berliner Aquariums vgl. Klös/Frädrich/Klös 1994, S. 341-347.

im Einsatz von Aquarien gesammelt. Aquarien lernt Möbius in den 1850er Jahren durch Meyer kennen, der sie damals aus England mitbringt und sie im Rahmen seines Interesses für die Naturgeschichte des Meeres und der Küste nutzt. Meyer ist auch in der frühen Aquaristik aktiv, ohne jedoch selbst als Autor in Erscheinung zu treten. Er veranlasst etwa Eduard Graeffe eine frühe Anleitung zur Süßwasseraquaristik zu verfassen. Möbius veröffentlicht wiederum eine Beschreibung von Meyers privaten Aquarien in der Zeitschrift *Der Zoologische Garten*. Zur gleichen Zeit sind beide im Naturwissenschaftlichen Verein von Hamburg aktiv und werden Mitglieder der Kommission des naturhistorischen Museums und der Zoologischen Gesellschaft Hamburg, deren Ziel die Gründung eines zoologischen Gartens ist.[60]

Aquarien sind ein zentrales Element ihrer Aktivitäten. Möbius und Meyer statten das naturhistorische Museum mit mehreren Aquarien aus. Als 1863 der zoologische Garten von Hamburg eröffnet wird, treiben sie die Einrichtung eines großen Schauaquariums voran, das von William Alford Lloyd angelegt und 1864 eröffnet wird. Alle diese Aquarien werden auch für die wissenschaftlichen Untersuchungen eingesetzt und zeigen damit die enge Verbindung zwischen Liebhaberei, Forschung und Naturpädagogik.[61]

Bevor Möbius Zoologieprofessor und Institutsdirektor in Kiel wird, hat er also bereits eingehende Erfahrung im Umgang mit Aquarien gesammelt. In Kiel findet er wie Leuckart, Semper und Weismann provisorische Zustände vor und es dauert bis 1878, bis der Bau eines neuen Institutsgebäudes beginnt und 1880 abgeschlossen wird. Wie in Leipzig ist auch in Kiel ein zoologisches Museum Teil des neuen Gebäudes. Das Museum mit seinem großen Sammlungssaal im ersten Stock ist von den Räumen für Forschung und Lehre getrennt. Diese umfassen neben einem Hörsaal wiederum zwei Laboratoriumsräume mit drei und neun Arbeitsplätzen. Im Sockelgeschoss befindet sich ein großer Aquarienraum mit 20 Aquarien. Die Belüftung, die für die hauptsächlich mit Meerwasser gefüllten Aquarien von großer Bedeutung ist, erfolgt über ein zentrales Trommelgebläse. Dieses erzeugt

60 Zu Möbius' Leben und Werk vgl. Nyhart 2009, S. 125-160. Zu den Forschungen zur Kieler Bucht vgl. Meyer/Möbius 1865; Meyer/Möbius 1872. Zu Möbius Beschreibung von Meyers Aquarien vgl. Möbius 1862. Zu Graeffes Süßwasseraquaristik vgl. Graeffe 1861.

61 Zum Aquarium im Hamburger Zoo vgl. Mettenheimer 1860, S. 65; Möbius 1864; Nyhart 2009, S. 134-136. Für eine ausführliche Beschreibung des Aquariums im zoologischen Garten von Hamburg vgl. Lloyd 1864.

mithilfe des Wasserdrucks aus der Wasserleitung Druckluft, die über ein Röhrensystem in die einzelnen Aquarien gepumpt wird.[62]

Kiel entwickelt sich zu dieser Zeit zu einem Zentrum der Meeresforschung. Bereits 1864 wird Victor Hensen (1835-1924) zum Ordinarius für Physiologie ernannt und beginnt dort seine umfassende quantitative Untersuchung der Planktonproduktion des Meeres. Er gehört zusammen mit Möbius, Meyer und dem Kieler Physiker Gustav Karsten (1820-1900) der 1868 gegründeten Commission zur wissenschaftlichen Untersuchung der Deutschen Meere im Interesse der Fischerei an, die, nicht zuletzt unter Bezug auf das ökonomische Ideal der Akklimatisierungsbewegung, das Meer als Nahrungsquelle und Wirtschaftsfaktor erschließen und Möglichkeiten der Produktivitätssteigerung erarbeiten soll.[63]

In diesem Zusammenhang erhält Möbius Ende der 1860er Jahre von der preußischen Regierung den Auftrag, den Rückgang der Austernbestände an den deutschen Küsten und die Möglichkeit künstlicher Austernzucht zu untersuchen. Während Aquarien bei der Untersuchung der Kieler Bucht noch der Aufnahme der in der Bucht gefangenen Organismen zur weiteren taxonomisch-anatomischen Untersuchung dienen, entwickelt er sie für die Austernstudie zu unerlässlichen Beobachtungsinstrumenten weiter. Um die Austernfrage zu klären, will sich Möbius zuerst »mit den Eigenschaften und Lebensbedingungen der Auster bekannt machen«. Dabei stellen sich Aquarien, im Gegensatz zu den ebenfalls diskutierten Tauchern, als bester, wenn nicht sogar einzig sinnvoller Zugang zum Meeresboden dar. Denn das Wasser in Nord- und Ostsee ist stark durch Schwebstoffe getrübt. Ein Taucher würde, wie Möbius hervorhebt, also zuerst nichts sehen und dann durch seine Bewegungen immer noch mehr Schlamm und Sand aufwühlen. Außerdem würde die Anwesenheit des Tauchers das Leben auf dem Meeresboden stören, sodass die Austern sich schließen, die Fische wegschwimmen und andere Tiere sich in den Boden zurückziehen würden. Das Aquarium bietet eine Lösung für diese doppelte

62 Vgl. Möbius 1881; Eggert/Junk/Körner/Schmitt 1905, S. 434-436; Nägelke 2000, S. 386-387. Das Institutsgebäude enthält gleichzeitig das zoologische Museum. Im Gegensatz zu den anderen vorgestellten Orten steht Möbius dem Museum allerdings nicht ablehnend gegenüber. Vielmehr ist seine Museumsarbeit neben seiner meeresbiologischen Expertise ein Grund für seine Berufung nach Kiel. Allerdings hat bei ihm das Museum ebenfalls keine Forschungs-, sondern reine Ausstellungsfunktion.

63 Zur *Commission* vgl. Remane 1968, S. 164. Zu Hensens Planktonforschung vgl. Breidbach 1990; Tanner 2014.

Unzugänglichkeit des Lebens auf dem Meeresgrund. Denn es erlaubt »ein Bild des belebten Meeresgrundes [zu erhalten] wie es ein Taucher niemals erblicken würde«.[64]

Um sich mit dem Leben der Austern auf dem Meeresgrund vertraut zu machen, bringt Möbius die mit einem Schleppnetz gesammelten Proben der Austernbank in ein Aquarium. Dort »nehmen die Thiere bald wieder ihre gewohnten Stellungen und Bewegungen an [und man hat] sie also nun im ruhigen und klaren Wasser gerade so vor sich, wie sie am Meeresboden leben«. Auf diese Weise kann er ungestört und ohne selbst zu stören im Aquarium das Leben auf dem Meeresgrund beobachten. Als Instrument spielt das Aquarium hier eine entscheidende Rolle, denn für Möbius ist ein »Aquarium mit den lebendigen Thieren einer Austernbank [...] ein Ausschnitt aus der Bank selbst«. Durch seine Beobachtung dieser Ausschnitte, die er »im Geiste« zu einem vollständigen Bild der Austernbank synthetisiert, entwickelt er eine funktionelle Perspektive auf die Gemeinschaft der in der Austernbank zusammenlebenden Organismen. Diese Lebensgemeinschaft, für die er den Begriff »Biozönose« prägt, stellt ein charakteristisches und integriertes Ensemble verschiedener Lebewesen dar. Es ist auf der einen Seite an bestimmte Orte und Lebensbedingungen gebunden und verfügt durch die funktionellen Beziehungen auf der anderen Seite über ein gewisses Maß an Widerständigkeit gegenüber Eingriffen und Veränderungen. Das Aquarium vermittelt Möbius den Blick auf das unsichtbare Leben auf dem Meeresgrund und erlaubt dem erfahrenen Aquarienbetreiber die inneren Zusammenhänge seiner Bewohner zu untersuchen.[65]

Während sich die Bedeutung von Aquarien für die zoologische Forschung bei Leuckart, Semper und Weismann nach und nach herausstellt und ihre Funktion vor allem in der Versorgung mit Material für entwicklungsgeschichtliche Studien besteht, sind Aquarien bei Möbius zentrales Element der Forschung. Gleichzeitig sind sie eng mit seinen Überlegungen zur Museumspädagogik verbunden. Während er sie in Hamburg in einer Doppelfunktion als Forschungs- und Demonstrationsmittel nutzt, entwickelt er in Kiel die Ausstellung des Museums und seine Forschung mit dem Aquarium getrennt. Seine

64 Vgl. Möbius 1877, S. IV und 120. Der Vergleich zum Taucher findet sich auch in Aquarienratgebern, vgl. Graeffe 1861, S. 12. Zur Austerfrage vgl. auch Möbius 1870.

65 Vgl. Möbius 1877, S. 120. Für eine detaillierte Untersuchung der Rolle des Aquariums als Instrument bei Möbius vgl. Reiß/Vennen 2014.

Beschäftigung mit Aquarien endet, als er 1887 zum Direktor des neu eröffneten *Museums für Naturkunde* in Berlin wird.

Wie die vier Bespiele zeigen, sind Aquarien zentraler Bestandteil einer neuen Zoologie, die auf dem Laboratorium als Forschungs- und Lehrraum und der Arbeit mit lebenden Tieren basiert. Es sind nicht zuletzt die Probleme, die durch ihre Benutzung und Unterbringung entstehen, die eines der Argumente für die zahlreichen Neubauten in den 1880er Jahren liefern. Während in Leipzig das erste zoologische Laboratorium noch in Verbindung mit einem zoologischen Museum realisiert wird, zeigen Würzburg und Freiburg zwei Varianten, bei denen die zoologische Sammlung entweder ausgelagert (Freiburg) oder marginalisiert (Würzburg) wird. In allen drei Fällen lässt sich eine deutliche räumliche und funktionelle Trennung der alten Sammlung vom neuen Laboratorium mit den künstlichen Naturräumen feststellen, die ihren Anfang bereits in den alten Institutsräumen nimmt. Kiel stellt insofern einen Sonderfall dar, als hier bereits von Anfang an ein meeresbiologisches Forschungsprogramm vorliegt und Möbius Liebhaberei, zoologische Forschung und naturkundlich-pädagogische Museumsarbeit verbindet.

Provisorium und Standardmethode: Die Rolle von Aquarien an anderen zoologischen Instituten in Deutschland und in biologischen Handbüchern

Vergleichbare Veränderungen finden auch an anderen Universitäten statt. Im Jahr 1885 eröffnet in Erlangen unter Emil Selenka (1842-1902) ein neues Institutsgebäude, das neben den Aquarien im Sockelgeschoss auch über einen großen Garten verfügt. In Straßburg beginnt man 1890 mit dem Bau eines unter Alexander Goette (1840-1922) geplanten Neubaus, der allerdings erst 1893 fertiggestellt wird. Hier wird ein umfassenderes Aquariensystem realisiert. Es wird jeweils ein System für Süß- und eines für Salzwasseraquarien gebaut, bei denen die Aquarien, die sich zum Großteil im Keller befinden, von einem großen Wasserbehälter im Erdgeschoss mit Wasser versorgt werden. Als letztes ist das neue Institutsgebäude in Jena zu nennen, das 1884 unter Ernst Haeckel (1834-1919) eröffnet wird und ebenfalls über einen Aquarienraum im Sockelgeschoß verfügt.[66]

66 Zu Erlangen vgl. Eggert/Junk/Körner/Schmitt 1905, S. 438; Nägelke 2000, S. 299. Zu Straßburg vgl. Eggert/Junk/Körner/Schmitt 1905, S. 436-438;

Die bisher hier vorgestellten Beispiele betreffen jeweils Neubauten von Zoologieinstituten. Aber auch an Universitäten, an denen derartige Neubauten aus verschiedenen Gründen nicht realisiert werden, findet eine zumindest provisorische Integration von künstlichen Naturräumen statt. So berichtet Johann Wilhelm Spengel, wie auch er in Gießen alte Institutsräume für seine Zwecke umgestalten muss. Nach seiner Zeit als Assistent bei Semper in Würzburg arbeitet er von 1877 bis 1878 als Bibliothekar an der *Zoologischen Station Neapel* und wird 1887 indirekter Nachfolger von Leuckart als Professor für Zoologie in Gießen. Leuckart hatte bereits Platz für das von ihm propagierte Laboratorium als Lehr- und Forschungsraum geschaffen und dafür die zoologische Sammlung umverteilt. Spengel knüpft hier an und nimmt den »von Leuckart zur Sammlung gezogenen Corridortheil zu anderen mir wichtiger erscheinenden Zwecken in Verwendung«. Er stellt hier Aquarien und Terrarien auf, bevor diese einige Jahre später in »ein eigenes, nach Art eines Gewächshauses gebautes Thierhäuschen« im Institutsgarten ausgelagert werden.[67]

Abschließend sei noch auf die Biologische Versuchsanstalt in Wien verwiesen. Die Versuchsanstalt wird 1903 von Hans Przibram (1874-1944) als privat finanzierte und außeruniversitäre Forschungseinrichtung gegründet. Als Standort wählt Przibram das Gebäude des ehemaligen Pratervivariums, das zur Wiener Weltausstellung von 1873 als öffentliches Schauaquarium eröffnet wurde. Das privat finanzierte Aquarium wird im Zuge mehrfacher, finanziell bedingter Schließungen und Wiedereröffnungen in »Vivarium« umbenannt. Während für den Zoologen Gustav Jäger (1832-1917), der bereits 1861 ein Aquarium am Wiener Michaelisplatz gegründet hatte und das Schauaquarium übernimmt, die Bildung des Publikums im Vordergrund steht, entwickelt sich das Vivarium im Laufe seiner Geschichte immer mehr zum kurzlebigen Spektakel. Bereits 1899, nach einer erneuten Pleite des Vivariums, schlägt der österreichische Zoologe Franz Werner (1867-1939) die Mitnutzung des Gebäudes für lebenswissenschaftliche Forschungen vor.[68]

Nägelke 2000, S. 455-456. Zu Jena, vgl. Eggert/Junk/Körner/Schmitt 1905, S. 439; Nägelke 2000, S. 364-365.

67 Vgl. Spengel 1902, S. 17.

68 Zur Geschichte der Biologischen Versuchsanstalt vgl. Müller 2017. Ich bedanke mich bei Klaus Taschwer für die vielen Hinweise zur Geschichte der Versuchsanstalt, ihres Gebäudes und zu Paul Kammerer. Zu Kammerer vgl. Taschwer 2016. Für zeitgenössische Berichte zu den Vorgängereinrichtungen

Einer der Schwerpunkte der kurze Zeit später gegründeten Versuchsanstalt liegt auf der experimentellen Biologie und hier besonders auf der Untersuchung des Einflusses der Umwelt auf Entwicklung und Vererbung. Aufgrund der Vornutzung verfügt das Gebäude bei der Übernahme durch die Versuchsanstalt bereits über eine ganze Reihe von Einrichtungen für die Haltung lebender Tiere. Diese werden weiter ausgebaut und an die Erfordernisse der geplanten Forschungen angepasst. Przibram bezieht sich hier explizit auf Sempers Institut in Würzburg. Aber auch zur Aquarienkunde bestehen enge Verbindungen, insbesondere über Paul Kammerer. Als Student wird Kammerer Mitglied des Wiener Vereins *Lotus* und korrespondierendes Mitglied des Berliner Vereins *Triton* und fungiert von 1908 bis 1909 als Herausgeber der *Blätter für Aquarien- und Terrarienkunde*. Die Biologische Versuchsanstalt beherbergt große Meer- und Süßwasseraquarienanlagen, die aus verschiedenen Becken und Aquarien bestehen. Weiterhin werden Zimmerterrarien, eine Freiluftterrarienanlage, umfassende Stallanlagen, ein Gewächshaus und im Keller eine Höhle eingerichtet, bei denen Temperatur, Luftfeuchtigkeit, Luftdruck und Lichteinfall kontrolliert werden können.[69]

Die Biologische Versuchsanstalt stellt in ihrer Anlage sicherlich kein verallgemeinerbares Modell lebenswissenschaftlicher Forschungseinrichtungen im frühen 20. Jahrhundert dar. Doch zeigt sie in ihrer Zusammenführung von künstlichen Naturräumen mit entsprechenden Forschungs- und Experimentalräumen das konsequente Zuendedenken der in diesem Kapitel aufgezeigten Entwicklungen. Gleichzeitig unterstreicht der beinahe nahtlose Übergang vom Pratervivarium zur Versuchsanstalt die praktischen Kontinuitäten zwischen Schauaquarium und Forschung.

Ob in Form provisorischer Nischen, als integrale Bestandteile ganzer Institutsneubauten oder, wie im Falle des Vivariums, als programmatische Grundlage einer ganzen Forschungseinrichtung sind Aquarien zu Beginn des 20. Jahrhunderts in der Zoologie allgegenwärtig. Die endgültige Mobilisierung als Forschungsmittel und damit ihre Aufnahme in den Kanon biologischer Forschungsmethoden erfahren sie in den verschiedenen Handbüchern zu Forschungsmethoden in der Biologie, die ab den 1920er Jahren erscheinen. In ihnen werden künstliche Naturräume im Allgemeinen und Aquarien und Terrarien

vgl. Friedel 1885, S. 139-140; Werner 1892; Werner 1899. Zu Werners Vorschlag vgl. Werner 1899, S. 4.

69 Vgl. Reiß 2017. Für Przibrams Verweis auf Semper vgl. Przibram 1909, S. 236.

im Speziellen als grundlegende Voraussetzungen lebenswissenschaftlicher Forschung thematisiert und ausführlich erläutert. Die neunte Abteilung des umfassenden, von Emil Abderhalden (1877-1950) herausgegebenen *Handbuch der biologischen Arbeitsmethoden* enthält ausführliche Anleitungen zur Tierhaltung und -züchtung. Den sehr ausführlichen Teil über Aquarien und Terrarien verfasst der Offenburger Augenarzt und Terrarianer Wilhelm Klingelhöffer (1871-1953). Er richtet seinen Beitrag nicht ausschließlich an ein biowissenschaftliches Fachpublikum, sondern legt ihn als allgemeine »Einführung in die Technik der Aquarien- und Terrarienkunde« im Sinne eines Aquarien- und Terrarienratgebers an. Den Abschnitt über die Methoden zur Zucht von Amphibien und Reptilien steuert Paul Kammerer bei. Hier werden ein wiederholtes Mal die zu diesem Zeitpunkt immer noch engen Bezüge zwischen Aquarienkunde und wissenschaftlicher Forschung deutlich.[70]

Auch die ähnlich konzipierte, allerdings weniger umfangreiche *Methodik der wissenschaftlichen Biologie* von Tibor Péterfi (1883-1953) behandelt künstliche Naturräume ausführlich. In diesem Zusammenhang wird auch der Anteil der Aquarianer an der Entwicklung der in der Zoologie mittlerweile unentbehrlichen künstlichen Naturräume gewürdigt, denn »[a]n der Entwicklung der Aquarienkunde haben die Fachzoologen einen beschämend geringen Anteil«.[71]

Wie deutlich wird, handelt es sich bei der Integration künstlicher Naturräume in die Forschungsräume der Zoologie nicht um ein isoliertes Phänomen in Leipzig, Würzburg und Freiburg, sondern um einen Prozess, der zoologische Institute im gesamten deutschsprachigen Raum betrifft. Vor dem Hintergrund des konzeptionellen und methodischen Wandels von der taxonomisch orientierten Naturgeschichte hin zur Zoologie unter dem Primat der Entwicklungsgeschichte und den beschriebenen Änderungen in der Lehre bilden die künstlichen Naturräume eine wichtige neue Ressource für die zunehmend materialintensive Zoologie. Die Liebhaberei spielt bei diesem Integrationsprozess bis ins frühe 20. Jahrhundert eine wichtige Rolle.

70 Vgl. Klingelhöffer 1928; Kammerer 1928. Zu Wilhelm Klingelhöffer vgl. Scherpner 2001. Abderhalden arbeitet im Zusammenhang mit seiner Hormonforschung selbst mit Axolotln, vgl. Abderhalden 1919; Abderhalden/Gellhorn 1923; Abderhalden 1928; Abderhalden/Wertheimer 1928a; Abderhalden/Wertheimer 1928b; Abderhalden/Wertheimer 1929.

71 Vgl. Müller 1928, hier S. 149; Sachs 1928. Péterfi verwendet ebenfalls Axolotl für eine Untersuchung über Furchungsprozesse ohne Kernbeteiligung, die er zusammen mit Victor Jollos (1887-1941) erstellt, vgl. Jollos/Péterfi 1923.

Die Zoologie, das Aquarium und die Aquarienkunde

Ab dem frühen 20. Jahrhundert, als die Entwicklung der Zoologie in eine experimentelle Wissenschaft weit fortgeschritten ist und sich bereits der Übergang zur Biologie als alles umfassende Lebenswissenschaft ankündigt, sind künstliche Naturräume in zoologischen Instituten bereits eine Selbstverständlichkeit. Diese Situation ist das Ergebnis der im vorliegenden Kapitel herausgearbeiteten Entwicklungen. Während in der Anatomie die Tierhaltung im Großen und Ganzen nur eine untergeordnete Rolle spielt, ist die Verfügbarkeit lebender Tiere in der Physiologie von entscheidender Bedeutung. Aus diesem Grund sind Aquarien in physiologischen Instituten sehr verbreitet. Dabei spielen in der Physiologie aus methodischen Gründen vor allem pragmatische Überlegungen eine Rolle. Dagegen arbeiten Zoologen weiterhin mit einer viel größeren Bandbreite an Organismen. Dies liegt darin begründet, dass in der Zoologie, auch nachdem rein taxonomische Fragestellungen an Bedeutung verloren haben, die Systematik der zentrale Referenzpunkt bleibt. Diesem Umstand muss die Tierhaltung in der Zoologie Rechnung tragen.[72]

Zudem wird im Vergleich mit den anatomischen und physiologischen Instituten deutlich, dass bei der Art und Weise, wie die künstlichen Naturräume in die zoologischen Institute integriert werden, nicht nur Praktiken, Wissen und Techniken, sondern auch ein bestimmtes Bild von Natur eine Rolle spielt. Am deutlichsten zeigt sich dies sicherlich am Würzburger Institut von Semper. Aber auch in den anderen Beispielen werden Bezüge auf eine bürgerliche Naturästhetik sichtbar. Besonders die Bedeutung, die dem Institutsgarten zugeschrieben wird, macht diesen Aspekt deutlich. Denn trotz dieser hervorgehobenen Bedeutung bleibt unklar, welche konkrete Funktion der Garten in der Forschung einnimmt. Insbesondere im Würzburger Fall, wo der Garten mit seiner Grotte, dem Bächlein und dem Teich mit großem Aufwand angelegt wird, lässt sich in den Publikationen kein spezifischer Einsatz der Gartenanlage zu Forschungszwecken feststellen. In allen Fällen wird der Garten ausschließlich zur Unterbringung von Tierstallungen und Bassins genutzt. Es scheint, wie das Würzburger Institut am deutlichsten zeigt, dass Institutsgebäude zusammen mit dem Garten als künstlicher Naturraum gedacht und konzipiert werden. Hierfür spricht auch der Verweis auf zoologischen Garten und Schauaquarium, die ihre spezifische Ausgestaltung einer bürgerlichen Inszenierung von

72 Vgl. Hopwood 2011.

Natur verdanken und maßgeblich durch die privatwirtschaftlichen Interessen dieser Institutionen im 19. Jahrhundert bedingt sind.

Diese Ästhetik ist, genau wie die Praktiken, das Wissen und die Techniken, Teil des hybriden Raums zwischen akademischer Zoologie, praktischer Naturkunde und privater Liebhaberei, in dem diese künstlichen Naturräume entstehen. Die Zoologie nutzt diesen Raum, an dessen Hervorbringung sie selbst beteiligt ist, und entwickelt Wege, die Natur ins Labor zu bringen, das in den 1860er Jahren unter anderem durch Rudolf Leuckart Einzug in die zoologische Forschung und Lehre hält. In diesem Prozess werden vor allem Organismen, Praktiken und Techniken mobilisiert. Aber auch ein bestimmtes Naturbild, das im Kontext der Liebhabereien entstanden ist, findet auf diese Weise Eingang in die Ausgestaltung der Räume.

In vielen naturhistorischen Museen ist zu dieser Zeit ein ähnlicher Prozess zu beobachten. Auch hier findet eine Abkehr von den taxonomisch informierten und immer mehr als statisch und unnatürlich empfundenen Ausstellungsformen hin zu Darstellungen statt, die mit den Begriffen »naturgemäß« und »nach dem Leben« bezeichnet werden. Das Interesse an dieser spezifischen Form von Natürlichkeit und Lebendigkeit und den damit einhergehenden Veränderungen verweist zum einen zurück auf den von Foucault konstatierten epistemischen Bruch zwischen dem naturhistorischen Tableau und den an einem eigenständigen Lebensbegriff orientierten Lebenswissenschaften des 19. Jahrhunderts. Zum anderen entstehen die Museen nicht zuletzt durch die Konkurrenz mit den zoologischen Gärten und öffentlichen Schauaquarien, die vor allem um die Mitte des 19. Jahrhunderts aufkommen und durch ihre Inszenierung lebender Tiere in exotischer und unterhaltsamer Kulisse eine starke Anziehung ausüben. In der Liebhaberei findet diese Entwicklung parallel im privaten Bereich statt. Während Zoos und Aquarien trotz ihrer zunehmenden Verbreitung immer noch singuläre Institutionen sind, die gerade in Bezug auf die Technologie über relativ große finanzielle Ressourcen verfügen, werden in der Liebhaberei Praktiken und Techniken entwickelt und geteilt, die den Betrieb der künstlichen Naturräume auch im privaten Umfeld möglich machen. Zudem stehen, wie die Beispiele Lloyds und auch Weinlands im dritten Kapitel dieser Arbeit zeigen, auch bei den Zoo- und Schauaquarien am Anfang oft private Bastler. In gleicher Weise ist die akademische Zoologie personell und informell mit Liebhaberei und praktischer Naturkunde verbunden.[73]

73 Zur Diskussion um die Naturnähe in der Naturkunde vgl. Nyhart 2009, S. 35-78.

So halten die künstlichen Naturräume umfassenden Einzug in die sich gerade als eigenständige Disziplin formierende Zoologie, die damit in einem nicht unerheblichen Maß durch die praktische Naturkunde geprägt wird. Der Vergleich mit dem Aquarium im physiologischen Institut von Emil du Bois-Reymond verweist dabei nicht nur auf unterschiedliche Praxistraditionen, sondern macht auch die Unterschiede zwischen der staatstragenden Rolle der Physiologie in der Metropole Berlin und der sich in der akademischen Peripherie formierenden Zoologie sichtbar. Während du Bois-Reymond sich für sein Aquarium am Berliner Schauaquarium orientiert und auf die dort vorhandene Expertise zurückgreifen kann, sind die Zoologen auf weniger kosten- und personalintensive Lösungen, wie sie die Aquarienkunde bietet, angewiesen. Dies erfolgt nicht nur auf praktischer und technischer Ebene, sondern auch im Bereich der zur Verfügung stehenden Organismen.

Wie die Geschichte des Aquariums in der deutschsprachigen Zoologie zeigt, sind es jedoch nicht nur Organismen, die von der Aquaristik in die akademische Zoologie wandern. Vielmehr partizipieren in der zweiten Hälfte des 19. Jahrhunderts beide Bereiche voneinander. Eine nachhaltige Abgrenzung von Seiten der Zoologie setzt erst zu Beginn des 20. Jahrhunderts ein. So finden sich die entsprechenden Liebhaberzeitschriften wie *Isis* oder die *Blätter* in vielen Bibliotheken von Universitäten, die im 19. Jahrhundert auch über ein Zoologieinstitut verfügen. Entlang dieser Verbindung erfolgt die Entwicklung und Integration künstlicher Naturräume, die deutlich stärker von gemeinsamen Praktiken als von theoretischen Überlegungen bestimmt wird. Damit ist das Labor in der Zoologie mindestens ebenso stark vom zoologischen Garten, dem Schauaquarium und den Liebhabereien geprägt wie von den Vorbildern in Physik und Chemie mit ihrem Fokus auf Präzision und Kontrolle.

6 Die Verbreitung des Axolotls in Europa, 1864-1914

Der Axolotl entstammt einem kolonialen Transfer von Mexiko nach Paris und verbreitet sich insbesondere durch das Aquarium und die Aquarienkunde, die im Kontext der Kulturen der Akklimatisierung, der praktischen Naturkunde und der Liebhaberei entstehen. Das Aquarium als künstlicher Naturraum entwickelt sich hier auch zu einer Forschungsressource für die Zoologie und sorgt für den Nachschub neuer Arten, dient als Instrument und wird selbst zum Gegenstand der Forschung. Die Beispiele Köllikers, Weismanns und Chauvins zeigen den Übergang von einem Interesse für die Umwandlung des Axolotls im Sinne der Evolution zu einem Forschungsprogramm zur Metamorphose der Amphibien in ihrer Abhängigkeit von der Umwelt exemplarisch sowie die Rolle des Aquariums als künstlicher Naturraum.

In diesem Kapitel richtet sich der Fokus weg von spezifischen Forschungskontexten hin zur Verbreitung des Axolotls im Sinne eines räumlichen Prozesses. Auf diesem Weg können zum einen die Dynamik und das Ausmaß der Verbreitung der Tiere in Europa gezeigt werden. Zum anderen wird so die ganze Bandbreite der Forschung sichtbar, in der Axolotl in diesem Zeitraum eingesetzt werden. Ausgehend von Paris wird zunächst die direkte Verbreitungsgeschichte des Axolotls untersucht. Daran schließt ein Überblick über die Verbreitung zwischen 1864 und 1914 nach Ländern geordnet an. Als letzter Punkt wird an verschiedenen Verbreitungswegen gezeigt, wie die Dynamik innerhalb der Lebenswissenschaften im Detail aussieht.

Um den Verbreitungsprozess in seiner Gesamtheit in den Blick zu bekommen, ist es daher notwendig, auch alle anderen Arbeiten zu berücksichtigen, die im untersuchten Zeitraum zwischen 1864 und 1914 erscheinen. Bei diesen Publikationen können keine oder nur sehr eingeschränkt direkte Verbindungen nachgewiesen werden, auf denen die Tiere von Ort zu Ort gelangt sein könnten. Sie dienen als Grundlage für die zeitliche Kartierung der Ausbreitung. Dabei werden nur die Publikationen berücksichtigt, bei denen ersichtlich ist, dass lebende Axolotl verwendet werden. Mit der Verwendung lebender Tiere kann so auf eine direkte oder indirekte Beziehung zu den Pariser Tieren geschlossen werden, da bis ins frühe 20. Jahrhundert keine Neuimporte von Axolotln nachgewiesen werden können. Der geografische Fokus des vorliegenden Kapitels und die Verbreitung der Tiere werden daher durch eine Aufgliederung nach Ländern dargestellt.[1]

Eine Auswertung der Anzahl an Publikationen pro Jahr zeigt bereits für die ersten Jahre nach der Ankunft der ersten 34 Tiere in Paris ein hohes Publikationsaufkommen (vgl. Abb. 15), das im Laufe der Zeit stetig zunimmt. Betrachtet man die Verteilung nach Ländern, so ergibt sich eine deutliche Häufung von Publikationen in Frankreich und Deutschland (vgl. Abb. 16). Dieser Umstand erklärt sich zum einen durch die Herkunft der Tiere aus Paris. In Deutschland ist die Publikationszahl hoch, da Aquarienkunde und Zoologie gemeinsam mit den Axolotln hier einen Aufschwung erleben. Während der Schwerpunkt im ersten Teil dieses Kapitels auf der diachronen Entwicklung der lokalen Kontexte liegt, wird der zeitliche Verlauf der Verbreitung anschließend auf fünf Karten visualisiert, die den Prozess in Zehn-Jahres-Schritten zeigen. Den Abschluss des Kapitels bildet die Vorstellung verschiedener Verbreitungs- und Verwendungskontexte.

Auguste Dumérils Rolle bei der Verbreitung des Axolotls in Europa

Dumérils Berichte über die Ereignisse in der *collection* erfahren unmittelbar eine breite Rezeption. Neben diesen Texten beginnen die Tiere selbst aufgrund seiner Tauschpraxis zu zirkulieren (vgl. Kapitel 4). Durch den großen Fortpflanzungserfolg der Axolotl – Duméril schätzt die Zahl der in der *collection* geborenen Tiere zwischen 1864 und Oktober 1868 auf 10.000 Individuen – verfügt er über ein unerschöpfliches Reservoir an Tauschobjekten, die er bereitwillig über ganz Europa verteilt. Zudem gehört es, wie bereits gezeigt, zum Ethos der Naturgeschichte und der Akklimatisierungsbewegung, vorhandene Tiere zu verteilen und damit die Zahl der Versuchsorte zu erhöhen. In diesem Sinne knüpft Duméril auch eine Bitte an den Versand der Tiere: Die Halter werden dazu aufgefordert, die Ergebnisse ihrer Beobachtungen mitzuteilen.[2]

1 Im Folgenden werden die Publikationen nur überblickshaft dargestellt. Für eine ausführlichere Darstellung vgl. Reiß 2014a.

2 Zu Dumérils Zirkulationspraxis vgl. Duméril 1872, S. 250. Zu seiner Bitte um Berichte vgl. Duméril 1867e, S. 573.

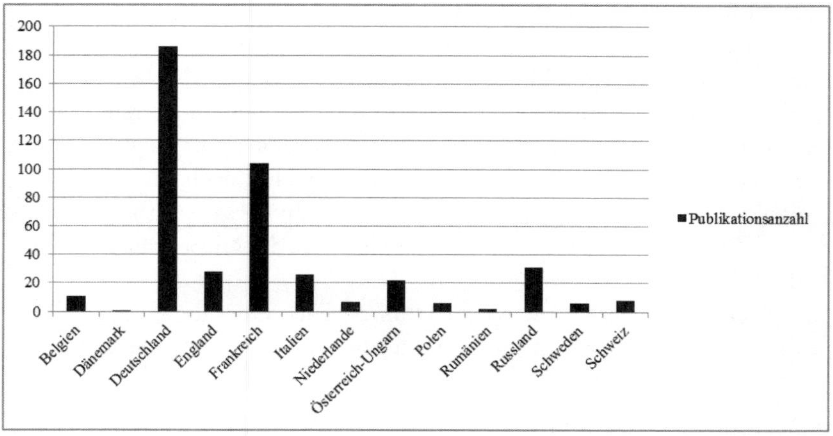

Abb. 15: Die Auswertung der Publikationen nach Ländern zwischen 1864 und 1914 zeigt für den Untersuchungszeitraum eine deutliche Häufung in Deutschland und Frankreich.

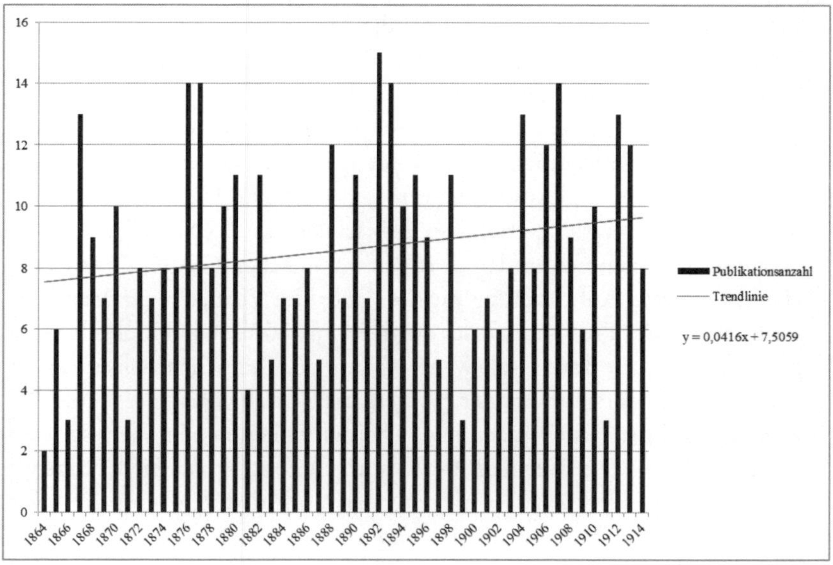

Abb. 16: Die Auswertung der Publikationsanzahl pro Jahr zwischen 1864 und 1914 ergibt eine stetige Zahl an Publikationen, wobei ein leichter Anstieg zu verzeichnen ist.

Duméril gibt also nicht nur Tiere an den *Jardin d'acclimatation*. Sie werden auch im Aquarium der Weltausstellung von 1867 in Paris und im öffentlichen Aquarium von Montmartre gezeigt. Gleichzeitig beginnt er die Tiere auf weitere Reisen an Institutionen und Personen zu schicken. Auf diese Weise gelangen Axolotl in Frankreich nach Nantes, in Italien nach Neapel und Mailand, in Russland nach Moskau und Sankt Petersburg, in Deutschland nach Würzburg, in Großbritannien nach Belfast sowie nach Österreich, Belgien, in die Niederlande und in die Schweiz.[3]

Werden die Tiere nicht, wie in Köllikers Fall, selbst abgeholt, erfolgt die Versendung mit Post und Bahn. Dabei muss am Anfang zuerst erprobt werden, wie der Transport genau zu bewerkstelligen ist und inwieweit die Tiere diesen überleben. Der erste erfolgreiche Langstreckentransport wird daher auch entsprechend gewürdigt. Dafür werden Axolotleier am Tag nach dem Ablaichen und der Befruchtung in feuchtem Moos und dann in eine mit gummiertem Stoff umwickelte Holzschachtel verpackt. Die Schachtel wird per Post nach Blyth in Nordengland geschickt. Dort holt der französische Vizekonsul in Belfast, Auguste Vauvert de Méan, die Eier ab und bringt sie nach Belfast. Genauso erfolgreich ist der Versand nach Mailand, der 93 Stunden dauert und endgültig beweist, dass der Transport kein Problem darstellt. Um herauszufinden, ob der Versand auch mit bereits geschlüpften Tieren möglich ist, wählt Duméril Nantes als Ziel, das mit Paris durch einen Expresszug verbunden ist. Die Tiere, ebenfalls in feuchtes Moos verpackt, erreichen ihr Ziel nach fast 15 Stunden wohlbehalten und kommen in den dortigen botanischen Garten. Entsprechend Dumérils Aufforderung meldet Ambroise Viaud-Grand-Marais, stellvertretender Professor an der dortigen medizinischen Hochschule, dass die Tiere gut durch den Winter kommen. Das schrittweise Vorgehen und die Vorsicht, mit der Duméril die Verschickung der Axolotl angeht, hat ihren Hintergrund in den Schwierigkeiten beim Transport lebender Tiere. Der Vermerk »est mort en route«[4] ist ein häufiger Zusatz zu den am *Muséum* eingehenden und in der *Assemblée des professeurs administrateurs du Muséum d'histoire naturelle* vorgestellten neuen Tiere.[5]

3 Vgl. Duméril 1867e; Duméril 1868; Duméril 1869a; Duméril 1869c; Duméril 1872.

4 MHN, AM 59, 1860, Séance du 10 janvier, p. 132.

5 Vgl. Duméril 1868, S. 515-516; Duméril 1872, S. 249.

Im Jahr 1868 schätzt Duméril die Zahl der geschlüpften Tiere, die er weitergegeben hat, auf 1200. Zusammen mit den verschickten Eiern, über deren Zahl er keine Angaben macht, ergibt sich die Situation, die Paul Gervais (1816-1879) 1870 in seinem Nachruf auf Duméril beschreibt: »[E]s gelang ihm, die kiementragenden Individuen dieser Art bis zu dem Punkt zu vermehren, dass es ihm möglich war, die Aquarien fast aller Naturhistoriker von Europa [mit Axolotln] einzudecken.«[6] Duméril führt in seinen Publikationen fast ausschließlich Städte und Länder, aber kaum Personen als Adressaten seiner Axolotlsendungen auf. Die einzigen Personen, die er namentlich erwähnt, sind Albert Kölliker in Würzburg, Emilio Cornalia (1824-1882) in Mailand, De Méan in Belfast, und ein gewisser Piat in Vésinet bei Paris.[7]

Kölliker ist insbesondere an der Verwandlung der Tiere als möglicher Beweis für seine Theorie der heterogenen Zeugung interessiert und baut eine produktive Axolotlzucht in Würzburg auf, aus der er wiederum Tiere an Studenten und Kollegen wie Weismann weitergibt (vgl. Kapitel 4). Dieses Beispiel zeigt einen wichtigen Mechanismus in der Verbreitung des Axolotls über Europa. Viele von Dumérils Adressaten agieren als Multiplikatoren, die die Verbreitung der Tiere weiter fortsetzen. Cornalia, Zoologe und Direktor des Naturhistorischen Museums in Mailand, ist ebenso zoologisch interessiert. De Méan und Piat dagegen sind Mitglieder der *Société d'acclimatation*. Aus den Eiern, die mit der Post nach Blyth kommen und die De Méan nach Belfast bringt, schlüpfen nach 30 Tagen 160 bis 200 Tiere, von denen wiederum viele an interessierte Personen weitergegeben werden, bei denen sie sich ebenfalls gut entwickeln. Wie Duméril leicht resigniert anmerkt, ergeht es den Tieren bei De Méan selbst weniger gut. Seine Axolotl sterben alle, als während De Méans Abwesenheit vergessen wird, das Wasser in ihrem Aquarium zu erneuern.[8]

Dagegen widmet sich Piat der praktischen Akklimatisierung und setzt die Tiere in den Gewässern auf seinem Grundstück in Vésinet bei

6 Gervais 1870, S. 637. »il a réussi à multiplier à tel point les individus branchifères de cette espèce, qu'il lui a été possible d'en fournir les aquariums de presque tous les naturalistes de l'Europe.«

7 Zur Zahl der versendeten Tiere vgl. Duméril 1872, S. 251. Zu Kölliker vgl. Duméril 1869a, S. 347. Zu Cornalia vgl. Cornalia 1868; Duméril 1872, S. 249. Zu Piat und Vauvert de Méan vgl. Duméril 1868, S. 515. Abgesehen von diesen Ausnahmen sind Dumérils Angaben sehr allgemein gehalten. Und auch im Archiv des *Muséum d'Histoire naturelle* in Paris liegen keine Unterlagen zum Versand von Axolotln vor.

8 Zu De Méan vgl. Duméril 1868, S. 515.

Paris aus. Als sie den Winter in den zugefrorenen Teichen gut überstehen, ist Duméril optimistisch, dass die Akklimatisierung der Axolotl in der heimischen Natur gelingen wird. Die Akklimatisierung des Axolotls und seine Eignung als Nahrungsmittel wird in Frankreich kurz und intensiv diskutiert. Auf den Umstand, dass die Tiere in ihrer Heimat ein wichtiges Nahrungsmittel darstellen, weist bereits Rufz de Lavison in seiner Vorstellung der Axolotl vor der *Société* hin. Danach gibt es auch Auswilderungsversuche im Tessin und in der Nähe von Neapel. Noch 1878 wird über eine erfolgreiche Akklimatisierung und Auswilderung berichtet. Über diese Berichte hinaus lassen sich allerdings keine Hinweise für nachhaltige Auswilderung oder die Nutzung der Tiere als Nahrungsmittel finden.[9]

In Frankreich erhalten neben dem *Jardin des Plantes* in Nantes zudem der Physiologe Paul Bert (1833-1886) in Bordeaux und der Zoologe Nicolas Joly (1812-1885) in Toulouse Axolotl aus Paris. Während sich Bert mit der Physiologie der Respirationsorgane des Axolotls im Rahmen seiner Arbeiten zur vergleichenden Physiologie der Respiration beschäftigt, untersucht Joly die Entwicklung der Tiere und besonders die Rotation des Embryos. Am *Muséum d'Histoire naturelle* selbst arbeitet Jean-Marie Philipeaux (1809-1892), Assistent bei Pierre Flourens am Lehrstuhl für vergleichende Physiologie, mit zehn Axolotln von Duméril, die er im Rahmen seiner experimentellen Studien zur Regenerationsfähigkeit untersucht.[10]

In Russland erhält die Moskauer Akklimatisierungsgesellschaft *(Société d'acclimatation de Moscou)* Tiere von Duméril, die auf einer Ausstellung in St. Petersburg großes Aufsehen erregen. Der Zoologe Karl Eduard von Eichwald (1795-1876) bringt zehn Axolotl von einer Reise nach Paris mit nach St. Petersburg. Weiterhin besitzt der Moskauer Professor für Histologie und Physiologie Aleksandr Ivanovic Babuchin Tiere von Duméril, von denen sich eines verwandelt. Alek-

9 Zu Piat vgl. Duméril 1868, S. 515. Zum Tessin und zu Neapel vgl. Sacc 1866; Panceri 1867; Guarino et al. 2002. Zur Auswilderung und der fortgesetzten Hoffnung auf die Nutzung der Tiere als Nahrung vgl. Anonymous 1878a; Friedel 1878, S. 308. Zu Axolotln als Nahrung in Mexiko vgl. Humboldt 1810, S. 93; Rufz de Lavison 1864, S. 179; Tate 2010.

10 Vgl. Joly 1868; Bert 1869; Joly 1870; Joly 1872. Joly erwähnt auch einen gewissen Guy, praktischer Naturkundler und Mitglied der *Société d'acclimatation* in Toulouse, in dessen Süß-und Seewasseraquarien er neben dem Axolotl auch verschiedene andere Tiere untersucht, vgl. Joly 1869, S. 354; Joly 1870, S. 875. Zu Philipeauxs Forschungen am Axolotl vgl. Philipeaux 1867a; Philipeaux 1867b; Philipeaux 1867c; Philipeaux 1867d; Philipeaux 1871; Philipeaux 1874a; Philipeaux 1874b; Philipeaux 1880.

sandr O. Kowalewski bringt einige Tiere von einer Reise nach Paris mit nach Kasan. Kowalewski fungiert als Multiplikator, der zum einen Tiere an seinen Freund und Kollegen Elias I. Metschnikoff (1845-1916) weitergibt (vgl. Kapitel 4).[11]

Kowalewski besucht auf seiner Rückreise nach Kasan aber auch Neapel, wo er Paolo Panceri (1833-1877), Professor für vergleichende Anatomie an der Universität Neapel, sechs Tiere überlässt. Panceri ist Anhänger der Akklimatisierungsbewegung und hält die Tiere nicht nur im botanischen Garten von Neapel, sondern versucht auch, 100 Larven im Lago di Agnano und 300 Larven im Lago d'Averno bei Neapel anzusiedeln, da auch er in ihnen eine potenzielle neue Nahrungsquelle sieht. Von den Tieren, die sich im botanischen Garten gut entwickeln, gibt er ein Paar an Leone de Sanctis, Professor für Zoologie und vergleichende Anatomie an der Universität Rom und zwei an Michele Lessona (1823-1894), Professor für Zoologie und vergleichende Anatomie an der Universität Turin. Weitere Axolotl kommen, wie bereits erwähnt, 1867 zu Emilio Cornalia ans Naturhistorische Museum in Neapel.[12]

In England erwirbt die *Zoological Society of London* mehrere Tiere für den zoologischen Garten von London. Konkret werden 1864 zwei Tiere und 1866 zwölf Tiere gekauft sowie 1867 weitere sechs Tiere getauscht.[13]

In Deutschland besitzt Albert Kölliker eine große Zahl Axolotl, die auf die 20 Tiere zurückgehen, die er aus Paris mitgebracht hat. Max Schultze, ab 1859 Professor für Anatomie an der Universität Bonn, erhält ebenfalls Tiere von Duméril. Zudem bringt Jacques von Bedriaga, als er zuerst in Jena bei Haeckel und später in Heidelberg bei Carl Gegenbaur studiert, Axolotl mit, die er von Babuchin aus Moskau erhalten hat.[14]

Damit erschöpft sich die Liste der direkt nachweisbaren und mit Duméril in Verbindung stehenden Axolotlbewegungen aus Paris. Der Vergleich zu den von Duméril angegebenen Zahlen (1200 geschlüpfte Tiere und eine unbekannte Zahl befruchteter Eier) und den nicht direkt nachweisbaren Orten (die Niederlande, Belgien und die Schweiz)

11 Vgl. Duméril 1869c; Eichwald 1867; Geinitz 1868; Bedriaga 1877; Panceri 1867; Sanctis 1870, S. 396.

12 Vgl. Panceri 1867; Panceri 1868; Cornalia 1868; Panceri 1869; Sanctis 1870; Lessona 1877; Monticelli 1913; Guarino et al. 2002.

13 Vgl. Anonymous 1865; Zoological Society 1872, S. 364.

14 Vgl. Kölliker 1868; Schultze 1867; Bedriaga 1877.

macht jedoch deutlich, dass es sich hierbei nur um einen Teil der gesamten Versendungen handeln kann.

Die geografische Verbreitung der Axolotl und ihre Visualisierung im zeitlichen Verlauf

In direktem Zusammenhang mit Duméril konnte der Axolotl bisher also für Frankreich in Paris, Nantes, Toulouse und Bordeaux, für Deutschland in Würzburg, Jena, Heidelberg und Bonn, für Russland in Moskau, St. Petersburg und Kasan, für Italien in Mailand, Neapel, Rom und Turin, für Großbritannien in London und für Irland in Belfast nachgewiesen werden.

Aufgrund der zentralen Stellung in der französischen Wissenschaftslandschaft und als Ursprungsort der europäischen Axolotl lassen sich für Paris die meisten Axolotlarbeiten nachweisen. Axolotl werden hier in den verschiedensten Forschungszusammenhängen in Zoologie, Anatomie und Physiologie verwendet. Hier zeigt sich wieder, dass die Tiere in sehr unterschiedlicher Weise verwendet werden. In vielen Fällen ist die Art selbst Untersuchungsgegenstand. Oder an den Tieren werden allgemeinere Phänomene untersucht wie etwa die Regeneration. Gleichzeitig dienen Axolotl als Objekte in der praktischen Lehre. Nur in wenigen Fällen entstehen längere Experimentalreihen wie etwa bei Frédéric Houssay und Paul Wintrebert. Das verweist wie das Beispiel von Marie von Chauvin auf die sich gerade erst formierende Kultur der experimentellen Zoologie.[15]

15 Neben Dumerils eigenen Arbeiten vgl. Philipeaux 1867a; Philipeaux 1867c; Philipeaux 1871; Philipeaux 1874a; Philipeaux 1874b; Vulpian 1867; Bert 1870; Bert 1880; Robin 1874; Pouchet 1872; Pouchet 1875; Dareste 1874; Gervais 1872; Gervais 1873; Blanchard 1876; Blanchard 1879; Vaillant 1879; Brocchi 1877a; Brocchi 1877b; Brocchi 1877c; Fauvelle 1886; Houssay/Bataillon 1888a; Houssay/Bataillon 1888b; Houssay 1889; Houssay 1890; Houssay 1891; Houssay 1892; Houssay 1893; Houssay 1914; Wintrebert 1903a; Wintrebert 1903b; Wintrebert 1904a; Wintrebert 1904b; Wintrebert 1904c; Wintrebert 1905a; Wintrebert 1905b; Wintrebert 1905c; Wintrebert 1905d; Wintrebert 1906a; Wintrebert 1906b; Wintrebert 1906c; Wintrebert 1906d; Wintrebert 1907; Wintrebert 1908a; Wintrebert 1908b; Wintrebert 1908c; Wintrebert 1909; Wintrebert 1910a; Wintrebert 1910b; Wintrebert 1912; Wintrebert 1913; Wintrebert 1914a; Wintrebert 1914b; Perrin 1891; Perrin 1893; Perrin 1899; Metschnikoff 1892; Branca 1904a; Branca 1904b; Branca 1904c; Branca 1904d. Für die Arbeiten außerhalb von Paris vgl. Jourdain 1877; Champy 1913; Sabrazés/Muratet 1907; Sabrazés/Muratet 1908.

In den anderen europäischen Ländern wiederholen sich diese Muster im Kontext der lokalen Wissenschaftskultur. Die schnelle und umfassende Verbreitung der Tiere sorgt dafür, dass es innerhalb kurzer Zeit völlig selbstverständlich ist, Axolotl für die eigene Forschung zu nutzen. Die Herkunft der Tiere wird immer ungenauer und seltener angegeben, da diese meist vor Ort gezüchtet werden. Oder sie stammen von Kollegen oder aus dem Handel. In Belgien wird in Ghent, Lüttich, Löwen und Brüssel und in den Niederlanden in Rotterdam, Amsterdam und Leiden mit Axolotln gearbeitet.[16] In Dänemark findet Axolotlforschung in Kopenhagen und in Schweden in Stockholm statt.[17] In Polen forschen Wissenschaftler in Warschau und in Rumänien in Bukarest an Axolotln.[18] In der Schweiz arbeiten Wissenschaftler in Zürich und Luzern mit Axolotln, in Italien in Mailand, Neapel, Rom, Genua, Pavia, Turin und Bologna.[19] In Russland finden sich Axolotl in Moskau, St. Petersburg, Dorpat, Tomsk und Kasan.[20] In Österreich-Ungarn wird aus Klausenburg (Cluj-Napoca), Lemberg, Gottschee, Prag und Wien über die Tiere berichtet.[21] In Großbritannien

16 Für Belgien vgl. Bambeke 1870; Bambeke 1876; Bambeke 1880a; Bambeke 1880b; Brachet 1895; Brachet 1902; Carnoy/Lebrun 1898; Spehl/Polus 1911; Spehl/Polus 1912; Dustin 1912. Für die Niederlande vgl. Meier 1872; Ruge 1889; Seydel 1895; Buschkiel 1905; Peeters 1910.

17 Für Dänemark vgl. Boas 1882. Für Schweden vgl. Retzius 1881-1884; Retzius 1905; Retzius 1906; Andersson 1892; Ribbing 1906; Ribbing 1907.

18 Für Polen, vgl. Mayzel 1884; Mitrophanow 1887; Mitrophanow 1889a; Mitrophanow 1889b; Eismond 1894; Tur 1913. Für Rumänien vgl. Jaquet 1897; Jaquet 1901.

19 Für die Schweiz vgl. Bugnion 1873; Daiber 1906; Marcinowski 1906; Bugnion 1893; Bugnion 1898; Suidter 1896. Für Italien vgl. Cornalia 1868, S. 383; Malfatti 1873; Sordelli 1882; Panceri 1867; Panceri 1868; Panceri 1869; Monticelli 1913; Monticelli 1914; Monticelli 1917; Sanctis 1870; Gasco 1894; Gasco 1881a; Gasco 1881b; Cattaneo 1886; Sacchi 1886; Lessona 1877; Camerano 1883; Camerano 1884a; Camerano 1884b; Camerano 1884c; Camerano 1884d; Bizzozero/Torre 1883; Bellonci 1884; Bellonci 1886; Bellonci 1888; Valenti 1900; Valenti 1903; Valenti 1904; Valenti 1905.

20 Vgl. Kolossow 1892; Lwoff 1893; Zykoff 1893; Iwanzoff 1894; Grevé 1895; Bogdanoff 1898; Koltzsoff 1906; Ogneff 1908; Ogneff 1910; Stepanow 1900; Weliky 1884; Weliky 1886; Lavdowsky 1884; Faussek 1902; Maximow 1906; Stieda 1875; Stieda 1876; Barfurth 1891a; Barfurth 1891b; Barfurth 1893; Barfurth 1894a; Barfurth 1894b; Adolphi 1898; Smirnow 1907; Opocinskij 1914.

21 Vgl. Török 1877a; Török 1877b; Weigl 1913; Nusbaum 1886; Schönberger 1880; Rabl 1898; Babák/Kühnova 1909; Babák 1910a; Babák 1910b; Babák 1912; Babák 1913a; Babák 1913b; Babák 1913c; Laufberger 1913; Friedel

konzentriert sich die Arbeit mit den Tieren auf London.[22] Daneben gibt es auch Berichte aus Brighton, Oxford und Cambridge.[23]

Aufgrund der Verbindung von sich organisierender Aquarienkunde, der Entwicklung der Zoologie im Speziellen und des Wissenschaftssystems im Allgemeinen finden sich in Deutschland besonders viele Erwähnungen von Axolotln. Diese tauchen auf in Würzburg, Bonn, Bamberg, Berlin, Breslau, Erlangen, Frankfurt, Greifswald, Halle, Hamburg, Hannover, Heidelberg, Jena, Köln, Königsberg, Leipzig, Magdeburg, München, Oldenburg, Regensburg, Straßburg, Stuttgart, Winnenden und Tübingen.[24]

Trägt man diese Publikationsaktivitäten in Zehn-Jahres-Schritten auf eine Karte auf, wird die historische Geografie der Axolotlverbreitung sichtbar. Wie sich zeigt, liegen bereits zehn Jahre nach dem Ein-

1885; Hochstetter 1888; Kammerer 1901; Przibram 1909; Przibram 1910; Winkler 1910; Kolmer 1910.

22 Vgl. Günther 1868; Tegetmeier 1870; Sclater 1871; Gulliver 1873; Gulliver 1875; Parker 1875; Parker 1882; Howes 1893; Boulenger 1882, S. 43-45; Zoological Society of London 1883, S. 633; Bateman 1890; Bateman 1892; Bateman 1897; Boulenger 1913a; Boulenger 1913b.

23 Vgl. Anonymous 1875; Jenkinson 1904; Jenkinson 1905; Goodrich 1911; Bridge 1879; Gadow 1901.

24 Vgl. Fischer jun. 1878; Wendelstadt 1901; Blumm 1880; Blumm 1882; Fritsch 1869; Burckhardt 1891; Kopsch 1895a; Kopsch 1895b; Kopsch 1896; Hertwig 1896; Witebsky 1896; Netto 1898; Tornier 1900; Tornier 1907; Tornier 1908; Drüner 1902; Drüner 1903; Drüner 1904; Grünberg 1901; Krause 1901; Albrand 1908; Bukowska 1909; Hertwig 1910; Glaeser 1910; Dulitz 1874; Dulitz 1876; Friedel 1880; Matte 1892; Kühn/Matte 1881; Matte 1883; Matte 1889; Matte 1890; Matte 1892; Dürigen 1886; Wagner 1892; Anonymous 1893; Anonymous 1895; Zierow 1895; Anonymous 1896; Hintze 1897a; Hintze 1897b; Bade 1898b; Zernecke 1898; Lachmann 1899; Krause 1893; Metzdorf 1896; Lampert 1883; Walther 1883; Fahr 1912a; Fahr 1912b; Ballowitz 1890; Riehm 1885; Bolau 1878; Friedel 1888; Schneider 1893; Bade 1900; Brüning 1900; Eiffe 1909; Noll 1876b; Oelze 1907; Fürbringer 1879; Maurer 1888a; Maurer 1888b; Maurer 1888c; Maurer 1890; Maurer 1892a; Maurer 1892b; Maurer 1894; Maurer 1896; Göppert 1891; Göppert 1894; Göppert 1898a; Göppert 1998b; Schuberg 1903; Schuberg 1904; Schuberg 1907a; Schuberg 1907b; Schuberg 1907c; Hertwig 1875; Braus 1896; Wolff 1902; Ziegeler 1906; Fuchs 1907; Friedel 1890; Isserlin 1902; Fraisse 1885; Blaue 1882; Blaue 1884; Field 1893; Field 1894; Field 1895; Wolterstorff 1896; Wolterstorff 1914a; Wolterstorff 1914b; Bayern 1884; Osborn 1887; Osborn 1888; Röse 1890; Eismann 1876a; Eismann 1876b; Geyer 1890; Geyer 1892; Geyer 1894; Geyer 1901; Geyer 1904; Geyer 1906; Geyer 1909a; Geyer 1909b; Geyer 1912; Geyer 1914; Carrière 1885; Paulicki 1885; Mehnert 1890; Fuchs 1907; Goette 1913; Röhrig 1875; Zeller 1890a; Zeller 1890b; Zeller 1891; Zeller 1896; Zwick 1898.

treffen der ersten 34 Tiere in Paris eine ganze Reihe von Arbeiten aus verschiedenen europäischen Ländern vor (vgl. Abb. 17). Hierbei handelt es sich zu einem guten Teil noch um Texte, in denen der Autor ausschließlich den Besitz von Axolotln bekannt gibt. Neben Paris, wo Auguste Duméril und andere Personen im Umfeld des *Muséum d'Histoire naturelle* Forschungsarbeiten zu den Tieren veröffentlichen, ist besonders Würzburg ein Zentrum der Axolotlforschung. Wie im folgenden Teil dieses Kapitels noch ausführlicher dargestellt, werden die Tiere durch Albert Kölliker hier zu einer wichtigen Forschungsressource für entwicklungsgeschichtliche und anatomische Arbeiten. Daneben erscheinen in London, Toulouse und Berlin erste Forschungsarbeiten.[25]

Im Zeitraum von 1874 bis 1884 nimmt die Zahl der Orte, an denen Texte über Axolotl veröffentlicht werden, nochmals deutlich zu (vgl. Abb. 18). Auffällig ist hier die Häufung in Deutschland, wo neben Frankreich mit Abstand die meisten Publikationen erscheinen. Diese erklärt sich nicht zuletzt durch das Hinzukommen von Publikationen aus dem Bereich der Liebhaberei, die in diesem Zeitraum auch durch die Gründung eigener Zeitschriften zunehmen. Aber auch im Bereich der universitären Forschung kommen neue Orte und zusätzliche Publikationen hinzu. Diese Häufung stellt einen allgemeinen Trend über den ganzen Zeitraum dar, wie die entsprechende Auswertung zeigt (vgl. Abb. 16).

Im Zeitraum von 1884 bis 1894 stabilisiert sich diese Entwicklung langsam (vgl. Abb. 19). Es kommen zwar auch neue Orte hinzu, doch es zeigt sich vor allem eine Zunahme der Publikationen an bereits bekannten Orten. Damit zeichnet sich ein Trend ab, der besonders deutlich wird, wenn man die Gesamtzahl der Publikationen pro Jahr betrachtet (vgl. Abb. 16). Zwar zeigt sich, dass im Mittel eine leichte Zunahme von Publikationen pro Jahr stattfindet. Allerdings lässt sich kein klarer Trend erkennen, der auf eine deutliche Veränderung im Einsatz der Axolotl hindeuten würde.

Diese Stabilisierung setzt sich im Zeitraum von 1894 bis 1904 fort (vgl. Abb. 20). Im Vergleich zu Frankreich, England und Italien, den anderen Ländern, in denen an einer größeren Anzahl von Orten über

25 Die Darstellung auf den Karten erfolgt additiv, um nicht nur die Verteilung im Raum, sondern auch die zunehmende Publikationszahl an einzelnen Orten sichtbar zu machen. Für die Anregung, die Daten zu visualisieren, und die Unterstützung bei der Durchführung bedanke ich mich bei Michael Markert. Für die Hilfe beim Datenexport aus Zotero bedanke ich mich bei Dominik Giesa.

Abb. 17: Geografische Darstellung der Publikationsverteilung 1864-1874.

Abb. 18: Geografische Darstellung der Publikationsverteilung 1874-1884.

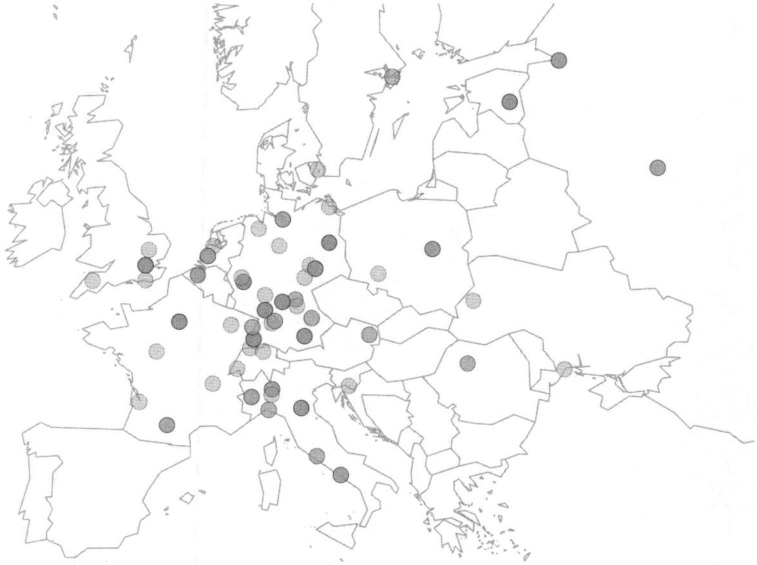

Abb. 19: Geografische Darstellung der Publikationsverteilung 1884-1894.

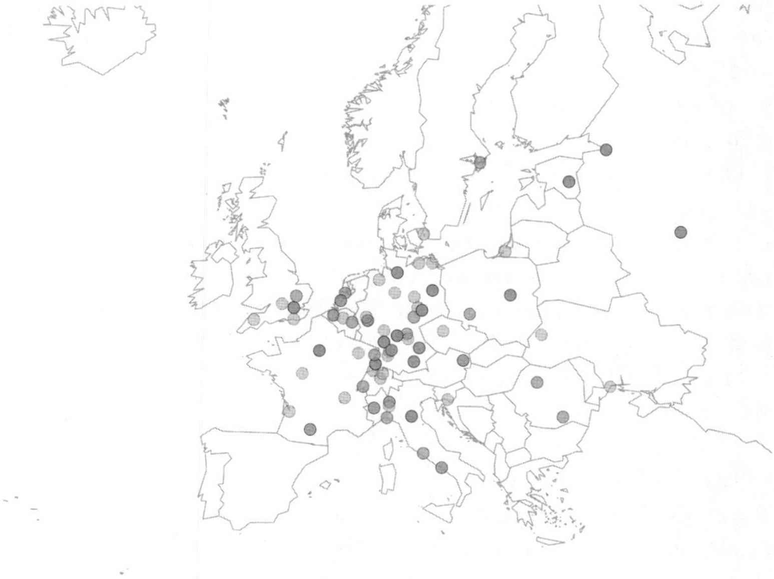

Abb. 20: Geografische Darstellung der Publikationsverteilung 1894-1904.

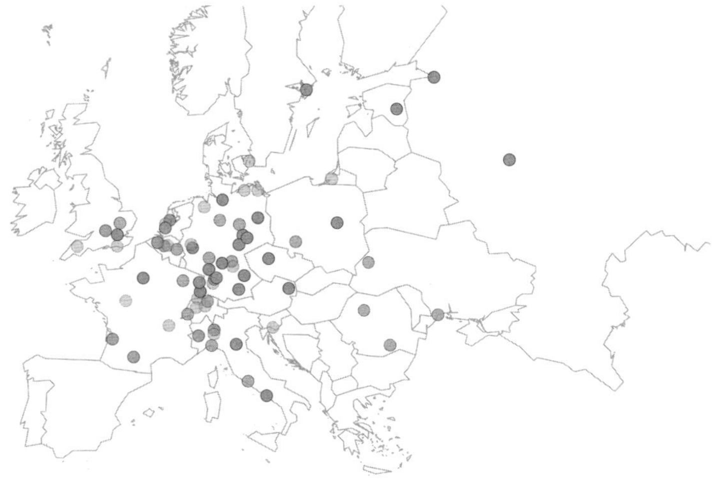

Abb. 21: Geografische Darstellung der Publikationsverteilung 1904-1914.

Axolotl publiziert wird, kommen nur in Deutschland neue Orte hinzu. Diese Zunahme kann wiederum mit der zunehmenden Institutionalisierung der Aquarienkunde erklärt werden, die seit 1890 mit *Blätter für Aquarien- und Terrarien-Freunde* über eine eigene Zeitschrift verfügt. Sie bietet der bereits flächendeckend verbreiteten Aquaristik ein neues Publikationsorgan und führt dazu, dass mehr Aquarianer aus dem gesamten deutschsprachigen Raum Texte veröffentlichen.

Die Tendenz zur Stabilisierung zeigt sich auch zwischen 1904 und 1914 (vgl. Abb. 21). Mit dem russischen Tomsk kommt zwar ein neuer Ort hinzu, der auch deutlich abseits des bisherigen Verbreitungsgebietes liegt. Ansonsten werden an den bereits bekannten Orten weiterhin Arbeiten veröffentlicht. Das Publikationsaufkommen hat sich auf einem hohen Niveau stabilisiert. Die Auswertung zeigt, dass es innerhalb der 50 Jahre, die betrachtet werden, zwar zu einer europaweiten Verbreitung der Axolotl und ihrer umfassenden Nutzung in den Lebenswissenschaften kommt. Allerdings ist bis 1914 keine nachhaltige Ausbildung eines Forschungsprogramms zu beobachten, das eng an die Tiere gebunden ist. Vielmehr, und dies zeigt auch die folgende Rekonstruktion eines spezifischen Nutzungszusammenhangs, stellen die Axolotl eine Forschungsressource dar, die bedarfsabhängig für die verschiedensten Zwecke eingesetzt wird.

Der Axolotl als Forschungsressource in Entwicklungsgeschichte, Zytologie und Hormonforschung

Der Axolotl verbreitet sich, ausgehend von Paris, über ganz Europa. Allerdings bleiben die genauen Verbreitungswege meist im Dunkeln. Die Tiere sind vor Ort und werden verwendet. Nur wenige Verbreitungswege sind wie die anfängliche Verbreitung durch Duméril im Detail nachzuvollziehen. Ein besonders gut rekonstruierbares Beispiel stellt Albert Kölliker dar. Im Folgenden wird an diesem Beispiel zum einen gezeigt, wie sich die Rolle des Axolotls als Wissenschaftstier an einem bestimmten Ort, Würzburg, über die Zeit verändert, und zum anderen wird deutlich, wie sich die Weiterverbreitung von diesem Ort aus gestaltet.

Das Interesse Köllikers am Axolotl reicht weit vor 1864 zurück und ist anfänglich entwicklungsgeschichtlich motiviert (vgl. Kapitel 2 und 4). Mit der Verwandlung der Tiere in Paris und der Verfügbarkeit der Tiere ergibt sich dann ein weiterer Anknüpfungspunkt im Zusammenhang mit der Theorie der heterogenen Zeugung. Kölliker hofft, dass die Verwandlung des Axolotls der Beweis für einen der von ihm vorgeschlagenen Entwicklungsprozesse sein könnte. Sein Vorhaben, diese Vermutung empirisch zu untersuchen und zu belegen, verfolgt er jedoch nicht weiter und bezieht sich auch in späteren Diskussionen über die Theorie der heterogenen Zeugung immer nur auf seine ursprüngliche Vermutung. Allerdings entsteht aus den 20 Tieren, die er aus Paris mitbringt, eine erfolgreiche Axolotlzucht.

Axolotl werden von Köllikers Studenten und Mitarbeitern kontinuierlich für vergleichend-anatomische und entwicklungsgeschichtliche Arbeiten verwendet. Dabei zeigt sich, dass Axolotl hier Arten aus der einheimischen Fauna ergänzen. Je nach Art der Fragestellung handelt es sich um einheimische Amphibien wie Salamander, Molche, Frösche und Kröten, oder auch Reptilien wie Schlangen oder Eidechsen, die in der Umgebung von Würzburg gefangen werden. Kölliker selbst beginnt ab den 1880er Jahren wieder mit Axolotln zu arbeiten, dieses Mal im Zusammenhang mit Fragen aus dem Kontext der Gewebe- und Zellforschung. An diese Forschungen schließen auch seine Mitarbeiter an. Hier werden Fragen untersucht, die den Zusammenhang zwischen morphologischen Zell- und Gewebsstrukturen sowie Vererbungs- und Entwicklungsprozesse aufklären sollen. Kölliker schließt hier an

Arbeiten des belgischen Zoologen Édouard van Beneden an, der mit Pferdespulwürmern arbeitet.[26]

Die Verwendung des Axolotls in der Zytologie ist dabei keine Ausnahme. Valentin Haecker, zu diesem Zeitpunkt außerordentlicher Professor in Freiburg, beschreibt in *Praxis und Theorie der Zellen- und Befruchtungslehre* von 1899, einer Mischung aus Lehrbuch und Praktikumsanleitung, unter anderem die Beschaffung der für die einzelnen, zytologischen Versuche notwendigen Materialien – darunter die Eier des Pferdespulwurms *Ascaris* und des Axolotls. Während die Eiröhren mit den befruchteten Eiern des Pferdespulwurms im Schlachthof »aus dem Darm des eben geschlachteten Pferdes in die Konservirungsflüssigkeit gebracht« oder zum Transport entweder in ein Stück Darm eingenäht oder in warmen Pferdemist verpackt werden müssen, kann man die Axolotl »mit Leichtigkeit durch jede Naturalienhandlung beziehen und ohne Schwierigkeit im Aquarium« halten. Genauso wie die Eier des Pferdespulwurm für zytologische Fragen »von keinem anderen [Material] übertroffen« werden, so nimmt auch der Axolotl »in histologischer Beziehung eine hervorragende Stellung ein«.[27]

Der Axolotl wird nach 1864 auch unabhängig von seinem exemplarischen Charakter für die Theorie der heterogenen Zeugung als zusätzliches, leicht verfügbares Material für vergleichend-anatomische und entwicklungsgeschichtliche Arbeiten sowie zytologische Untersuchungen verwendet. Am Anfang steht die Rolle des Axolotls in diesem Kontext noch ganz im Zeichen seiner systematischen Stellung und gerade seine Zugehörigkeit zu den Amphibien bzw. seine Identität als *Siredon pisciformis* ist von Bedeutung. In diesem Zusammenhang wird er nicht zuletzt als willkommene Ergänzung für die hauptsächlich an einheimischen Arten erstellten Vergleiche genutzt. Wie bei der ausgiebigen Nutzung einheimischer Arten ist auch beim Axolotl die einfache Verfügbarkeit in großen Mengen das entscheidende Kriterium. Während diese bei ersteren durch den einheimischen Naturraum gewährleistet wird, aus dem die Tiere entnommen werden, stellt beim Axolotl der künstliche Naturraum des Aquariums den Nachschub sicher.

26 Vgl. Beneden 1883; Kölliker 1885; Kölliker 1886a; Kölliker 1886b; Kölliker 1889a; Kölliker 1889b; Schultze 1887; Fick 1892; Fick 1893. Zu Arbeiten von Köllikers Studenten und Mitarbeitern, die Axolotl verwenden, vgl. Sirena 1871; Malbranc 1872; Malbranc 1876; Hasse 1873a; Hasse 1873b; Pestalozzi 1878; Stöhr 1880.

27 Vgl. Haecker 1899, hier S. 29 und 60.

Mit der Hinwendung Köllikers zu Fragen der Zytologie tritt die leichte Verfügbarkeit der Axolotl noch stärker in den Vordergrund, während ihre taxonomische Identität nebensächlich wird. Im Gegensatz zur Anatomie und zur Entwicklungsgeschichte werden Untersuchungsobjekte nun nicht mehr als Repräsentanten spezifischer systematischer Gruppen ausgewählt. Vielmehr stehen, ähnlich wie in der Physiologie, Phänomene allgemeiner Natur im Vordergrund, deren Zugänglichkeit zum entscheidenden Auswahlkriterium für bestimmte Tierarten wird. Die verwendeten Organismen werden damit bis zu einem gewissen Grad austauschbar und Kölliker kann am Axolotl einer Frage nachgehen, die Beneden am Pferdespulwurm beginnt. Zudem ändert sich von der (vergleichenden) Anatomie, über die Entwicklungsgeschichte zur Zytologie der Bedarf an Untersuchungsmaterial. Anatomische Studien können teilweise nur an einem einzigen, meist präparierten Tier durchgeführt werden (vgl. Kapitel 2). Bereits für die Entwicklungsgeschichte ist eine größere Zahl an Individuen verschiedener Entwicklungsstadien notwendig, um den zeitlichen Verlauf rekonstruieren zu können. Der Übergang zur Histologie und Zytologie erhöht den Bedarf an Untersuchungsmaterial nochmals. Um die gewünschten Schnitte zu erhalten, sind oft viele Schnittserien notwendig, da der Zeitpunkt der Fixierung genauso entscheidend ist wie das Gelingen der Färbereaktion.[28]

Neben der eigenen Verwendung des Axolotls im Rahmen der Arbeiten an seinem Institut gibt Kölliker auch Tiere weiter und agiert damit als Multiplikator. So vermittelt er sechs Tiere an Carl Gottfried Semper, den neuen Professor für Zoologie und Direktor der zoologisch-zootomischen Anstalt in Würzburg. Aus diesen Tieren züchtet Semper »viele Hunderte von Exemplaren unter den verschiedenartigsten Lebensbedingungen«, die wiederum zu Forschungszwecken verwendet werden (vgl. Kapitel 5). Darüber hinaus verbreitet Kölliker den Axolotl auch über Würzburg hinaus, etwa nach Dorpat, Kopenhagen und Klausenburg.[29]

Auch nach Freiburg gelangen die Axolotl dank Kölliker. August Weismann bittet ihn um Tiere für die experimentelle Überprüfung der Ursache der Verwandlung der Tiere (vgl. Kapitel 4). Neben den bereits

28 Vgl. Dröscher 1999.

29 Vgl. Stieda 1874, 1875, 1876; Boas 1882; Török 1872a; Török 1872b; Török 1877a; Török 1877b. Für die Hilfe mit Töröks ungarischen Publikationen bedanke ich mich bei Peter Csingar. Zum Axolotl bei Semper vgl. Semper 1880, hier S. 111. Für Arbeiten mit diesen Axolotln vgl. etwa Spengel 1876, 1877; Semper 1878, 1879.

vorgestellten Arbeiten Marie von Chauvins finden die Tiere auch für weitere Untersuchungen Verwendung. Allerdings entwickeln sie sich im Gegensatz zu Würzburg nicht zu einer derart breit genutzten Ressource. Weismanns Interesse an den Tieren ist nur von kurzer Dauer.[30]

Marie von Chauvin führt den größten Teil ihrer Versuche außerhalb des zoologischen Instituts mit Tieren durch, die sie aus Hannover erhält. An der Universität selbst entstehen dagegen ausschließlich entwicklungsgeschichtliche und vergleichend-anatomische Arbeiten zum Axolotl.[31] Die Studie zur Anatomie des *Amblystoma weismanni*, die Robert Wiedersheim, Weismanns Schwager, 1879 veröffentlicht, verdeutlicht nochmals den praktischen Unterschied zwischen lebenden, sich vermehrenden und damit in großen Mengen verfügbaren Tieren und selteneren Arten, die vor allem konserviert zugänglich sind. *Amblystoma weismanni* ist der Artname, den Wiedersheim der von Chauvin aus den Axolotln umgewandelten Form gibt. Obwohl er selbst zweifelt, ob es sich um eine eigene Art im engeren Sinne handelt, gibt er ihr einen eigenen wissenschaftlichen Namen und benennt sie nach August Weismann.[32] Dieser musste sich in seiner Beschreibung der umgewandelten Tiere zum Teil auf Dumérils Angaben verlassen, »da ich keines meiner lebenden Amblystomen nur deshalb tödten wollte, um die Angaben eines Forschers zu bestätigen, dem man darin gewiss vollständiges Vertrauen schenken darf«.[33] Auch Wiedersheims eingehende Untersuchung wird erst möglich, nachdem eines der Tiere stirbt und ihm von Weismann zur Sektion überlassen wird. Die Amblystomen sind im Gegensatz zu den Axolotln selten und daher zu kostbar, um sie für eine einfache anatomische Studie zu opfern.

In Freiburg kommt auch Valentin Haecker das erste Mal in Kontakt mit dem Axolotl. Im Jahr 1900 folgt er einem Ruf an die Technische Hochschule in Stuttgart, wo er ebenfalls mit Axolotln arbeitet. Auch als er 1909 ordentlicher Professor für Zoologie an der Universität Halle wird, legt er dort eine Axolotlzucht an. Wie sein Lehr- und Praktikumsbuch zur Zytologie zeigt, beginnt Haecker bereits in Freiburg, sich mit Zytologie und Vererbung und in diesem Zusammenhang auch mit dem Axolotl zu beschäftigen. Diese Forschungsrichtung verfolgt er in Stuttgart und Halle weiter. Das an Köllikers Multiplikatoren-

30 Vgl. Weismann/Wiedersheim 1878.

31 Vgl. Wiedersheim 1876; Wiedersheim 1877; Wiedersheim 1879; Wiedersheim 1880; Wiedersheim 1889; Wiedersheim 1892a; Wiedersheim 1892b; Wilson 1894; Wilson 1897; Clemens 1895; Röse 1895.

32 Vgl. Wiedersheim 1879.

33 Weismann 1876, S. 243.

tätigkeit angeschlossene Beispiel Haeckers zeigt, dass das Vorhandensein und die Weitergabe von Axolotln ausgehend von Paris 1864 über Würzburg 1868, Freiburg 1874, Stuttgart 1900 bis nach Halle und in das Jahr 1923 nachgewiesen werden kann.[34]

In Prag beginnt die Geschichte des Axolotls als Versuchstier in der Hormonforschung und damit die Geschichte jenes Stoffes, der später unter dem Namen »Thyroxin« bekannt wird. Der Prager Physiologe Edward Babák (1873-1926) veröffentlicht im Jahr 1913 die Ergebnisse seines Mitarbeiters Vilem Laufberger (1890-1986), der den Einfluss der Inhaltsstoffe der Schilddrüse auf die Metamorphose des Axolotls untersucht hat. Babák und Laufberger knüpfen hier an die Arbeiten des deutsch-amerikanischen Physiologen J. Frederick Gudernatsch (1881-1962) an, der 1912 zeigen kann, dass durch die Fütterung von Schilddrüsengewebe die Metamorphose bei Kaulquappen von Grasfrosch *(Rana temporaria)* und Teichfrosch *(Rana esculenta)* beschleunigt wird. Sie wählen Axolotl als Versuchsorganismen, da im Jahr von Laufbergers Experimenten kein anderer Organismus verfügbar ist. Die Axolotl werden dagegen bereits seit mehr als zehn Jahren im Institut gezüchtet und für die Forschung genutzt. Während Gudernatsch bei seinen Versuchen den Einfluss von Schilddrüsengewebe nur sehr undeutlich zeigen kann, stellen sich die Prager Axolotl als viel geeignetere Versuchstiere heraus. Durch das Gewebe wird die Metamorphose bei Axolotln überhaupt erst ausgelöst und damit zum deutlichen Indikator für die Aktivität eines Stoffs, der erstmals 1915 als Thyroxin chemisch isoliert wird. Ausgehend von den Versuchen Babáks und Laufbergers entwickeln sich Axolotl zu einem wichtigen Instrument – man spricht sogar vom Axolotl als »Lackmuspapier«[35] – in der Thyroxinforschung. Sie werden im »Axolotlversuch«[36] verwendet, um die Verteilung des Stoffs im Organismus und damit dessen Wirkung zu erforschen und Schild-drüsenpräparate zu standardisieren.[37]

34 Vgl. Haecker 1899; Haecker 1907; Haecker 1908; Haecker 1911; Haecker 1912a; Haecker 1912b; Haecker 1916a; Haecker 1916b; Haecker 1918; Schapnitz 1912; Pernitzsch 1913; Bindewald 1914; Leffler 1915; Schnakenbeck 1922; Schnakenbeck 1923; Keitel 1923.

35 Zawadowsky/Perelmutter 1927, S. 212.

36 Max 1934.

37 Vgl. Gudernatsch 1912; Babák 1913a; Laufberger 1913. Zu Babák und Laufberger vgl. Braveny 2002. Zu den vorangegangenen Forschungen mit Axolotln vgl. Babák/Kühnova 1909; Babák 1910a; Babák 1910b; Babák 1912; Babák 1913b; Babák 1913c. Zur Isolation des Thyroxins vgl. Kendall 1915. Zur Verwendung von Axolotln in der Thyroxinforschung vgl. etwa Abderhalden 1919; Jensen 1920; Zawadowsky/Bessmertnaja 1927; Giacomini 1928;

Die vorgestellten Verbreitungs- und Anwendungskontexte zeigen, dass Axolotl zwischen 1864 und 1914 zwar vor allem im Kontext von Anatomie, Entwicklungsgeschichte und Embryologie Verwendung finden, die Tiere aber nicht eng an die Methoden und Fragestellungen in diesem Bereich gebunden sind. Vielmehr stellen sie eine einfach und in großen Mengen verfügbare und umfassend einsetzbare Ressource für Forschung und Lehre dar. Erst mit Ansätzen wie den Arbeiten zum Schilddrüsenhormon entwickelt sich ein experimentelles Forschungsprogramm, das auf den spezifischen Fähigkeiten der Axolotl basiert. Aber auch hier ist der Ausgangspunkt keine methodische Überlegung, sondern der Umstand, dass die Tiere sowieso in großen Mengen in Babáks Prager Institut vorhanden sind. Auch das Beispiel Köllikers macht diesen Zusammenhang deutlich: Während sich Köllikers Forschungsschwerpunkt von den ersten Arbeiten aus den 1850er Jahren mit präparierten Axolotln und einer anatomischen Frage hin zu seinen zytologischen Arbeiten aus den 1880er Jahren verändert, bilden die Axolotl eine ab den späten 1860er Jahren durchgehend verfügbare und immer einsetzbare Ressource, die er nicht nur für seine eigenen Forschungen verwendet, sondern auch an Doktoranden, Mitarbeiter und Kollegen weitergibt. Hier zeigt sich das zweite Moment, dass die Axolotlverbreitung und -verwendung maßgeblich prägt: Die Tiere werden oft von Professoren an Studenten oder Mitarbeiter weitergegeben und so immer wieder für verschiedene Forschungen verwendet.

Der europäische Axolotl in den USA

Die Axolotl breiten sich aber nicht nur in Europa aus. In den 1880er Jahren gelangen Tiere aus Europa in die USA. Dieser Umstand zeigt die spezifische Verbreitungsdynamik der Pariser Axolotlpopulation und unterstreicht nochmals sehr deutlich den eigenständigen Charakter, den die aus Paris stammenden Tiere nicht zuletzt aufgrund der Verwandlung entwickeln. Regelmäßig wird etwa in der *New York Times* über Axolotl in New York berichtet. Die Tiere werden im New Yorker Aquarium ausgestellt, von Privatpersonen oder auch vom *Commis-*

Zawadowsky/Liptsina 1928; Uhlenhut 1929. Zur unabhängigen Wiederentdeckung der Schilddrüsenwirkung auf den Axolotl durch Julian Huxley (vgl. Huxely 1920; Huxely 1925; Huxley/Hogben 1922) und die sich daran anschließenden Forschungen und Utopien vgl. Erlingsson 2009.

sioner of Fishery of the State of New York direkt aus Paris von Carbonnier importiert. Noch 1908 konstatieren die Autoren eines US-amerikanischen Aquarienratgebers, dass trotz der geografischen Nähe zu Mexiko der größte Teil der in den USA verkauften Tiere aus Europa stammt.[38]

Dieser Umstand ist dahingehend aufschlussreich, als US-amerikanische Zoologen bereits seit den 1860er Jahren an der Diskussion um den Axolotl und seine Umwandlung teilnehmen. So wird die genaue taxonomische Identität der Pariser Tiere diskutiert, ihr Verhältnis zu anderen Arten der Gattung *Amblystoma* sowie ganz allgemein die Frage, ob es sich bei Tieren mit Larvenmorphologie um eigene Arten oder eben um Larven einer anderen Amblystoma-Art handelt. Lange wird von US-amerikanischen Zoologen vermutet, dass es sich bei den Pariser Tieren gar nicht um Vertreter der Art *Amblystoma mexicanum* bzw. *Siredon mexicanum* handelt, sondern um Larven des Tigersalamanders *(Amblystoma tigrinum)*. Wie besonders aus den Arbeiten von William Edward Carlin (Lebensdaten unbekannt) und Robert Wilson Shufeldt (1850-1934) hervorgeht, werden in der US-amerikanischen Diskussion die Namen »Siredon« und »Axolotl« als relativ unbestimmte Sammelbegriffe für larvenähnliche, urodele Amphibien verwendet. So schreibt Shufeldt über seine Tiere: »My present field of research is in north-western New Mexico, and several forms of axolotls are to be found in the region.« Vor diesem Hintergrund und entsprechend der biogeografischen Verbreitung der Gattung *Amblystoma* findet unter US-amerikanischen Zoologen auch nicht die Art *Amblystoma mexicanum* Verwendung, sondern in Nordamerika verbreitete Arten wie *Amblystoma tigrinum*, *Amblystoma jeffersonianum* oder *Amblystoma punctatum*.[39]

Die Einfuhr der Axolotl aus Europa und ihre Erwähnung in Werbeanzeigen macht deutlich, dass die von den Pariser Tieren abstammende Population inzwischen eine eigenständige, von Taxonomie und geografischem Ursprung abgelöste Identität entwickelt hat. US-amerikanische Lebenswissenschaftler beginnen spätestens ab den 1920er Jahren auch mit »axolotls from eggs laid in the laboratory by individuals imported from Germany« zu arbeiten. Zur gleichen Zeit erstellt

38 Anonymous 1877c; Anonymous 1882; Anonymous 1883a; Anonymous 1883b; Anonymous 1884; Eggeling/Ehrenberg 1908, S. 266-267.

39 Vgl. Shufeld 1885, hier S. 263; Marsh 1868; Cope 1871; Carlin 1881; Eycleshymer 1895; Kingsbury 1895; Osborn 1900; Norris 1901; Norris 1902; Powers 1903; Powers 1907; Kingsbury/Reed 1908; Kingsbury/Reed 1909. Zur zeitgenössischen Biogeografie der Gattung *Amblystoma* vgl. Cope 1889.

der amerikanische Zoologe Ross G. Harrison (1870-1959) Normaltafeln der Entwicklung von *Amblystoma punctatum*, die eine breite Verwendung für die Untersuchung aller Amblystoma-Arten finden.[40]

Dynamik und Ausmaß der Verbreitung der Axolotl in Europa

Die umfassende Verbreitung der Axolotl von Paris über ganz Europa und die USA ist ein Ergebnis der Tauschpraxis der Naturgeschichte und der Akklimatisierungsbewegung, der Aquarienkunde und der Aquarien sowie der hohen Fortpflanzungsrate und Widerständigkeit der Axolotl. Diese werden so auch in der Zoologie mit ihren künstlichen Naturräumen zu einem Haustier. Die gute Verfügbarkeit der Tiere löst sie von spezifischen Anwendungsbezügen und Fragestellungen und macht sie zu einer umfassend genutzten Ressource in der vergleichenden Anatomie, Entwicklungsgeschichte/Embryologie, Vererbungsforschung und Physiologie. Am Anfang werden die lebenden Axolotl vor allem in den immer materialintensiveren entwicklungsgeschichtlichen Arbeiten und der Lehre eingesetzt. Im Zuge der zunehmenden Experimentalisierung der Zoologie zum Ende des 19. Jahrhunderts erlangen sie eine zusätzliche Bedeutung, als man sich die Verfügbarkeit lebender Tiere immer mehr für experimentelle Arbeiten zunutze macht. Spätestens hier verliert die ursprünglich so wichtige Frage nach der taxonomischen Stellung des Axolotls endgültig an Bedeutung und es ist nicht einmal mehr wichtig, zu welcher Art die verwendeten Tiere genau gehören.

Während in den 1860er und 1870er Jahren noch explizit auf die Herkunft der Tiere hingewiesen und dem Absender gedankt wird, ist ihre Verfügbarkeit bald selbstverständlich und wird nicht mehr gesondert erwähnt. Auch werden sie häufig für Dissertationen oder als Ergänzungsmaterial für vergleichende Studien eingesetzt. Spätestens im Kontext der Zytologie und mit der zunehmenden Anwendung experimenteller Methoden ist es vor allem die gute Verfügbarkeit und einfache Handhabbarkeit der Tiere, die sie zu einem beliebten Versuchstier machen. Die Rückkehr der Axolotl auf dem amerikanischen Kontinent zeigt endgültig, wie tiefgreifend ihre europäische Geschichte die Art verwandelt hat. Der Axolotl wird von einem Natur- zu einem Labortier und bleibt dies bis heute.

40 Vgl. Helff 1927, hier S. 355; Harrison 1969; Hopwood 2007, S. 18-19.

7 Der Axolotl in Europa
Vom Heimaquarium ins Labor

»Sie muss schwammiges, weißes Fleisch haben wie der Axolotl, den ich vorhin im Salamanderkäfig bei dem Vogelhändler gesehen habe, fühlte ich.«[1] Der Vergleich, den der anonyme Erzähler in Gustav Meyrinks phantastischem Roman *Der Golem* aus dem Jahr 1915 zieht, zeigt die Selbstverständlichkeit, mit der man Anfang des 20. Jahrhunderts Axolotl und ihr Aussehen als bekannt voraussetzen kann. Und das Zitat verweist zurück auf den Beginn dieses Buchs und auf die Feststellung des Aquarianers Fritz Geibel, der 1930 wehmütig auf die steile Karriere des Axolotls zurückblickt, der zu Beginn des 20. Jahrhunderts beinahe allgegenwärtig erscheint. Die Tiere haben sich von Paris aus verbreitet. Bis 1914 entwickelt sich aus den 34 Axolotln, die 1864 aus Mexiko gekommen sind, eine Population von mehreren Zehntausend Tieren. Sie bevölkern als Haus- und Labortiere Aquarien in ganz Europa und darüber hinaus.

Als erste nicht-europäische Aquarientierart, deren Nachzucht in Europa gelingt, stößt der Axolotl in der Aquarienkunde, die sich ungefähr zur gleichen Zeit formiert, auf eine große Nachfrage und in den sich verbreitenden Aquarien auf einen entsprechenden Raum, um sich auszubreiten. Umgekehrt profitiert die frühe Aquaristik von der Attraktivität und anfänglichen Singularität der Tiere, die ihrerseits zur Popularität von Aquarien beitragen. Und auch ihre Verbindung zur Naturgeschichte und den Lebenswissenschaften ist hier entscheidend. Wie sich der Umgang mit den Tieren in der Wissenschaft im Laufe der Zeit ändert, zeigt, wie verbreitet sie bis 1914 sind. Zu Beginn der Wissenschaftsgeschichte des Axolotls stehen nur wenige präparierte Exemplare zur Verfügung. Renommierte Zoologen wie Georges Cuvier führen daher die Untersuchungen selbst durch. Die Sektion eines präparierten Axolotls, die Martin Heinrich Rathke 1828 in Berlin vornimmt, wird von mehreren Professoren begleitet. Ab 1864 entwickeln sich die Tiere im Laufe ihrer Verbreitung zu einer Forschungsressource, die im Überfluss vorhanden ist. In den ersten Jahren wird noch bei fast allen Erwähnungen lebender Axolotl deren genaue

1 Meyrink 1916, S. 14. Ich bedanke mich bei Elena Fabietti für den Hinweis.

Herkunft angegeben. Dabei wird ihre Abstammung von den Pariser Axolotln ebenso erwähnt wie die Person, von der die konkreten Exemplare stammen. Mit der zunehmenden Verbreitung der Tiere verliert diese Form der Referenzierung zunehmend an Bedeutung. Um 1900 ist schließlich der Punkt erreicht, an dem die Tiere so selbstverständlich sind, dass ihre Herkunft nur noch in Ausnahmefällen erwähnt wird. Axolotl werden zu diesem Zeitpunkt in entwicklungsgeschichtlichen Arbeiten als Ergänzung zu einheimischen Arten verwendet und sind besonders häufig in Qualifikationsarbeiten vertreten. Die Art hat sich von einer Besonderheit zu etwas Alltäglichem entwickelt.

Voraussetzung für diese Verbreitung sind künstliche Naturräume, in denen die Tiere leben und sich fortpflanzen können. Während Institutionen wie die *collection des reptiles*, wo sich die Axolotl das erste Mal fortpflanzen und wo auch die Verwandlung stattfindet, als zentrale Struktur über finanzielle und personelle Ressourcen verfügt, basiert die umfassende Verbreitung des Axolotls auf einem Verbund dezentraler künstlicher Naturräume, die Tierhaltung auch im beschränkten Rahmen eines Privathaushalts oder eines kleinen Universitätsinstituts erlaubt. Erst diese verteilte Struktur ermöglicht eine Verbreitung der Tiere, die weit über zoologische Gärten und vergleichbare Institutionen hinausgeht. Das Aquarium als der künstliche Naturraum, in dem die Verbreitung der Axolotl stattfindet, lenkt dabei den Blick auf eine sich um die Mitte des 19. Jahrhunderts formierende Kultur der Tierhaltung, die zwischen Liebhaberei, praktischer Naturkunde, Akklimatisierungsbewegung und akademischer Zoologie stattfindet.

Bei der Aquarienkunde verbinden sich verschiedene Einflüsse zu einer breiten Bewegung, die sich ab den 1860er Jahren vor allem in Deutschland zunehmend organisiert. Von zentraler Bedeutung ist hier die Vorstellung einer Nachbildung der Natur auf funktioneller Ebene sowie deren Integration in die menschliche Lebenswelt. Dieser Ansatz aus der viktorianischen Naturgeschichte verbindet sich mit dem stärker ökonomisch geprägten Ansatz der französischen Akklimatisierungsbewegung. Deren Protagonisten haben das Ziel, Lebewesen an neue Klimata zu gewöhnen und dadurch in verschiedener Weise nützliche Tier- und Pflanzenarten zu erzeugen. Während also die englische Tradition der Aquaristik die Vorstellung des Aquariums als der Natur möglichst angenäherten künstlichen Naturraum hervorbringt, entwickeln sich in Frankreich im Anschluss an den Kolonialismus der Import, die Nachzucht und die Zirkulation nicht-europäischer Aquarientiere. Aus dem Zusammenspiel dieser beiden Traditionen entsteht die Aquaristik, die besonders in Deutschland über die Naturgeschichte und die praktische Naturkunde auf personeller und institutioneller Ebene eng an die akademischen Wissenschaften gebunden ist. Dabei sind Aquarien als künstliche Naturräume nicht nur entscheidend für die Verbreitung der Axolotl. Auch umgekehrt tragen die Axolotl zur Verbreitung des Aquariums bei. Sie sind die ersten Aquarientiere, deren Nachzucht in Europa gelingt und die in großem Umfang erhältlich sind.

Die Aquarienkunde in Deutschland stellt damit eine Kultur dar, die zwischen Wissenschaft, Unterhaltung, Technologie und Ökonomie stattfindet und Teil der naturwissenschaftlichen Liebhabereien und der praktischen Naturkunde ist. Ihre Protagonisten arbeiten an der immer weitergehenden Ausgestaltung der künstlichen Naturräume, organisieren sich in Vereinen und tauschen sich in spezialisierten Zeitschriften aus. Diese Zirkulation von Wissen, Praktiken, Technologien und auch Lebewesen entwickelt sich ab den 1870er Jahren zu einem flächendeckenden Phänomen. So wird das Aquarium zu einer stabilen Technik, mit deren Hilfe Natur in die Lebenswelt des urbanen Bürgertums integriert werden kann. Dabei wird die konkrete Ausgestaltung dieser künstlichen Naturräume vom Naturbild der Aquarianer genauso bestimmt wie von technischen Gegebenheiten, sozialen Normen und besonders von den Bedürfnissen der Aquarienbewohner.

Die Wissenschaften sind selbst Teil dieser Entwicklungen und weisen gerade im Bereich der Lebenswissenschaften vielfältige Verbindungen zur Aquaristik auf. Insbesondere die Zoologie, die sich ab den 1860er Jahren als eigenständige Disziplin an deutschen Universitäten formiert, profitiert dabei maßgeblich von diesen Entwicklungen. Das Aquarium wird hier zu einem Einfallstor, das neue Arten in die Forschung und Lehre bringt, so etwa den Axolotl, und dient der Haltung und Zucht von Tieren für die zunehmend materialintensive zoologische Forschung und Lehre. Es wird aber auch zu einem Instrument in der lebenswissenschaftlichen Forschung, um etwa die Wirkung der Umwelt auf den Organismus zu untersuchen. Und es wird mit der in ihm erzeugten Umwelt selbst zum Untersuchungegenstand.

Die Rolle des Aquariums als wissenschaftliches Instrument und die Bedeutung der in der Aquaristik entwickelten und gepflegten Praktiken und Techniken zeigt sich in der Arbeit der Freiburger Naturforscherin Marie von Chauvin. Sie untersucht die Verwandlung des Axolotls und die Fortpflanzung und Entwicklung anderer Amphibien experimentell und nutzt dabei Aquarien als Instrumente für ihre Versuche. Ausgangspunkt ist eine im Kontext von Darwins Evolutionstheorie geführte Kontroverse zwischen dem Anatomen Albert Kölliker, dem Naturkundler Moritz Wagner und dem Zoologen August Weismann. Alle drei sehen die Verwandlung der Axolotl in Paris als Beleg für den von ihnen jeweils vertretenen Evolutionsmechanismus. Während Wagner in der Praxistradition der Naturgeschichte für sein an Darwin anknüpfendes und zur Separationstheorie weiterentwickeltes Migrationsgesetz nur auf die Ereignisse in Paris und Dumérils Berichte verweist, erhält Kölliker bei einem Parisbesuch Axolotl von Duméril. In seinem Institut in Würzburg will er die Tiere züchten, um durch eigene Beobachtungen die Ursache für die Verwandlung zu finden und so einen direkten Beweis für seine dezidiert antidarwinische Theorie der heterogenen Zeugung zu erhalten. Als entschiedener Anhänger Darwins widerspricht Weismann beiden Theorien und plant eine experimentelle Untersuchung der Verwandlung, für die er Tiere von Kölliker bekommt.

Während diese Kontroverse die Axolotl von Paris über Würzburg nach Freiburg i.Br. bringt und damit einen Einblick in die Verbreitungswege und -dynamiken der Tiere gewährt, zeigt spätestens Weismanns experimentelles Scheitern die Schwierigkeiten und Herausforderungen in der experimentellen Forschung an lebenden Tieren. Erst Marie von Chauvin gelingt die experimentelle Umwandlung der Tiere. Sie verfügt zu diesem Zeitpunkt bereits über Erfahrung in der Tierhaltung und wendet diese auf die experimentelle Umwandlung der Axolotl an. Dabei sind die Versuche nur der Anfang einer größeren Experimentalreihe, in der sie Fortpflanzung und Entwicklung verschiedener Amphibien untersucht und dabei immer weitergehende experimentelle Eingriffe durchführt. Hier nutzt sie das Aquarium als künstlichen Naturraum in umfassender Weise und manipuliert die Tiere über Änderungen der Temperatur und der Sauerstoffsättigung des Wassers genauso wie durch gezielte Veränderungen der im Aquarium nachgebauten Lebensräume. Ihr Vorgehen zeigt dabei zum einen ihre Erfahrenheit mit dem Aquarium als künstlichem Naturraum, zum anderen die in der Aquarienkunde kultivierten Praktiken der Beobachtung und des situativen Eingriffs.

Während die umfassende Verwendung des Aquariums als experimentelles Instrument wie beispielsweise bei Chauvin die Ausnahme darstellt, finden ab den 1870er Jahren Aquarien und andere künstliche Naturräume zur Haltung und Zucht von Tieren auf breiter Ebene Eingang in die Zoologie. Die sich institutionalisierende Zoologie orientiert sich weg von vergleichender Anatomie und Taxonomie mit ihren naturhistorischen Sammlungen und wendet sich materialintensiveren Forschungsansätzen wie der Entwicklungsgeschichte zu. Es werden zoologische Institute nach dem Laboratoriumsmodell und der damit verbundenen engen Verbindung zwischen Forschung und Lehre um- und neugebaut. Künstliche Naturräume wie das Aquarium dienen hier dazu, Forschung und Lehre mit Material zu versorgen. Für die Rekonstruktion der Entwicklung anatomischer Strukturen im Rahmen der Entwicklungsgeschichte sind Organismen in möglichst vielen verschiedenen Entwicklungsstadien notwendig, die insbesondere in Aquarien gezüchtet werden. Für diese Arbeiten dienen nicht zuletzt die sich verbreitenden Axolotl als willkommene Ergänzung zu den hauptsächlich verwendeten einheimischen Arten. Es zeigt sich, dass in die historische Formierung des Labors in der Zoologie nicht nur die gemeinhin mit den Laborwissenschaften assoziierten Aspekte der Präzision und Kontrolle eingehen, sondern auch das Wissen, die Praktiken und die Technik der Liebhaberei und der praktischen Naturkunde. Damit steht das Labor in der Zoologie dem zoologischen Garten, dem Schauaquarium und den Liebhabereien mindestens genauso nahe wie den Laboratorien der Physik und Chemie.

Ab den 1870er Jahren werden die an allen europäischen Küsten gegründeten meeresbiologischen Stationen zu den wichtigsten Orten entwicklungsgeschichtlicher und embryologischer Forschung. Hier werden nicht nur die ungewöhnlichen Entwicklungsverläufe der marinen Invertebraten mit ihren phylogenetischen Implikationen untersucht, sondern auch die ersten Ansätze einer experimentellen Manipulation von Entwicklungsprozessen unternommen. Mit Axolotln und anderen Amphibien wird versucht, die entwicklungsgeschichtliche und embryologische Forschung von ihren räumlichen und zeitlichen Einschränkungen zu befreien und damit als Methode umfassend zu mobilisieren. Durch die künstlichen Naturräume des Aquariums werden diese Methoden auch für Forschung und Lehre an binnenländischen Universitätsinstituten zugänglich. Gleichzeitig wird mittels des Aquariums der Fortpflanzungsrhythmus des Axolotls und anderer Arten manipulierbar, um mehr als einen Laich pro Jahr zu erhalten und so einen kontinuierlicheren Nachschub an Forschungsmaterial zur Verfügung zu haben.

Das Aquarium ist damit ein weiterer Schritt in der kontinuierlichen Mobilisierung des Axolotls in den Wissenschaften. Angefangen bei den ersten naturhistorischen Beschreibungen, durch die das Wissen über das Tier in der Frühen Neuzeit nach Europa gelangt, über die ersten beiden präparierten Exemplare, die Alexander von Humboldt an Georges Cuvier in Paris schickt, bis zu den 34 Tieren, die 1864 ebenfalls nach Paris gelangen, werden die Tiere in immer umfassenderer

Weise der Forschung zugänglich. Die Bedeutung dieses Prozesses zeigt sich nicht zuletzt in den Veränderungen, die der Status des Axolotls als Larve oder erwachsenes Tier im Laufe der Zeit durchläuft. Und auch als der Status der Tiere durch ihre Fortpflanzung im Jahr 1865 endgültig gelöst scheint, steht die Wissenschaft durch die Verwandlung einiger Tiere vor dem nächsten Rätsel. Damit erweist sich insbesondere die Verbindung von Axolotl und Aquarium als produktiv. Die Tiere pflanzen sich in diesem künstlichen Naturraum fort, verwandeln sich, und breiten sich schließlich innerhalb von 50 Jahren über ganz Europa aus. Gleichzeitig wird das Aquarium zu einem Instrument zur experimentellen Untersuchung der Verwandlung. Der Axolotl wird damit Teil der lebenswissenschaftlichen Experimentalkultur im 20. und 21. Jahrhundert. Mit der Konjunktur der regenerativen Medizin und der Sequenzierung seines Genoms im Jahr 2018 durchläuft er seine nächste Verwandlung und wird zum halbdigitalen Forschungstier der Big-Data-Biologie.

Dank

Dieses Buch ist die stark gekürzte und überarbeitete Fassung meiner Dissertation, die ich im Januar 2014 an der Biologisch-Pharmazeutischen Fakultät der Friedrich-Schiller-Universität Jena unter dem Titel »Die Geschichte des mexikanischen Axolotls als Labortier, 1864-1914: Verbreitungswege, Infrastrukturen, Forschungsschwerpunkte« eingereicht habe. Die Überarbeitung stellt den Versuch dar, mit einigem Abstand aus dem zerklüfteten Gelände einer Qualifikationsschrift einen lesbaren Text zu formen. Bei allen Leser*innen der eingereichten Fassung möchte ich mich daher entschuldigen für die Zumutung und mich bedanken für ihren Einsatz in schwierigem Gelände, der am Ende dieses Buch hervorgebracht hat. Aber auch darüber hinaus gibt es eine ganze Reihe von Menschen, ohne die das Buch entweder gar nicht oder zumindest nicht in dieser Form möglich gewesen wäre.

An erster Stelle stehen hier mein Doktorvater Uwe Hoßfeld sowie meine beiden Betreuer Lennart Olsson und Hans-Jörg Rheinberger. Sie haben mich mit ihrem Fachwissen und ihrer umsichtigen Unterstützung durch die Arbeit und auch darüber hinaus begleitet und mir den notwendigen Freiraum gegeben, um dieses Projekt zu entwickeln und umzusetzen. Dieser Freiraum bestand nicht nur im ideellen Sinne, sondern hatte auch zwei konkrete Orte. In Jena habe ich zuerst am Ernst-Haeckel-Haus und dann im Bienenhaus der AG Biologiedidaktik bei Uwe Hoßfeld und dem viel zu früh verstorbenen Olaf Breidbach von einer glücklichen Konstellation an Menschen profitiert, von denen ich mich hier stellvertretend bei Gerhard Wiesenfeldt, Enrico Kusch und Michael Markert bedanken möchte. Ohne sie wäre Wissenschaftsgeschichte für mich nicht denkbar. In Michael Markert habe ich zudem gewissermaßen meinen Doktorbruder gefunden und verdanke ihm auch über dieses Buch hinaus viel.

Entstanden ist die Arbeit vor allem in der Abteilung III des Max-Planck-Instituts für Wissenschaftsgeschichte bei Hans-Jörg Rheinberger. Ohne diesen speziellen Ort gäbe es die Geschichte des Axolotls nicht. Die Anbindung an das Projekt »Die Experimentalisierung des Lebens: Konfigurationen zwischen Wissenschaft, Technik und Kunst« merkt man der Arbeit deutlich an und ich möchte mich stellvertretend für die vielen Beteiligten bei Henning Schmidgen und Julia Kursell für Inspiration und Ressourcen bedanken. Aber auch darüber hinaus hat das MPIWG zur Formierung der Arbeit beigetragen. Skúli Sigurdsson hat mich mit seiner Hartnäckigkeit gefordert und mit seinen Ideen überrascht. Die Mitarbeiter*innen der Bibliothek haben jede noch so absonderliche Anfrage erfolgreich bearbeitet. Mein Aufenthalt in Mexiko Stadt wäre ohne die Kolleg*innen an der UNAM nicht denkbar gewesen, bei denen ich mich stellvertretend bei Ana Barahona und Edna Suárez bedanke. In der Animal Reading Group konnte ich mit Tania Munz, Erika Milam, Michael Gordin, Luis Campos und Andreas Maier die Möglichkeiten und Herausforderungen der Tiergeschichtsschreibung ausloten. Die Ontology Reading Group mit Susanne Bauer, Estrid Sörensen und Martina Schlünder hat dieser Perspektive zusätzliche theoretische Schärfe verliehen. Martina Schlünder hat auch darüber hinaus mit ihren Ideen und ihrer Kritik die Arbeit über die gesamte Dauer hinweg maßgeblich geprägt. Ohne Schafe gäbe es keine Axolotl. Das gleiche gilt für das Aquarium. Hier war es Mareike Vennen, die den Hang zum Denken unter Wasser und den Enthusiasmus für die Geschichte des Aquariums mit mir geteilt hat. Gemeinsam mit Nils Güttler hat sie kritisch gelesen, diskutiert und so das Ensemble aus Menschen, Tieren und Technik ins rechte Licht gerückt. Für Lektüre, Zeit und Unterstützung bedanke ich mich weiterhin bei Raf de Bont, Kijan Espahangizi, Dominik Giesa, Daniel Harbig, Christoph Meinel, Omar Nasim, Lynn Nyhart, Joanna Radin, Lukas Rieppel, Sophia Roosth, Max Stadler, Vanja Tadić, Klaus Taschwer und Sophia Vackimes, sowie bei unzähligen weiteren interessierten Zuhörer*innen und kritische Diskutant*innen in Kolloquien, bei Konferenzen und auf Fluren.

Die Mitarbeiter*innen des Archivs des Muséum national d'Histoire naturelle in Paris, der Schleswig-Holsteinischen Landesbibliothek in Kiel und Wolfram Buhler vom Verein Wasserrose e.V. 1913 in Jena haben mich bei Archivrecherchen großzügig unterstützt.

Dem Wallstein Verlag und besonders meiner Lektorin Ina Lorenz danke ich für die Geduld und die Unterstützung. Die Andrea von Braun Stiftung und die Geschwister Boehringer Ingelheim Stiftung für Geisteswissenschaften haben das Zustandekommen dieses Buchs durch Ihren Enthusiasmus und die großzügige finanzielle Unterstützung ermöglicht.

Manuela, Karla und Frederik sind zu unterschiedlichen Zeitpunkten zum Projekt gestoßen und haben mir mehr gegeben, als ich erwarten konnte.

Archive

Muséum national d'Histoire naturelle Paris (MHN), Les fonds des manuscrits et archives, AM 59 und AM 60(1)
Schleswig-Holsteinische Landesbibliothek in Kiel, Nachlass Schwantes, cb 47.56:(1916-17) und (1918-20)
Abschriften der Sitzungsprotokolle des Vereins Wasserrose e.V. 1913 Jena, unnummeriert.

Literatur

Abderhalden, Emil (1919): Weitere Studien über die von einzelnen Organen hervorgebrachten Substanzen mit spezifischer Wirkung, Pflügers Archiv für die gesamte Physiologie des Menschen und der Tiere 176, S. 236-262.
– (1928): Über die Bedeutung der im Organismus vorhandenen Bedingungen für die Auswirkung von Inkretstoffen, in: Archivio di scienze biologiche 12, S. 26-29.
Abderhalden, Emil und Ernst Gellhorn (1923): Beiträge zum Problem der gegenseitigen Beeinflussung von Inkretstoffen verschiedener Organe, in: Pflügers Archiv für die gesamte Physiologie des Menschen und der Tiere 199, S. 320-335.
Abderhalden, Emil und Ernst Wertheimer (1928a): Studien über den Einfluß von Substitutionen im Thyroxinmolekül auf dessen Wirkung, in: Zeitschrift für die gesamte experimentelle Medizin 63, S. 557-577.
– (1928b): Studien über die Wirkung des Thyroxins auf den tierischen Organismus und insbesondere auf die Wärmeregulation des Gleichwarmblüters, in: Pflügers Archiv für die gesamte Physiologie des Menschen und der Tiere 219, S. 588-608.
– (1929): Weiterer Beitrag zur Kenntnis der Wirkung des Thyroxins. Studien über Thyroxinbildung aus Thyronin (Desjodthyroxin) und Jod im tierischen Organismus, in: Zeitschrift für die gesamte experimentelle Medizin 68, S. 563-568.
Abraham, Karl (1901): Beiträge zur Entwicklungsgeschichte des Wellensittichs (Melopsittacus undulatus), in: Anatomische Hefte 17, S. 591-669.
Adolphi, Hermann (1898): Über das Wandern des Extremitätenplexus und des Sacrum bei Triton taeniatus, in: Morphologisches Jahrbuch 25, S. 544-554.
Albrand, Max (1908): Die Anlage der Zwischenniere bei den Urodelen, in: Archiv für mikroskopische Anatomie und Entwicklungsgeschichte 73, S. 353-385.

Allard, Dean (2000): Spencer Baird and Support for American Marine Science, 1871-1887, in: Earth Sciences History 19, S. 44-57.
Allen, David (1994): The Naturalist in Britain: A Social History, Princeton.
– (1996): Tastes and Crazes, in: Nicholas Jardine; James A. Secord und Emma C. Spary (Hrsg.): Cultures of Natural History, Cambridge [u.a.], S. 394-407.
Allen, Garland E. (1975): The Introduction of Drosophila into the Study of Heredity and Evolution: 1900-1910, in: Isis 66, S. 322-333.
Anderson, Warwick (1992): Climates of Opinion: Acclimatization in Nineteenth-Century France and England, in: Victorian Studies 35, S. 135-157.
Andersson, Oskar A. (1892): Zur Kenntnis des sympathetischen Nervensystems der urodelen Amphibien, in: Zoologische Jahrbücher. Abteilung für Anatomie und Ontogenie der Tiere 5, S. 185-210.
Andreu, Gustavo Casas; Ricardo Cruz Avina und Xochitl Aguilar Miguel (2004): Un regalo poco conocido de México al mundo: el ajolote o axolotl, in: Ciencia ergo sum 10, S. 304-308.
Ankel, Wulf Emmo (1957): Zur Geschichte der wissenschaftlichen Biologie in Gießen, in: Heinz Hungerland (Hrsg.): Ludwigs-Universität, Justus-Liebig-Hochschule: 1607-1957. Festschrift zur 350-Jahrfeier, Gießen: Justus-Liebig-Hochschule, S. 308-340.
Ankeny, Rachel A. (2000): Fashioning Descriptive Models in Biology: Of Worms and Wiring Diagrams, in: Philosophy of Science 67, S. 260-272.
Ankeny, Rachel A. und Sabina Leonelli (2011): What's so Special about Model Organisms?, in: Studies in History and Philosophy of Science Part A 42, S. 313-323.
Anonymous (1854): Der Ocean auf dem Tische, in: Die Gartenlaube 1854, S. 392.
– (1855): Wie er- und behält man den Ocean auf dem Tische, oder das Marine-Aquarium, in: Die Gartenlaube 1855, S. 503-506.
– (1859a): Künstliche Fischzucht, in: Der Zoologische Garten 1, S. 36.
– (1859b): Lebendes Exemplar des Riesensalamanders in Paris, in: Der Zoologische Garten 1, S. 56.
– (1859c): Preise für Acclimatisation, in: Der Zoologische Garten 1, S. 12-14.
– (1860): Correspondenzen und Nachrichten aus anderen Zoologischen Gärten, in: Der Zoologische Garten 1, S. 180-182.
– (1864): Finanzbericht der k. Acclimatisations-Gesellschaft in Paris und des Acclimatisations-Gartens, in: Der Zoologische Garten 5, S. 261-264.
– (1865): Reproduction of the Axolotl (Siredon mexicanus), in: Natural History Review: A Quaterly Journal of Biological Science 5, S. 454-455.
– (1866): Nogle nyere zoologiske lagttagelser og opdagelser af mere almindelig interesse, in: Tidsskrift for populaere fremstillinger af naturvidenskaben 3, S. 316-348.
– (1871): Stanislas Sorel, in: Scientific American 25, S. 151.
– (1874): Nouvelle Ménagerie des Reptiles, in: La Nature 2, S. 338-340, 358-362.

– (1875): The Axolotl, in: Chamber's Journal of Popular Literature, Science and Arts 606, S. 511-512.
– (1876): Aquarium und Zimmerluft, in: Isis. Zeitschrift für alle naturwissenschaftlichen Liebhabereien 1, S. 133.
– (1877a): Anregendes und Unterhaltendes. I. Saison-Dimorphismus der Schmetterlinge. II. Axolotl und Amblystoma, in: Isis. Zeitschrift für alle naturwissenschaftlichen Liebhabereien 2, S. 30-31, 70-71.
– (1877b): Recent Biological Experiments, in: New York Times 1. April 1877, S. 6.
– (1877c): The Great New York Aquarium, in: New York Times 7. März 1877, S. 9.
– (1878a): L'Axolotl, in: Magasin Pittoresque 56, S. 156-158.
– (1878b): Mr. Christian Wagner's Establishment for Raising Goldfish, at Oldenburg, Germany, in: Annual Report of the U.S. Commission of Fish and Fisheries 1878, S. 679-684.
– (1879): Die Versendung lebender Thiere mit der Post, in: Isis. Zeitschrift für alle naturwissenschaftlichen Liebhabereien 4, S. 62-64, 70-71, 78-80.
– (1882): Lieut. Briand Brings Axolotls to New York, in: New York Times 26. Januar 1882, S. 4.
– (1883a): Fish Notes, in: New York Times 3. April 1883, S. 13.
– (1883b): Fish Notes, in: New York Times 1. April 1883, S. 13.
– (1883c): Nécrologie Pierre Carbonnier, in: Le Naturaliste 5, S. 256.
– (1884): Spawning of the Axolotl, in: The American Naturalist 18, S. 88.
– (1885-1892): Chauvin, Marie von, in: Autorenkollektiv (Hrsg.): Meyers Konversationslexikon. 17. (Ergänzungs-)Band, 4. Aufl., Leipzig/Wien, S. 191-192.
– (1885): Kitt und künstliches Seewasser fürs Aquarium, in: Isis. Zeitschrift für alle naturwissenschaftlichen Liebhabereien 10, S. 387.
– (1893): Welche niedrigste Temperatur ertragen mexikanische Molche (Axolotl)?, in: Blätter für Aquarien- und Terrarien-Freunde 4, S. 45-46.
– (1895): Womit füttert man im Winter Axolotl und in welchen Quantitäten erhalten sie das Futter?, in: Blätter für Aquarien- und Terrarien-Freunde 6, S. 287.
– (1896): Amblystoma mexicanum füttern, in: Blätter für Aquarien- und Terrarien-Freunde 7, S. 251.
– (1901): Bericht über die Feier des 50jährigen Bestandes der k.k. zool.-botan. Gesellschaft am 30. März 1901, in: Verhandlungen der kaiserlich-königlichen zoologisch-botanischen Gesellschaft in Wien 51, S. 235-280.
Armstrong, Isobel (2008): Victorian Glassworlds: Glass Culture and the Imagination 1830-1880, Oxford [u.a.].
Armstrong, John B. und George M. Malacinski (Hrsg.) (1989): Developmental Biology of the Axolotl, Oxford [u.a.].
Asúa, Miguel de und Roger French (2005): A New World Of Animals: Early Modern Europeans On The Creatures Of Iberian America, Aldershot.

Atz, James W. (1986): Fundulus heteroclitus in the Laboratory: A History, in: American Zoologist 26, S. 111-120.

Babák, Edward (1910a): Über das Lebensgeschehen in den belichteten und verdunkelten Netzhäuten: Auf Grund von Versuchen über die chromatische Hautfunktion der Amphibien, in: Zeitschrift für Sinnensphysiologie 44, S. 293-314.

– (1910b): Zur chromatischen Hautfunktion der Amphibien. Ein Beitrag zur allgemeinen Physiologie der Nerventätigkeit, in: Pflügers Archiv für die gesamte Physiologie des Menschen und der Tiere 131, S. 87-118.

– (1912): Über den Einfluss des Nervensystems auf die Pigmentbildung, in: Zentralblatt für Physiologie 25, S. 1061-1066.

– (1913a): Einige Gedanken über die Beziehung der Metamorphose bei den Amphibien zur inneren Sekretion, in: Zentralblatt für Physiologie 27, S. 536-541.

– (1913b): Neue Untersuchungen über die Atembewegungen der Urodelen, mit besonderer Berücksichtigung der lungenlosen Salamandriden, in: Pflügers Archiv für die gesamte Physiologie des Menschen und der Tiere 153, S. 441-474.

– (1913c): Über den Einfluss des Lichtes auf die Vermehrung der Hautchromatophoren, in: Pflügers Archiv für die gesamte Physiologie des Menschen und der Tiere 149, S. 462-470.

Babák, Edward und M. Kühnova (1909): Über den Atemrhythmus und die Ontogenie der Atembewegung bei den Urodelen, in: Pflügers Archiv für die gesamte Physiologie des Menschen und der Tiere 130, S. 444-476.

Bade, Ernst (1897): Wie verhindert man das Herausschnellen der Fische aus ganz gefüllten Behältern, in: Blätter für Aquarien- und Terrarien-Freunde 8, S. 6-7.

– (1898a): Das Süßwasser-Aquarium. Geschichte, Flora und Fauna des Süßwasser-Aquariums, seine Anlage und Pflege, 2. Aufl., Berlin.

– (1898b): Der Axolotl (Amblystoma tigrinum Laur.), in: Blätter für Aquarien- und Terrarien-Freunde 9, S. 153-155, 164-166.

– (1898c): Ein neuer Heizapparat, in: Blätter für Aquarien- und Terrarien-Freunde 9, S. 5-6.

– (1899): Praxis der Aquarienkunde (Süßwasser-Aquarium, Seewasser-Aquarium, Aqua-Terrarium), Magdeburg.

– (1900): Der Axolotl, Nerthus, in: Wochenschrift für Pflanzen- und Blumenfreunde 2, S. 98-100.

Baird, Spencer Fullerton (1850): Revision of the North American Tailed-Batrachia, with Description of New Genera and Species, in: Journal of the Academy of Natural Sciences of Philadelphia 1, S. 281-294.

Ballowitz, Emil (1890): Untersuchungen über die Struktur der Spermatozoën, in: Archiv für mikroskopische Anatomie 36, S. 225-290.

Bambeke, Charles van (1870): Sur les trous vitellins que présentent les oeufs fécondes des amphibiens, in: Bulletin de l'Académie royale de Belgique. Classe des sciences 30, S. 58-71.

– (1876): Recherches sur l'embryologie des batraciens, in: Bulletin de l'Académie royale de Belgique. Classe des sciences 41, S. 97-135.
– (1880a): Formation des feuillets embryonnaires et de la notocorde chez les urodèles, in: Bulletin de l'Académie royale de Belgique. Classe des sciences 1, S. 83-91.
– (1880b): Nouvelles recherches sur l'embryologie des batraciens, in: Archives de biologie 1, S. 305-380.
Banham, Reyner (1984): The Architecture of the Well-Tempered Environment, London.
Bankmann, Ulf (2001): Wie frühe Sammlungen aus Mexiko in preußische Institutionen gelangten, oder: Das Schicksal Ferdinand Deppes, in: Gregor Wolff (Hrsg.): Die Berliner und Brandenburger Lateinamerikaforschung in Geschichte und Gegenwart. Personen und Institutionen, Berlin, S. 267-292.
Barfurth, Dietrich (1891a): Zur Entwicklung und Regeneration der Chorda dorsalis bei den urodelen Amphibien, in: Anatomischer Anzeiger 6, S. 104-106.
– (1891b): Zur Regeneration der Gewebe, in: Archiv für mikroskopische Anatomie 37, S. 406-491.
– (1893): Experimentelle Untersuchung über die Regeneration der Keimblätter bei den Amphibien, in: Anatomische Hefte 3, S. 309-354.
– (1894a): Die experimentelle Regeneration überschüssiger Gliedmaßentheile (Polydaktylie) bei den Amphibien, in: Archiv für Entwicklungsmechanik der Organismen 1, S. 91-116.
– (1894b): Über organbildende Keimbezirke und künstliche Missbildungen des Amphibieneies, in: Anatomische Hefte 3, S. 355-389.
Barton, Benjamin Smith (1812): A Memoir Concerning an Animal of the Classe of Reptilia, or Amphibia, which is Known, in the United States, by the Names of Alligator and Hellbender, Philadelphia.
Bateman, Gregory (1890): Fresh-Water Aquaria: Their Construction, Arrangement, and Management, with Full Information as to the Best Water-Plants and Live Stock to be Kept, How and Where to Obtain Them, and How to Keep Them in Health, London.
– (1892): A Few Remarks on the Axolotl, in: Field Club 3, S. 9-10.
– (1897): The Vivarium, London.
Baudisch, Karl (1879): Über die Bereitung des künstlichen Seewassers, in: Isis. Zeitschrift für alle naturwissenschaftlichen Liebhabereien 4, S. 86.
Bauer, Susanne (2012): Kommentar: Verteilte Handlungsmacht im Experiment – Von der Epistemologie zu multiplen Ontologien, in: Berichte zur Wissenschaftsgeschichte 35, S. 341-350.
Bayern, Ludwig Ferdinand königlicher Prinz von (1884): Zur Anatomie der Zunge, eine vergleichend-anatomische Studie, München.
Bazant, Jan (2002): Mexico from Independence to 1867, in: Leslie Bethell (Hrsg.): The Cambridge History of Latin America. Volume III: From Independence to c. 1870, Cambridge [u.a.], S. 423-470.

Bedriaga, Jacques von (1874): Der chinesische Fisch Macropodus venustus, in: Der Zoologische Garten 15, S. 93-97.
– (1877): Bemerkungen über die Umwandlung des Axolotl in ein Amblystoma, in: Der Zoologische Garten 18, S. 132-133.
– (1878): Beobachtungen an Reptilien und Amphibien in der Gefangenschaft, in: Der Zoologische Garten 19, S. 82-89.
Bellonci, Giuseppe (1884): La caryocinese dans la segmentation de l'oeuf de l'axolotl, in: Archives italiennes de biologie 5, S. 52-56.
– (1886): Intorno alla cariocinesi nella segmentazione dell'ovo di axolotl, in: Atti dell'Accademia nazionale dei lincei. Memorie 19, S. 3-7.
– (1888): Über die centrale Endigung des Nervus opticus bei den Vertebraten, in: Zeitschrift für wissenschaftliche Zoologie 47, S. 1-46.
Beneden, Édouard van (1883): Recherches sur la maturation de l'oeuf, la fécondation et la division cellulaire, in: Archives de biologie 4, S. 265-640.
Bernard, Claude (1865): Introduction à l'étude de la médicine experimentale, Paris.
Bert, Paul (1869): Ablation chez un axolotl des branchies et de poumons, in: Comptes rendus des séances et mémoires de la Société de biologie 5, S. 21-22.
– (1870): Leçons sur la physiologie comparée de la respiration professées au Muséum d'Histoire naturelle, Paris.
– (1880): Influence des lésions du cerveau sur les appareils de coloration des axolotls, in: Comptes rendus des séances et mémoires de la Société de biologie 31, S. 65.
Berz, Peter (2009): The Eyes of the Olms, in: History and Philosophy of the Life Sciences 31, S. 215-240.
Beyers, Robert J. und Eugene P. Odum (1993): Ecological Microcosms, New York [u.a.].
Bindewald, Karl A.E. (1914): Das Vorderhirn von Amblystoma mexicanum, in: Archiv für mikroskopische Anatomie 84, S. 1-74.
Bischoff, Wolfgang und Wolfgang Böhme (2001): Jacques von Bedriaga (1854-1906), in: Werner Rieck; Gerhard Hallmann und Wolfgang Bischoff (Hrsg.): Die Geschichte der Herpetologie und Terrarienkunde im deutschsprachigen Raum, Rheinbach: Deutsche Gesellschaft für Herpetologie und Terrarienkunde (DGHT), S. 418-421.
Bizzozero, J. und A.A. Torre (1883): De l'origine des corpuscules sanguins rouges dans les différentes classes des vertébrés, in: Archives italiennes de biologie 4, S. 309-328.
Blanchard, Émile (1876): Reproduction de l'amblystome, observée au Muséum, in: Comptes rendus des séances et mémoires de la Société de biologie 82, S. 716-717.
– (1879): Sur la ponte des amblystomes au Muséum d'Histoire naturelle, in: Revue des sciences naturelles 4, S. 167.
Blaue, Julius (1882): Über den Bau der Nasenschleimhaut bei Fischen und Amphibien, in: Zoologischer Anzeiger 5, S. 657-660.
– (1884): Untersuchungen über den Bau der Nasenschleimhaut bei Fischen

und Amphibien, namentlich über Endknospen als Endapparate des Nervus olfactorius, in: Archiv für Anatomie und Physiologie. Anatomische Abteilung 8, S. 231-309.

Blumm, Vinzenz (1880): Der mexikanische Kiemenmolch oder Axolotl Amblystoma mexicanum Cope (tigrinum), seine Züchtung und Pflege, in: Isis. Zeitschrift für alle naturwissenschaftlichen Liebhabereien 5, S. 59-61, 67-68, 75-77.

– (1882): Der mexikanische Kiemenmolch Axolotl (Amblystoma mexicanum), seine Züchtung und Pflege, in: Bericht der naturforschenden Gesellschaft Bamberg 12, S. 1-15.

Boas, Johan Erik Vesti (1882): Über den Conus arteriosus und die Arterienbögen der Amphibien, in: Morphologisches Jahrbuch 7, S. 488-572.

Boettger, Oskar (1900): Zollkuriosum, in: Der Zoologische Garten 41, S. 227.

Bogdanoff, N. (1898): Ueber das Vorkommen und die Bedeutung der eosinophilen Granulationen, in: Biologisches Centralblatt 18, S. 26-31.

Bogdanov, Modest Nikolaevich (1873): [On the metamorphosis of axolotl into Amblystoma], in: Trudy Sankt-Petersburg. Obshch. Estest. 4, S. 123-124.

Böhme, Gernot (1992): Natürlich Natur. Über Natur im Zeitalter ihrer technischen Reproduzierbarkeit, Frankfurt a.M.

Böhme, Wolfgang (1996): Biographische Notizen zur Doktorarbeit von Jacques von Bedriaga (1854-1906), in: Salamandra 32, S. 193-198.

Böhnert, Martin; Kristian Köchy und Matthias Wunsch (Hrsg.) (2016): Philosophie der Tierforschung. Band 1: Methoden und Programme, Freiburg/München.

Bolau, Heinrich (1878): Neue oder sonst bemerkenswerthe Bewohner des Aquariums im Zoologischen Garten zu Hamburg, in: Der Zoologische Garten 19, S. 73-78.

Borowy, Iris (2009): Akklimatisierung. Die Umformung europäischer Landschaft als Projekt im Dienst von Wirtschaft und Wissenschaft, 1850-1900, in: Themenportal Europäische Geschichte, http://www.europa.clio-online.de/2009/Article=386. (zuletzt besucht am 7.5.2019).

Boulenger, Edward George (1913a): Exhibition of a Living Specimen of the Salamander, Amblystoma tigrinum, Obtained from an Axolotl Placed in Special Conditions, in: Proceedings of the Zoological Society of London 1913, S. 2-3.

– (1913b): Experiments on the Metamorphosis of the Mexican Axolotl (Ambylstoma tigrinum), Conducted in the Society's Garden, in: Proceedings of the Zoological Society of London 1913, S. 403-413.

Boulenger, George Albert (1882): Catalogue of the Batrachia Gradientia s. Caudata and Batrachia Apoda in the Collection of the British Museum, London.

Boveri, Theodor (1914): Das Zoologische Institut, in: Stadt Würzburg (Hrsg.): Hundert Jahre bayerisch. Ein Festbuch, Würzburg, S. 75-77.

Brachet, Albert (1895): Recherches sur le dévelopment de la cavité hépato-entérique de l'axolotl et de l'arrière cavitè du péritoine chez les mammiféres (lapin), in: Archives de biologie 13, S. 559-618.

– (1902): Recherches sur l'ontogénèse des amphibiens urodèles et anoures (Siredon pisciformis, Rana temporaria), in: Archives de biologie 19, S. 1-243.

Branca, Albert (1904a): Cellules interstitielles et spermatogénèse, in: Comptes rendus des séances et mémoires de la Société de biologie 56, S. 350-351.

– (1904b): Histogénèse de spermatozoide, chez l'axolotl (Note préliminaire), in: Archives de zoologie expérimentale et générale 2, S. 105-113.

– (1904c): Le testicule de l'axolotl en captivité, in: Comptes rendus des séances et mémoires de la Société de biologie 56, S. 243-245.

– (1904d): Transformation de la spermatide en spermatozoide chez l'axolotl, in: Comptes rendus des séances et mémoires de la Société de biologie 56, S. 704-706.

Brandstetter, Thomas und Christina Wessely (2013): Einleitung: Mobilis in mobili, in: Berichte zur Wissenschaftsgeschichte 36, S. 119-127.

Brantz, Dorothee und Christoph Mauch (Hrsg.) (2008): Tierische Geschichte: Die Beziehung von Tier und Mensch in der Kultur der Moderne, Paderborn.

Braun, Max (1876): Axolotl, in: Isis. Zeitschrift für alle naturwissenschaftlichen Liebhabereien 1, S. 77.

– (1878a): Die Einrichtung des zoologischen Instituts Würzburg zur Zucht der Thiere. I. Aquarien, in: Zoologischer Anzeiger 1, S. 34-36.

– (1878b): Die Einrichtung des zoologischen Instituts Würzburg zur Zucht niederer Wirbelthiere. II. Terrarien, in: Zoologischer Anzeiger 1, S. 128-130.

– (1886): Das zootomische Praktikum. Eine Anleitung zur Ausführung zoologischer Untersuchungen für Studirende der Naturwissenschaften, Mediciner, Ärzte und Lehrer, Stuttgart.

Braus, Hermann (1896): Untersuchungen zur vergleichenden Histologie der Leber der Wirbeltiere, Jena.

Braveny, P. (2002): Brno School of Physiology, in: Scripta Medica 75, S. 165-168.

Brehm, Alfred Edmund (1884): Brehms Thierleben. Allgemeine Kunde des Thierreichs, Achter Band, Dritte Abtheilung: Kriechthiere, Lurche und Fische, Zweiter Band: Fische, 2. Aufl., Leipzig.

Breidbach, Olaf (1990): Über die Geburtswehen einer quantifizierenden Ökologie – der Streit um die Kieler Planktonexpedition von 1889, in: Berichte zur Wissenschaftsgeschichte 13, S. 101-114.

Bride, Ian G.; Richard A. Griffiths; Alejandro Melendez-Herrada und Jeanne E. McKay (2008): Flying an Amphibian Flagship: Conservation of the Axolotl Ambystoma mexicanum through Nature Tourism at Lake Xochimilco, Mexico, in: International Zoo Yearbook 42, S. 116-124.

Bridge, T.W. (1879): Pori Abdominales of Vertebrata, in: Journal of Anatomy and Physiology 14, S. 81-102.

Broc, Numa (1981): Les grandes missions scientifiques françaises au XIXe siècle (Morée, Algérie, Mexique) et leurs travaux géographiques, in: Revue d'histoire des sciences 34, S. 319-358.

Brocchi, Paul (1877a): De l'absence du grand sympathique chez l'axolotl, in: Bulletin de la société philomathique de Paris 7, S. 71-73.

– (1877b): Note sur les nerfs trijumeau et facial de l'axolotl, in: Bulletin de la société philomathique de Paris 7, S. 59-61.

– (1877c): Sur le système nerveux de l'axolotl (Siredon mexicanus), in: Bulletin de la société philomathique de Paris 7, S. 21-24.

Brookes, Joshua (1828): Brookesian Museum, London.

Brüning, Christian (1900): Axolotl und Aal, in: Natur und Haus 9, S. 29-30.

Brunner, Bernd (2011): Wie das Meer nach Hause kam. Die Erfindung des Aquariums, 2. Aufl., Berlin.

Buck, Emil (1874): Die Stromerzeugungsmaschine für das Süsswasser-Aquarium, in: Der Zoologische Garten 15, S. 148-150.

– (1875): Die Stromerzeugungsmaschine für das Aquarium, in: Der Zoologische Garten 16, S. 17-20.

– (1891): Neuer Durchlüftungsapparat für Kelch- und Kastenaquarien, in: Der Zoologische Garten 32, S. 289-297.

– (1892): Weiteres über meinen Durchlüftungsapparat, in: Der Zoologische Garten 33, S. 229-232.

Bugnion, Édouard (1873): Recherches sur les organes sensitifs qui se trouvent dans l'épiderme du protée et de l'axolotl, in: Bulletin de la société vaudoise des sciences naturelles 12, S. 259-317.

– (1893): Une série de préparations montrant le développement des muscles chez l'embryon d'axolotl (pris au sortir de l'oeuf), in: Verhandlungen der Schweizerischen Naturforschenden Gesellschaft 76, S. 159.

– (1898): La formation des os chez les Batraciens urodèles, Verhandlungen der Schweizerischen Naturforschenden Gesellschaft 81, S. 132-133.

Bukowska, Jadwiga (1909): Ein Beitrag zur geschlechtlichen Differenzierung bei Urodelen: Amblystoma mexicanum, Berlin.

Bunsen, Robert (1904): Gesammelte Abhandlungen von Robert Bunsen. Band 3, Leipzig.

Burckhardt, Rudolf (1891): Untersuchungen am Hirn und Geruchsorgan von Triton und Ichthyophis, in: Zeitschrift für wissenschaftliche Zoologie 52, S. 369-403.

Burkhardt, Richard W. (1999): Ethology, Natural History, the Life Sciences, and the Problem of Place, in: Journal of the History of Biology 32, S. 489-508.

– (2002): Constructing the Zoo: Science, Society, and Animal Nature at the Paris Menagerie, 1794-1838, in: Mary J. Henninger-Voss (Hrsg.): Animals in Human Histories, The Mirror of Nature and Culture, Rochester, S. 231-257.

– (2007): The Leopard in the Garden: Life in Close Quarters at the Muséum d'Histoire naturelle, in: Isis 98, S. 675-694.

Buschkiel, Hermann von (1905): Einiges über die Pflege unserer Liebhaberei im Ausland. II. Das Aquarium in Amsterdam, in: Blätter für Aquarien- und Terrarienkunde 16, S. 413-415.
Caillaud, René (1864): Apercu de l'état actuel de la pisciculture fluiviatile dans diverses localités de la France, in: Bulletin de la société impériale zoologique d'acclimatation 1, S. 580-591, 735-755.
Camerano, Lorenzo (1883): Ricerche intorno alla vita branchiale degli anfibi, in: Zoologischer Anzeiger 6, S. 685-687.
– (1884a): Intorno alla neotenia ed allo sviluppo degli anfibi, in: Atti della R. Accademia delle scienze di Torino 19, S. 84-93.
– (1884b): Recherches sur la prolongation de la période branchiale des amphibies, in: Archives italiennes de biologie 5, S. 29-36.
– (1884c): Ricerche intorno alla vita branchiale degli anfibi, in: Memorie dell'Accademia delle scienze di Torino 35, S. 405-466.
– (1884d): Sur le développement des amphibies et sur ce que l'on a nommé chez eux la néoténie, in: Archives italiennes de biologie 5, S. 27-28.
Canguilhem, Georges (2009): Die Erkenntnis des Lebens, Berlin.
Canizares-Esguerra, Jorge (2006): Nature, Empire, and Nation: Explorations of the History of Science in the Iberian World, Stanford.
Carbonnier, Pierre (1864a): Guide pratique du pisciculteur, Paris.
– (1864b): Une petite entreprise de M. Carbonnier, in: Bulletin de la Société impériale zoologique d'acclimatation 1, S. 744-745.
– (1869): Rapport et observations sur l'accouplement d'une espèce de poisson de chine, in: Bulletin de la Société impériale zoologique d'acclimatation 6, S. 408-414.
– (1882): Notes on the Habits and Rearing of the Axolotl Ambystoma mexicanum, in: Proceedings of the United States National Museum 5, S. 221-222.
Carlin, William Edward (1881): Observations on Siredon lichenoides, in: Proceedings of the United States National Museum 4, S. 120-121.
Carnoy, Jean Baptiste und Hector Lebrun (1898): La cytodiérèse de l'oeuf. La vésicule germinative et les globules polaires chez les batraciens. Les urodeles. Second mémoire: axolottl [sic] et tritons, in: Cellule 14, S. 113-200.
Carrière, Justus (1885): Die postembryonale Entwicklung der Epidermis des Siredon pisciformis, in: Archiv für mikroskopische Anatomie 24, S. 19-49.
Cattaneo, Giacomo (1886): Sviluppo e disposizione delle cellule pigmentali nelle larve dell'axolotl, in: Bollettino scientifico 8, S. 42-46.
Champy, Christian (1913): Recherches sur la spermatogénèse des batraciens et les éléments accessoires du testicule, in: Archives de zoologie expérimentale et générale 52, S. 13-304.
Chauvin, Marie von (1876): Ueber die Verwandlung der mexicanischen Axolotl in Amblystoma, in: Zeitschrift für wissenschaftliche Zoologie 27, S. 522-535.

– (1877): Ueber das Anpassungsvermögen der Larven von Salamandra atra, in: Zeitschrift für wissenschaftliche Zoologie 29, S. 324-350.
– (1882): Vorläufige Mittheilung über die Fortpflanzung des Proteus anguineus, in: Zoologischer Anzeiger 5, S. 330-332.
– (1883a): Die Art der Fortpflanzung des Proteus anguineus, in: Zeitschrift für wissenschaftliche Zoologie 38, S. 671-685.
– (1883b): Über das Wesen des Proteus anguineus und seine Fortpflanzungsweise, in: Mitteilungen der Section für Höhlenkunde des Österreichischen Touristen-Club Wien 1883, S. 1-10.
– (1883c): Über die Färbung des Männchens von Proteus anguineus, in: Naturforscher 16, S. 480.
– (1883d): Über die Fortpflanzung des Amblystoma, in: Zoologischer Anzeiger 6, S. 513-515.
– (1883e): Ueber die Fortpflanzung des Amblystoma, in: Isis. Zeitschrift für alle naturwissenschaftlichen Liebhabereien 8, S. 321-322.
– (1885): Ueber die Verwandlungsfähigkeit des mexikanischen Axolotl, in: Zeitschrift für wissenschaftliche Zoologie 41, S. 365-389.
Chun, Carl (1909): Das Zoologische Institut, in: Rektor und Senat der Universität Leipzig (Hrsg.): Festschrift zur Feier des 500jährigen Bestehens der Universität Leipzig. Band 4: Die Institute und Seminare der philosophischen Fakultät an der Universität Leipzig: 1409-1909. Teil 2: Die mathematisch-naturwissenschaftliche Sektion, Leipzig, S. 157-168.
Churchill, Frederick B. (1987): From Heredity Theory to Vererbung: The Transmission Problem, 1850-1915, in: Isis 78, S. 337-364.
– (1991): The Rise of Classical Descriptive Embryology, in: Scott F. Gilbert (Hrsg.): A Conceptual History of Modern Embryology, New York/London, S. 1-29.
– (1997): Life Before Model Systems: General Zoology at August Weismann's Institute, in: American Zoologist 37, S. 260-268.
– (2015): August Weismann, Cambridge [u.a.].
Churchill, Frederick B. und Helmut Risler (1999): August Weismann. Ausgewählte Briefe und Dokumente. Band I, Freiburg.
Clemens, P. (1895): Die äusseren Kiemen der Wirbeltiere, in: Anatomische Hefte 5, S. 51-156.
Conrad, Johannes (1893): Allgemeine Statistik der deutschen Universitäten, in: Wilhelm Lexis (Hrsg.): Die deutschen Universitäten. Für die Universitätsausstellung in Chicago 1893. Erster Band, Berlin, S. 115-168.
Cooper, Alix (2007): Inventing the Indigenous: Local Knowledge and Natural History in Early Modern Europe, Cambridge [u.a.].
Cope, Edward Drinker (1871): On Siredon Metamorphosis, etc., in: American Journal of Science 1, S. 89-90.
– (1889): The Batrachia of North America, in: Bulletin of the United States National Museums 34, S. 1-525.
Corbin, Alain (1984): Pesthauch und Blütenduft. Eine Geschichte des Geruchs, Berlin.

– (1990): Meereslust: Das Abendland und die Entdeckung der Küste 1750-1840, Berlin.
Cornalia, Emilio (1868): Gli axolotls del Museo civico di Milano, in: Rendiconti dell'istituto Lombardo di scienze et lettre 2, S. 383-388.
Cortázar, Julio (1998): Die Nacht auf dem Rücken, Frankfurt a.M.
Costeloe, Michael P. (2006): William Bullock and the Mexican Connection, in: Mexican Studies/Estudios mexicanos 22, S. 275-309.
Creager, Angela N.H. und William Chester Jordan (Hrsg.) (2002): The Animal/Human Boundary: Historical Perspectives, Rochester, N.Y.
Crosby, Alfred W. (2004): Ecological Imperialism: The Biological Expansion of Europe, 900-1900, Cambridge [u.a.].
Cuvier, Georges (1811): Recherches anatomique sur les reptiles regardés encore comme douteux par les naturalistes; faites a l'occasion de l'axolotl, rapporté par M. de Humboldt du Mexique., in: Alexander von Humboldt und Amié Bonpland (Hrsg.): Voyage de Humboldt & Bonpland. Voyage aux régions équinoxiales du nouveau continent. Deuxième partie. Tome 1. Recueil d'observations de zoologie et d'anatomie comparée, Bd. 1, Paris, S. 93-126.
– (1824): Recherches sur les ossemens fossiles ou l'on rétablit les caractères de plusieurs animaux dont les révolutions du globe ont détruit les espèces, Paris.
Cyon, Elie de (1876): Methodik der physiologischen Experimente und Vivisectionen, Gießen/St. Petersburg.
Daiber, Marie (1906): Zur Frage nach der Entstehung und Regenerationsfähigkeit der Milz, in: Jenaische Zeitschrift für Naturwissenschaft 42, S. 73-114.
Dankler, M. (1899): Jugendaquarien, in: Blätter für Aquarien- und Terrarien-Freunde 10, S. 94-96.
Darby, Margaret F. (2007): Unnatural History: Ward's Glass Cases, in: Victorian Literature and Culture 35, S. 635-647.
Dareste, Camille (1874): Sur une particularité physiologique de l'axolotl, in: Comptes rendus hebdomadaire des séances de l'Académie des sciences 78, S. 1656-1657.
– (1877): Recherches sur la production artificielle des monstruosités ou Essais de tératogénie expérimentale, Paris.
Daston, Lorraine und Peter Galison (2007): Objektivität, Frankfurt a.M.
Daston, Lorraine und Katharine Park (2002): Wunder und die Ordnung der Natur, 1150-1750, Frankfurt a.M.
Daum, Andreas W. (2002): Wissenschaftspopularisierung im 19. Jahrhundert: bürgerliche Kultur, naturwissenschaftliche Bildung und die deutsche Öffentlichkeit, 1848-1914, München.
Davis, Frederick R. (2009): Papilio dardanus: The Natural Animal from the Experimentalist's Point of View, in: Transactions of the American Philosophical Society 99, S. 221-242.

De Bont, Raf (2015): Stations in the Field. A History of Place-Based Animal Research, 1870-1930, Chicago [u.a.].

De Sio, Fabio und Chantal Marazia (2014): Clever Hans and his Effects: Karl Krall and the Origins of Experimental Parapsychology in Germany, in: Studies in History and Philosophy of Science Part C: Studies in History and Philosophy of Biological and Biomedical Sciences 48, Part A, S. 94-102.

Deister, Georg (1889): Zierfische und deren Züchter, in: Isis. Zeitschrift für alle naturwissenschaftlichen Liebhabereien 14, S. 211.

Deppe, Wilhelm (1830): Preis-Verzeichnis der Säugethiere, Vögel, Amphibien, Fische und Krebse, welche von den Herren Deppe und Schiede in Mexico gesammelt worden, und bei dem unterzeichneten Bevollmächtigten in Berlin gegen bare Zahlung in Preuss. Courant zu erhalten sind, Berlin.

– (1863): Lichtenstein's Preis-Verzeichnis mexicanischer Vögel, etc. vom Jahre 1830, in: Journal für Ornithologie 11, S. 54-60.

Di Gregorio, Mario A. (1995): A Wolf in Sheep's Clothing: Carl Gegenbaur, Ernst Haeckel, the Vertebral Theory of the Skull, and the Survival of Richard Owen, in: Journal of the History of Biology 28, S. 247-280.

Didham, Raphael K.; Valerie Kapos und Robert M. Ewers (2012): Rethinking the Conceptual Foundations of Habitat Fragmentation Research, in: Oikos 121, S. 161-170.

Dierig, Sven (2006): Wissenschaft in der Maschinenstadt. Emil Du Bois-Reymond und seine Laboratorien in Berlin, Göttingen.

Döring, Jörg und Tristan Thielmann (Hrsg.) (2008): Spatial Turn: Das Raumparadigma in den Kultur-und Sozialwissenschaften, Bielefeld.

Dorner, H. (1874): Eine neue Verbesserung der Zimmeraquarien, in: Der Zoologische Garten 15, S. 41-45.

Dröscher, Ariane (1999): Zellstruktur oder Artefakt: Probleme der Visualisierung in der Zytologie, in: Armin Geus u. a. (Hrsg.): Repräsentationsformen in den biologischen Wissenschaften: Beiträge zur 5. Jahrestagung der DGGTB in Wien 1996 und zur 7. Jahrestagung in Neuburg a. d. Donau 1998, Berlin, S. 97-111.

Drüner, Leo (1902): Studien zur Anatomie des Zungenbein-, Kiemenbogen- und Kehlkopfmuskels der Urodelen. I. Theil, in: Zoologische Jahrbücher. Abteilung für Anatomie und Ontogenie der Tiere 15, S. 435-622.

– (1903): Über die Muskulatur des Visceralskeletts der Urodelen, in: Anatomischer Anzeiger 23, S. 545-571.

– (1904): Studien zur Anatomie des Zungenbein-, Kiemenbogen- und Kehlkopfmuskels der Urodelen. II. Theil, in: Zoologische Jahrbücher. Abteilung für Anatomie und Ontogenie der Tiere 19, S. 361-690.

Duchesneau, Francois (1997): Claude Bernard et le programme de la physiologie générale, in: Claude Blanckaert u. a. (Hrsg.): Le Muséum au premier siècle de son histoire, Paris, S. 425-445.

Dulitz, Ernst (1874): Züchtungsversuche mit einem Aquariumsbewohner, dem Axolotl (Amblystoma Axolotl), in: Gefiederte Welt 3, S. 195, 209-210.

– (1876): Züchtungsversuche mit dem Axolotl, in: Isis. Zeitschrift für alle naturwissenschaftlichen Liebhabereien 1, S. 39-40, 47-48.

Duméril, Auguste (1852): Recherches expérimentales sur la température des reptiles, et sur les modifications qu'elle peut subir dans certaines circonstances, in: Annales des sciences naturelles 17, S. 5-22.

– (1854): Notice historique sur la ménagerie des reptiles du Muséum d'Histoire naturelle et observations qui y ont été recueillies, in: Archives du Muséum d'Histoire naturelle 7, S. 193-320.

– (1858-1861): Lettres de M. Auguste Duméril, professeur d'erpétologie et d'ichtyologie, relatives au catalogue des poissons de la collection du Muséum d'Histoire naturelle de Paris et au catalogue de la ménagerie des reptiles, lues devant l'assemblée de MM. les Professeurs-Administrateurs suivies de notes sur la ménagerie des reptiles, in: Archives du Muséum d'Histoire naturelle 10, S. 429-460.

– (1861): Deuxième notice sur la ménagerie des reptiles du Muséum d'Histoire naturelle, in: Archives du Muséum d'Histoire naturelle 10, S. 429-460.

– (1865a): Nouvelles observations sur les axolotls, batraciens urodèles de Mexico (Siredon mexicanus vel Humboldtii) nés dans la ménagerie des reptiles au Muséum d'Histoire naturelle, et qui y subissent des metamorphose, in: Comptes rendus hebdomadaire des séances de l'Académie des sciences 61, S. 775-778.

– (1865b): Reproduction, dans la ménagerie des reptiles au Muséum d'Histoire naturelle, des axolotls (Siredon mexicanus, vel Humboldtii), encore jamais été vus vivants en Europe, in: Revue et magasin de zoologie pure et appliquée 17, S. 142-145.

– (1865c): Reproduction, dans la ménagerie des reptiles au Muséum d'Histoire naturelle, des axolotls, batraciens, urodèles à branchies persistantes de Mexico (Siredon mexicanus, vel Humboldtii), qui n'avient encore jamais été vus vivante en Europe, in: Comptes rendus hebdomadaire des séances de l'Académie des sciences 60, S. 765-767.

– (1865d): Troisième notice sur la ménagerie des reptiles du Muséum d'Histoire naturelle, in: Nouvelles archives du Muséum d'Histoire naturelle 1, S. 31-46.

– (1866a): Observations faites a la ménagerie du Muséum d'Histoire naturelle sur la reprodution des Axolotls batraciens urodéles a branchies extérieures et sur les métamorphoses qu'ils y ont subies, in: Bulletin de la Société impériale zoologique d'acclimatation 3, S. 79-89.

– (1866b): Observations sur la reproductions dans la ménagerie des reptiles du Muséum d'Histoire naturelle, des axolotls, batraciens urodèles à branchies extérieures du Mexique, sur leur développement et sur leur métamorphoses, in: Nouvelles archives du Muséum d'Histoire naturelle 2, S. 265-292.

– (1866c): On the Development of the Axolotl (Siredon mexicanus vel Humboldtii), in: Annals and Magazine of Natural History 17, S. 156-157.

– (1867a): Description de diverses monstruosités observées à la ménagerie des reptiles du Muséum d'Historie naturelle sur les batraciens urodèles à branchies extérieures dits axolotls, in: Nouvelles Archives du Muséum d'Histoire naturelle 3, S. 119-130.
– (1867b): Expériences faites à la ménagerie des reptiles du Muséum d'Histoire naturelle, sur des batraciens urodèles à branchies extèrieures, du Mexique, dits axolotls, et démonstrant que la vie aquatique se continue sans trouble apparant après l'ablation des houppes branchiales, in: Comptes rendus hebdomadaire des séances de l'Académie des sciences 65, S. 242-246.
– (1867c): Experiments on the Axolotl, in: Annals and Magazine of Natural History 20, S. 446-449.
– (1867d): Métamorphoses des batraciens urodèles à branchies extérieures du Mexique dits axolotls, observées à la ménagerie des reptiles du Muséum d'Histoire naturelle, in: Annales des sciences naturelles 7, S. 229-254.
– (1867e): Nouvelles observations sur les axolotls, batraciens urodèles du Mexique a branchies extérieures et expériences demonstrant que la vie aquatique se continue, sans trouble apparent, après l'ablation des houppes branchiales, in: Bulletin de la Société impériale zoologique d'acclimatation 4, S. 563-573.
– (1868): Le transport des Axolotls, in: Bulletin de la Société impériale zoologique d'acclimatation 5, S. 515-516.
– (1869a): Le fait des Axolotls, in: Bulletin de la Société impériale zoologique d'acclimatation 6, S. 346-347.
– (1869b): Quatrième notice sur la ménagerie des reptiles du Muséum d'Histoire naturelle, in: Nouvelles archives du Muséum d'Histoire naturelle 5, S. 47-60.
– (1869c): Revenant ensuite sur l'histoire des Axolotls, in: Bulletin de la Société impériale zoologique d'acclimatation 6, S. 717-718.
– (1870): Création d'une race blanche d'axolotls à la ménagerie des reptiles du Muséum d'Histoire naturelle et remarques sur la transformation des ces batraciens, in: Bulletin de la Société impériale zoologique d'acclimatation 7, S. 267-270.
– (1872): Notes complémentaires sur les axolotls, in: Mémoires de la société linnéene du Nord de la France 2, S. 248-251.
Duméril, Auguste und Jean Nicolas Demarquay (1848): Recherches expérimentales sur les modifications imprimées à la température animale par l'éther et par le chloroforme, et sur le mode d'action de ces deux agents, Paris.
Duméril, Auguste; Jean Nicolas Demarquay und Lecointe (1852): Recherches expérimentales sur les modifications imprimées à la température animale par l'introduction, dans l'économie, de différents agents thérapeutiques, Paris.
Duméril, Constant und Gabriel Bibron (1834-1854): Erpétologie générale ou Histoire naturelle complète des reptiles, Paris.

Dürigen, Bruno (1886): Fremdländische Zierfische: Winke zur Beobachtung, Pflege und Zucht der Makropoden, Guramis, Gold-, Teleskop-, Hundsfische u.a.; nebst Anhang: Bemerkungen über die Axolotl/nach Mittheilungen P. Matte's, Fischzüchter, sowie eigenen Beobachtungen und Erfahrungen von Bruno Dürigen, 1. Aufl., Laukwitz-Südende bei Berlin.

– (1890): An die Leser!, in: Blätter für Aquarien- und Terrarien-Freunde 1, S. 1.

– (1897): Fremdländische Zierfische. Ein Handbuch für die Naturgeschichte, Pflege und Zucht für die bisher eingeführten Aquarienfische, 2. Aufl., Magdeburg.

Dustin, Albert Pierre (1912): Le thymus de l'axolotl, in: Archives de biologie 26, S. 557-616.

Eberth, Karl Josef (1863): Über den feineren Bau der Lunge, in: Zeitschrift für wissenschaftliche Zoologie 12, S. 427-454.

Edgerton, David (2007): The Shock of the Old: Technology and Global History since 1900, Oxford [u.a.].

Edison, Paul N. (2003): Conquest Unrequited: French Expeditionary Science in Mexico, 1864-1867, in: French Historical Studies 26, S. 459-495.

Edwards, Paul N. (2003): Infrastructure and Modernity: Force, Time, and Social Organization in the History of Sociotechnical Systems, in: Thomas J. Misa; Philip Brey und Andrew Feenberg (Hrsg.): Modernity and Technology, Cambridge [u.a.], S. 185-225.

Eggeling, Otto und Frederick Ehrenberg (1908): The Freshwater Aquarium and Its Inhabitants. A Guide for the Aquarium Amateur, New York.

Eggert, Hermann; Carl Junk; Carl Körner und Eduard Schmitt (1905): Hochschulen im allgemeinen. Universitäten und Technische Hochschulen. Naturwissenschaftliche Institute, in: Eduard Schmitt (Hrsg.): Handbuch der Architektur. 4. Teil: Entwerfen, Anlage und Einrichtung der Gebäude. 6. Halbband: Gebäude für Erziehung, Wissenschaft und Kunst. Heft 2: Hochschulen, zugehörige und verwandte wissenschaftliche Institute, Stuttgart.

Eichwald, Karl Eduard von (1867): Brief, in: Bulletin de la Société impériale des naturalistes du Moscou 40, S. 576-581.

Eiffe, O.Edm. (1909): Axolotl und Wasserspinne, in: Der Zoologische Garten 50, S. 152-153.

Eismann, Gustav (1876a): Der Axolotl im Aquarium, in: Der Zoologische Garten 17, S. 411-413.

– (1876b): Die Thiere des Zimmeraquariums, in: Der Zoologische Garten 17, S. 103-104.

Eismond, Joseph (1894): Einige Beiträge zur Kenntnis der Attractionssphären und der Centrosomen, in: Anatomischer Anzeiger 10, S. 229-239, 262-272.

Elwick, James (2007): Styles of Reasoning in the British Life Sciences: Shared Assumptions, 1820-1858, London.

Endersby, Jim (2007): A Guinea Pig's History of Biology, London.

Engelhardt, Dietrich v. (1979): Historisches Bewusstsein in der Naturwissenschaft von der Aufklärung bis zum Positivismus, Freiburg/München.

Éprémesnil, M. (1865): Rapport au nom de la commission des récompenses, in: Bulletin de la Société impériale zoologique d'acclimatation 2, S. LXXII–LXXIX.

Erlingsson, Steindor J. (2009): The Costs of Being a Restless Intellect: Julian Huxley's Popular and Scientific Career in the 1920s, in: Studies in History and Philosophy of Science Part C: Studies in History and Philosophy of Biological and Biomedical Sciences 40, S. 101-108.

Ernst, Susan G. (2011): Offerings from an Urchin, in: Developmental Biology 358, S. 285-294.

Espahangizi, Kijan (2010): Wissenschaft im Glas. Eine historische Ökologie moderner Laborforschung, Dissertation, ETH Zürich.

– (2011): The Twofold History of Laboratory Glassware, in: Mathias Grote; Max Stadler und Laura Otis (Hrsg.): Membranes, Surfaces and Boundaries. Interstices in the History of Science, Technology and Culture, Berlin, S. 17-33.

Eycleshymer, Albert C. (1895): The Early Development of Amblystoma with Observations on Some Other Vertebrates, in: Journal of Morphology 10, S. 343-418.

Fahldieck, August (1879): Der Blumenfreund oder die Pflanzenkultur im Zimmer, Quedlinburg.

Fahr, Aenny (1912a): Die Aquarien- und Terrarienanlage des zoologischen Gartens zu Frankfurt am Main, in: Blätter für Aquarien- und Terrarienkunde 23, S. 560-566.

– (1912b): Meine Axolotl, in: Blätter für Aquarien- und Terrarien-Freunde 23, S. 757.

Faussek, Victor (1902): Beiträge zur Histologie der Kiemen bei Fischen und Amphibien, in: Archiv für mikroskopische Anatomie 60, S. 157-174.

Fauvelle, Jean-Louis (1886): Des doigts surnuméraires développés chez l'adulte, leur mode de développement et leur disposition, in: Bulletins de la Société d'anthropologie de Paris 9, S. 38-49.

Féry D'Esclands, A. (1875): Étude sur l'incubation artificielle. Premier partie, in: Bulletin de la Société d'acclimatation 2, S. 582-585.

– (1877): Étude sur l'incubation artificielle. Deuxième partie, in: Bulletin de la Société d'acclimatation 4, S. 545-550.

Fick, Rudolf (1892): Über die Befruchtung des Axolotleies. Vorläufige Mitteilung, in: Anatomischer Anzeiger 7, S. 818-821.

– (1893): Über die Reifung und Befruchtung des Axolotleies, in: Zeitschrift für wissenschaftliche Zoologie 56, S. 529-614.

Field, Herbert Haviland (1893): Sur la circulation embryonaire dans la tete chez l'axolotl, in: Anatomischer Anzeiger 8, S. 634-638.

– (1894): Quelques mots sur la circulation dans le tete chez l'axolotl, in: Anatomischer Anzeiger 9, S. 471-472.

– (1895): Bemerkungen über die Entwicklung der Wirbelsäule bei den Amphibien; nebst Schilderung eines abnormen Wirbelsegments, in: Morphologisches Jahrbuch 22, S. 340-356.

Filippi, Filippo de (1861): Sulla larva del Triton alpestris, in: Archivio per la zoologia, l'anatomia e la fisiologia 1, S. 206-211.

Finnegan, Diarmid A. (2008): The Spatial Turn: Geographical Approaches in the History of Science, in: Journal of the History of Biology 41, S. 369-388.

Fischer, Jean-Louis (1968): Contribution à l'histoire des sciences naturelles: l'axolotl, in: Bulletin de la société linnéenne de Lyon 9, S. 376-380.

– (1994): Camille Dareste 1822-1899. Schöpfer der experimentellen Teratologie, Leipzig.

– (1997): Expérimenter, in: Claude Blanckaert u.a. (Hrsg.): Le Muséum au premier siècle de son histoire, Paris, S. 333-339.

Fischer jun., Eduard (1878): Die Umwandlung des mexicanischen Axolotl in eine Salamanderform, in: Jahresbericht des naturwissenschaftlichen Vereins in Magdeburg 7, S. 75-88.

Fleuriot, Céline (1874): Le jardinier des dames, ou, L'art de cultiver les plantes d'appartement: dans les salons, sur les balcons, sur les fenêtres et dans le petit jardin: suivi d'une notice sur l'installation des aquariums d'eau douce et d'eau salée sur l'embaumement et la conservation des fleurs, etc, Paris.

Flores-Villela, Oscar A.; Hobart M. Smith und David Chiszar (2003): The History of Herpetological Exploration in Mexico, in: Bonner zoologische Beiträge 52, S. 311-335.

Foucault, Michel (2002): Die Situation Cuviers in der Geschichte der Biologie (Vortrag), in: Daniel Defert und Francois Ewald (Hrsg.): Michel Foucault. Schriften in vier Bänden. Dits et Ecrits. Band II: 1970-1975, Frankfurt a.M., S. 37-81.

– (2009): Die Ordnung der Dinge, Frankfurt a.M.

Fraisse, Paul Hermann (1880): Beiträge zur Anatomie von Pleurodeles Waltlii, Würzburg.

– (1882): Die Zuchträume des zoologischen Instituts der Universität Leipzig, in: Der Zoologische Garten 23, S. 17-28.

– (1885): Die Regeneration von Geweben und Organen bei den Wirbelthieren, besonders Amphibien und Reptilien, Berlin.

Frank, A. (1894): Terrarien und Aquarien als Anschauungsmittel, in: Blätter für Aquarien- und Terrarien-Freunde 5, S. 37-38, 64-66, 76-80, 217-220, 267-270, 281-285.

Franke, Adolf (1881): Reptilien und Amphibien Deutschlands. Nach eigenen Beobachtungen geschildert von Adolf Franke, Leipzig.

Freund, W. (1898a): Die Wasserleitung als Luftpumpe, in: Blätter für Aquarien- und Terrarien-Freunde 9, S. 89-90.

– (1898b): Ueber Heizapparate für Süßwasser-Aquarien, in: Blätter für Aquarien- und Terrarien-Freunde 9, S. 228-230.

Friedel, Ernst (1878): Zoologisches aus Paris, in: Der Zoologische Garten 19, S. 303-312.
– (1880): Die lebenden Wasserthiere auf der Internationalen Fischerei-Ausstellung zu Berlin im Jahre 1880, in: Der Zoologische Garten 21, S. 323-335.
– (1885): Tierleben und Tierpflege zwischen Donau und Adria, in: Der Zoologische Garten 26, S. 97-104, 134-140.
– (1887): Tierleben und Tierpflege in Leipzig und Umgegend, in: Der Zoologische Garten 28, S. 361-367.
– (1888): Im Hamburger Zoologischen Garten, in: Der Zoologische Garten 29, S. 45.
– (1890): Das Aquarium der Flora zu Köln, in: Der Zoologische Garten 31, S. 217-218.
Friedreich, Nikolaus und Carl Gegenbaur (1849): Der Schädel des Axolotl, beschrieben und abgebildet, in: Albert Kölliker (Hrsg.): Berichte von der Königlichen Zootomischen Anstalt zu Würzburg. Zweiter Bericht über das Schuljahr 1847/48, Leipzig, S. 28-34.
Fritsch, Gustav (1869): Zur vergleichenden Anatomie der Amphibienherzen, in: Archiv für Anatomie und Physiologie 1869, S. 654-758.
Frost, Darrel R. (2019): Ambystoma mexicanum (Shaw and Nodder, 1798), Amphibian Species of the World: an Online Reference. Version 6.0 http://research.amnh.org/vz/herpetology/amphibia/Amphibia/Caudata/Ambystomatidae/Ambystoma/Ambystoma-mexicanum (zugegriffen am 7.3.2019).
Fuchs, Hugo (1907): Über die Entwickelung des Operculums der Urodelen und des Distelidiums (»Columella« auris) einiger Reptilien, in: Anatomischer Anzeiger 30, S. 8-34.
Fuchs, R.F. (1907): E. Hertels' (Jena) Untersuchungen über die Wirkung von Lichtstrahlen auf lebende Zellen, in: Biologisches Centralblatt 27, S. 510-528.
Fudge, Erica (2002): A Left-handed Blow: Writing the History of Animals, in: Nigel Rothfels (Hrsg.): Representing Animals, Bloomington, S. 3-18.
Fürbringer, Max (1879): Zur Lehre von den Umbildungen des Nervenplexus, in: Morphologisches Jahrbuch 5, S. 324-394.
Fyfe, Aileen (2011): Natural History and the Victorian Tourist: From Landscapes to Rock-Pools, in: David N. Livingstone und Charles W.J. Withers (Hrsg.): Geographies of Nineteenth-Century Science, Chicago [u.a.], S. 371-399.
Gadow, Hans (1901): The Evolution of Auditory Ossicles, in: Anatomischer Anzeiger 19, S. 396-411.
Gaissinovitch, A.E. (1973): Problems of Variation and Heredity in Russian Biology in the Late Nineteenth Century, in: Journal of the History of Biology 6, S. 97-123.
Galliot, Brigitte (2012): Hydra, a Fruitful Model System for 270 Years, in: International Journal of Developmental Biology 56, S. 411-423.

Garthe (1863): Einiges Berichtigende und Erweiternde über See- und Süß-Wasser-Aquarien, in: Der Zoologische Garten 4, S. 149-152.
Gasco, Francesco (1881a): Les amours des axolotls, in: Bulletin de la Société zoologique de France 6, S. 151-162.
– (1881b): Les amours des axolotls, in: Zoologischer Anzeiger 4, S. 313-316, 328-334.
– (1894): Nell'axolotl lo sviluppo normale dell'uovo ed il sesso sono al tutto indipendenti dal numero dei nemaspermi insinuatisi nella sfera vitellina, in: Monitore zoologico italiano 5, S. 84-85.
Geinitz, Hanns Bruno (1868): Mittheilungen über den Axolotl, Sitzungsberichte und Abhandlungen der naturwissenschaftlichen Gesellschaft Isis in Dresden 1868, S. 23-24.
Gervais, Henri (1872): État hydropique des axolotl, Journal de zoologie 1, S. 53-58.
– (1873): Hybridisation des axolotls par les tritons, in: Journal de zoologie 2, S. 245-249.
Gervais, Paul (1870): Obsèques de M. Auguste Duméril, in: Bulletin de la Société impériale zoologique d'acclimatation 7, S. 635-640.
Geyer, Hans (1901): Noch einiges über Querzahnmolche, in: Blätter für Aquarien- und Terrarien-Freunde 12, S. 230-231.
– (1904): Etwas vom Axolotl, Natur und Haus 12, S. 350.
– (1906): Ueberwinterung fremdländischer Molche im Freien, in: Wochenschrift für Aquarien- und Terrarienkunde 3, S. 381-382.
– (1909a): Die Umwandlung des Axolotl in die landbewohnende Form, in: Blätter für Aquarien- und Terrarienkunde 20, S. 370-373, 413-415.
– (1909b): Zucht und Pflege der Axolotl, in: Blätter für Aquarien- und Terrarienkunde 20, S. 269.
– (1912): Nierentuberkulose bei Axolotl, in: Blätter für Aquarien- und Terrarienkunde 23, S. 838.
– (1914): Aufzucht von Axolotl, in: Blätter für Aquarien- und Terrarienkunde 25, S. 234.
Geyer, Wilhelm (1890): Wünsche und Ziele der Aquarien-Liebhaberei, in: Blätter für Aquarien- und Terrarien-Freunde 1, S. 3-4, 31-32.
– (1892): Katechismus für Aquarienliebhaber. Fragen und Antworten über Einrichtung, Besetzung und Pflege des Süßwasser-Aquariums, sowie über Krankheiten, Transport und Züchtung der Fische, 2. Aufl., Magdeburg.
– (1894): Amblystoma mavortium, in: Blätter für Aquarien- und Terrarien-Freunde 5, S. 136-138.
Giacomini, Ercole (1928): The Effect of Iodized Spleen and Liver of Lamb and of Organs of Chicken Treated with Such Substances Upon the Metamorphosis of Axolotl, in: Bollettino della Società italiana di biologia sperimentale 3, S. 92-97.
Giesy, John P. (Hrsg.) (1980): Microcosms in Ecological Research: Selected Papers from a Symposium, Springfield.

Giffney, Noreen und Myra J. Hird (Hrsg.) (2008): Queering the Non/Human, Aldershot.
Glaeser, Ernest (1878): Biographie nationale des contemporains, Paris.
Glaeser, Karl (1910): Untersuchungen über die Herkunft des Knorpels an regenerierenden Amphibienextremitäten, in: Archiv für mikroskopische Anatomie und Entwicklungsgeschichte 75, S. 1-39.
Glaser, L. (1866): Ueber Einrichtung und Behandlung eines Zimmeraquariums, in: Der Zoologische Garten 7, S. 437-444.
Gliboff, Sander (2005): »Protoplasm ... is Soft Wax in our Hands«: Paul Kammerer and the Art of Biological Transformation, in: Endeavour 29, S. 162-167.
– (2006): The Case of Paul Kammerer: Evolution and Experimentation in the Early 20th Century, in: Journal of the History of Biology 39, S. 525-563.
Godet, Paul (1867): Sur les nouvelles observations de M. Duméril sur les axolotls (Siredon mexicanus vel Humboldtii), in: Bulletin de la société neuchateloise des sciences naturelles 7, S. 269-273.
Goette, Alexander (1913): Die Entstehung der Kopfnerven bei Fischen und Amphibien, in: Zoologischer Anzeiger 42, S. 58-60.
Goldschmidt, Richard (1911): Einführung in die Vererbungswissenschaft in zwanzig Vorlesungen für Studierende, Ärzte, Züchter, Leipzig.
Gooday, Graeme (1991): »Nature« in the Laboratory: Domestication and Discipline with the Microscope in Victorian Life Science, in: The British Journal for the History of Science 24, S. 307-341.
Goodrich, Edwin S. (1911): On the Segmentation of the Occipital Region of the Head in the Batrachia Urodela, in: Proceedings of the Zoological Society of London 1911, S. 101-120.
Göppert, Ernst (1891): Die Entwicklung und das spätere Verhalten des Pankreas der Amphibien, in: Morphologisches Jahrbuch 17, S. 100-122.
– (1894): Die Kehlkopfmuskulatur der Amphibien, in: Morphologisches Jahrbuch 22, S. 1-78.
– (1898a): Der Kehlkopf der Amphibien und Reptilien, in: Morphologisches Jahrbuch 26, S. 282-329.
– (1898b): Zur Phylogenese der Wirbelthierkralle, in: Morphologisches Jahrbuch 25, S. 1-30.
Gould, Stephen Jay (1977): Ontogeny and Phylogeny, Cambridge [u.a.].
Graeffe, Eduard (1861): Das Süßwasseraquarium. Kurze Anleitung zur besten Construction der Aquarien und Instandhaltung derselben, sowie Schilderung der Süßwasserthiere, Hamburg.
Gray, John Edward (1850): Catalogue of the Specimens of Amphibia in the Collection of the British Museum. Part II. Batrachia Gradientia etc., London.
Grevé, Carl (1895): Zwei von der Acclimatisationsgesellschaft zu Moskau veranstaltete Ausstellungen, in: Der Zoologische Garten 36, S. 4-8.

Griebel, Fritz (1930): Ein paar Worte für einen aus der Mode gekommenen, in: Wochenschrift für Aquarien- und Terrarienkunde 27, S. 205-206.

Griesemer, James (1992): The Role of Instruments in the Generative Analysis of Science, in: Adele Clarke und Joan H. Fujimura (Hrsg.): The Right Tools for the Job. At Work in Twentieth-Century Life Sciences, Princeton, S. 47-76.

Groeben, Christiane (2008): Tourists in Science: 19th Century Research Trips to the Mediterranean, in: Proceedings of the California Academy of Sciences 59, S. 139-154.

Grünberg, Carl (1901): Beiträge zur vergleichenden Morphologie der Leukocyten, in: Archiv für pathologische Anatomie und Physiologie und klinische Medizin 163, S. 303-342.

Guarino, Fabio Maria; Nicola Maio; Orfeo Picariello und Vincenzo Caputo (2002): Stato attuale delle conoscenze sull'erpetofauna dei Campi Flegrei (Napoli), in: Bollettino Sezione Campania ANISN 24, S. 59-70.

Gudernatsch, J. Frederick (1912): Feeding Experiments on Tadpoles. I. The Influence of Specific Organs Given as Food on Growth and Differentiation. A Contribution to the Knowledge of Organs with Internal Secretion, in: Archiv für Entwicklungsmechanik der Organismen 35, S. 457-483.

Guérin-Méneville, Félix Édouard (1854): Note sur le ver a soie du ricin (Bombyx cynthia), in: Bulletin de la société impériale zoologique d'acclimatation 1, S. 500-502.

Guerrini, Anita (2003): Experimenting with Humans and Animals: From Galen to Animal Rights, Baltimore.

Gulliver, George (1873): Measurements of the Red Blood-Corpuscles of Batrachians, in: Proceedings of the Zoological Society of London 1873, S. 162-165.

– (1875): Observations on the Sizes and Shapes of the Red Corpuscles of the Blood of Vertebrates, with Drawings of them to a Uniform Scale, and Extended and Revised Tables of Measurements, in: Proceedings of the Zoological Society of London 1875, S. 474-495.

Günther, Albert (1868): Exhibition of Specimens of the Ova and Young of Axolotl (Siredon mexicanum), in: Proceedings of the Zoological Society of London 1868, S. 319.

Günzel, Stephan (2008): Spatial turn – topographical turn – topological turn. Über die Unterschiede zwischen Raumparadigmen, in: Jörg Döring und Tristan Thielmann (Hrsg.): Spatial Turn. Das Raumparadigma in den Kultur- und Sozialwissenschaften, Bielefeld, S. 219-237.

Gurdon, John B. und Nick Hopwood (2000): The Introduction of Xenopus laevis into Developmental Biology: Of Empire, Pregnancy Testing and Ribosomal Genes, in: International Journal of Developmental Biology 46, S. 49-63.

Güttler, Nils (2014): Das Kosmoskop: Karten und ihre Benutzer in der Pflanzengeographie des 19. Jahrhunderts, Göttingen.

Guttstadt, Albert (1886): Die naturwissenschaftlichen und medicinischen Staatsanstalten Berlins. Festschrift für die 59. Versammlung deutscher Naturforscher und Aerzte, Berlin.

Haeckel, Ernst (1873): Natürliche Schöpfungsgeschichte. Gemeinverständliche wissenschaftliche Vorträge über die Entwickelungslehre im Allgemeinen und diejenige von Darwin, Goethe und Lamarck im Besonderen, 4. Aufl., Berlin.

Haecker, Valentin (1890): J.F. van Bemmelen, Die Erblichkeit erworbener Eigenschaften ((De erfelijkheid van verworven eigenschappen). Gro 8. XIV n. 280 S. s'Gravenhage 1890.), in: Biologisches Centralblatt 10, S. 641-652, 686-694.

– (1899): Praxis und Theorie der Zellen- und Befruchtungslehre, Jena.

– (1907): Über Mendel'sche Vererbung bei Axolotln, in: Zoologischer Anzeiger 31, S. 99-102.

– (1908): Über Axolotlkreuzungen. II. Mitteilung (Zur Kenntnis des partiellen Albinismus), in: Verhandlungen der Deutschen Zoologischen Gesellschaft 18, S. 194-205.

– (1911): Allgemeine Vererbungslehre, Braunschweig.

– (1912a): Über Lernversuche bei Axolotln, in: Archiv für die gesamte Psychologie 25, S. 1-35.

– (1912b): Untersuchungen über Elementareigenschaften I, in: Zeitschrift für induktive Abstammungs- und Vererbungslehre 8, S. 36-47.

– (1916a): Die Wachstumsordnung der Axolotlhaut als Grundlage der Zeichnungsmuster, in: Mitteilungen der naturforschenden Gesellschaft zu Halle a.S. 4, S. 10-15.

– (1916b): Zur Eigenschaftsanalyse der Wirbeltierzeichnung. Die Wachstumsordnung der Axolotl-Haut, in: Biologisches Centralblatt 36, S. 448-471.

– (1918): Entwicklungsgeschichtliche Eigenschaftsanalyse (Phänogenetik), Jena.

Hahn, Guillaume (1892): Les axolotls et leur métamorphose, in: Revue des questiones scientifiques 2, S. 178-205.

Hamera, Judith (2012): Parlor Ponds: The Cultural Work of the American Home Aquarium, 1850-1970, Ann Arbor.

Hamlin, Christopher (1986): Robert Warington and the Moral Economy of the Aquarium, in: Journal of the History of Biology 19, S. 131-153.

Harrison, Ross G. (1969): Organization and Development of the Embryo, New Haven.

Harter, Ursula (2014): Aquaria in Kunst, Literatur und Wissenschaft, Heidelberg.

Harting, Pieter (1865): Eijerlegging bevuchting en ontwikkeling van den Axolotl, in: Album der Natuur 1865, S. 44.

– (1866): Metamorphose van den Axolotl, in: Album der Natuur 1866, S. 2.

Hasse, Carl (1873a): Die vergleichende Morphologie und Histologie des häutigen Gehörorgans der Wirbelthiere nebst Bemerkungen zur vergleichenden Physiologie, in: Anatomische Studien 1, S. 1-96.

– (1873b): Über den Bau des Gehörorgans von Siredon pisciformis und über die vergleichende Anatomie des Kiefersuspensoriums, in: Anatomische Studien 1, S. 611-649.

Häußermann, Hartmut und Walter Siebel (1996): Soziologie des Wohnens: eine Einführung in Wandel und Ausdifferenzierung des Wohnens, Weinheim/München.

Hegemann, Helene (2010): Axolotl Roadkill, Berlin.

Helff, O.M. (1927): The Rate of Oxygen Consumption in Five Species of Amblystoma Larvae, in: Journal of Experimental Zoology 49, S. 353-361.

Hertwig, Oskar (1875): Über das Zahnsystem der Amphibien und seine Bedeutung für die Genesis des Skeletts der Mundhöhle, in: Archiv für mikroskopische Anatomie 11, S. 1-208.

– (1896): Experimentelle Erzeugung thierischer Missbildungen, Festschrift zum siebzigsten Geburtstag von Carl Gegenbaur am 21. August 1896. 2. Band, Leipzig, S. 87-102.

– (1910): Die Radiumstrahlung in ihrer Wirkung auf die Entwicklung tierischer Eier, in: Sitzungsberichte der königlich-preussischen Akademie der Wissenschaften 1910, S. 221-233.

Hertwig, Richard (1893): Zoologie und vergleichende Anatomie, in: Wilhelm Lexis (Hrsg.): Die deutschen Universitäten. Für die Universitätsausstellung in Chicago 1893. Zweiter Band, Berlin, S. 95-111.

Heß, Wilhelm (1886): Das Süßwasseraquarium und seine Bewohner: ein Leitfaden für die Anlage und Pflege von Süßwasseraquarien, Stuttgart.

Hildebrandt, Wilhelm (1903): Die erste Leberentwicklung beim Vogel, in: Anatomische Hefte 20, S. 73-120.

Hinderer, W. (1897): Von der Göppinger Aquarienausstellung, in: Blätter für Aquarien- und Terrarien-Freunde 10, S. 247-250.

Hintze, Robert (1897a): Axolotl mit überzähligem Vorderfuss, in: Der Zoologische Garten 38, S. 124.

– (1897b): Fünfter Fuss bei einem Axolotl, in: Der Zoologische Garten 38, S. 315.

Hoage, R.J.; Anne Roskell und Jane Mansour (1996): Menageries and Zoos to 1900, in: R.J. Hoage und William A. Deiss (Hrsg.): New Worlds, New Animals. From Menagerie to Zoological Park in the Nineteenth Century, Baltimore/London, S. 8-18.

Hochadel, Oliver (2011): Watching Exotic Animals Next Door: »Scientific« Observations at the Zoo (ca. 1870-1910), in: Science in Context 24, S. 183-214.

Hochstetter, Ferdinand (1888): Beiträge zur vergleichenden Anatomie und Entwicklungsgeschichte des Venensystems der Amphibien und Fische, in: Morphologisches Jahrbuch 13, S. 119-172.

Hohl, Dieter (2001a): Von den vivaristischen Anfängen bis zur VDA-Grün-

dung, in: Verband Deutscher Vereine für Aquarien- und Terrarienkunde e.V. (Hrsg.): Festschrift zum 90jährigen Jubiläum. Beiträge zur Geschichte der Aquaristik und Terraristik in Deutschland, Bochum, S. 13-72.
– (2001b): Ein Verband bestimmt die Entwicklung – Die Zeit von 1911 bis 1933, in: Verband Deutscher Vereine für Aquarien- und Terrarienkunde e.V. (Hrsg.): Festschrift zum 90jährigen Jubiläum. Beiträge zur Geschichte der Aquaristik und Terraristik in Deutschland, Bochum, S. 73-121.
Höhler, Sabine (2015): Spaceship Earth in the Environmental Age, 1960-1990, London [u.a.].
Holmes, Frederic L. (1993): The Old Martyr of Science: The Frog in Experimental Physiology, in: Journal of the History of Biology 26, S. 311-328.
– (1997): Claude Bernard et le Muséum national d'Histoire naturelle, in: Claude Blanckaert u.a. (Hrsg.): Le Muséum au premier siècle de son histoire, Paris, S. 403-423.
Home, Everard (1824): An Account of the Organs of Generation of the Mexican Proteus, Called by the Natives Axolotl, in: Philosophical Transactions of the Royal Society 114, S. 419-423.
Hoppe, Brigitte (1987): Educational Standards and the Emergence of Women in Science in former Germany, in: Éva Vámos (Hrsg.): Women in Science: Options and Access, Budapest, S. 29-108.
Hopwood, Nick (2007): A History of Normal Plates, Tables and Stages in Vertebrate Embryology, in: International Journal of Developmental Biology 51, S. 1-26.
– (2011): Approaches and Species in the History of Vertebrate Embryology, in: Francisco J. Pelegrini (Hrsg.): Vertebrate Embryogenesis: Embryological, Cellular and Genetic Methods, New York, S. 1-20.
Hoquet, Thierry (2009): Darwin contre Darwin. Comment lire L'Origine des espèces, Paris.
Horwood, Catherine (2007): Potted History: The Story of Plants in the Home, London.
Hoßfeld, Uwe (1996): Ruderfußkrebse (Copepoden) – ein Versuchsobjekt der klassischen Vererbungszytologie zu Beginn des 20. Jahrhunderts, in: Biologisches Zentralblatt 115, S. 91-103.
Hoßfeld, Uwe und Michael Markert (2011): Historische Rollbilder: Biologie im Blick. Zufallsfund an der Universität Jena, in: Biologie in unserer Zeit 41, S. 190-197.
Hoßfeld, Uwe und Lennart Olsson (2003): Der Beginn von Carl Gegenbaurs wissenschaftlicher Karriere: Eine vergessene Veröffentlichung über Kopfmorphologie beim Axolotl Ambystoma mexicanum (Amphibia), in: Rudolstädter naturhistorische Schriften 11, S. 43-62.
Hoßfeld, Uwe; Lennart Olsson und Olaf Breidbach (2003): Carl Gegenbaur (1826-1903) and his Influence on the Development of Evolutionary Morphology. Special Issue of Theory in Biosciences, in: Theory in Biosciences 122, S. 105-108.

Hothorn, Emil (1893): Hilfsmittel zur bequemen Instandhaltung von Zimmer-Aquarien, in: Blätter für Aquarien- und Terrarien-Freunde 4, S. 25-27, 41-43, 81-82, 93-94, 100-102, 135-139.

Houssay, Frédéric (1889): Sur la métamerie de la tete chez l'axolotl, in: Comptes rendus des séances et mémoires de la Société de biologie 1, S. 691-694.

– (1890): Études d'embryologie sur les vertébrés. L'Axolotl, in: Archives de zoologie expérimentale et générale 18, S. 143-244.

– (1891): Études d'embryologie sur les vertébrés. Les fentes branchiales auditive, hyomandibulaire, spiraculaire et les somites mesoblastiques qui leur correspondent chez l'axolotl, in: Bulletin scientifique de la France et de la Belgique 23, S. 55-79.

– (1892): Sur la circulation embryonnaire dans la tete chez l'axolotl, in: Comptes rendus hebdomadaire des séances de l'Académie des sciences 115, S. 132-135.

– (1893): Études d'embryologie sur les vertébrés. Développement et morphologie du parablaste et de l'appareil circulatoire, in: Archives de zoologie expérimentale et générale 21, S. 1-94.

– (1914): La circulation embryonnaire de l'axolotl, in: Archives de zoologie expérimentale et générale 54, S. 101-108.

Houssay, Frédéric und Eugène Bataillon (1888a): Formation de la gastrula du mesoblaste et de la chorde dorsale chez l'axolotl, in: Bulletin de la Société d'histoire naturelle de Toulouse 21, S. 12-14.

– (1888b): Formation de la gastrula, du mésoblaste et de la chorde dorsale chez l'axolotl, in: Comptes rendus hebdomadaire des séances de l'Académie des sciences 107, S. 134-136.

Howes, George B. (1893): Notes on the Variation and Development of the Vertebral and Limb Skeleton of the Amphibia, in: Proceedings of the Zoological Society of London 1893, S. 268-278.

Humboldt, Alexander von (1810): Versuch über den politischen Zustand des Königreichs Neu-Spanien. Zweiter Band, Tübingen.

Hüntelmann, Axel C. (2012): Füttern und gefüttert werden. Versorgungskreisläufe und Nahrungsregimes im Königlich Preußischen Institut für experimentelle Therapie, ca. 1900 bis 1910, in: Berichte zur Wissenschaftsgeschichte 35, S. 300-321.

Huxley, Julian S. (1920): Metamorphosis of Axolotl Caused by Thyroid-Feeding, in: Nature 104, S. 435.

– (1925): Studies in Amphibian Metamorphosis II, in: Proceedings of the Royal Society 98, S. 113-146.

Huxley, Julian S. und Lancelot Hogben (1922): Experiments on Amphibian Metamorphosis and Pigment Response in Relation to Internal Secretions, in: Proceedings of the Royal Society 93, S. 36-53.

Isserlin, Max (1902): Über Temperatur und Wärmeproduktion poikilothermer Tiere, in: Pflügers Archiv für die gesamte Physiologie des Menschen und der Tiere 90, S. 472-490.

Iwanzoff, N. (1894): Zur Anatomie der Knöchelchen des Mittelohres der Amphibien und Reptilien, in: Anatomischer Anzeiger 9, S. 578-584.

Jacob, Francois (2002): Die Logik des Lebenden. Eine Geschichte der Vererbung, Frankfurt a.M.

Jäger, Gustav (1860): Ueber Seewasseraquarien, in: Verhandlungen der Zoologisch-Botanischen Gesellschaft in Wien 1860, S. 177-178.

Jan, Giorgio (1857): Cenni sul Museo civico di Milano ed indice sistematico dei rettili ed anfibi esposti nel medesimo, Milano.

Jaquet, Maurice (1897): Contribution á l'anatomie comparée des systèmes squeletaire et musculaire de Chimaera collei, Callorhynchus antarcticus, Spinax niger, Protopterus annectens, Ceratodus fosteri et axolotl, in: Archives des sciences médicales 2, S. 174-206.

– (1901): Anatomie comparée du systéme nerveaux sympathique dans la serie des vertébres, in: Buletinul societatii de stiinte din Bucuresti 10, S. 240-302.

Jaussaud, Philippe und Édouard-Raoul Brygoo (2004): Duméril, Auguste Henri André, in: Philippe Jaussaud und Édouard-Raoul Brygoo (Hrsg.): Du Jardin au Muséum en 516 biographies, Paris, S. 198.

Jenkinson, John Wilfred (1904): Observations on the Maturation and Fertilization of the Egg of the Axolotl, in: Quaterly Journal of Microscopical Science 48, S. 407-482.

– (1905): On the Fertilization of the Egg of the Axolotl, in: Report of the British Association for the Advancement of Science 1904, S. 600.

Jensen, Carl Oluf (1920): Standardisierung der Thyreoidpräparate durch Anwendung von Axolotl, in: Münchner Medizinische Wochenschrift 1920, S. 1422.

Jensen, Uffa (2005): Der Kleingarten, in: Alexa Geisthövel und Habbo Knoch (Hrsg.): Orte der Moderne: Erfahrungswelten des 19. und 20. Jahrhunderts, Frankfurt a.M. [u.a.], S. 316-324.

Jollos, Victor und Tibor Péterfi (1923): Furchung von Axolotleiern ohne Beteiligung des Kerns, in: Biologisches Centralblatt 43, S. 286-288.

Joly, Nicolas (1868): Note sur les axolotls nés à la ménagerie des reptiles du Muséum d'Histoire naturelle de Paris, et rapportes vivante à Toulouse, in: Mémoires de l'Académie des sciences, inscriptions et belles-lettres de Toulouse 6, S. 192-197.

– (1869): Deux poisson marins du genre syngnathe, in: Mémoires de l'Académie des sciences, inscriptions et belles-lettres de Toulouse 1, S. 354.

– (1870): Sur la rotation de l'embryon dans l'oeuf des axolotls du Mexique, in: Comptes rendus hebdomadaire des séances de l'Académie des sciences 70, S. 873-875.

– (1872): Étude sur les métamorphoses des axolotls du Mexique (Siredon mexicanus Shaw). Développement et rotation de leur embryon dans l'oeuf, in: Revue des sciences naturelles 1, S. 7-29.

– (1873): Études sur les moeurs, le développement et les métamorphose d'un

petit poisson chinois, in: Mémoires de l'Académie des sciences, inscriptions et belles-lettres de Toulouse 5, S. 312-340.
Jonstonus, Joannes (1649): Historiae naturalis de piscibus et cetis libri v. cum aeneis figuris, Frankfurt a.M.
Jourdain, Sylvain (1877): Recherches sur le système circulatoire de l'axolotl, in: Bulletin de la société des sciences de Nancy 3, S. 27-28.
Kalof, Linda und Brigitte Resl (Hrsg.) (2007): A Cultural History of Animals. 6 Bände, Oxford [u.a.].
Kammerer, Paul (1901): Die Querzahnmolche (Amblystoma), in: Blätter für Aquarien- und Terrarien-Freunde 12, S. 166-169, 177-180.
– (1904): Beitrag zur Erkenntnis der Verwandtschaftsverhältnisse von Salamandra atra und maculosa, in: Archiv für Entwicklungsmechanik der Organismen 17, S. 165-264.
– (1907): Die Fortpflanzung des Grottenolms (Proteus anguineus Laur.), in: Verhandlungen der kaiserlich-königlichen zoologisch-botanischen Gesellschaft in Wien 57, S. 277-292.
– (1912): Experimente über Fortpflanzung, Farbe, Augen und Körperreduction bei Proteus anguinus Laur. Zugleich: Vererbung erzwungener Eigenschaften, III. Mitteilung, in: Archiv für Entwicklungsmechanik der Organismen 33, S. 349-461.
– (1928): Methoden der Züchtung von Reptilien und Amphibien, in: Emil Abderhalden (Hrsg.): Handbuch der biologischen Arbeitsmethoden. Abt. 9, Teil 1, Hälfte 2. Spezielle Methoden: Methoden der Tierhaltung und Tierzüchtung, Bd. 9, Handbuch der biologischen Arbeitsmethoden, Berlin, S. 1-24.
Keibel, Franz (1914): Über die Veränderung des M. complexus der Vögel zur Zeit des Ausschlüpfens, in: Zeitschrift für Morphologie und Anthropologie 18, S. 73-84.
Keibel, Franz und Karl Abraham (1900): Normentafeln zur Entwicklungsgeschichte der Wirbelthiere. Zweites Heft. Normentafel zur Entwicklungsgeschichte des Huhnes (Gallus Domesticus), Jena.
Keil, Albert (1895): Erfahrungen mit Durchlüftungs-Apparaten, in: Natur und Haus 4, S. 86-89.
Keitel, Erich (1923): Zur Analyse der Rassenmerkmale der Axolotl. III. Die Augen beider Rassen und ihr Verhalten im Dunkeln, in: Zeitschrift für die gesamte Anatomie 67, S. 570-605.
Keller, Evelyn Fox (1983): A Feeling for the Organism: The Life and Work of Barbara McClintock, New York.
Kendall, Edward C. (1915): The Isolation in Crystalline Form of the Compound Containing Iodin, which Occurs in the Thyroid, in: Journal of the American Medical Association 64, S. 2042-2043.
Kete, Kathleen (1994): The Beast in the Boudoir: Petkeeping in Nineteenth-Century Paris, Berkeley.
Kingsbury, Benjamin F. (1895): The Spermatheca and Methods of Fertiliza-

tion in some American Newts and Salamanders, in: Proceedings of the American Microscopical Society 17, S. 261-305.

Kingsbury, Benjamin F. und H.D. Reed (1908): The Columella Auris in Amphibia, in: Anatomical Record 2, S. 81-91.

– (1909): The Columella Auris in Amphibia. Second Contribution, in: Journal of Morphology 20, S. 549-628.

Kinsey, Darin (2006): Seeding the Water as the Earth: The Epicenter and Peripheries of a Western Aquacultural Revolution, in: Environmental History 11, S. 527-566.

Kirk, Robert G.W. (2008): Wanted--Standard Guinea Pigs: Standardisation and the Experimental Animal Market in Britain ca. 1919-1947, in: Studies in History and Philosophy of Science Part C: Studies in History and Philosophy of Biological and Biomedical Sciences 39, S. 280-291.

Kirk, Robert G.W. und Neil Pemberton (2013): Leech, London [u.a.].

Klingelhöffer, Wilhelm (1928): Einrichtung von Zimmer- und Freiland-Aquarien und -Terrarien einschliesslich der Technik der Haltung und Zucht von Fischen, Reptilien und Amphibien, in: Emil Abderhalden (Hrsg.): Handbuch der biologischen Arbeitsmethoden. Abt. 9, Teil 1, Hälfte 2. Spezielle Methoden: Methoden der Tierhaltung und Tierzüchtung, Berlin, S. 851-1306.

Klös, Heinz-Georg; Hans Frädrich und Ursula Klös (1994): Die Arche Noah an der Spree. 150 Jahre Zoologischer Garten Berlin. Eine tiergärtnerische Kulturgeschichte von 1844-1994, Berlin.

Köchy, Kristian (2018): Von der Ökologie der Forschung zu Forschungsumwelten. Bedingungen und Möglichkeiten einer erweiterten Lesart der Wechselbeziehung zwischen Forschenden und »Forschungsgegenständen« in der Tierforschung, in: Matthias Wunsch; Kristian Köchy und Martin Böhnert (Hrsg.): Philosophie der Tierforschung. Band 3: Milieus und Akteure, Freiburg/München, S. 25-92.

Köchy, Kristian; Matthias Wunsch und Martin Böhnert (Hrsg.) (2016): Philosophie der Tierforschung. Band 2: Maximen und Konsequenzen, Freiburg/München.

Koehler, Otto (1957): Die Zoologie der Universität Freiburg i.Br., in: Eduard Zentgraf (Hrsg.): Aus der Geschichte der Naturwissenschaften an der Universität Freiburg, Freiburg, S. 129-144.

Koehler, Peter J.; Stanley Finger und Marco Piccolino (2009): The »Eels« of South America: Mid-18th-Century Dutch Contributions to the Theory of Animal Electricity, in: Journal of the History of Biology 42, S. 1-49.

Kohler, Robert E. (1994): Lords of the Fly. Drosophila Genetics and the Experimental Life, Chicago [u.a.].

Kohler, Robert E. und Jeremy Vetter (2016): The Field, in: Bernard Lightman (Hrsg.): A Companion to the History of Science, Chichester, UK, S. 282-295.

Kölliker, Albert (1849a): Allgemeine Betrachtungen über die Entstehung des

knöchernen Schädels der Wirbelthiere, in: Albert Kölliker (Hrsg.): Berichte von der Königlichen Zootomischen Anstalt zu Würzburg. Zweiter Bericht über das Schuljahr 1847/48, Leipzig, S. 35-52.
– (1849b): Einige Bemerkungen über die zootomische Anstalt in Würzburg, in: Albert Kölliker (Hrsg.): Berichte von der Königlichen Zootomischen Anstalt zu Würzburg. Zweiter Bericht über das Schuljahr 1847/48, Leipzig, S. 5-8.
– (1850): Die Theorie des Primordialschädels, in: Zeitschrift für wissenschaftliche Zoologie 2, S. 281-291.
– (1864): Über die Darwinsche Schöpfungstheorie, Leipzig.
– (1868): Sur le développement des axolotls, in: Verhandlungen der Schweizerischen Naturforschenden Gesellschaft 52, S. 87-90.
– (1869): Über den mexikanischen Axolotl, in: Verhandlungen der physikalisch-medizinischen Gesellschaft zu Würzburg 1, S. XXIII–XXIV.
– (1872): Morphologie und Entwickelungsgeschichte des Pennatulidenstammes nebst allgemeinen Betrachtungen zur Descendenzlehre, Frankfurt a.M.
– (1879): Entwicklungsgeschichte des Menschen und der höheren Thiere, Leipzig.
– (1885): Die Bedeutung der Zellkerne für die Vorgänge der Vererbung, in: Zeitschrift für wissenschaftliche Zoologie 42, S. 1-46.
– (1886a): Das Karyoplasma und die Vererbung, eine Kritik der Weismann'schen Theorie von der Kontinuität des Keimplasmas, in: Zeitschrift für wissenschaftliche Zoologie 44, S. 228-238.
– (1886b): Stiftchenzellen in der Epidermis von Froschlarven, in: Biologisches Centralblatt 6, S. 179-181.
– (1887): Der jetzige Stand der morphologischen Disciplinen mit Bezug auf allgemeine Fragen. Rede des Vorsitzenden der Anatomischen Gesellschaft Geheimrat Prof. Dr. A.v. Kölliker, gehalten bei Eröffnung der ersten Versammlung in Leipzig, am 14. April 1887, Jena.
– (1889a): Das Aequivalent der Attraktionssphären E.v. Beneden's bei Siredon, in: Anatomischer Anzeiger 4, S. 147-154.
– (1889b): Über die Mitose sich furchender Eier des Axolotl, Sitzungsberichte der physikalisch-medizinischen Gesellschaft zu Würzburg 1889, S. 22.
– (1899): Erinnerungen aus meinem Leben, Leipzig.
Kolmer, Walter (1910): Über Strukturen im Epithel der Sinnesorgane, in: Anatomischer Anzeiger 36, S. 281-299.
Kolossow, A. (1892): Ueber die Struktur des Endothels der Pleuroperitonealhöhle, der Blut- und Lymphgefäße, in: Biologisches Centralblatt 12, S. 87-94.
Koltzsoff, N.K. (1906): Über das Skelett des tierischen Spermiums, in: Biologisches Centralblatt 26, S. 854-863.
Koppelkamm, Stefan (1988): Künstliche Paradiese: Gewächshäuser und Wintergärten des 19. Jahrhunderts, Berlin.

Kopsch, Friedrich (1895a): Beiträge zur Gastrulation beim Axolotl und Froschei, Verhandlungen der anatomischen Gesellschaft 8, S. 181-189.

– (1895b): Über die Zellen-Bewegungen während des Gastrulationsprocesses an den Eiern vom Axolotl und vom braunen Grasfrosch, in: Sitzungsberichte der Gesellschaft naturforschender Freunde zu Berlin 1895, S. 21-30.

– (1896): Beiträge zur Gastrulation beim Axolotl- und Froschei, in: Journal of the Royal Microscopical Society 1896, S. 38.

Krämer, Fabian (2014): Ein Zentaur in London. Lektüre und Beobachtung in der frühneuzeitlichen Naturforschung, Kulturgeschichten, Affalterbach.

Kranz, Frances M.; Rozella B. Smith und Hobart M. Smith (1969): Xolotl, Twins and Monsters, in: Bulletin of the Philadelphia Herpetological Society 17, S. 2-3.

Kranz, Isabel (2010): »Parlor oceans«, »crystal prisons«. Das Aquarium als bürgerlicher Innenraum, in: Thomas Brandstetter; Karin Harasser und Günther Freisinger (Hrsg.): Ambiente. Das Leben und seine Räume, Wien, S. 155-176.

Krause, Rudolf (1893): Beiträge zur Histologie der Wirbelthierleber. Erste Abhandlung: Über den Bau der Gallencapillaren, in: Archiv für mikroskopische Anatomie 42, S. 53-82.

– (1901): Die Entwicklung des Aquaeductus vestibuli s. Ductus endolymphaticus, in: Anatomischer Anzeiger 19, S. 49-59.

Kühn (o.V.) und Paul Matte (1881): Nochmals der Axolotl, in: Isis. Zeitschrift für alle naturwissenschaftlichen Liebhabereien 6, S. 65-66.

Laak, Dirk van (2018): Alles im Fluss: Die Lebensadern unserer Gesellschaft – Geschichte und Zukunft der Infrastruktur, Frankfurt a.M.

Lachapelle, Sofie und Heena Mistry (2013): From the Waters of the Empire to the Tanks of Paris: The Creation and Early Years of the Aquarium Tropical, Palais de la Porte Dorée, in: Journal of the History of Biology 47, S. 1-27.

Lachmann, Hermann (1888): Meine Aquarien, Terra-Aquarien, Terrarien und ihre Bewohner, in: Isis. Zeitschrift für alle naturwissenschaftlichen Liebhabereien 13, S. 205-206, 214, 220-221, 229-230, 237-238, 261-262, 277, 285, 293-294, 300-301, 318-319, 327-328, 334-335, 349-350, 358-359, 365-366, 373-374, 380-382, 388-390, 396-398, 405-407.

– (1899): Zur Metamorphose von Amblystoma, in: Blätter für Aquarien- und Terrarien-Freunde 10, S. 237-238.

Lampert, Kurt (1883): Zur Genese der Chorda dorsalis beim Axolotl, Dissertation, Universität Erlangen.

Landecker, Hannah (2012): The Life of Movement: From Microcinematography to Live-Cell Imaging, in: Journal of Visual Culture 11, S. 378-399.

Langer (1877): Das Aquarium und seine Bewohner als Zimmer- und Gartenschmuck: Eine Anleitung zur Herstellung und Pflege desselben, unter besonderer Berücksichtigung der Bezugsquellen, Berlin.

Latour, Bruno (2005): Reassembling the Social. An Introduction to Actor-Network-Theory, Oxford [u.a.].

Laufberger, Vilem (1913): O vzbuzeni metamorfosy axolotlu kremin zlazou stitou, in: Biologicke Listy 2, S. 228-241.

Lavdowsky, M. (1884): Mikroskopische Untersuchungen einiger Lebensvorgänge des Blutes. Erste Abhandlung, in: Virchows Archiv für pathologische Anatomie, Physiologie und klinische Medizin 96, S. 60-100.

Lefèvre, Wolfgang (2005): Inheritance of Acquired Characters: Heredity and Evolution in Late Nineteenth-Century Germany, in: Staffan Müller-Wille und Hans-Jörg Rheinberger (Hrsg.): A Cultural History of Heredity III: 19th and Early 20th Centuries, Berlin, S. 53-66.

Leffler, Olga Helma (1915): Zur Psychologie und Biologie des Axolotls, in: Abhandlungen und Berichte aus dem Museum für Natur- und Heimatkunde und dem Naturwissenschaftlichen Verein in Magdeburg 3, S. 1-49.

Lekan, Thomas M. und Thomas Zeller (Hrsg.) (2005): Germany's Nature. Cultural Landscapes and Environmental History, New Brunswick.

Lendenfeld, R.v. (1894): Ein Aquarium-Filter, Zoologischer Anzeiger 17, S. 431-432.

Lenoir, Timothy (1982): The Strategy of Life. Teleology and Mechanics in Nineteenth-Century German Biology, Chicago [u.a.].

Lenz, Heinrich (1876): Mein Seewasser-Zimmer-Aquarium, in: Der Zoologische Garten 17, S. 16-20.

– (1879): Verbesserung an den Durchlüftungsapparaten der Seewasser-Aquarien, in: Zoologischer Anzeiger 2, S. 20-21.

Leonelli, Sabina (2007): Growing Weed, Producing Knowledge: An Epistemic History of Arabidopsis thaliana, in: History and Philosophy of the Life Sciences 29, S. 55-87.

Lepenies, Wolf (1976): Das Ende der Naturgeschichte. Wandel kultureller Selbstverständlichkeiten in den Wissenschaften des 18. und 19. Jahrhunderts, München/Wien.

Lessona, Michele (1877): Nota di un axolotl del Museo zoologico di Torino, Atti della R. Accademia delle scienze di Torino 13, S. 137-139.

Levit, Georgy S. (2007): The Roots of Evo-Devo in Russia: Is There a Characteristic »Russian Tradition«?, in: Theory in Biosciences 126, S. 131-148.

Levit, Georgy S.; Kay Meister und Uwe Hoßfeld (2008): Alternative Evolutionary Theories: A Historical Survey, in: Journal of Bioeconomics 10, S. 71-96.

Levit, Georgy S. und Lennart Olsson (2006): »Evolution on Rails«: Mechanisms and Levels of Orthogenesis, in: Annals of the History and Philosophy of Biology 11, S. 97-136.

Leydig, Franz (1853): Anatomisch-histologische Untersuchungen über Fische und Reptilien, Berlin.

Limoges, Camille (1980): The Development of the Muséum d'Histoire naturelle of Paris, ca. 1800-1914, in: Robert Fox und George Weisz (Hrsg.): The Organization of Science and Technology in France, 1808-1914, Cambridge [u.a.], S. 209-240.

Lloyd, William Alford (1858): A List, with Descriptions, Illustrations, and Prices of Whatever Relates to Aquaria, London.

– (1864): Das Aquarienhaus des Zoologischen Gartens in Hamburg, in: Der Zoologische Garten 5, S. 84-87.

Logan, Cheryl A. (2002): Before there were Standards: The Role of Test Animals in the Production of Empirical Generality in Physiology, in: Journal of the History of Biology 35, S. 329-363.

– (2005): The Legacy of Adolf Meyer's Comparative Approach: Worcester Rats and the Strange Birth of the Animal Model, in: Integrative Physiological and Behavioral Science 40, S. 169-181.

Loisel, Gustave (1912): Histoire des ménageries de l'antiquité à nos jours. Volume 3: Époque contemporaine (XIXe et XXe siècles), Paris.

Lorenzi, Camille (2009): L'engouement pour l'aquarium en France (1855-1870), in: Sociétés & Représentations 2, S. 253-271.

Löther, Rolf (1990): Wegbereiter der Genetik: Gregor Johann Mendel und August Weismann, Frankfurt a. M.

Luks (1893): Zimmerluft und Aquarien, in: Natur und Haus 2, S. 36.

Lutz, Karl Georg (1886): Das Süßwasser-Aquarium und das Leben im Süßwasser, Stuttgart.

Lwoff, Basilius (1893): Über die Keimblätterbildung bei den Wirbeltieren, in: Biologisches Centralblatt 13, S. 40-50, 76-81.

Malbranc, Max (1872): Über das Sperma von Siredon, in: Verhandlungen der physikalisch-medizinischen Gesellschaft zu Würzburg 3, S. 136-140.

– (1876): Von der Seitenlinie und ihren Sinnesorganen bei Amphibien, in: Zeitschrift für wissenschaftliche Zoologie 26, S. 24-86.

Malfatti, Giovanni (1873): Axolotls allevati nel Museo civico, in: Atti della Società italiana di scienze naturali 16, S. 141-147.

Mandée, Rudolf (1908): Eine neue Kesseldurchlüftung, in: Natur und Haus 16, S. 283-285.

Marcinowski, Kati (1906): Zur Entstehung der Gefässendothelien und des Blutes bei Amphibien, in: Jenaische Zeitschrift für Naturwissenschaft 41, S. 19-112.

Marsh, Othniel Charles (1868): Observation on the Metamorphosis of Siredon into Amblystoma, in: American Journal of Science and Arts 46, S. 364-374.

Matte, Paul (1883): Zur Züchtung fremdländischer Zierfische, in: Isis. Zeitschrift für alle naturwissenschaftlichen Liebhabereien 8, S. 9-10.

– (1889): Zur Kenntniß des Axolotls, in: Isis. Zeitschrift für alle naturwissenschaftlichen Liebhabereien 14, S. 147-148.

– (1890): Axolotl fressen nichts mehr [Fragekasten], in: Blätter für Aquarien- und Terrarien-Freunde 1, S. 157.

– (1892): Meine diesjährigen Zuchtresultate, in: Blätter für Aquarien- und Terrarien-Freunde 3, S. 4-6.

Maurer, Friedrich (1888a): Die Kiemen und ihre Gefäße bei anuren und urodelen Amphibien, und die Umbildungen der beiden ersten Arterienbögen bei Teleostiern, in: Morphologisches Jahrbuch 14, S. 175-222.

– (1888b): Die Kiemen und ihre Gefässe bei Urodelen und Anuren, in: Morphologisches Jahrbuch 13, S. 383-384.

– (1888c): Schilddrüse, Thymus und Kiemenreste der Amphibien, in: Morphologisches Jahrbuch 13, S. 296-382.

– (1890): Die erste Anlage der Milz und das erste Auftreten von lymphatischen Zellen bei Amphibien, in: Morphologisches Jahrbuch 16, S. 203-208.

– (1892a): Der Aufbau und die Entwicklung der ventralen Rumpfmuskulatur bei den urodelen Amphibien und deren Beziehung zu den gleichen Muskeln der Selachier und Teleostier, in: Morphologisches Jahrbuch 18, S. 76-179.

– (1892b): Die Entwicklung des Bindegewebes bei Siredon pisciformis und die Herkunft des Bindegewebes in Muskeln, in: Morphologisches Jahrbuch 18, S. 327-438.

– (1894): Die Elemente der Rumpfmuskulatur bei Cyclostomen und höheren Wirbelthieren. Ein Beitrag zur Phylogenie der quergestreiften Muskelfaser, in: Morphologisches Jahrbuch 21, S. 473-619.

– (1896): Die Epidermis und ihre Abkömmlinge, Leipzig.

Mawer, W. (1884): The Axolotl, in: Our Corner 3, S. 9-14.

Max, Thomas (1934): Über den Nachweis des Thyroxins in hyperthyreoidisierten Mäusen mit Hilfe des Axolotlversuches, in: Wilhelm Roux' Archiv für Entwicklungsmechanik der Organismen 131, S. 591-612.

Maximow, Alexander A. (1906): Über entzündliche Bindegewebeneubildungen beim Axolotl, in: Beiträge zur pathologischen Anatomie und zur allgemeinen Pathologie 39, S. 333-372.

Mayr, Ernst (2008): Semper, Carl Gottfried, in: Noretta Koertge (Hrsg.): Complete Dictionary of Scientific Biography, Bd. 12, Detroit, S. 299.

Mayzel, Waclaw (1884): O karyjomitozie, in: Heinrich Hoyer (Hrsg.): Ksiega pamiatkowa wspolnemi silami spisana, najzacniejszemu mistrzowi, Professorowi Doktorowi Medycyny Henrykowi Hoyerowi Dwudziestopiecioletnia rocznice mozolnej a uzyteczenej pracy obchodzacemu w ofierze zlozona przez wdziecznych uczniow i przyjaciol, jego wspolwlascicieli gazety lekarskiej, Warschau, S. 529-576.

McClellan, James E. und Francois Regourd (2000): The Colonial Machine: French Science and Colonization in the Ancien Regime, in: Osiris 15, S. 31-50.

McLachlan, Robert (1876): A Remarkable Trichopterous Insect, in: Proceedings of the Entomological Society of London 1876, S. VIII.

Mehnert, Ernst (1890): Untersuchungen über die Entwicklung des Beckengürtels der Emys lutaria taurica, in: Morphologisches Jahrbuch 16, S. 537-571.

Meier, Hermann (1872): Der Axolotl, in: Die Natur: Zeitung zur Verbreitung naturwissenschaftlicher Kenntnis und Naturanschauung für Leser aller Stände 21, S. 244-246.

Meinel, Christoph (2000): Chemische Laboratorien: Funktion und Disposition, in: Berichte zur Wissenschaftsgeschichte 23, S. 287-302.

Meisner, Karl Friedrich (1835): Axolotl in Weingeist, in: Verhandlungen der Allgemeinen Schweizerischen Gesellschaft für die Gesammten Naturwissenschaften 20, S. 103.

Menage, Ségolène (2004): Le Protée (Proteus anguinus Laurenti 1768): Historique, mythologie, biologie et utilisation en experimentation, Dissertation, École nationale veterinaire d'Alfort.

Metschnikoff, Elias I. (1876): [Research on the transformation of axolotl], in: Zapiski Novorossijskago Obscestva Estestvoispytatelej [Mémoires de la Société des naturalistes de la Nouvelle-Russie] 4, S. 119-124.

– (1892): Lecons sur la pathologie comparée de l'inflammation: Faites à l'Institut Pasteur en avril et mai 1891, Paris.

Mettenheimer, Karl Friedrich Christian von (1860): Ueber Seewasseraquarien, in: Der Zoologische Garten 1, S. 62-66, 84-85.

Metzdorf, Richard (1896): Bemerkungen zur Zucht des Axolotls, in: Der Zoologische Garten 37, S. 114-116.

Meunier, Robert (2018): Tiermodelle und die Ökologie des Wissens. Das Beispiel des Zebrafischs, in: Matthias Wunsch; Kristian Köchy und Martin Böhnert (Hrsg.): Philosophie der Tierforschung. Band 3: Milieus und Akteure, Freiburg/München, S. 263-298.

Meyer, Heinrich Adolph und Karl A. Möbius (1865): Fauna der Kieler Bucht. Band 1: Die Hinterkiemer oder Opisthobranchia, Leipzig.

– (1872): Fauna der Kieler Bucht. Band 2: Die Prosobranchia und Lamellibranchia, Leipzig.

Meyer, R. (1865): Fortpflanzung der Kolbenmolche aus Mexiko (Axolotl, Siredon mexicanus C. et Humboldtii) in der Menagerie für Naturgeschichte in Paris, in: Der Zoologische Garten 6, S. 352-353.

Meyrink, Gustav (1916): Der Golem, Leipzig.

Michaux, Francois André (1808): Voyages a l'ouest des monts Alléghanys, dans les états de l'Ohio, du Kentucky et du Tennessée et retour a Charleston par les Hautes-Carolines, Paris.

Mildenberger, Florian (2007): Umwelt als Vision. Leben und Werk Jakob von Uexkülls (1864-1944), Stuttgart.

Mitrophanow, Paul J. (1887): Zur Entwicklungsgeschichte und Innervation der Nervenhügel der Urodelenlarve, in: Biologisches Centralblatt 7, S. 174-178.

– (1889a): Entwicklung der motorischen Nervenendigungen in den quergestreiften Muskeln der Amphibien, in: Biologisches Centralblatt 9, S. 317-320.

– (1889b): Über Zellgranulation, in: Biologisches Centralblatt 9, S. 541-542.

Möbius, Karl A. (1862): Ostseeaquarien, in: Der Zoologische Garten 3, S. 165-168, 192-194.
– (1864): Das Aquarium des Zoologischen Gartens zu Hamburg, Hamburg.
– (1870): Ueber Austern- und Miesmuschelzucht und die Hebung derselben an den norddeutschen Küsten, Berlin.
– (1877): Die Auster und die Austerwirthschaft, Berlin.
– (1881): Das neue zoologische Institut der Universität Kiel, in: Zoologischer Anzeiger 4, S. 673-676.
– (1884): Rathschläge für den Bau und die innere Einrichtung zoologischer Museen, in: Zoologischer Anzeiger 7, S. 378-383.
Mohajeri, Shahrooz (2005): 100 Jahre Berliner Wasserversorgung und Abwasserentsorgung 1840-1940, Stuttgart.
Monticelli, Francesco Saverio (1913): Notizie intorno agli axolotl dell'istituto zoologico della R. Università di Napoli, in: Rendiconti dell'Accademia delle scienze fisiche e matematiche 19, S. 173-184.
– (1914): Par una possibila naturalizzazione di axolotl nelle nostre acque dolci, in: Bollettino della Società dei naturalisti in Napoli 26, S. 13-15.
– (1917): Nuove notizie intorno agli axolotl dell'istituto zoologico della R. Università di Napoli, in: Rendiconti dell'Accademia delle scienze fisiche e matematiche 26, S. 83-86.
Morange, Michel (2006): What History Tells us. IV. Ciliates as Models of What?, in: Journal of Biosciences 31, S. 27-30.
Moreno, Roberto (1969): El axolotl, in: Estudios de cultura Nahuatl 8, S. 157-173.
Muhle, Maria (2008): Eine Genealogie der Biopolitik. Zum Begriff des Lebens bei Foucault und Canguilhem, Bielefeld.
Müller, Gerd B. (Hrsg.) (2017): Vivarium. Experimental, Quantitative, and Theoretical Biology at Vienna's Biologische Versuchsanstalt, Boston.
Müller, L. (1928): Das Halten und Züchten zoologischer Untersuchungsobjekte. I. Süßwasser-Aquarien und Terrarien, in: Tibor Péterfi (Hrsg.): Methodik der wissenschaftlichen Biologie. Zweiter Band: Allgemeine Physiologie, Berlin, S. 149-231.
Müller, Ludwig (1856): Aquarium. Belehrung und Anleitung solche anzulegen und zu unterhalten. Nebst Beschreibung der vorzüglichsten Thiere, Pflanzen etc. welche sich für dieses eignen, Leipzig.
Müller-Wille, Staffan (2001): History Redoubled. The Synthesis of Facts in Linnean Natural History, in: Lorraine Daston; H. Otto Sibum und S. Müller-Wille (Hrsg.): A History of Facts. MPIWG Preprint 174, Berlin, S. 23-36.
Murphy, James B. (2009): History of Early French Herpetology. Part 1: The Reptile Menagerie of the Museum of Natural History in Paris, in: Herpetological Review 40, S. 263-273.
Müssigbrodt, Paul; Eduard Schmitt und Paul Spieker (1905): Medizinische Lehranstalten der Universitäten. Technische Laboratorien und Versuchs-

anstalten. Sternwarten und andere Observatorien, in: Eduard Schmitt (Hrsg.): Handbuch der Architektur. 4. Teil: Entwerfen, Anlage und Einrichtung der Gebäude. 6. Halbband: Gebäude für Erziehung, Wissenschaft und Kunst. Heft 2: Hochschulen, zugehörige und verwandte wissenschaftliche Institute, Stuttgart.

Nägelke, Hans-Dieter (2000): Hochschulbau im Kaiserreich. Historische Architektur im Prozess bürgerlicher Bildung, Kiel.

Nash, Colin E. (2000): Aquatic Animals, in: Kenneth F. Kiple und Kriemhild Conee Ornelas (Hrsg.): The Cambridge World History of Food, Bd. 1, Cambridge [u.a.], S. 456-467.

Naumann, Wilfried W. (2009): Zoologie, in: Ulrich von Hehl; Uwe John und Manfred Rudersdorf (Hrsg.): Geschichte der Universität Leipzig 1409-2009. Band 4. Fakultäten, Institute, Zentrale Einrichtungen. 2. Halbband, Leipzig, S. 1138-1161.

Nayar, Pramod K. (2012): Colonial Voices: The Discourses of Empire, Malden [u.a.].

Netto, Friedrich (1898): Die Entwicklung des Gehörorgans beim Axolotl, Berlin.

Nieremberg, Juan Eusebio (1635): Historia naturae, maxime peregrinae, libris XVI distincta, Antuerpiae: Ex officina Plantiniana Balthasaris Moreti.

Nitsche, Paul (1889): Die Zuchtanstalt fremdländischer Zierfische und Wasserpflanzen von Paul Matte in Lankwitz-Südende bei Berlin, in: Isis. Zeitschrift für alle naturwissenschaftlichen Liebhabereien 14, S. 306-307, 314-315, 322-323.

– (1901a): Der Import von lebenden Fischen. Rathschläge und Winke für die Einführung von Reptilien, Amphibien, Seewasserthieren und Wasserpflanzen für Aquarien- und Terrarienzwecke; gleichzeitig eine Anweisung für jeden Seereisenden, sich leicht einen reichlichen Nebenverdienst zu schaffen, Berlin.

– (1901b): Jahresbericht des »Triton«, Verein für Aquarien- und Terrarien-Kunde zu Berlin, erstattet vom I. Vorsitzenden in der General-Versammlung am 12. April 1901, in: Natur und Haus 9, S. 336-340.

Noll, Friedrich Carl (1876a): Axolotl und Amblystoma, in: Der Zoologische Garten 17, S. 1-8.

– (1876b): Besuch einiger zoologischer Gärten und Aquarien im Juli 1876, in: Der Zoologische Garten 17, S. 335-339, 368-370, 408-409, 447-448.

– (1881): Mein Seewasser-Zimmeraquarium, in: Der Zoologische Garten 22, S. 8-19, 33-42, 71-79, 137-147, 168-177, 194-206.

Norris, Henry Waldo (1901): The Ductus endolymphaticus in the Axolotl, in: Anatomischer Anzeiger 19, S. 253.

– (1902): The Morphology and Function of the Amphibian Ear, in: Proceedings of the Iowa Academy of Science 8, S. 76-78.

Nowoshilow, Sergej; Siegfried Schloissnig; Ji-Feng Fei; Andreas Dahl; Andy WC Pang; Martin Pippel; Sylke Winkler; Alex R. Hastie; George Young

und Juliana G. Roscito (2018): The Axolotl Genome and the Evolution of Key Tissue Formation Regulators, in: Nature 554, S. 50-55.
Nusbaum, Josef (1886): [The home aquarium and its wonders], in: Wszechswiat 5, S. 343-349.
Nyhart, Lynn K. (1995): Biology Takes Form: Animal Morphology and the German Universities, 1800-1900, Chicago [u.a.].
– (1996): Natural History and The »New« Biology, in: Nicholas Jardine; James A. Secord und Emma C. Spary (Hrsg.): Cultures of Natural History, Cambridge [u.a.], S. 426-446.
– (2009): Modern Nature: The Rise of the Biological Perspective in Germany, Chicago [u.a.].
– (2010): Emigrants and Pioneers: Moritz Wagner's »Law of Migration« in Context, in: Jeremy Vetter (Hrsg.): Knowing Global Environments: New Historical Perspectives on the Field Sciences, New Brunswick [u.a.], S. 39-58.
– (2012): Wissenschaft and Kunde: The General and the Special in Modern Science, in: Osiris 27, S. 250-275.
Nyhart, Lynn K. und Scott Lidgard (2017): Alternation of Generations and Individuality, 1851, in: Scott Lidgard und Lynn K. Nyhart (Hrsg.): Biological Individuality: Integrating Scientific, Philosophical, and Historical Perspectives, Chicago [u.a.], S. 129-157.
Oelze, Friedrich Wilhelm (1907): Axolotl, in: Blätter für Aquarien- und Terrarienkunde 18, S. 281-283.
Ogneff, J.F. (1908): Über die Veränderungen in den Chromatophoren bei Axolotlen [sic] und Goldfischen bei dauernder Lichtentbehrung und Hungern, in: Anatomischer Anzeiger 32, S. 591-607.
– (1910): Veränderungen in den Organen der Goldfische und der Axolotl nach andauerndem Aufenthalt in der Dunkelheit, in: Moskva Dnevn 12, S. 552.
Olsson, Lennart und Uwe Hoßfeld (2003): The Beginning of Carl Gegenbaur's Career: A Forgotten Early Paper on Axolotl Skull Morphology, in: Axolotl Newsletter 30, S. 19-23.
Olsson, Lennart; Uwe Hoßfeld; Ronny Bindel und Jean Joss (2004): The Development of the Australian Lungfish Neoceratodus forsteri (Osteichthyes, Dipnoi, Neoceratodontidae): From Richard Semon's Pioneering Work to Contemporary Approaches, in: Rudolstädter naturhistorische Schriften 12, S. 51-128.
Opocinskij, K.K. (1914): Ein Beitrag zur Morphologie der Retina des Axolotls, in: Zapiski Imperatorskago Novorossijskago Universiteta. Medicinskij Fakultet 8, S. 1-345.
Osborn, Henry Fairfield (1887): The Origin of the Corpus callosum, a Contribution upon the Cerebral Commissures of the Vertebrata, in: Morphologisches Jahrbuch 12, S. 223-251.
– (1888): A Contribution of the Internal Structure of the Amphibian Brain, in: Journal of Morphology 2, S. 51-96.

Osborn, Henry Leslie (1900): A Remarkable Axolotl from North Dakota, in: The American Naturalist 34, S. 551-562.
Osborne, Michael A. (1994): Nature, the Exotic, and the Science of French Colonialism, Bloomington.
– (1996): Zoos in the Family. The Geoffroy Saint-Hilaire Clan and the Three Zoos of Paris, in: R.J. Hoage und William A. Deiss (Hrsg.): New Worlds, New Animals. From Menagerie to Zoological Park in the Nineteenth Century, Baltimore/London, S. 33-42.
– (1998): The Role of Exotic Animals in the Scientific and Political Culture of Nineteenth Century France, in: Liliane Bodson (Hrsg.): Les animaux exotiques dans les relations internationales espaces, fonctions, significations; Journée d'étude Université de Liège, 22 mars 1997, Liège, S. 15-32.
– (2000): Acclimatizing the World: A History of the Paradigmatic Colonial Science, in: Osiris 15, S. 135-151.
– (2005): Science and the French Empire, in: Isis 96, S. 80-87.
Oudshoorn, Nelly und Trevor J. Pinch (Hrsg.) (2005): How Users Matter: The Co-Construction of Users and Technology, Cambridge u.a.
Outram, Dorinda (1984): Georges Cuvier: Vocation, Science, and Authority in Post-Revolutionary France, Manchester.
– (1996): New Spaces in Natural History, in: James A. Secord; Emma C. Spary und Nicholas Jardine (Hrsg.): Cultures of Natural History, Cambridge [u.a.], S. 249-265.
Paepke, Hans-Joachim (1987): Matte's Paradiesfisch – eine entschleierte Legende, in: Aquarien Terrarien 34, S. 264-268.
– (2007a): Die »Isis« – eine Vorläuferin vivaristischer und anderer naturkundlicher Zeitschriften, in: Aquaristik-Fachmagazin 39, S. 72-79.
– (2007b): Prof. Dr. hc. Bruno Dürigen, his Life and his Achievements in the Fields of Herpetology, Vivarium- and Poultry Science, in: Mitteilungen des Museums für Naturkunde zu Berlin. Zoologische Reihe 83, S. 74-82.
Panceri, Paolo (1867): Gli axolotl per la prima volta in Napoli, in: Nuovo Cimento 27, S. 326-328.
– (1868): Gli axolotl recati per la prima volta in Napoli, in: Rendiconti dell'Accademia delle scienze fisiche e matematiche 7, S. 50-51.
– (1869): Intorno agli axolotl cresciuti nell'orto botanico, in: Rendiconti dell'Accademia delle scienze fisiche e matematiche 8, S. 147-148, 167-168.
Parker, William Kitchen (1875): On the Structure and Development of the Skull in the Urodelous Amphibia. Part I, in: Philosophical Transactions of the Royal Society 167, S. 529-597.
– (1882): On the Structure and Development of the Skull in the Urodele Batrachians, in: Transactions of the Zoological Society of London 11, S. 171-214.
Parnes, Ohad (2005): Generationswechsel – eine Figur zwischen Literatur und Mikroskopie, in: Bernhard J. Dotzler und Sigrid Weigel (Hrsg.):

»Fülle der combination«: Literaturforschung und Wissenschaftsgeschichte, München, S. 127-142.
Paulicki, Dr. (1885): Über die Haut des Axolotls, in: Archiv für mikroskopische Anatomie 24, S. 120-173.
Peeters, Johannes Leonardus Elbertus (1910): Over de ontwikkeling van het chondrocranium en de kraakbeenige wervelkolom van eenige Urodela en Anura, Leiden.
Pernitzsch, Fritz (1913): Zur Analyse der Rassenmerkmale der Axolotl. I. Die Pigmentierung junger Larven, in: Archiv für mikroskopische Anatomie 82, S. 148-205.
Perrin, Albert (1891): Muscles du pied chez la Salamandra maculosa et le Siredon pisciformis, in: Bulletin de la société philomathique de Paris 3, S. 118-124.
– (1893): Comparison entre le membre anterieur et le membre posterieur de quelques urodèles, in: Comptes rendus hebdomadaire des séances de l'Académie des sciences 117, S. 243-245.
– (1899): Contributions a l'étude de la myologie et de l'osteologie comparées, in: Bulletin scientifique de la France et de la Belgique 32, S. 220-282.
Pestalozzi, Emil (1878): Beitrag zur Kenntnis des Verdauungskanales von Siredon pisciformis, in: Verhandlungen der physikalisch-medizinischen Gesellschaft zu Würzburg 12, S. 83-102.
Phaf-Rheinberger, Ineke (2011): Darwin y la obra de José María Velasco. Una visión científico-artística, in: Ana Barahona; Edna Suárez und Hans-Jörg Rheinberger (Hrsg.): Darwin, el arte de hacer ciencia, México, S. 225-244.
Philipeaux, Jean-Marie (1867a): Études expérimentales sur la greffe animale et sur la régénération de la rate chez les mammifères et des membres chez les salamandres aquatiques, in: Annales des sciences naturelles 7, S. 5-11.
– (1867b): On the Regeneration of the Limbs in the Axolotl (Siren pisciformis), in: Annals and Magazine of Natural History 20, S. 149.
– (1867c): Régénération des membres chez l'axolotl et la salamandre, in: Comptes rendus hebdomadaire des séances de l'Académie des sciences 64, S. 1204-1205.
– (1867d): Sur la régénération des membres chez l'axolotl (Siren pisciformis), in: Annales des sciences naturelles 7, S. 228.
– (1871): Expérience montrant l'influence et la température sur la rapidité du development des axolotls, in: Archives de physiologie normale et pathologique 4, S. 93.
– (1874a): Ascite chez les axolotls; guérison par une injection d'alcool dans la cavité du péritoine, in: Comptes rendus des séances et mémoires de la Société de biologie 26, S. 124-125.
– (1874b): Note sur les résultats de l'extirpation complète d'un des membres antérieurs dur l'axolotl et sur la salamandre aquatique, in: Comptes rendus des séances et mémoires de la Société de biologie 26, S. 113-114.

– (1880): Note sur la régénération de l'oeil chez la salamandre aquatique, in: Le Naturaliste 2, S. 259-260.
Pongratz, Ludwig (1963): Naturforscher im Regensburger und ostbayerischen Raum, Regensburg.
Pouchet, Georges (1872): Développement des leucocytes et des hématies chez les embryos d'axolotls, in: Comptes rendus des séances et mémoires de la Société de biologie 22, S. 59.
– (1875): Remarque sur l'hydropsie abdominale chez l'axolotl, in: Comptes rendus des séances et mémoires de la Société de biologie 1, S. 139-140.
Powers, Joseph Horace (1903): The Causes of Acceleration and Retardation in the Metamorphosis of Amblystoma tigrinum: a Preliminary Report, in: The American Naturalist 37, S. 385-410.
– (1907): Morphological Variation and its Causes in Amblystoma tigrinum, in: University Studies. University of Nebraska 7, S. 197-273.
Przibram, Hans (1909): Die Biologische Versuchsanstalt in Wien. Zweck, Einrichtung und Tätigkeit während der ersten fünf Jahre ihres Bestandes (1902-1907), Bericht der zoologischen, botanischen und physikalisch-chemischen Abteilung, in: Zeitschrift für biologische Technik und Methodik 1, S. 234-264, 329-362, 409-433.
– (1910): Die Biologische Versuchsanstalt in Wien. Zweck, Einrichtung und Tätigkeit während der ersten fünf Jahre ihres Bestandes (1902-1907), Bericht der zoologischen, botanischen und physikalisch-chemischen Abteilung, in: Zeitschrift für biologische Technik und Methodik 1, S. 1-34.
R., Ph. (1874): Das Aquarium in der Volksschule, in: Die Gartenlaube, S. 458.
Rabl, Carl (1898): Über den Bau und die Entwicklung der Linse (I. Theil), in: Zeitschrift für wissenschaftliche Zoologie 63, S. 496-572.
Rader, Karen A. (2004): Making Mice. Standardizing Animals for American Biomedical Research, 1900-1955, Princeton.
Ratcliff, Marc J. (2004): Abraham Trembley's Strategy of Generosity and the Scope of Celebrity in the Mid-Eighteenth Century, in: Isis 95, S. 555-575.
Rathke, Martin Heinrich (1829): Bemerkungen über den Acholotl oder mexikanischen Proteus, in: Archiv für Anatomie und Physiologie 1829, S. 212-220.
Redi, Carlo Alberto (2002): Visual Zoology: The Pavia Collection of Leuckart's Zoological Wall Charts (1877), Como [u.a.].
Rehbock, Philip F. (1980): The Victorian Aquarium in Ecological and Social Perspective, in: Mary Sears und Daniel Merriman (Hrsg.): Oceanography: The Past, New/York/Heidelberg, S. 522-539.
Reiß, Christian (2007): No Evolution, No Heredity, Just Development – Julius Schaxel and the End of the Evo–Devo Agenda in Jena, 1906-1933: A Case Study, in: Theory in Biosciences 126, S. 155-164.
– (2012a): Gateway, Instrument, Environment: The Aquarium as a Hybrid Space between Animal Fancying and Experimental Zoology, in: NTM

Zeitschrift für Geschichte der Wissenschaften, Technik und Medizin 24, S. 309-336.

– (2012b): Wie die Zoologie das Füttern lernte. Die Ernährung von Tieren in der Zoologie im 19. Jahrhundert, in: Berichte zur Wissenschaftsgeschichte 35, S. 286-299.

– (2014a): Die Geschichte des mexikanischen Axolotls als Labortier, 1864-1914: Verbreitungswege, Infrastrukturen, Forschungsschwerpunkte, Jena: Dissertation.

– (2014b): August Weismanns frühe Evolutionsforschung: Experiment und Theorie im künstlichen Naturraum, in: Rudolstädter naturhistorische Schriften 20, S. 11-29.

– (2017): The Biologische Versuchsanstalt as a Techno-natural Assemblage: Artificial Environments, Animal Husbandry, and the Challenges of Experimental Biology, in: Gerd B. Müller (Hrsg.): Vivarium. Experimental, Quantitative, and Theoretical Biology at Vienna's Biologische Versuchsanstalt, Boston, S. 115-132.

Reiß, Christian; Lennart Olsson und Uwe Hoßfeld (2015): The History of the Oldest Self-Sustaining Laboratory Animal: 150 years of Axolotl Research, in: Journal of Experimental Zoology Part B: Molecular and Developmental Evolution 324, S. 393-404.

Reiß, Christian und Mareike Vennen (2014): Muddy Waters. Das Aquarium als Experimentalraum (proto)ökologischen Wissens, 1850-1877, in: Kijan Espahangizi und Barbara Orland (Hrsg.): Stoffe in Bewegung. Beiträge zu einer Wissenschaftsgeschichte der materiellen Welt, Berlin, S. 121-142.

Remane, Adolf (1968): Zoologie und Meereskunde, in: Karl Jordan (Hrsg.): Geschichte der Christian-Albrechts-Universität Kiel 1665-1965. Band 6: Geschichte der Mathematik, der Naturwissenschaften und der Landwirtschaft, Neumünster, S. 161-179.

Renard, Jean-Bruno (2010): L'axolotl. De la controverse scientifique au mythe littéraire, in: Société 108, S. 19-32.

Retzius, Gustaf (1881-1884): Das Gehörorgan der Wirbelthiere: morphologisch-histologische Studien. I. Das Gehörorgan der Fische und Amphibien. II. Das Gehörorgan der Reptilien, der Vögel und der Säugethiere, Stockholm.

– (1905): Zur Kenntnis der Nervenendigungen in den Papillen der Zunge der Amphibien, in: Biologische Untersuchungen 12, S. 61-64.

– (1906): Die Spermien der Amphibien, in: Biologische Untersuchungen 13, S. 49-70.

Rey, E. (1884): Ein neuer Durchlüftungs-Apparat für Aquarien, in: Der Zoologische Garten 25, S. 193-196.

Reynolds, Andrew (2008): Amoebae as Exemplary Cells: The Protean Nature of an Elementary Organism, in: Journal of the History of Biology 41, S. 307-337.

Rheinberger, Hans-Jörg (2006a): Epistemologie des Konkreten. Studien zur Geschichte der modernen Biologie, Frankfurt a.M.

– (2006b): Experimentalsysteme und epistemische Dinge. Eine Geschichte der Proteinsythese im Reagenzglas, Frankfurt a.M.

Rheinberger, Hans-Jörg; Michael Hagner und Bettina Wahrig-Schmidt (Hrsg.) (1997): Räume des Wissens: Repräsentation, Codierung, Spur, Berlin.

Rheinberger, Hans-Jörg und Staffan Müller-Wille (2009): Vererbung. Geschichte und Kultur eines biologischen Konzepts, Frankfurt a.M.

Ribbing, Lännert (1906): Die Homodynamien der Muskeln und Nerven in dem distalen Teile der Extremitäten von Siredon pisciformis, in: Anatomischer Anzeiger 28, S. 355-364.

– (1907): Die distale Armmuskulatur der Amphibien, Reptilien und Säugetiere, in: Zoologische Jahrbücher. Abteilung für Anatomie und Ontogenie der Tiere 23, S. 587-682.

Richter, L. (1921): Südwestdeutsche Kakteensammlungen, in: Monatsschrift für Kakteenkunde 31, S. 73-77, 92-94, 105-107.

Rieck, Werner (2001a): Ernst Bade (1869/70-1952), in: Werner Rieck; Gerhard Hallmann und Wolfgang Bischoff (Hrsg.): Die Geschichte der Herpetologie und Terrarienkunde im deutschsprachigen Raum, Rheinbach, S. 411-415.

– (2001b): Was ist Liebhaberei – Terrarienkunde?, in: Werner Rieck; Gerhard Hallmann und Wolfgang Bischoff (Hrsg.): Die Geschichte der Herpetologie und Terrarienkunde im deutschsprachigen Raum, Rheinbach, S. 23-26.

– (2001c): Wilhelm Geyer (1828-1899) und Hans Geyer (1871-1958), in: Werner Rieck; Gerhard Hallmann und Wolfgang Bischoff (Hrsg.): Die Geschichte der Herpetologie und Terrarienkunde im deutschsprachigen Raum, Rheinbach, S. 459-462.

Rieck, Werner; Gerhard Hallmann und Wolfgang Bischoff (Hrsg.) (2001): Die Geschichte der Herpetologie und Terrarienkunde im deutschsprachigen Raum, Rheinbach.

Rieck, Werner und Klaus-Georg Mau (2008): Eine Vereinschronik 1888-2008. 120 Jahre »Triton« Gesellschaft für Vivarienkunde 1888 e.V. – zu Berlin – Verein für allgemeine Naturkunde, Aquarien-, Terrarien-, Insektarienkunde und Naturschutz, Berlin.

Riehm, Gottfried (1885): Anodontalarven in den Kiemen eines Axolotls, in: Zeitschrift für Naturwissenschaften 58, S. 202.

Robin, Charles-Philippe (1874): Observation sur la fécondation des urodèles, in: Journal de l'anatomie et de la physiologie normales et pathologiques de l'homme et des animaux 10, S. 376-390.

Robin, Nicolas (2006): Die Pflanzentauschbörsen. Das Austauschkonzept und die Netzwerke des botanischen Wissens im 19. Jahrhundert, in: Michael Kaasch; Joachim Kaasch und Volker Wissemann (Hrsg.): Netzwerke: Beiträge zur 13. Jahrestagung der DGGTB in Neuburg an der Donau 2004, Berlin, S. 123-135.

Roetzel, Th. (1899): Heizvorrichtung für größere und kleinere Aquarien, in: Blätter für Aquarien- und Terrarien-Freunde 10, S. 77-78.

Röhrig, W. (1875): Über den Axolotl in Gefangenschaft, in: Der Zoologische Garten 6, S. 314-315.

Röse, Carl (1890): Beiträge zur vergleichenden Anatomie des Herzens der Wirbelthiere, in: Morphologisches Jahrbuch 16, S. 27-96.

– (1895): Beiträge zur Zahnentwicklung der Schwanzmolche, in: Morphologische Arbeiten 4, S. 178-192.

Roßmäßler, Emil Adolf (1856): Der See im Glase, in: Die Gartenlaube 1856, S. 252-256.

– (1857): Das Süßwasseraquarium. Eine Anleitung zur Herstellung und Pflege desselben, Leipzig.

Roßmäßler-Vivarium (Hrsg.) (2006): Roßmäßler-Vivarium 1906. Verein für Aquarien- und Terrarienfreunde Halle (Saale). 1906-2006 – Festschrift zum 100-jährigen Jubiläum, Halle.

Rozwadowski, Helen M. (2005): Fathoming the Ocean: The Discovery and Exploration of the Deep Sea, Cambridge [u.a.].

Rüegg, Walter (Hrsg.) (2010): Geschichte der Universität in Europa. Band 3: Vom 19. Jahrhundert bis Zweiten Weltkrieg (1800-1945), München.

Rufz de Lavison, Étienne (1864): Note sur l'Euplocomus prelatus et sur quelques envois de la cochinchine et du Mexique, in: Bulletin de la Société impériale zoologique d'acclimatation 1, S. 175-179.

– (1865): Jahresbericht des Acclimatisationsgartens bei Paris, in: Der Zoologische Garten 6, S. 145-149.

Ruge, Georg (1889): Vorgänge am Eifollikel der Wirbelthiere, in: Morphologisches Jahrbuch 15, S. 491-554.

Rupke, Nicolaas A. (2005): Neither Creation nor Evolution. The Third Way in Mid-Nineteenth Century Thinking about the Origin of Species, in: Annals of the History and Philosophy of Biology 10, S. 143-172.

Ruß, Karl (1872): Zur Begrüßung, Die gefiederte Welt. in: Zeitschrift für Vogelliebhaber, -Züchter und -Händler 1, S. 1-2.

– (1876): Veredelnder Einfluß der Liebhaberei, in: Isis. Zeitschrift für alle naturwissenschaftlichen Liebhabereien 1, S. 2-3, 14-15.

– (1878): Ueber den Umgang des Menschen mit den Thieren, in: Isis. Zeitschrift für alle naturwissenschaftlichen Liebhabereien 3, S. 2-5.

– (1889): An die Leser und Mitarbeiter zum Abschied, in: Isis. Zeitschrift für alle naturwissenschaftlichen Liebhabereien 14, S. 409-410.

Ruß, Karl und Bruno Dürigen (1879): An die Leser, in: Isis. Zeitschrift für alle naturwissenschaftlichen Liebhabereien 4, S. 1-2.

Russell, N.C.; E.M. Tansey und P.V. Lear (2000): Missing Links in the History and Practice of Science: Teams, Technicians and Technical Work, in: History of Science 38, S. 237-241.

Sabrazés, Jean Emile und L. Muratet (1907): Le sang de l'axolotl. Granulations du cytoplasme: origine nucléolaire, in: Actes de la société linnéenne de Bordeaux 62, S. 407-410.
– (1908): Le sang de l'axolotl. Granulations du cytoplasme: origine nucléolaire, in: Folia haematologica 6, S. 171-173.
Sacc, Frédéric (1866): Sur les travaux de la Société d'acclimatation, in: Bulletin de la Société des sciences naturelles de Neuchâtel 7, S. 215-219.
Sacchi, Maria (1886): Contribuzioni all'istologia ed embriologia dell'apparecchio digerente dei batraci e dei rettili, in: Atti della Società italiana di scienze naturali 29, S. 361-409.
Sachs, W.B. (1928): Das Halten und Züchten zoologischer Untersuchungsobjekte. II. Meerwasseraquarien, in: Tibor Péterfi (Hrsg.): Methodik der wissenschaftlichen Biologie. Zweiter Band: Allgemeine Physiologie, Berlin, S. 232-264.
Sanctis, Leone de (1870): Sulla riproduzione degli axolotl del Mexico avvenuta del laboratorio di anatomie comparata e zoologia della R. Università di Roma, in: Atti dell'Accademia nazionale dei lincei. Memorie 24, S. 396-397.
Sarasin, Philipp (2009): Darwin und Foucault. Genealogie und Geschichte im Zeitalter der Biologie, Frankfurt a.M.
Sasse, Adolf (1878): Mein Seewasser-Zimmeraquarium, in: Der Zoologische Garten 19, S. 141-148.
– (1879a): Führer durch das Etablissement von Gebr. Sasse, Königliche Hoflieferanten, Aquarium, Terrarium, Vivarium und Museum umfassend, Berlin.
– (1879b): Gebr. Sasse [Anzeige], in: Isis. Zeitschrift für alle naturwissenschaftlichen Liebhabereien 4, S. 20.
Schaffer, Simon (1997): Experimenters' Techniques, Dyers' Hands, and the Electric Planetarium, in: Isis 88, S. 456-483.
Schapnitz, Reinhold (1912): Urgeschichtszellen von Amblystoma. Ein Beitrag zur Kenntnis der Keimbahn der urodelen Amphibien, in: Archiv für mikroskopische Anatomie 79, S. 41-78.
Scheidegger, Tobias (2017): »Petite Science«. Außeruniversitäre Naturforschung in der Schweiz um 1900, Göttingen.
Scherpner, Christoph (2001): Wilhelm Klingelhöffer (1871-1953), in: Werner Rieck; Gerhard Hallmann und Wolfgang Bischoff (Hrsg.): Die Geschichte der Herpetologie und Terrarienkunde im deutschsprachigen Raum, Rheinbach, S. 490-493.
Schick, Carl (1914): Die Jahres-Hauptversammlung zu Freiburg i. Br. am 20., 21. und 22. Juni 1914, in: Monatsschrift für Kakteenkunde 27, S. 97-100.
– (1917): Die Kakteen- und Sukkulentensammlung des Fräuleins Marie von Chauvin, in: Monatsschrift für Kakteenkunde 27, S. 67-71.
Schloegel, Judy Johns und Henning Schmidgen (2002): General Physiology, Experimental Psychology, and Evolutionism. Unicellular Organisms as Objects of Psychophysiological Research, 1877-1918, in: Isis 93, S. 614-645.

Schlünder, Martina (2012): Wissens-Hunger im Stall: Die Entstehung von Knochen-Schafen als Versuchstiere in der Unfallchirurgie, in: Berichte zur Wissenschaftsgeschichte 35, S. 322-340.

Schlünder, Martina; Christian Reiß; Axel C. Hüntelmann und Susanne Bauer (2012): Cakes und Candies – Zur Geschichte der Ernährung von Versuchstieren, in: Berichte zur Wissenschaftsgeschichte 35, S. 275-285.

Schmidt, Benjamin (2015): Inventing Exoticism: Geography, Globalism, and Europe's Early Modern World, Philadelphia.

Schnakenbeck, Werner (1922): Zur Analyse der Rassenmerkmale der Axolotl. II. Die Entstehung und das Schicksal der epidermalen Pigmentträger, in: Zeitschrift für induktive Abstammungs- und Vererbungslehre 27, S. 178-226.

– (1923): Über Altersakromelanismus der Axolotl, nebst Bermerkungen über andere pathologische Hautbildungen, in: Zoologischer Anzeiger 56, S. 119-127.

Schneider, Otto (1893): Bilder aus der Hamburger Aquarien- und Terrarien-Ausstellung, in: Blätter für Aquarien- und Terrarien-Freunde 4, S. 205-207.

Schnitter, Claude (1995): Le Muséum national d'Histoire naturelle: un terrain d'affrontement entre naturalistes et expérimentalistes, in: Bulletin d'histoire et d'épistémologie des sciences de la vie 2, S. 41-51.

– (1996): Le développement du Muséum national d'Histoire naturelle de Paris au cours de la seconde moitié du XIX siècle: »se transformer ou périr«, in: Revue d'histoire des sciences 49, S. 53-98.

Schönberger, Markwart (1880): Zur Zucht des Axolotl im Aquarium, in: Isis. Zeitschrift für alle naturwissenschaftlichen Liebhabereien 5, S. 371-372.

Schuberg, August (1891a): Carl Semper, in: Arbeiten aus dem Zoologisch-Zootomischen Institut in Würzburg 10, S. I–XXII.

– (1891b): Das neue zoologisch-zootomische Institut der Königl. Julius-Maximilians-Universität zu Würzburg, in: Arbeiten aus dem Zoologisch-Zootomischen Institut in Würzburg 10, S. 1-12.

– (1903): Untersuchungen über Zellverbindungen. I. Theil, Zeitschrift für wissenschaftliche Zoologie 74, S. 155-325.

– (1904): Über Zellverbindungen, in: Verhandlungen des naturhistorisch-medizinischen Vereins zu Heidelberg 7, S. 395-404.

– (1907a): Präparat von Verbindungen zwischen Epithel- und Bindegewebezellen aus der Haut von Axolotl und Proteus anguineus, in: Anatomischer Anzeiger 31, S. 254.

– (1907b): Über Zellverbindungen, in: Verhandlungen der anatomischen Gesellschaft 21, S. 56-59.

– (1907c): Untersuchungen über Zellverbindungen, in: Zeitschrift für wissenschaftliche Zoologie 87, S. 551-602.

– (1910): Zoologisches Praktikum. Band 1: Einführung in die Technik des Zoologischen Laboratoriums, Leipzig.

Schultze, Max Johann Sigismund (1867): Über die Metamorphose der Axolotl im Pariser Pflanzengarten, in: Verhandlungen des naturhistorischen Vereins der preussischen Rheinlande, Westfalens und des Regierungsbezirks Osnabrück 24, S. 35.

Schultze, Oskar Max Sigismund (1887): Untersuchungen über die Reifung und Befruchtung des Amphibieneies, in: Zeitschrift für wissenschaftliche Zoologie 45, S. 177-226.

Schumaker, Lyn (2000): Malaria, in: Roger Cooter und John Pickstone (Hrsg.): Medicine in the 20th Century, Amsterdam, S. 703-717.

Schwantes, Gustav (1920): Mesembryanthemum chauviniae, in: Monatsschrift für Kakteenkunde 30, S. 77-78.

Sclater, Philip Lutley (1871): Remarks on the so-called Axolotls in the Society's Gardens, in: Proceedings of the Zoological Society of London 1871, S. 41-42.

Semon, Richard W. (1904): Die Mneme als erhaltendes Prinzip im Wechsel des organischen Geschehens, Leipzig.

Semper, Carl Gottfried (1872): Ueber das Wachsthum von Lymnaeus stagnalis. Vorläufige Mittheilung, in: Verhandlungen der physikalisch-medizinischen Gesellschaft zu Würzburg 3, S. 271-279.

– (1873): Ueber die Wachsthums-Bedingungen des Lymnaeus stagnalis, in: Sitzungsberichte der physikalisch-medizinischen Gesellschaft zu Würzburg 4, S. 50-79.

– (1874a): Bemerkungen über den Apparat zum Halten von niederen Seethieren, in: Der Zoologische Garten 15, S. 46-48.

– (1874b): Das zoologisch-zootomische Institut der Universität Würzburg, in: Arbeiten aus dem Zoologisch-Zootomischen Institut in Würzburg 1, S. 1-8.

– (1874c): Ueber die Wachsthums-Bedingungen des Lymnaeus stagnalis, in: Arbeiten aus dem Zoologisch-Zootomischen Institut in Würzburg 1, S. 137-167.

– (1878): Über eine Methode, Axolotleier derzeit zu erzeugen, in: Zoologischer Anzeiger 1, S. 176-179.

– (1879): Über das Eierlegen des Axolotls, in: Verhandlungen der physikalisch-medizinischen Gesellschaft zu Würzburg 13, S. 41-42.

– (1880): Die natürlichen Existenzbedingungen der Thiere, Leipzig.

– (1891): Beobachtungen aus den Aquarien des neuen zoologischen Instituts, in: Arbeiten aus dem Zoologisch-Zootomischen Institut in Würzburg 10, S. 13-36.

Seydel, O. (1895): Über die Nasenhöhle und das Jacobson'sche Organ der Amphibien, in: Morphologisches Jahrbuch 23, S. 453-543.

Shapin, Steven (1989): The Invisible Technician, in: American Scientist 77, S. 554-563.

Shaw, Trevor (2005): Proteus for Scientists and Tourists. A History of its 19th Century Collection and Captivity, in: Endins: Publicació d'Espeleologia 28, S. 51-60.

Shufeldt, Robert Wilson (1885): The Mexican Axolotl and its Susceptibility to Transformation, in: Science 6, S. 263-264.

Siebold, Carl Theodor Ernst von (1876): Zusatz zu den Mittheilungen über die Verwandlung des Axolotl in Amblystoma, in: Zeitschrift für wissenschaftliche Zoologie 27, S. 536-540.

– (1877): Über die geschlechtliche Entwicklung der Urodelenlarven, in: Zeitschrift für wissenschaftliche Zoologie 28, S. 68-72.

Sigl, C. (1897): Ein Heizkasten, in: Blätter für Aquarien- und Terrarien-Freunde 8, S. 20-21.

Sirena, Santi (1871): Ueber den Bau und die Entwicklung der Zähne bei den Amphibien und Reptilien, in: Verhandlungen der physikalisch-medizinischen Gesellschaft zu Würzburg 2, S. 125-144.

Smirnow, Alexei Efimovich von (1907): Die prolongierte Osmiummethode nach Fr. Kopsch als ein Mittel zur Darstellung einiger Strukturen in den Erythrocyten des Siredon pisciformis, in: Anatomischer Anzeiger 29, S. 236-241.

Smith, Hobart M. (1968): A Neglected Varietal Name for the Mexican Axolotl, in: Journal of Herpetology 1, S. 107-108.

– (1969): The Mexican Axolotl: Some Misconceptions and Problems, in: BioScience 19, S. 593-615.

– (1971): The Status of Wilhelm Deppe's Herpetological Names, in: Journal of Herpetology 5, S. 74-76.

– (1989): Discovery of the Axolotl and its Early History in Biological Research, in: John B. Armstrong und George M. Malacinski (Hrsg.): Developmental Biology of the Axolotl, Oxford [u.a.], S. 3-12.

Smith, Hobart M. und Rozella B. Smith (1971): Synopsis of the Herpetofauna of Mexico. Vol. 1: Analysis of Literature on the Mexican Axolotl, Augusta.

Smith, Hobart M. und Joseph A. Tihen (1961): Siredon Wagler, 1830 (Amphibia, Caudata): Proposed Suppression under the Plenary Powers. Z.N. (S.) 762, in: Bulletin of Zoological Nomenclature 18, S. 172-176.

Sordelli, Ferdinando (1882): Di un axolotl polimelico e della più frequente causa di tale anormalita dei batraci urodeli, in: Atti della Società italiana di scienze naturali 25, S. 251-258.

Soubeiran, J.L. (1866): Rapport annuel sur les travaux de la Société d'acclimatation en 1865, in: Bulletin de la Société impériale zoologique d'acclimatation 3, S. XXXIII–LVII.

Spary, Emma C. (2000): Utopia's Garden: French Natural History from Old Regime to Revolution, Chicago [u.a.].

Spehl, Georges und J. Polus (1911): Premières ébauches génitales chez l'axolotl, in: Comptes rendus de l'association des anatomistes 13, S. 22-25.

– (1912): Des premiers stades du développement des glandes génitales chez l'axolotl, in: Archives de biologie 27, S. 63-90.

Spengel, Johann Wilhelm (1875): Der Durchlüftungsapparat für Zimmeraquarien, in: Der Zoologische Garten 16, S. 451-453.

– (1876): Das Urogenitalsystem der Amphibien. 1. Theil. Der anatomische Bau des Urogenitalsystems, in: Arbeiten aus dem zoologisch-zootomischen Institut in Würzburg 3, S. 1-114.
– (1877): Die Segmentalorgane der Amphibien. Vorläufige Mittheilung, in: Verhandlungen der physikalisch-medizinischen Gesellschaft zu Würzburg 10, S. 89-92.
– (1883): Beobachtungen über das Leben des Ajolotl in Mexico, in: Biologisches Centralblatt 2, S. 80-83.
– (1902): Einige Mittheilungen über die Vorgeschichte und Geschichte des Zoologischen Instituts der Universität Gießen und über dessen gegenwärtige Einrichtungen, in: Verhandlungen der Deutschen Zoologischen Gesellschaft 12, S. 10-17.
Star, Susan L. und James R. Griesemer (1989): Institutional Ecology, »Translations« and Boundary Objects: Amateurs and Professionals in Berkeley's Museum of Vertebrate Zoology, 1907-39, in: Social Studies of Science 19, S. 387-420.
Steinhardt, Ute; Oswald Blumenstein und Heiner Barsch (2011): Lehrbuch der Landschaftsökologie, Heidelberg.
Stengel, Leopold Freiherr von (1898): Gebäude der Universität, in: Badischer Architecten- und Ingenieur-Verein. Oberrheinischer Bezirk Freiburg im Breisgau (Hrsg.): Freiburg im Breisgau – Die Stadt und ihre Bauten, Freiburg, S. 498-528.
Stepanow, E.M. (1900): Eine neue Einbettungsmethode in Celloidin, in: Zeitschrift für wissenschaftliche Mikroskopie und mikroskopische Technik 17, S. 185-191.
Stieda, Ludwig (1874): Über die Umwandlung der Axolotl, in: Sitzungsberichte der Dorpater naturforschenden Gesellschaft 3, S. 419.
– (1875): Über den Bau des centralen Nervensystems des Axolotl, in: Zeitschrift für wissenschaftliche Zoologie 25, S. 285-312.
– (1876): Zur Naturgeschichte der mexikanischen Kiemenmolche, in: Sitzungsberichte der Dorpater naturforschenden Gesellschaft 4, S. 37-49.
Stiegele, Eduard (1896): Billige und einfache Beheizung von Aquarien und Terrarien, in: Blätter für Aquarien- und Terrarien-Freunde 7, S. 62-64.
– (1899): Wilhelm Geyer. Ein Veteran und Vorkämpfer in der Aquarienkunde, in: Blätter für Aquarien- und Terrarien-Freunde 10, S. 161-163.
Stöhr, Philipp (1880): Zur Entwicklungsgeschichte des Urodelenschädels, in: Zeitschrift für wissenschaftliche Zoologie 33, S. 477-526.
Strauch, Alexander (1870): Revision der Salamandriden-Gattung nebst Beschreibung einiger neuer und wenig bekannter Arten dieser Familie, in: Mémoires de l'Académie impériale des sciences de St. Pétersbourg 16, S. 1-110.
Stresemann, Erwin (1954): Ferdinand Deppe's Travels in Mexico, 1824-1829, in: The Condor 56, S. 86-92.
Suidter, Otto (1896): Tiergifte und Gifttiere der Schweiz; II. Teil: Lurche und

Molche – Der Axolotl, Demonstration lebender Exemplare, in: Verhandlungen der Schweizerischen Naturforschenden Gesellschaft 79, S. 315.
Sunderland, Mary Evelyn (2011): Morphogenesis, Dictyostelium, and the Search for Shared Developmental Processes, in: Studies in History and Philosophy of Science Part C: Studies in History and Philosophy of Biological and Biomedical Sciences 42, S. 508-517.
Tanner, Ariane (2014): Utopien aus Biomasse: Plankton als wissenschaftliches und gesellschaftspolitisches Projektionsobjekt, in: Geschichte und Gesellschaft 40, S. 323-353.
Taschwer, Klaus (2016): Der Fall Paul Kammerer: Das abenteuerliche Leben des umstrittensten Biologen seiner Zeit, München.
Tate, Carolyn E. (2010): The Axolotl as Food and Symbol in the Basin of Mexico, from 1200 BC to today, in: John Edward Staller und Michael Carrasco (Hrsg.): Pre-Columbian Foodways, New York, S. 511-533.
Tegetmeier, William Bernhard (1870): Exhibition of Living Specimens of the Axolotl, in: Proceedings of the Zoological Society of London 1870, S. 160-161.
Thireau, Michel (1982): Place des grandes salamandres d'extreme-orient et de l'axolotl du Mexique dans l'histoire du Muséum de Paris au XIXe siècle, in: Histoire et nature 21, S. 3-12.
– (1996): La seconde ménagerie des reptiles du Muséum national d'Histoire naturelles (1874-1900): locaux et équipements, in: Bulletin d'histoire et d'épistémologie des sciences de la vie 3, S. 43-54.
– (1999): La ménagerie des reptiles du Muséum national d'Histoire naturelle: ses origines, in: Jean-Louis Fischer (Hrsg.): Le jardin entre science et représentation, Paris, S. 181-200.
Tinsley, Richard; Leslie Minter; John Measey; Kim Howell; Alberto Veloso; H. Nunez und Alessandro Romano (2009): Xenopus laevis, IUCN Red List of Threatened Species. Version 2013.1, http://www.iucnredlist.org/details/58174/0 (zugegriffen am 17.9.2013).
Toepfer, Georg (2011a): Historisches Wörterbuch der Biologie. Geschichte und Theorie der biologischen Grundbegriffe. Band 1: Analogie – Ganzheit, Stuttgart/Weimar.
– (2011b): Historisches Wörterbuch der Biologie. Geschichte und Theorie der biologischen Grundbegriffe. Band 3: Parasitismus – Zweckmäßigkeit, Stuttgart/Weimar.
Tornier, Gustav (1900): Über Amphibiengabelschwänze und einige Grundsätze der Regeneration, in: Zoologischer Anzeiger 23, S. 233-256.
– (1907): Über experimental erzielte Kopf- und Hinterleibsvermehrungen bei Axolotln und Fröschen, in: Sitzungsberichte der Gesellschaft naturforschender Freunde zu Berlin 1907, S. 71-81.
– (1908): Vorläufiges über experimentell erzielten Hautalbinismus bei Axolotl-Larven [sic], in: Sitzungsberichte der Gesellschaft naturforschender Freunde zu Berlin 1908, S. 66-67.

Török, Aurél von (1872a): A mexikoi Proteus vagy Axolotl, in: Természettudományi közlöny 4, S. 186-191.

– (1872b): Der feinere Bau des Knorpels in der Achillessehne des Frosches. Ein Beitrag zur Bindegewebsfrage, in: Sitzungsberichte der physikalisch-medizinischen Gesellschaft zu Würzburg 3, S. 1-28.

– (1876): Az Axolotl Atvaltozasarol Amblystomara, in: Természettudományi közlöny 8, S. 439-440.

– (1877a): Dolgazotok a klozsvari t. egyetem élet-szovettani intézeteböl. II. Szövetalakulasok a Siredon pisciformis. Sejteiben. Adat azállati szervezet szövetfejlödestanahoz, in: Erdélyi múzeum-egylet 2, S. 144-170.

– (1877b): Über formative Differenzierungen in den Embryonalzellen von Siredon pisciformis. Ein Beitrag zur Histogenese des Tierorganismus, in: Archiv für mikroskopische Anatomie und Entwicklungsgeschichte 13, S. 756-783.

Trabulse, Elías (1992): José María Velasco – Un paisaje de la ciencia en México, Toluca.

Tschudi, Johann Jacob von (1839): Classification der Batrachier, mit Berücksichtigung der fossilen Thiere dieser Abtheilung der Reptilien, in: Mémoires de la société neuchatloise des sciences naturelles 2, S. 1-100.

Tur, Jan (1913): [On the influence of temperature on the division of nuclei in the blastomeres of axolotl], in: Mem. Soc. Nat. Varsovie 8, S. 11-18.

Uexküll, Jakob von und Friedrich Brock (1930): Das Institut für Umweltforschung, in: Ludolph Brauer; Albrecht Mendelssohn Bartholdy und Adolf Meyer (Hrsg.): Forschungsinstitute. Ihre Geschichte, Organisation und Ziele. Zweiter Band, Hamburg, S. 233-237.

Uhlenhuth, Eduard (1929): Die Morphologie und Physiologie der Salamanderschilddrüse. V. Die Wirkung von anorganischem Jod auf die Schilddrüse des Tigersalamanders (A. tigrinum) und des amerikanischen gefleckten Salamanders (A. maculatum), in: Wilhelm Roux' Archiv für Entwicklungsmechanik der Organismen 115, S. 184-236.

Vaillant, Léon Louis (1879): Sur la ponte des amblystomes au Muséum d'Histoire naturelle, in: Comptes rendus hebdomadaire des séances de l'Académie des sciences 89, S. 108-110.

Valenti, Giulio (1900): Sopra i rapporti di sviluppo fra la capsula del pronefrio, la muscolatura ventrale e la muscolatura degli arti negli amfibi (axolotl), in: Verhandlungen der anatomischen Gesellschaft 1900, S. 39-112.

– (1903): Sopra le prime fasi di sviluppo della muscolatura degli arti, in: Archivio italiano di anatomia e di embriologia 2, S. 272-280.

– (1904): Sopra la origine della muscolatura negli arti caudali dell'axolotl, in: Rendiconti delle sessioni dell'Accademia delle scienze dell'Istituto di Bologna. Classe di scienze fisiche 6, S. 43-44.

– (1905): Sopra la evaginazione entodermica preorale delle larve dell'Amblystoma, in: Rendiconti delle sessioni dell'Accademia delle scienze dell'-Istituto di Bologna. Classe di scienze fisiche 8, S. 57-58.

Vallée, Honoré (1858): Note sur des éducations de vers a soie du ricin faites avec du chardon a foulon (Dipsacus fullonum), in: Bulletin de la Société impériale zoologique d'acclimatation 5, S. 211-213.

Varey, Simon (Hrsg.) (2000): The Mexican Treasury: The Writings of Dr. Francisco Hernández, Stanford.

Varey, Simon; Rafael Chabrán und Dora B. Weiner (Hrsg.) (2000): Searching for the Secrets of Nature: The Life and Works of Dr. Francisco Hernández, Stanford.

Velasco, José Maria (1880): Anotaciones y observaciones al trabajo del Sr. D. A. Weismann sobre la transformación del ajolote mexicano en Amblistoma, in: La Naturaleza 5, S. 58-84.

Vennen, Mareike (2013): Die Hygiene der Stadtfische und das wilde Leben in der Wasserleitung. Zum Verhältnis von Aquarium und Stadt im 19. Jahrhundert, in: Berichte zur Wissenschaftsgeschichte 36, S. 148-171.

– (2018): Das Aquarium: Praktiken, Techniken und Medien der Wissensproduktion (1840-1910), Göttingen.

Verband Deutscher Vereine für Aquarien- und Terrarienkunde e.V. (Hrsg.) (2001): Festschrift zum 90jährigen Jubiläum. Beiträge zur Geschichte der Aquaristik und Terraristik in Deutschland, Bochum.

Vereinigte Zierfisch-Züchtereien in Rahnsdorfer Mühle (Hrsg.) (1914): Die exotischen Zierfische in Wort und Bild, Braunschweig.

Vetter, Benjamin (1877): Über die Umwandlung des mexicanischen Axolotl in die Ambylstomaform nach A. Weismann, in: Sitzungsberichte und Abhandlungen der naturwissenschaftlichen Gesellschaft Isis in Dresden 1876, S. 28-29.

Vila Riquelme, Cristiám (2001): Ideologia de la conquista en América Latina: entre el axolotl y el ornitorrinco, Oviedo.

Vishwanath, Waikhom (2010): Danio rerio, IUCN Red List of Threatened Species. Version 2013.1, http://www.iucnredlist.org/details/166487/0 (zugegriffen am 17.9.2013).

Vogel, E. (1888): Ueber Thermoregulatoren und deren Anwendung für heizbare Aquarien und Terrarien. Vortrag im »Verein der Aquarien- und Terrarien-Liebhaber zu Berlin«, in: Isis. Zeitschrift für alle naturwissenschaftlichen Liebhabereien 13, S. 372-373.

Voss, S. Randal; Hans H. Epperlein und Elly M. Tanaka (2009): Ambystoma mexicanum, the Axolotl: A Versatile Amphibian Model for Regeneration, Development, and Evolution Studies, Cold Spring Harbor Protocols 2009.

Voss, S. Randal; M. Ryan Woodcock und Luis Zambrano (2015): A Tale of Two Axolotls, in: BioScience 65, S. 1134-1140.

Vulpian, Alfred (1867): Sur la reproduction des membres chez l'axolotl dans le cas de polydactylie acquise, in: Bulletin de la société philomathique de Paris 4, S. 117.

Wagner, Christian (1864): Wassercultur, in: Der Zoologische Garten 5, S. 53-54, 182-186.

Wagner, Franz (1880): Der Olm (Proteus anguineus), in: Isis. Zeitschrift für alle naturwissenschaftlichen Liebhabereien 5, S. 411-412.
Wagner, Major (1892): Besuch bei einem Meister in der Axolotlzucht, in: Blätter für Aquarien- und Terrarien-Freunde 3, S. 14-16.
Wagner, Moritz (1868a): Die Darwin'sche Theorie und das Migrationsgesetz der Organismen, Leipzig.
– (1868b): Die Darwin'sche Theorie und das Migrationsgesetz der Organismen: Vorgetragen in der Sitzung der mathematisch-physikalischen Classe der königlich-bayerischen Akademie der Wissenschaften am 7. März 1868, München.
– (1870): Über den Einfluß der geographischen Isolierung und Kolonienbildung auf die morphologischen Veränderungen der Organismen, in: Sitzungsberichte der königlich-bayerischen Akademie der Wissenschaften zu München 1870, S. 154-174.
Wallut, Ch. (1866): Rapport au nom de la commission des récompenses, in: Bulletin de la Société impériale zoologique d'acclimatation 3, S. LXXI-LXXX.
– (1867): Rapport au nom de la commission des récompenses, in: Bulletin de la Société impériale zoologique d'acclimatation 4, S. LIX–LXIV.
Walther, Theodor (1883): Die Vorniere des Axolotl, Dissertation, Universität Erlangen.
Wanderer, Emily (2018): The Axolotl in Global Circuits of Knowledge Production: Producing Multispecies Potentiality, in: Cultural Anthropology 33, S. 650-679.
Weigl, Rudolf (1913): Über homöoplastische und heteroplastische Hauttransplantation bei Amphibien mit besonderer Berücksichtigung der Metamorphose, in: Archiv für Entwicklungsmechanik der Organismen 36, S. 595-625.
Weinland, David Friedrich (1859): Was wir wollen, in: Der Zoologische Garten 1, S. 1-4.
– (1861a): Ein Seewasseraquarium in Frankfurt a.M., in: Der Zoologische Garten 2, S. 197-200.
– (1861b): Forellenzucht in Frankfurt a.M., in: Der Zoologische Garten 2, S. 100.
– (1862a): Ein Besuch im Acclimatisationsgarten bei Paris, in: Der Zoologische Garten 3, S. 45-52.
– (1862b): Eine Luftversorgungs-Maschine für Aquarien, in: Der Zoologische Garten 3, S. 187-188.
– (1862c): Für Seeaquarien-Liebhaber, in: Der Zoologische Garten 3, S. 240.
– (1862d): Unser neues Seewasser-Aquarium, in: Der Zoologische Garten 3, S. 149-151.
– (1863): Unser Riesensalamander (Salamandra maxima, Schlegel.), in: Der Zoologische Garten 4, S. 137-143.
Weismann, August (1868): Über die Berechtigung der Darwin'schen Theorie.

Ein akademischer Vortrag gehalten am 8. Juli 1868 in der Aula der Universität zu Freiburg im Breisgau, Leipzig.
– (1872): Ueber den Einfluss der Isolirung auf die Artbildung, Leipzig.
– (1875a): Studien zur Descendenz-Theorie. Band I: Ueber den Saison-Dimorphismus der Schmetterlinge, Leipzig.
– (1875b): Über die Verwandlung des mexikanischen Axolotl in ein Ambylstoma, in: Zeitschrift für wissenschaftliche Zoologie 25, S. 297-334.
– (1876): Studien zur Descendenz-Theorie. Band II: Über die letzten Ursachen der Transmutationen, Leipzig.
– (1876-1879): Beiträge zur Naturgeschichte der Daphnoiden, Leipzig.
– (1877a): Das Thierleben im Bodensee, Lindau.
– (1877b): On the Change of the Mexican Axolotl to an Amblystoma, in: Report of the Board of Regents of the Smithsonian Institution 1877, S. 349-375.
– (1880): Transformación del ajolote mexicano en Amblistoma por el Senor Doctor Augusto Weismann. Traducido del Annual Report Smithsonian Inst., 1877, por el Sr. Miguel Perez, in: La Naturaleza 5, S. 31-42, 43-57.
– (1881): Das zoologische Institut, in: Universität Freiburg (Hrsg.): Die Universität Freiburg seit dem Regierungsantritt seiner Königlichen Hoheit des Großherzogs Ferdinand von Baden, Freiburg/Tübingen, S. 80-84.
– (1882): Studies in the Theory of Descent, London.
Weismann, August und Robert Wiedersheim (1878): Aus dem zoologischen und anatomischen Institut der Universität Freiburg i. Br., in: Zoologischer Anzeiger 1, S. 6-7.
Weissman, Charlotte (2010): The Origins of Species: The Debate between August Weismann and Moritz Wagner, in: Journal of the History of Biology 43, S. 727-766.
Weliky, Vladimir (1884): Über die vielzähligen Lymphherzen bei Salamadra maculosa und Siredon pisciformis, in: Zoologischer Anzeiger 7, S. 672-673.
– (1886): Über die Lymphherzen bei Siredon pisciformis. Vorläufige Mitteilung, in: Bulletin de l'Académie impériale des sciences a St. Pétersbourg 30, S. 341-342.
Wendelstadt, Hermann (1901): Über Knochenregeneration. Experimentelle Studie, in: Archiv für mikroskopische Anatomie und Entwicklungsgeschichte 57, S. 799-822.
Werner, Franz (1892): Das Vivarium in Wien, in: Der Zoologische Garten 33, S. 22-26.
– (1899): Des Wiener Vivariums Ende, in: Der Zoologische Garten 40, S. 33-38.
– (1900): Ueber Akklimatisation von Reptilien und Amphibien in Mittel-Europa, in: Blätter für Aquarien- und Terrarien-Freunde 11, S. 246-248, 253-254.
Wessely, Christina (2008): Künstliche Tiere. Zoologische Gärten und urbane Moderne, Berlin.

– (2013): Wässrige Milieus. Ökologische Perspektiven in Meeresbiologie und Aquarienkunde um 1900, in: Berichte zur Wissenchaftsgeschichte 36, S. 128-147.
Wessely, Christina und Florian Huber (Hrsg.) (2017): Milieu: Umgebungen des Lebendigen in der Moderne, Paderborn.
Wiedersheim, Robert (1876): Die Kopfdrüsen der geschwänzten Amphibien und die Glandula intermaxillaris der Anuren, in: Zeitschrift für wissenschaftliche Zoologie 27, S. 1-50.
– (1877): Das Kopfskelett der Urodelen, ein Beitrag zur vergleichenden Anatomie des Wirbelthier-Schädels, in: Morphologisches Jahrbuch 3, S. 352-448, 459-548.
– (1879): Zur Anatomie des Amblystoma Weismanni, in: Zeitschrift für wissenschaftliche Zoologie 32, S. 216-236.
– (1880): Über die Vermehrung des Os centrale im Carpus und Tarsus des Axolotls, in: Morphologisches Jahrbuch 6, S. 581-583.
– (1889): Über die Entwicklung des Schulter- und Beckengürtels, in: Anatomischer Anzeiger 4, S. 428-441.
– (1892a): Das Gliedmassenskelett der Wirbelthiere, mit besonderer Berücksichtigung des Schulter- und Beckengürtels bei Fischen, Amphibien und Reptilien, Jena.
– (1892b): Die Phylogenie der Beutelknochen. Eine entwicklungsgeschichtlich-vergleichende anatomische Studie, in: Zeitschrift für wissenschaftliche Zoologie 53, S. 43-66.
Williams, L. Pearce (1978): Album of Science. The Nineteenth Century, New York.
Wilson, Gregg (1894): The Development of the Müllerian Ducts in Axolotl, in: Anatomischer Anzeiger 9, S. 736-745.
– (1897): The Development of the Müllerian Duct of Amphibians, in: Transactions of the Royal Society of Edinburgh 38, S. 509-526.
Winkler, Ferdinand (1910): Studien über die Pigmentbildung. I. Die Bildung der verzweigten Pigmentzellen im Regenerate des Amphibienschwanzes. II. Transplantationsversuche an pigmentierter Haut, in: Archiv für Entwicklungsmechanik der Organismen 29, S. 616-631.
Wintrebert, Paul (1903a): Influence du système nerveux sur l'ontogenèse des membres, in: Comptes rendus hebdomadaire des séances de l'Académie des sciences 137, S. 131-132.
– (1903b): Sur la régénération chez les Amphibiens des membres postérieurs et de la queue, en l'absence du système nerveux, in: Comptes rendus hebdomadaire des séances de l'Académie des sciences 137, S. 761-763.
– (1904a): Sur l'existence d'une irritabilité excito-motrice primitive, indépendante des voies nerveuses chez les embryons ciliés de Batraciens, in: Comptes rendus des séances et mémoires de la Société de biologie 56, S. 645-647.
– (1904b): Sur la limite des zones périphériques d'innervation réflexe des

centres nerveux dans la queue des urodèles, in: Comptes rendus des séances et mémoires de la Société de biologie 56, S. 582-584.
– (1904c): Sur la régénération des membres posterieurs chez l'axolotl adulte, après ablation de la moelle lombo-sacrée, in: Comptes rendus des séances et mémoires de la Société de biologie 56, S. 725-726.
– (1905a): Nouvelles recherches sur la sensibilité primitive des batraciens, in: Comptes rendus des séances et mémoires de la Société de biologie 57, S. 58-59.
– (1905b): Sur l'établissement des fonctions nerveuses chez les urodèles, in: Comptes rendus des séances et mémoires de la Société de biologie 57, S. 168-169.
– (1905c): Sur l'indépendance de la métamorphose vis-à-vis du système nerveux chez les Batraciens, in: Comptes rendus hebdomadaire des séances de l'Académie des sciences 141, S. 1262-1264.
– (1905d): Sur le développement de la contractilité musculaire dans les myotomes encore dépourvus de laision nerveuse réflexe, in: Comptes rendus des séances et mémoires de la Société de biologie 57, S. 60-61.
– (1906a): Influence d'une faible quantite d'émanation du radium sur le développement et la métamorphose des Batraciens, in: Comptes rendus hebdomadaire des séances de l'Académie des sciences 143, S. 1259-1262.
– (1906b): Sur l'anatomie topographique des ganglions spinaux et l'origine des nerfs dorsaux chez les Batraciens, in: Comptes rendus des séances et mémoires de la Société de biologie 58, S. 216-218.
– (1906c): Sur la distribution partielle des racines motrices aux ganglions spinaux chez les Batraciens, in: Comptes rendus des séances et mémoires de la Société de biologie 58, S. 214-216.
– (1906d): Sur le passage à travers les ganglions spinaux de faisceaux provenant des racines motrices et se rendant aux nerfs dorsaux, chez les Batraciens, in: Comptes rendus hebdomadaire des séances de l'Académie des sciences 142, S. 348-350.
– (1907): Sur le déterminisme de la métamorphose chez les batraciens anoures. III. La circulation caudale, in: Comptes rendus des séances et mémoires de la Société de biologie 59, S. 57-59.
– (1908a): Essai sur le déterminisme de la métamorphose chez les batraciens, in: Comptes rendus de l'association francaise pour l'avancement des sciences 36, S. 741-764.
– (1908b): Sur le déterminisme de la métamorphose chez les batraciens. X. Une demi-métamorphose experimentale, in: Comptes rendus des séances et mémoires de la Société de biologie 60, S. 415-417.
– (1908c): Sur le déterminisme de la métamorphose chez les batraciens. XI. Les caractères anatomique du demi-amblystome a branchies, in: Comptes rendus des séances et mémoires de la Société de biologie 60, S. 549-551.
– (1909): Sur la possibilité d'obtenir une forme intermédiair entre l'axolotl

et l'ambylstome, in: Comptes rendues de l'Association francaise pour l'avancement des sciences 37, S. 562-573.
– (1910a): Sur le déterminisme de la métamorphose chez les amphibiens. XII. L'évolution du vomer et du ptérygo-palatin chez Amblystoma tigrinum, in: Comptes rendus des séances et mémoires de la Société de biologie 62, S. 178-180.
– (1910b): Sur le déterminisme de la métamorphose chez les amphibiens. XIV. Les variations de l'appareil vomero-pterygo-palatin chez les axolotls en dehors de la métamorphose et chez l'amblystome branchée, in: Comptes rendus des séances et mémoires de la Société de biologie 62, S. 419-420.
– (1912): Les enveloppes protectrices de l'oeuf et le mécanisme de l'éclosion chez l'axolotl (Amblystoma tigrinum), in: Comptes rendus des séances et mémoires de la Société de biologie 72, S. 799-802.
– (1913): Sur l'existence d'un court-circuit cardio-veineux circumpericardique chez l'embryo d'axolotl, in: Bulletin de la Société zoologique de France 38, S. 65-67.
– (1914a): Les premiers stades du mouvement chez l'axolotl (Amblystoma tigrinum), in: Comptes rendus des séances et mémoires de la Société de biologie 76, S. 303-306.
– (1914b): Sur le déterminisme des premiers mouvements et spécicialement [sic] leur adaptation au volume et a la forme de l'oeuf chez les vertébrés inférieurs, in: Comptes rendus des séances et mémoires de la Société de biologie 66, S. 256-259.
Wistuba, Joachim (2000): Axolotl, Münster.
– (2013): Der Axolotl und die Wissenschaft – eine »Entwicklungsgeschichte«, in: Sekretär 13, S. 3-26.
Witebsky, Michael (1896): Zur Entwicklungsgeschichte des schallleitenden Apparates des Axolotl (Siredon pisciformis), Dissertation, Universität Berlin.
Withers, Charles W.J. und David N. Livingstone (2011): Thinking Geographically about Nineteenth-Century Science, in: David N. Livingstone und Charles W.J. Withers (Hrsg.): Geographies of Nineteenth-Century Science, Chicago [u.a.].
Wittich, Wilhelm von (1852): Beiträge zur morphologischen und histologischen Entwickelung der Harn- und Geschlechtswerkzeuge der nackten Amphibien, in: Zeitschrift für wissenschaftliche Zoologie 4, S. 125-167.
Wolff, Max (1902): Über die Ehrlich'sche Methylenblaufärbung und über Lage und Bau einiger peripherer Nervenendigungen, in: Archiv für Anatomie und Physiologie 1902, S. 155-188.
Wolterstorff, Willy (1896): Über die Neotenie der Batrachier, in: Der Zoologische Garten 37, S. 327-337.
– (1914a): Aufzucht des Axolotl (Amblystoma mexicanum), in: Blätter für Aquarien- und Terrarienkunde 25, S. 662-663.
– (1914b): Axolotl im Sommer, in: Blätter für Aquarien- und Terrarienkunde 25, S. 562.

Wood, John Georg und Joseph B. Holder (1885): Our Living World: An Artistic Edition of the Rev. J.G. Wood's Natural History of Animate Creation, Revised and Adapted to American Zoology, New York.

Wood, Roger J. und Vitezslav Orel (2001): Genetic Prehistory in Selective Breeding: A Prelude to Mendel, Oxford [u.a.].

Wright, Edward Percival (1861): Notes on the Anatomy of the Alimentary System of the Axolotl (Siredon Mexicanum), in: Natural History Review: A Quaterly Journal of Biological Science 1861, S. 60-67.

Wunderlich, Klaus (1978): Rudolf Leuckart. Weg und Werk, Jena.

Wunsch, Matthias; Kristian Köchy und Martin Böhnert (Hrsg.) (2018): Philosophie der Tierforschung. Band 3: Milieus und Akteure, Freiburg/München.

Ximénez, Francisco (1615): Quatro libros: De la naturaleza, y virtudes de las plantas, y animales que estan recevidos en el uso de medicina en la Nueva España, y la methodo, y correcion, y preparacion, que para administrallas se requiere con lo que el Doctor Francisco Hernandez escrivio en lengua Latina, Mexico.

Zacharias, Otto (1887): Eine deutsche Naturforscherin, in: Illustrirte Zeitung 88, S. 666.

Zambrano, Luis; Paola Mosig Reidl; Jeanne McKay; Richard Griffiths; H. Bradley Shaffer; Oscar Flores-Villela; Gabriela Parra-Olea und David Wake (2010): Ambystoma mexicanum, IUCN Red List of Threatened Species. Version 2013.1, http://www.iucnredlist.org/details/1095/0 (zugegriffen am 17.9.2013).

Zawadowsky, B.M. und S.I. Bessmertnaja (1927): Über minimale Hyperthyreoidisationsdosen, bei denen der Thyroxinnachweis in den Geweben der Hühner möglich ist, in: Wilhelm Roux' Archiv für Entwicklungsmechanik der Organismen 109, S. 238-240.

Zawadowsky, B.M. und L.P. Liptsina (1928): Über die Anwendung der Metamorphosereaktion bei Axolotl zur Standardisierung des Hormons der Schilddrüse, in: Zeitschrift für experimentelle Pathologie und Therapie 61, S. 526-538.

Zawadowsky, B.M. und Z.M. Perelmutter (1927): Über das Schicksal des Thyroxins im Blute und in den Geweben der hyperthyreoidisierten Hühner, in: Wilhelm Roux' Archiv für Entwicklungsmechanik der Organismen 109, S. 210-237.

Zeller, Ernst (1890a): Paarung und Befruchtung des Axolotl, in: Blätter für Aquarien- und Terrarien-Freunde 1, S. 133-137.

– (1890b): Über die Befruchtung bei den Urodelen, in: Zeitschrift für wissenschaftliche Zoologie 49, S. 583-601.

– (1891): Berichtigung, betreffend die Samenaufnahme der weiblichen Tritonen, in: Zeitschrift für wissenschaftliche Zoologie 51, S. 737-741.

– (1896): Etwas vom Axolotl, in: Blätter für Aquarien- und Terrarien-Freunde 7, S. 104.

Zernecke, Ernst (1897): Leitfaden für Aquarien- und Terrarienfreunde, Berlin.

– (1898): Verwandte des Axolotl, in: Natur und Haus 7, S. 55-57.

Ziegeler, Dr. (1906): Axolotl, Wochenschrift für Aquarien- und Terrarienkunde 3, S. 293, 449.

Zierow (1895): Eigenthümliche Töne beim Axolotl, in: Blätter für Aquarien- und Terrarien-Freunde 6, S. 133.

Zoological Society of London (1872): Revised List of the Vertebrated Animals Now or Lately Living in the Gardens of the Zoological Society of London, London.

– (1883): List of the Vertebrated Animals Now or Lately Living in the Gardens of the Zoological Society of London, London.

Zwick, Wilhelm (1898): Beiträge zur Kenntnis des Baues und der Entwicklung der Amphibiengliedmassen, besonders von Carpus und Tarsus, in: Zeitschrift für wissenschaftliche Zoologie 63, S. 62-114.

Zykoff, W. (1893): Über das Verhältnis des Knorpels zur Chorda bei Siredon pisciformis, in: Bulletin de la Société impériale des naturalistes du Moscou 7, S. 30-36.

Abbildungsverzeichnis

Personenregister

* Kursive Seitenzahlen beziehen sich auf Einträge in Fußnoten.